电磁热智能材料传动技术

黄　金　著

科　学　出　版　社
北　京

内 容 简 介

本书探究磁流变液与形状记忆合金两类典型智能材料复合技术及应用，提出电磁热智能材料复合传动方法，系统、全面地介绍电磁热智能复合传动机理及应用的最新研究成果。本书主要内容包括磁流变液与形状记忆合金及其性能、电磁热智能材料传动理论、电磁热智能材料传动分析与设计、电磁热智能材料复合传动装置、电热形状记忆合金弹簧与磁流变传动实验。

本书可作为智能材料传动领域科研人员、工程技术人员的参考用书，也可作为高等院校相关专业高年级本科生及研究生的参考资料。

图书在版编目(CIP)数据

电磁热智能材料传动技术 / 黄金著. —北京：科学出版社，2024.3
ISBN 978-7-03-078222-9

Ⅰ. ①电… Ⅱ. ①黄… Ⅲ. ①磁流体-智能材料 Ⅳ. ①TM271

中国国家版本馆 CIP 数据核字（2024）第 054478 号

责任编辑：陈丽华 / 责任校对：彭 映
责任印制：罗 科 / 封面设计：墨创文化

科学出版社 出版
北京东黄城根北街16号
邮政编码：100717
http://www.sciencep.com

成都锦瑞印刷有限责任公司 印刷
科学出版社发行 各地新华书店经销
*
2024 年 3 月第 一 版 开本：787×1092 1/16
2024 年 3 月第一次印刷 印张：20 1/2
字数：486 000

定价：219.00 元

（如有印装质量问题，我社负责调换）

前　言

传统的机械装置在启动时极易产生冲击和振动，影响传动装置的使用寿命，特别是在带负载启动的情况下，机械冲击更加严重。为了使机械系统即使在满载工况下也能够按照合理的速度逐步克服系统惯性而启动和停车，工程中常采用软启动技术保证启动和停车过程中系统的稳定性。目前，机电产品主要采用星-三角降压和变频等软启动技术，但实际中采用上述技术，容易产生二次谐波且机械装置启动时间较长、效率低、能耗高。鉴于此，非常有必要开展新型、高效、节能的传动技术研究。

磁流变液与形状记忆合金属于典型的电磁热智能材料。常温下，电磁热智能材料主要由磁流变液传动，磁流变液的流变特性可由外加磁场连续控制，可用于实现主、从动件之间的柔性传动，但在高温下其性能下降；形状记忆合金在高温下发生形状记忆效应输出位移或力，从而可以弥补高温下磁流变液传动性能下降的缺陷。将这两种智能材料联合用于传动技术，在机械、车辆工程、航空航天等行业的前沿领域起着重要推动作用。

作者自 2000 年以来在智能材料力学理论、磁流变的电磁效应机理、传动理论、设计方法、形状记忆合金热效应机理以及复合应用等方面开展了系统研究。本书着重介绍作者所在的研究团队多年来的研究成果。

本书共有 6 章，第 1 章绪论详细介绍磁流变液国内外研究现状、形状记忆合金这类典型智能材料的发展与应用现状，并阐述作者所在的研究团队目前取得的研究成果；第 2 章对磁流变液与形状记忆合金的力学性能进行详细的分析；第 3 章介绍电磁热智能材料传动的工作原理和传动理论；第 4 章介绍磁流变液与形状记忆合金的设计方法以及数值模拟方法；第 5 章介绍不同构型的电磁热智能材料复合传动装置，并对其进行传动性能分析；第 6 章针对本书所涉及的形状记忆合金螺旋弹簧、电热形状记忆合金弹簧，以及电热形状记忆合金弹簧与磁流变液联合传动装置进行实验研究并探讨其工程应用价值。

本书的研究得到了国家自然科学基金项目“电磁热形状记忆合金与磁流变液楔挤自加压复合传动机理及应用研究”(51875068)、“热效应下形状记忆合金驱动的磁流变传动机理与应用”(51175532)、“基于高精度 DHPTV 的磁流变微观结构与机理的三维可视化研究”(11272368)、“基于磁流变液和形状记忆合金的多场控制抑振机理及应用研究”(11602041)，重庆市自然科学基金重点项目“磁流变液微/宏观力学模型及应用研究”(CSTC，2011BA4028)的资助，在此表示衷心的感谢。

本书是重庆理工大学黄金教授团队的研究成果，并且得到了重庆理工大学机械工程学院、机器人与智能制造技术重庆市高校重点实验室、机械检测技术与装备教育部工程研究中心、高端装备技术省部共建协同创新中心，重庆大学航空航天学院，上海大学力学与工程科学学院，重庆科技大学电气工程学院等单位的大力支持。

本书的研究还得到了上海大学张俊乾教授，重庆大学彭向和教授、李海涛教授、李卫国教授、廖昌荣教授、舒红宇教授、魏静教授，重庆理工大学朱革教授、杨岩教授、吴敏高级工程师、胡荣丽副教授、舒锐志博士、王春欢硕士的大力支持，本书的研究成果也得到了同行专家的大力支持与帮助，在此表示感谢。

参加本书撰写的还有重庆理工大学熊洋博士、陈松博士、硕士研究生陈文剑、巩杭、胡光晖、张文祥，重庆工业职业技术学院麻建坐博士，重庆工程职业技术学院黄玥硕士，重庆科技大学李作进博士。

由于作者水平有限，书中不足之处在所难免，恳请读者批评指正。同时也敬请读者提出学术意见，相互交流，共同推动智能材料传动技术的发展。

目　录

第1章　绪　　论

智能材料是指具有感知环境刺激，能对其进行分析、处理、判断，并采取一定措施进行响应的一类新型功能材料。智能材料本身具有感知、驱动和控制的特性，将智能材料应用于机械传动装置中，不仅可以提高传动装置的结构柔性，还能够使传动装置具有热场、电磁场等多物理场智能感知能力。

智能材料复合传动技术是通过将多种智能材料复合构成一个智能材料系统，并将其与现有传动技术结合而形成的一种新型传动技术。智能材料复合传动技术主要是在考虑多物理场耦合作用的前提下，研究智能材料（如磁流变液和形状记忆合金）及其器件在传动方面的力学性能。智能材料复合传动技术涉及材料学、化学、生物技术、计算机技术、机械传动及自动控制等多个学科的前沿领域，其发展被誉为“一场新的工业革命”[1]，具有巨大的应用前景和社会效益。

1.1　研究背景及意义

随着高新技术的发展，智能材料及其器件已经成为材料科学和新型智能机械领域的一个重要研究方向[2-4]。智能材料及器件的研究呈开放性和辐射性趋势，具有广泛的学科交叉性和应用领域的多样性，涉及机械工程、工程力学、物理学、材料学、化学、航空航天、医学和计算机等多种学科领域[5]。形状记忆合金和磁流变液作为典型的新型智能材料，其力学性能可由外部激励源（如热场或磁场等）进行控制。形状记忆合金（shape memory alloy，SMA）是具有形状记忆效应与超弹性的一类特殊合金材料，如 Ni-Ti 合金、Cu-Al-Ni 合金和 Fe-Mn-Si 合金等。形状记忆合金在一定条件下发生一定程度的变形后，通过适当地改变外界条件（如温度或应力）又可恢复成初始形状[6]。磁流变液（magnetorheological fluids，MRF）是一种形态和性能受外加磁场约束和控制的固液两相功能材料，主要是由微米级的磁性颗粒通过表面活性剂或分散剂稳定分布于特殊载液中形成的悬浮液。无外加磁场作用时，磁流变液表现出类似牛顿流体的力学性质；在外加磁场作用下，磁流变液的流变特性急剧变化，由牛顿流体迅速转变为黏塑性体，并呈现出类似固体的力学特性，具有明显的屈服应力，且其屈服应力可由外加磁场连续控制[7]。由于独特的力学性能、广阔的应用前景，形状记忆合金和磁流变液及其器件引起了国内外学者越来越广泛的关注，并对其开展了大量的研究[8-10]。

形状记忆合金与磁流变液等智能材料按其特殊功能以特定方式融合到材料中或与结构件复合，即可利用其传感与驱动功能实现智能感知和自适应调节的功能[11]。基于形状记忆合金和磁流变技术的结构能够应用于下一代以产品功率密度、精度和动态性能等为主要功能特性的产品设计中[12]。利用形状记忆合金在形状恢复时，其恢复的形变可对外输出位移、恢复力可对外做功的特性，能制成各种驱动元件，这类驱动元件具有结构简单、灵敏度高、可靠性高等特点。磁流变液作为一种流变特性随磁场变化的动力传递介质，将其应用于传动元件的特点可实现主从动件间的柔性传动；可实现高灵敏度、高精度、平稳的无级调速；易实现调速过程的遥控和自动控制。

传统的机械装置在启动时易产生机械冲击[13,14]，影响机械装置的使用寿命，特别是在带负载启动的情况下，机械冲击更加严重[15]。为了使机械系统即使在满载工况下也能够按照合理的速度逐步克服整个系统的惯性而启动或停车，工程上常采用软启动技术以保证在启动和停车过程中，作用在机械设备上的冲击能最小[16,17]，从而延长减速器等关键部件的使用寿命[18]。形状记忆合金和磁流变液因其独特的力学性能在传动方面具有良好的应用前景。虽然国内外学者对形状记忆合金和磁流变材料及其性能进行了大量的研究，对其工程应用也做了很多探讨，但是国内外相关文献报道的技术还只是限于一般原理；以形状记忆合金和磁流变液为典型代表的智能材料在国外仅有少数几种商业化的传动器件产品问世[19,20]，而在国内还未出现成熟的传动器件产品；在相关器件开发方面也只有少数的研究机构做了一些探索性工作[21]，器件开发过程中的关键技术还处于保密阶段。限制磁流变液传动装置大范围应用的主要原因是磁流变传动还未能较好地解决磁流变液剪切屈服应力较小[22]、高温下磁流变液性能下降[23]、静置易沉降[24]等问题。而形状记忆合金的形状记忆效应能够在磁流变液传动装置温升过程中输出驱动力或位移，弥补或增强磁流变液传动装置的传动性能。将形状记忆合金和磁流变液引入传动领域，开发新型智能传动器件，进行相关传动机理、传动器件结构和设计理论等研究具有重要的理论意义，同时也是实现智能材料产业化的关键内容，因此迫切需要对形状记忆合金与磁流变液传动技术进行研究。

1.2 磁流变液国内外研究现状

磁流变液是美国学者雅各布·拉比诺(Jacob Rabinow)于 1948 年发明的一种智能材料，本质上是由悬浮在非磁性介质中的可磁化的固体颗粒组成的两相复合材料[25-27]。磁流变液将固体粒子的强磁性和液体的流动性巧妙地结合在一起，其优异的性能表现在：没有外加磁场的情况下，磁流变液表现为一般牛顿流体状态，具有较低的黏度(0.1～1.1Pa·s)；一旦在磁场的激励下，磁流变液可快速地(20～300ms)完成从自由流动状态到类固体状态的可逆转变，其表观黏度通常比无磁场状态的黏度高几个数量级[28,29]。

磁流变液主要由三部分组成：软磁性颗粒、基础液和添加剂。软磁性颗粒作为磁流变液的悬浮相决定其主要的磁学特性；基础液用于分散悬浮相并使其呈现出流体特性；添加剂则用于改善磁流变液的综合性能。

在外加磁场作用下，磁流变液中的磁性颗粒产生磁极化，颗粒沿磁力线方向形成链状结构，是磁流变液产生磁流变效应的核心。这种链状结构限制了流体的运动，因此改变了流体的流变行为。磁性颗粒的选取和制作很大程度上影响了磁流变液的磁学特性，磁性金属颗粒通常由纯铁粉、羟基铁粉和铁/钴合金等磁饱和强度较高的材料制成[30]。目前磁性颗粒制备方法有粉碎法[31]、共沉法[32]、软化学方法[33]、热分解法[34]、超声分解法[35]和沉积法[36]等。在实际应用中，磁流变液中磁性颗粒的体积分数通常为 30%左右。现有研究表明[37]，材料成分对磁流变效应的影响较大，若磁流变液需具备抗沉降、高屈服强度、化学性能稳定等优异性能，则其磁性颗粒的尺寸应保持在 1～10μm，因为较大的磁性颗粒尺寸不可避免地会导致沉淀问题，而过小的磁性颗粒尺寸不能保证磁流变液有足够的剪切屈服强度。

基础液是软磁性颗粒和添加剂的载体，其作用是对金属颗粒进行润滑和分散磁性金属颗粒。为提高磁流变效应，基础液应具有较高的化学兼容性。一般情况下，磁流变液在无磁场作用时的行为类似基础液，使用低黏度的基础液可有效降低磁流变液的零场黏度，但基础液黏度过低容易导致磁流变液沉降稳定性变差[38]。此外，在基础液的选取过程中还应考虑液体的凝固点和沸点，保证基础液黏度受温度影响较小。目前广泛使用的基础液主要有硅油、烃基油、矿物油和水等[39]。

添加剂主要包括稳定剂、润滑剂和表面活性剂。添加剂能起到分散磁性金属颗粒、提高颗粒极化能力、防止流体触变、改进摩擦、防止腐蚀和磨损等作用。添加剂既要保证与基础液有很好的互溶性，又要与磁性颗粒具有较强亲和力，其中，油脂、硬脂酸钠或硬脂酸锂可作为表面活性剂[40]，用于改善磁流变液的稳定性、防止磁性金属颗粒沉降；亚铁可以作为分散剂，提高磁性颗粒的分散性能；有机膨润土和二硫化钼可作为润滑剂，改善颗粒间的润滑作用[41]。添加剂要求能够控制液体的浓度、颗粒间的摩擦和沉淀，并且在设计使用寿命期间性能稳定[42]。

1.2.1　磁流变液性能

1. 磁流变液的磁学性能

磁流变液的磁化曲线表现为随着磁场强度的增加，磁流变液的磁化强度先迅速增加，而后缓慢增加，最终达到饱和磁化强度。Jolly 等[43]通过介绍早期美国洛德(Lord)公司生产的 4 种磁流变液的磁化曲线，揭示了磁流变液相对磁导率与磁场强度之间的关系。Demortière 等[44]研究了磁性颗粒尺寸对磁流变液流变性能的影响，得出了颗粒大小与磁流变液磁饱和强度的关系。Daou 等[45]通过光谱分析从分子层面研究不同种类的活性剂对铁磁性颗粒的包覆作用，研究表明氧化铁纳米颗粒在羧酸盐活性剂的影响下表面氧化层将发生自旋倾斜，导致磁饱和强度大幅下降。易成建等[46]、Yi 等[47]、Peng 和 Li[48]利用分子动力学和有限元仿真分别研究了磁性颗粒的成链机理，并应用统计力学的方法建立了磁流变液单链模型，得到了磁流变液的磁学和力学特性，为磁流变液微观结构力学和磁学特性的研究提供了理论指导。Bica[49]对磁流变液中的磁致电阻进行了定量分析，证实外加磁场将导致磁流变液微结构的变化，并得出磁致电阻随时间的变化规律。张超等[50]将离散单元法与安培环路定律结合，建立电磁颗粒内部磁场强度与外加磁场之间的关系，并证实在颗粒未完全磁化时，颗粒磁场强度与外加磁场呈现线性关系，其比例系数约为3.6。

2. 磁流变液的屈服性能

磁流变液在磁场作用下产生磁流变效应，其重要特征是使磁流变液的力学性能发生了特殊的变化，即磁流变液出现了剪切屈服应力，剪切屈服应力的大小直接衡量着外加磁场作用下形成结构的强度大小，因此在磁场作用下磁流变液能产生的剪切屈服应力是其应用的关键参数。目前关于磁流变液流变特性的研究还不完善，且最初发展的理论方法是围绕电流变液展开的。Cutillas 等[51]预测了电流变液的成链规律，并建立了早期的电流变液流变模型。由于磁流变液与电流变液成链机理类似，相关学者通过分析两者的共通性，建立了磁流变液的屈服应力模型[52,53]。Tang 和 Conrad[54]对磁流变液剪切屈服应力的二维和三维分析模型进行改进，并认为剪切屈服应力是磁场强度和颗粒体积分数的函数，其主要影响因素是颗粒的聚集度、磁饱和度和颗粒间的附加磁场，研究表明，磁流变液的各向异性磁化率引起的扭转力占总剪应力的 20%以上，当颗粒完全磁化后，剪切屈服应力与饱和磁化强度的平方成正比。Guo 等[55]将指数分数函数引入磁链模型，描述了磁通密度、磁场强度、粒径、颗粒体积分数、磁链角度等因素对磁流变液剪切屈服应力的影响。李海涛和彭向和[56]基于磁力学理论，建立了考虑磁力、压力、摩擦力及磁场对颗粒的力矩等作用力在内的杆形颗粒磁流变液剪切屈服应力模型。结果表明，该模型能描述不同磁场强度下杆形颗粒磁流变液的剪切屈服应力，并发现增大颗粒摩擦系数和颗粒细长比能有效提高该磁流变材料的剪切屈服应力。

上述学者主要研究了纯剪切模式下磁流变液的屈服特性，而较少在挤压、挤压-剪切混合模式下对磁流变液进行研究。针对磁流变液的挤压强化效应，Zhang 等[57]通过实验探究磁性颗粒间隙与磁流变液剪切屈服应力之间的关系，并建立了相关经验公式，揭示了磁流变液的挤压强化机理。Mazlan 等[58]通过液压冲击实验证明挤压强化效应与初始间隙厚度有关。Hegger 和 Maas[59]提出剪切-挤压混合模式下磁流变液的剪切屈服应力模型，并综合考虑了磁性颗粒磁性力、黏液阻力和摩擦力的影响，研究表明，当磁流变液受到轴向挤压时，其剪切屈服应力显著提高，但挤压强化效应仅在剪切应变率较小的范围内有效，当磁链剪应变为 0.25 时磁流变液的剪切屈服应力达到最大值。

3. 磁流变液的流变特性

无磁场作用时，磁流变液表现出类似牛顿流体的力学性质，应力与变形速率呈线性关系且只要有剪应力就会产生流动；在磁场作用下，磁流变液中的磁性颗粒沿磁场方向排成链状，这些链状结构阻止了液体的流动，因而改变了磁流变液的流变特性，磁流变液呈现出较高的屈服应力，只有当剪应力超过屈服应力后才开始流动，具有黏性和塑性特性，其流动表现出黏塑性体行为[60]。目前，常用的本构模型主要有以下四种：宾厄姆(Bingham)模型[61]、赫-巴(Herschel-Bulkley)模型[62]、艾林(Eyring)模型[63]和双黏度模型[64]。

还有一些学者根据实验结果建立了磁流变液的流变模型，如 Tao[65]根据凝聚态理论建立了挤压状态下磁流变液的剪应力方程，由实验结果分析表明，磁流变液的磁场强度越大，固化程度越高，磁流变液的挤压强化系数越高。Pei 等[66]研究了颗粒摩擦对磁流变液流变特性的影响，并建立了相关数学模型。Zhang 等[67]提出了一种磁流变液复变剪切模量的数学模型，该模型综合考虑了材料参数(磁性颗粒体积分数和颗粒尺寸)、磁场强度和动力因素(剪切应变率)对剪切屈服应力的影响。Luo 等[68]通过分析准稳态挤压情况下的颗粒运动，分段建立了由单链结构向体心四方(body-centered tetragonal，BCT)结构过渡的本构模型。

4. 磁流变液的黏温特性

磁流变液的黏度一般特指其表观黏度和零场黏度。磁流变液的零场黏度决定了其在非工作时产生的阻力[69]，因此，磁流变液的零场黏度成为评判其性能优劣的重要指标。在无磁场作用下，磁流变液的零场黏度与基础液的黏度相近，并受基础液黏度和磁性颗粒体积分数的影响。黏温特性一直是磁流变液研究的重点[70]，特别是在高温下基础液的黏度下降[71]，磁性颗粒的布朗运动加剧，导致磁流变液在高温下性能呈线性衰减[72]。

5. 磁流变液的其他主要性能

除上述 4 种主要性能外，磁流变液的沉降稳定性[73]、寿命[74]、响应时间[75]和摩擦特性[76]也是衡量其性能的重要指标。结合上述性能评价指标可得出，理想的磁流变液性能应满足以下要求：物理和磁学性能良好、化学稳定性较好、工作温度范围宽广、响应速度快、寿命长、无毒无腐蚀且对环境影响较小。

1.2.2 磁流变液应用

磁流变液存在许多优异的特性，如响应速度快、电流输入与机械动力输出之间接口简单、精确可控等，使得磁流变技术在许多方面具有广阔的应用前景。对于通过改变黏度来控制流体运动的器件，基于磁流变技术的结构将在传动的平稳性和降低成本方面有所改善。磁流变技术将作为一项新兴技术迅速推向市场。

1. 磁流变阻尼装置

磁流变阻尼装置主要包括磁流变减振器和磁流变隔振器。它们都是利用可控磁流变液提供阻尼力的半主动器件，其阻尼力可通过外加磁场连续控制，能有效吸收机械系统和结构的能量。磁流变减振技术从 20 世纪 90 年代以来迅猛发展，1999 年，1/4 以上的汽车半主动悬架系统采用的是磁流变阻尼器，同年，由美国洛德公司生产制造的磁流变阻尼器成功应用于汽车座椅和人体假肢[77,78]；2000 年，马里兰大学首次分析并设计出了一个单缸磁流变阻尼器[79]；内达华大学设计出了一款新型的磁流变阻尼器，可用于控制高机动多用途轮式车辆悬架系统的振动[80]；2001 年，Sanwa Tekki 公司提供了一种最大阻尼力达 300kN 的阻尼器，其优异的减振效果使得该阻尼器在振动控制中有着出色的表现[81]；同年，磁流变阻尼器被首次用于控制火炮系统的振动[82]。在最近的 20 年里，磁流变阻尼器的应用领域越来越广泛，包括高速列车中的悬挂系统[83-85]、飞机起落架[86,87]、商用车座椅[88-91]、复杂机械系统[92-94]、直升机旋翼系统[95,96]等。磁流变阻尼器优异的工作性能使得其在不同领域都有着出色的表现。

近年来，为了进一步提高磁流变阻尼器的工作性能，部分学者对阻尼器的设计和优化提出了新颖的观点。美国洛德公司发明了一种用于汽车减振的新型磁流变阻尼器，如图1-1所示[97]。Choi等[98]提出了一种复合工作模式的磁流变阻尼器，并针对结构参数进行优化。Imaduddin等[99]对旋转式磁流变阻尼器的设计和建模进行了总结，对磁流变阻尼器理论建模方面进行了概述。廖昌荣等[100]、Dong等[101]、Xie等[102]根据磁流变体的宾厄姆模型和艾林模型，提出了混合工作模式的汽车磁流变阻尼器的设计原理，并与长安汽车集团合作，研发生产了具有特殊阻尼特性的磁流变阻尼器，为高性能磁流变阻尼器的国产化提供了理论和技术指导。张雷克等[103]基于线性接触力和库仑摩擦力模型分析了贯流式机组轴系振动特性，并针对叶片扭振设计出一种电流可调的磁流变阻尼器。高瞻等[104]设计出一种蛇形磁路多片式磁流变阻尼器，提高了磁流变阻尼的功率密度。除利用磁流变材料进行新型阻尼器的研发外，陈淑梅等[105]针对磁流变材料在阻尼器中的工作情况进行了性能分析和理论模型研究，有利于优化和提高磁流变阻尼器的性能与质量。

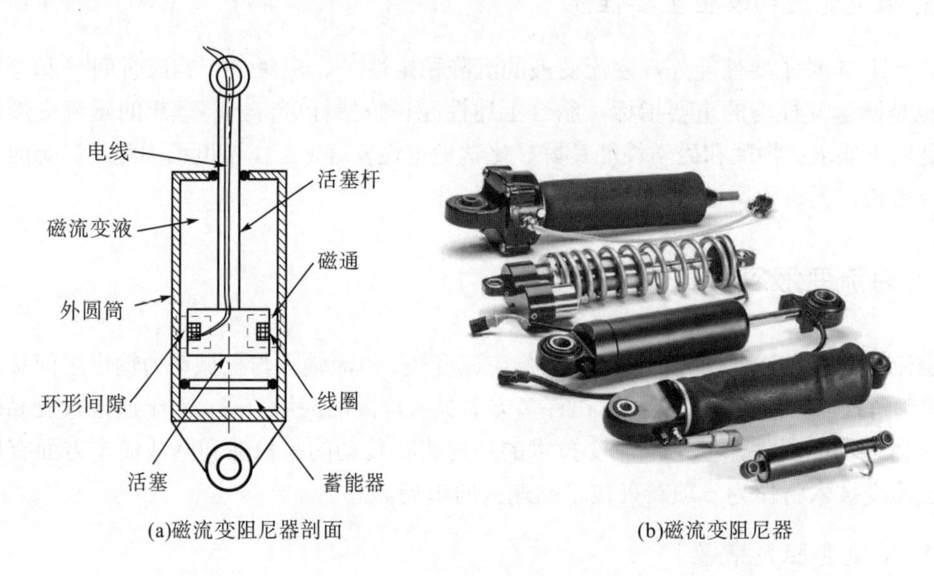

(a)磁流变阻尼器剖面　　(b)磁流变阻尼器

图1-1　磁流变阻尼器结构图

除消减系统振动外，磁流变液还可以作为弹性介质应用到隔振器中[106]，用于隔绝或减弱振动能量的传递[107]，从而达到减振降噪的目的。如Huang等[108]利用双黏度本构模型求解了圆盘式隔振器内磁流变液的速度和压力分布，推导了压力方程，为隔振阻尼器的设计提供了理论基础。Ito等[109]提出了一种半主动控制的旋转磁流变隔振器，并通过实验证明该装置对中层建筑的隔振有效。为提高隔振器的性能，Fang等[110]提出了一种二自由度磁流变隔振器模型，采用平均法得到谐波激励下的磁流变隔振器的位移响应，研究结果表明，磁流变液剪切屈服应力增大，明显抑制了系统的初级共振响应，但降低了高频的隔离效果。

2. 磁流变离合器和制动器

磁流变离合器是和制动器(图 1-2)利用磁流变液受外加磁场控制的剪切屈服应力来提供制动转矩或传递转矩的传动器件。作为最早出现的磁流变器件[111]，磁流变离合器和制动器的生产和制造已经形成了产业化发展[112,113]，并在汽车[114,115]、机器人[116,117]领域被广泛使用。

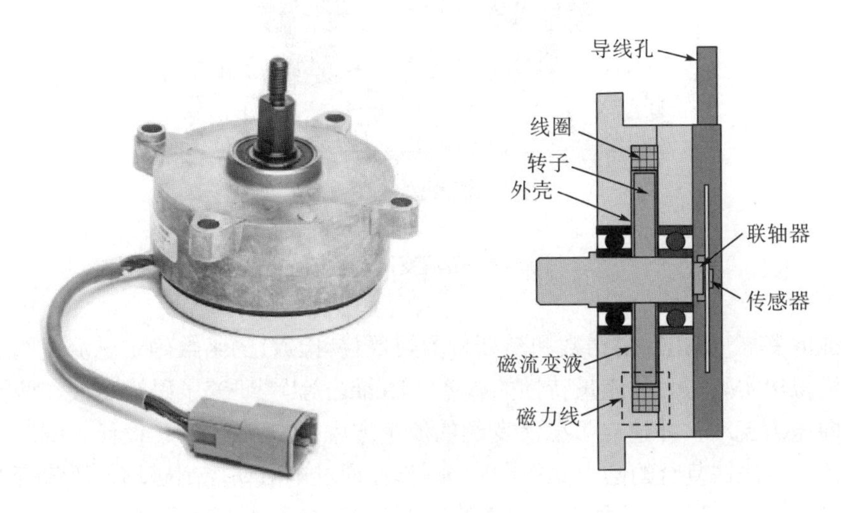

图 1-2 PB8130 型磁流变制动器

在理论研究方面，Huang 等[118]分析了磁流变离合器和制动器的工作原理，建立了磁流变离合器的转矩传递模型，并提出磁流变器件关键几何尺寸的设计方法。Carlson[20,119]建立了关于磁流变离合器和制动器的寿命预测模型。Neelakantan 和 Washington[120]提出一种包含磁流变液离心力的力学模型，并针对磁流变离合器的密封问题进行改进。Farjoud 等[62,121]针对高滑差速率下磁流变液的剪切稀化现象和屈服面进行了研究。Nguyen 和 Choi[122]考虑转动惯量、尺寸设计和温度对磁流变制动器的影响，并结合优化理论和有限元分析设计了优化程序。

剪切模式下磁流变器件剪切屈服应力过小严重限制了磁流变离合器和制动器的应用，目前大量学者针对磁流变器件的性能展开研究。Goncalves 等[123]介绍了美国洛德公司关于高性能磁流变制动器的设计思路，并探讨了磁流变技术与电动汽车技术的发展。Rizzo 等[124]提出一种永磁多间隙磁流变离合器，减少了永磁体分离过程中的转矩损失。Wang 等[125]提出了一种多盘式磁流变离合器，并探究了滑移状态下多盘磁流变离合器中磁流变液的温升特性。陈德民等[126]针对车辆大转矩传递的要求，提出了新型多筒式磁流变离合器结构。Sun 等[127]、赵冲和马晓娟[128]分别将盘式和筒式磁流变制动器表面加工成摆线波纹状，为异形工作面磁流变液制动器的设计提供了新的思路。

3. 磁流变阀

磁流变阀(图 1-3)是基于磁流变液的流动模式开发的一类磁流变智能器件，它可作为旁通阀来控制阻尼器，应用于汽车半主动悬架系统[129,130]；也可以内置于悬架系统中，用来控制液流通道的流速，应用于海洋平台的减振系统[131,132]。

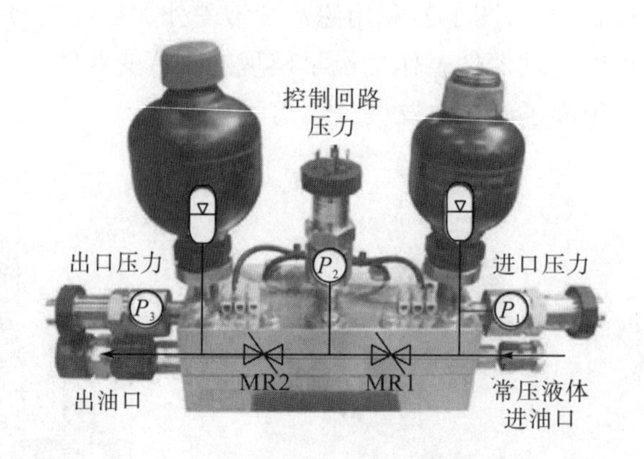

图 1-3 磁流变阀示意图

Gorodkin 等[133]提出用雷诺数和赫斯特罗姆数(赫氏数)的函数确定磁流变阀液压阻力系数，并模拟出实验压力和流量特性的效率。Huang 等[134]研究了磁流变液在两圆筒间隙之间的轴向压力流动，并建立了磁流变阀的流量方程。Aydar 等[135]设计、制造并测试了一种永磁体和电磁铁复合的圆盘式径向磁流变阀，通过电磁铁控制磁场使磁流变阀具有双向可控性。Fatah 等[136]提出一种蛇形回路的磁流变阀，极大地增强了磁流变阀的工作范围。Manjeet 和 Sujatha[137]使用赫谢尔-巴尔克莱模型对环形阀内磁流变液的流动进行分析，从流动模拟、静磁分析和几何优化三个方面定义了磁流变阀的设计方法。Hu 等[138]提出了一种新型的磁隔离径向磁流变阀，在体积不变的情况下极大地增强了磁流变阀工作区域的磁感应强度。

4. 磁流变液抛光

磁流变液抛光是利用磁流变抛光液在外加磁场作用下形成一条坚硬的磨削带，使磨削带在楔形加工间隙内产生压力和剪切力对抛光元件的表面进行磨削的一种先进加工技术(图 1-4)。自 1986 年 Kordonsky 等首次提出磁流变抛光技术后，磁流变抛光技术经历了飞速的发展[139]。1992 年，美国罗切斯特大学研制出第一台磁流变抛光样机；1996 年 QED 公司成立，并于 1998 年开始推出商业化的 Q22 系列磁流变抛光机[140]。研究表明，磁流变液抛光在复杂曲面加工方面具有得天独厚的优势，Kumar 等[141]开发了一种旋转磁流变液抛光的新工艺，可实现更均匀和快速地加工复杂自由形状的表面。Maan 等[142]提出球头磁流变精加工工艺。为提高抛光精度与抛光质量稳定性，Alam 和 Jha[143]制定了一种具有五轴数控系统的球头磁流变液抛光精加工工艺，对工件的三维表面进行抛光。

5. 磁流变液的其他应用

除上述几种应用形式外，磁流变液在柔性夹具[144]、密封[145]、声学[146]和医药[147]等领域也有较好的应用前景。如 Ma 等[148]设计了一种磁流变液柔性夹具，用于抑制航空工业加工过程中的振动，并提出考虑外部阻尼因素的工件-夹具系统的动态方程。Zhang 等[149]针对不同压力下磁流变液的密封效果展开研究，并推导了磁流变液密封压力与时间的关系。Iacob 等[150]、Sheng 等[151]等用磁流变液治疗血栓，将磁流变液与溶解的纤维蛋白酶制成合剂，靠磁场使药剂由血液流入阻塞的支血管，经瘀血区吸到血栓处。

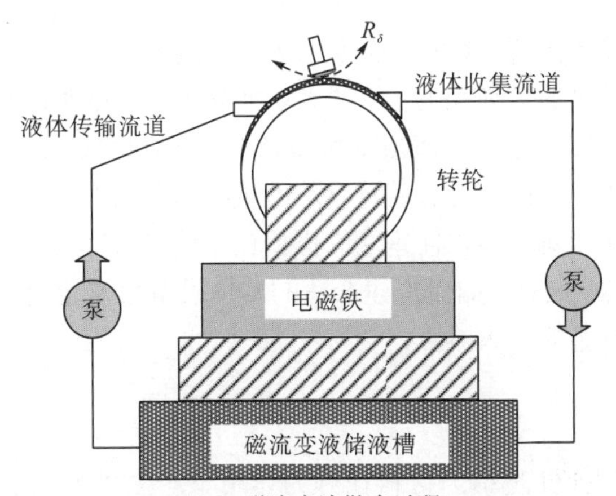

(a)磁流变液抛光过程

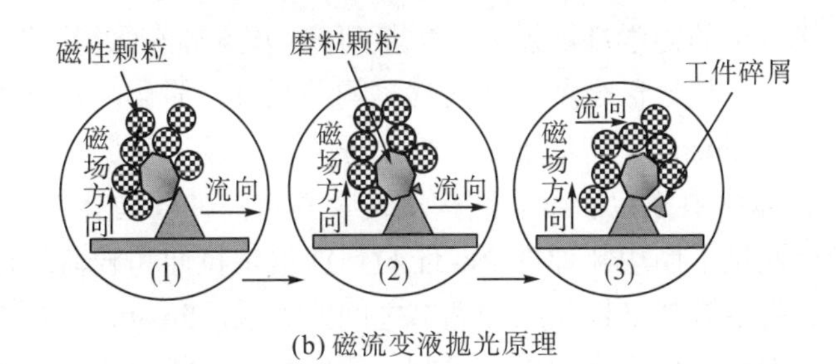

(b) 磁流变液抛光原理

图 1-4 磁流变液抛光示意图

1.3 形状记忆合金发展与应用

形状记忆合金或“智能合金金属材料”是由 Ölander 于 1932 年首次发现[152]，自 1963 年 Buehler 等[153]揭示镍钛(Ni-Ti)合金中的形状记忆效应(shape memory effect，SME)起，形状记忆材料(shape memory material，SMM)作为一种新型功能材料开始为人们所认知，并成为一个独立的学科分支。随后，科研人员对 Fe 基、Cu 基形状记忆合金的形状记忆效应机制，以及和形状记忆效应密切相关的相变超弹性(或伪弹性)机制，展开了大量的研究[154,155]。形状记忆合金的双程形状记忆效应、全方位形状记忆效应、R 相变等现象被发现，为形状记忆合金的应用开辟了更广阔的前景[156]。

形状记忆合金作为一种驱动能力较强的智能材料，已广泛应用于复合材料[157]、汽车[158]、航空航天[159,160]、微型执行器[161]和微机电系统[162]、生物医学[163,164]等领域。Ni-Ti 形状记忆合金具有优异的力学性能，更适合于大多数应用场景，但其高昂的价格限制了大规模商业化应用。尽管Fe基和Cu基形状记忆合金稳定性较差，但其成本较低，在一般消费品市场具有广阔的应用前景。

1.3.1 形状记忆合金性能

形状记忆合金最显著的两个特征是超弹性和形状记忆效应，引起这两个特性的主要原因是应力或温度变化带来的可逆相变。从微观层面来说，超弹性和形状记忆效应都是基于形状记忆合金晶体结构在低温马氏体相变和高温奥氏体之间转化的结果，其主要区别是，超弹性是由应力诱发相变，而形状记忆效应是由温度诱发相变。目前关于形状记忆合金的形状记忆效应的研究还相对较少，且建立的模型过于简单、引入参数较少，相反关于超弹性的研究已经较为成熟。此外，如何构建合适的本构模型来描述形状记忆材料的特殊行为也成为研究形状记忆合金的一大难点。

1. 超弹性

形状记忆合金的超弹性是指当材料在外力作用下产生了远大于其弹性极限的应变量(8%左右)时，在卸载后仍能自发恢复其变形的现象。近年来超弹性越来越受到人们重视，研究人员对形状记忆合金的力学性能展开了大量研究。郑继周和张艳[165]考虑了相变过程中马氏体含量的影响，对形状记忆合金的非线性本构关系进行简化，建立了超弹性应力应变关系的分段线性模型。Heinen等[166]基于第一性原理分析了复杂应变下马氏体体积分数的变化，揭示了马氏体变体体积分数的微观结构演变及其对弹性各向异性的影响。Hsu等[167]借助微型双轴实验台测试了商用超弹性Ni-Ti材料在单轴拉伸和载荷路径变化期间的转变行为，建立了转变过程中微观结构和应变调节之间的关系。Polatidis等[168]通过高分辨率图像揭示超弹性发生时形状记忆合金的应变机制，研究表明形状记忆合金的残余应变由奥氏体变形滑移、马氏体孪晶和残余马氏体造成。方成等[169]、黄斌等[170]将形状记忆合金弹簧应用在房屋隔振中，并根据其超弹性曲线建立了力与位移的基本关系。

2. 形状记忆效应

形状记忆效应是指材料能够“记忆”原始形状的功能。随着温度变化，形状记忆合金内部的金相结构可在马氏体相变和奥氏体之间发生可逆转变，此时形状记忆合金的形状发生宏观伸缩变化。形状记忆效应最初是在马氏体相变中发现的[171]，早在1984年Nishida和Honma[172]便针对约束时效对全程形状记忆效应进行了系统研究。但随后关于形状记忆效应的研究便停滞于研究材料性能层面，如贺志荣等[171]、Nishida和Honma[172]、Meng等[173]分别研究了Ni含量和训练温度对形状记忆合金性能的影响。Gonzalez等[174]研究了热循环次数对形状记忆合金弹簧相变的影响。Sittner等[175]研究了拉伸变形下马氏体的晶格缺陷，并总结出热机械载荷对Ni-Ti合金超弹性和形状记忆效应的影响。

呈现形状记忆效应的合金，其基本合金系就有10种以上，如果把相互组合的合金或者添加适当元素的合金都算在内，则有100种以上[176]。但是，实用的只有Ni-Ti基合金、Cu基合金、Fe基合金以及它们中添加少量第三种元素的改良合金。其余合金，有些化学成分不是常用元素而且价格昂贵，有些只能在单晶状态下使用，所以不适用于工业生产。由于组成元素不同，三种合金的特性有较大差异，见表 1-1。Ni-Ti 基合金拥有最合适的转变温度范围和最佳的温度记忆效应，性能最好，是形状记忆合金中应用最广的一类。

表 1-1 Ni-Ti 基、Cu 基和 Fe 基形状记忆合金的记忆特性比较

特性	Ni-Ti 基合金	Cu 基合金		Fe 基合金	
		CuZnAl	CuAlNi	FeNiCoTi	FeMnSi
转变温度/℃	−150～120	−100～100	80～200	−150～300	50～250
最大单程记忆效应/%	8	5	5	1.5	2.0
最大双程记忆效应/%	6	1	1	0.5	0.3
最大超弹性变形/%	7	2	2	1.5	1.5

3. 形状记忆合金本构模型

随着形状记忆合金在各领域中的应用与普及，人们要求对其热力学特性进行全面描述。针对形状记忆合金本构行为的研究在过去 20 年里取得了巨大的进展，并可大致将其分为三类：微观热力学模型、宏观热力学模型和基于微力学的宏观模型。

形状记忆合金的唯象本构模型主要从热力学第一、第二定律出发，基于热动力学理论和相变动力学理论来描述材料的宏观行为[177]。由于模型简单、引入参数少且容易由实验获得，宏观热力学模型发展迅速，如 Tanaka 模型[178]、Liang-Rogers 模型[179]、Brinson 模型[180]、Boyd-Lagoudas 模型[181]和朱-吕模型[182]等。

宏观模型虽然较为简单、易用，然而它难以精确描述一般多轴复杂加载情况下的热力学行为，且随着研究的深入，越来越多的学者意识到材料宏观变形特性与材料在各尺度下的变形特性有着密切联系，必须建立形状记忆合金的微观热力学模型。Kelly 等[183]基于细观力学和对微结构物理机制的分析，较好地解释了形状记忆合金在任意非比例加载下超弹性和形状记忆特性的宏观现象及其细观机制。李卫国等[184]、李卫国[185]通过有限元仿真模拟形状记忆合金微结构变化，提出一种计及相变微结构变化的本构模型，该本构模型采用体应力补偿法考虑结构对各相材料力学特性的影响，提高了模型的精度。Hannequart 等[186]修正了马氏体和奥氏体之间的相变过程，并通过实验证明自调节马氏体到奥氏体的相变与去孪晶马氏体到奥氏体的转变是不同的。还有部分学者从微力学理论入手建立本构模型[187,188]，但微力学模型一般涉及多晶聚合物的力学变化[189]，应力状态较为复杂，模型精度还有待提高。

1.3.2 形状记忆合金应用

形状记忆合金的独特性能在航空航天、汽车、自动化、能源、化学加工和电子行业产生了新的创新应用。更重要的是，在这些应用中形状记忆合金器件可以同时发挥传感器和

驱动器的功能。下面将根据形状记忆合金的工作机理，对形状记忆合金在各行业的应用现状进行简述。

1. 形状记忆合金驱动器

新兴的线控驱动技术为形状记忆合金驱动器提供了广泛应用的机会，使其有望替代传统乘用车中的电磁驱动器。形状记忆合金驱动器的机械结构简单紧凑，显著降低了汽车的零部件数量、重量和成本，且与传统驱动器相比，其具有显著的性能优势。例如，基于形状记忆合金驱动器开发的可感知外界环境的智能汽车进气道百叶窗，用于控制进入发动机舱的气流；基于形状记忆合金材料的超弹性开发出的自适应车门抓握手柄，可更加轻松地打开车门等[154,190]。

2. 国防和航空航天装置

自20世纪70年代美国F-14战斗机的液压管路采用形状记忆合金管接头[191]获得成功以来，将形状记忆合金的独特性能应用于航空航天领域引起了各国极大的关注，形状记忆合金能够满足航空航天器高动态载荷和几何结构复杂的要求[192]。例如，美国国家航空航天局(National Aeronautics and Space Administration，NASA)开发的一种基于形状记忆合金的非充气式轮胎[193](图1-5)、由形状记忆合金丝驱动的可变形机翼机构[159,194]、波音公司提出的一种形状记忆合金飞机叶片[195]等。此外，Wang等[196]、潘逢群等[197]开发了一种应用于航天器的形状记忆合金天线，并通过有限元分析实现索网结构天线的在轨保形设计，推动了形状记忆合金在航天领域的应用和发展。

图1-5　形状记忆合金整流罩

3. 形状记忆合金柔性机器人

20世纪80年代以来，形状记忆合金已被广泛应用于各种商业机器人系统中，尤其是作为微驱动器或人工肌肉。例如，将形状记忆合金与传统刚性机器人结合设计出的象鼻柔性机器人[198]、基于形状记忆合金的仿生机械手[199](图1-6)、基于形状记忆合金开发的微型蝠鲼机器人[200]等。形状记忆合金柔性机器人发展迅速，并已成为多国国防发展项目，如美国国防部高级研究计划局投资的仿毛虫软体机器人[201]、仿阿米巴虫机器人ChiMERA[11]等。

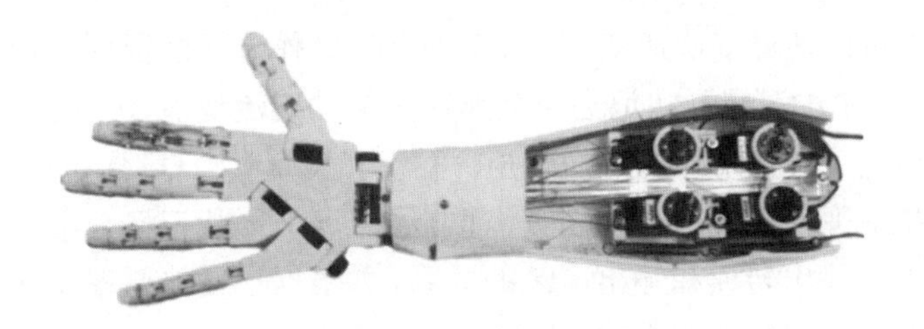

图 1-6 形状记忆合金仿生机械手

4. 生物医学器材

如今，大多数形状记忆合金机器人应用受到生物学的启发(即仿生学)，并广泛应用于生物医学等领域[202-204]。形状记忆合金在生物医学方面的应用始于牙科和骨科。1962 年，Buehler 等提出将形状记忆合金材料用于牙科[153]。1973 年美国 Andreasen 等利用形状记忆合金丝，取代了传统牙齿矫形使用的不锈钢丝和 Co-Cr 合金丝[205]。1982 年，中国、日本等国家也相继开发出超弹性形状记忆合金丝，应用于牙科领域以替代传统合金丝[164]。形状记忆合金在牙科成功的应用也使其拓展到矫形外科中[206]。形状记忆合金制成的骨科矫形器械主要有股骨接骨板、股骨髓内针、聚髌器、骑缝钉等[207-209]。

近年来，随着介入治疗的发展，形状记忆合金在介入器械中的优势也日益明显，最典型的就是 Ni-Ti 合金支架和覆膜支架[210]。除上述几种在生物医学方面的应用之外，形状记忆合金还被应用于人造器官、新型形状记忆合金植入物等。

1.4 形状记忆合金与磁流变液复合传动技术

目前国内外在单一的磁流变液或形状记忆合金性能及应用中已经有了很多成果，但对电场、磁场、热场等多种物理场作用下材料的复合传动机理及应用的研究还较少，且由于磁流变液的主要工作形式是剪切流动过程中的屈服与黏弹性行为，在温升过程中磁流变液的剪切屈服应力会下降，不能满足不同温度环境下传动性能稳定的需求。形状记忆合金能够弥补磁流变液传动方面的缺陷，由磁流变液与形状记忆合金构成的电磁热智能复合传动不仅具有重要的科学研究意义，还具有广泛的应用价值。由于现有研究主要涉及单一的形状记忆合金或磁流变液的特性与应用，涉及形状记忆合金与磁流变液联合运用的研究还较少。作者团队在前期研究的基础上[118,211-214]将形状记忆合金与磁流变液结合，在形状记忆合金与磁流变液复合传动技术方面做了大量研究工作，取得了阶段性成果。

1.4.1 形状记忆合金驱动的磁流变液传动

利用形状记忆合金具有的形状记忆效应和超弹性可以将其作为驱动装置使用，作者团队充分利用该特点，将其与磁流变液结合，提出了一些具有代表性的、新颖的传动装置，如 Huang 等[215]提出了一种由形状记忆合金弹簧形状记忆效应驱动的圆柱形磁流变液传输方法，其输出转矩可以随温度快速变化。在此基础上，作者团队提出一种温控变面磁流变液传动方法[216,217]，通过温控形状记忆合金弹簧来驱动磁流变液，使磁流变液的工作间隙面积产生变化，增大了装置所能传递的转矩。乔臻和黄金[218]、黄金和乔臻[219]介绍了形状记忆合金温控的磁流变液自发电传动装置，建立了温度与形状记忆合金温控开关输出行程的关系式以及温度与输出转速和输出电流的关系，并根据自发电原理建立了磁感应强度和温控开关电阻与发电机参数的关系式，最终得出温度与输出转矩的关系。Ma 等[220]、Chen 等[221]等提出了一种基于形状记忆合金和磁流变液的连续无级调速传动系统，推导了传动装置的扭矩和流速方程，并设计了一种形状记忆合金弹簧执行器来控制线圈组件中的电流。Xiong 和 Huang[222]提出了一种变体积分数的磁流变制动器，该制动器通过磁流变液来驱动，使磁流变液的体积分数增加，进而提高磁流变液工作性能；他们还提出了一种形状记忆合金与磁流变液联合制动的方法[223]，其制动扭矩不会随着温度的升高而降低。

为了进一步体现作者的创新思想以及研究成果的实用性，作者团队依据磁流变液与形状记忆合金不同的工作方式分别提出一些具有代表性的专利成果。作者团队发明了一种温控变面磁流变传动装置[224]，将形状记忆合金作为热驱动器和控制器，利用形状记忆合金推动工作盘移动，增大磁流变液的工作间隙面积，提高了传动装置的转矩控制范围。该装置具有结构简单、转矩的传递效率更高、能耗更低、传动过程更加稳定的特点。黄金和熊洋基于楔挤压效应发明了一种温控圆变楔形磁流变液离合器[225]，该离合器可以通过温控开关自动实现离合器的启停，并依靠形状记忆合金推动滑块改变工作间隙的形状，使磁流变液同时在多个楔形间隙中工作，磁流变效应增大，磁流变液剪切屈服应力显著提高，离合器传递转矩显著增大。为提高能源利用效率，将能源回收、再利用，作者团队发明了一种利用形状记忆合金驱动的磁流变液自发电传动装置[226]，该装置能够根据温度变化对磁流变液的传递性能进行自适应调节，还能够减少由于克服磁流变液零场黏性力而产生的功率损耗，保护了磁流变液的物理和化学性能；还发明了一种圆筒式变体积磁流变风扇自动离合器[227]，该离合器利用形状记忆合金驱动磁流变液，通过改变磁流变液体积分数提高了磁流变液的剪切屈服应力，使离合器传递转矩增加。

1.4.2 形状记忆合金挤压的磁流变液传动

磁流变液中的磁性颗粒在一定的磁场强度下会达到磁饱和状态，达到磁饱和后，即使磁场强度继续变大，磁流变液的剪切屈服应力也不再增加，限制装置的转矩大小。作者团队对磁流变液的性能进行深入研究后发现，磁流变液在受到挤压作用时，其剪切屈服应力会增大，进而提高磁流变装置的转矩，并获得了一些成果。例如，邱锐等[228]设计的一种基于电磁挤压的磁流变液传动装置，利用励磁线圈通电后产生的电磁力对磁流变液进行挤压，在保证传动装置传递高转矩的同时，使传动装置的结构更加紧凑。基于上述磁流变液挤压强化效应的研究，Chen 等[229]设计了一种新型可变间隙的磁流变传动装置，该装置通过电热形状记忆合金弹簧挤压磁流变液来提高传动扭矩，所提出的可变厚度磁流变传动装置在形状记忆合金弹簧挤压力作用下，最大扭矩可提高 4.88 倍，通过用形状记忆合金弹簧挤压磁流变液，可以快速有效地提高可变厚度磁流变液传动装置的扭矩。

根据上述研究，作者团队取得了一些代表性的专利成果。例如：①电磁热记忆合金挤压的圆弧式磁流变与摩擦传动装置[230]，该装置中的磁流变液工作间隙为圆弧状，在不改变装置体积的前提下，增大磁流变液工作区域面积，提高了传动装置的性能；②一种内燃机永磁磁流变风扇离合器及风扇[231]，该风扇离合器可与内燃机主轴连接，并根据温度自适应调节风扇转速，保证离合器在高温下传递性能的稳定性，改善风扇的散热效果，解决了传统硅油风扇离合器高温下性能下降的问题，且离合器使用永磁体作为磁场激励，结构简单，具有节能、环保的特点；③内啮合齿轮泵式循环冷却磁流变制动器[232]，该制动器通过齿轮泵组件带动磁流变液流动，并在过滤膜的作用下，使磁流变液的基础液进行循环冷却，能够快速有效地对磁流变液进行冷却降温，控制磁流变液工作过程中的温升，提高了制动器的稳定性和制动效果；④针对磁流变液的挤压强化效应，提出了一种电磁挤压锥形式磁流变液自加压离合器[233]，该离合器结合了异形圆盘式磁流变离合器和电磁摩擦离合器的优点，将形状记忆合金在高温下产生的挤压力和电磁力复合，对磁流变液进行轴向加压，进一步增大磁流变液的剪切屈服应力，为大转矩复合传动装置的设计提供了新的思路。

1.4.3　形状记忆合金弹簧摩擦与磁流变液复合传动

在以上两种应用中，形状记忆合金仅起到辅助作用并未直接参与传动。作者团队利用形状记忆合金弹簧的热机特性，使其驱动滑块产生摩擦转矩，与磁流变液剪切转矩形成联合传动转矩，从而提升装置性能。例如，陈松等[234]提出了一种基于形状记忆合金热弹性驱动的磁流变液与滑块摩擦复合传动装置，得到了热效应下形状记忆合金弹性驱动的磁流变液和滑块摩擦复合传动转矩方程，并揭示了其传动机理。黄金等[230]、Chen 等[235]分别设计的圆弧式、多弧面式磁流变液与形状记忆合金复合传动方法，在高温下形状记忆合金可以弥补磁流变液性能下降的缺陷，比传统圆盘式磁流变传动装置传递的转矩更大。熊洋等[236]和 Xiong 等[237]针对磁流变装置所产生的转矩偏小的问题，提出了一种磁流变液与电热形状记忆合金联合传动的方法，结果表明，电热形状记忆合金附加摩擦提高了传动装置的可控性和稳定性。

针对线圈发热导致磁流变离合器性能下降的问题，作者团队发明了以下装置：①电热磁形状记忆合金与磁流变液复合离心式离合器[238]，该装置能够实现形状记忆合金、磁流变液和离心力的复合传动，以提高离合器的传递力矩，从而提高离合器传递效率；②电磁挤压的磁流变与形状记忆合金摩擦复合制动器[239]，该制动器在电磁挤压的基础上，利用形状记忆合金弹簧驱动摩擦块与外圆筒接触产生附加摩擦转矩，极大地提高了制动器的制动转矩；③形状记忆合金驱动的磁流变液与电磁摩擦联合传动装置[240]，该装置通过形状记忆合金产生的摩擦转矩弥补磁流变液性能下降的不足，传动装置依靠磁流变液与滑块摩擦共同传递转矩，保证了传动性能稳定，同时能够延长磁流变液的使用寿命。

此外，作者团队发明了一种基于磁流变液和形状记忆合金的楔形挤压软启动装置[241]，在该专利中，作者提出了一种楔挤自加压的思想，即将内、外圆筒之间的工作间隙设计为楔形，当软启动装置工作时，由于工作间隙厚度变化，对磁流变液产生挤压，并且受压后的部分磁流变液还将经过导流孔进入顶板底部，推动顶板移动自动加压。该装置糅合了液体静压原理与磁流变液、形状记忆合金的复合传动机理，其优点在于磁流变液产生挤压强化效应后，大幅提升了磁流变液的剪切屈服应力；再借助加压后的液体和形状记忆合金的弹簧共同推动顶杆，使顶杆与从动圆筒内壁摩擦产生额外附加力矩，进一步提高了软启动装置的传递功率和高温下性能的稳定性。该装置与现有液压式轴向加压的磁流变传动装置相比，结构设计简单，装置的集成性和可靠性更高。

参 考 文 献

[1] 毛卫民. 材料与文明[M]. 北京: 高等教育出版社, 2019.

[2] 冷劲松, 孙健, 刘彦菊. 智能材料和结构在变体飞行器上的应用现状与前景展望[J]. 航空学报, 2014, 35(1): 29-45.

[3] Woo S, Litzius K, Krüger B, et al. Observation of room-temperature magnetic skyrmions and their current-driven dynamics in ultrathin metallic ferromagnets[J]. Nature Materials, 2016, 15(5): 501-506.

[4] Stuart M A C, Huck W T S, Genzer J, et al. Emerging applications of stimuli-responsive polymer materials[J]. Nature Materials, 2010, 9(2): 101-113.

[5] 李铁风, 李国瑞, 梁艺鸣, 等. 软体机器人结构机理与驱动材料研究综述[J]. 力学学报, 2016, 48(4): 756-766.

[6] Jani J M, Leary M, Subic A, et al. A review of shape memory alloy research, applications and opportunities[J]. Materials & Design(1980-2015), 2014, 56(4): 1078-1113.

[7] 李海涛, 彭向和, 何国田. 磁流变液机理及行为描述的理论研究现状[J]. 材料导报, 2010, 24(3): 121-124.

[8] 张进秋, 张建, 孔亚男, 等. 磁流变液及其应用研究综述[J]. 装甲兵工程学院学报, 2010, 24(2): 1-6.

[9] Ryan G, Pandit A, Apatsidis D P. Fabrication methods of porous metals for use in orthopaedic applications[J]. Biomaterials, 2006, 27(13): 2651-2670.

[10] Spaggiari A, Castagnetti D, Golinelli N, et al. Smart materials: Properties, design and mechatronic applications[J]. Proceedings of the Institution of Mechanical Engineers, Part L: Journal of Materials Design and Applications, 2019, 233(4): 734-762.

[11] 曹玉君, 尚建忠, 梁科山, 等. 软体机器人研究现状综述[J]. 机械工程学报, 2012, 48(3): 25-33.

[12] Grzegorz K, Pawel K. Smart materials as a components of mechatronic systems[J]. Przeglad Elektrotechniczny, 2009, 85(9): 187-193.

[13] 杨超君, 郑武, 李直腾, 等. 可调速异步盘式磁力联轴器性能参数计算[J]. 中国机械工程, 2011, 22(5): 604-608.

[14] Erkaya S. Experimental investigation of flexible connection and clearance joint effects on the vibration responses of mechanisms[J]. Mechanism and Machine Theory, 2018, 121: 515-529.

[15] Li S E, Fu C. Design and simulation of three-phase AC motor soft-start[C]. 3rd International Conference on Intelligent System Design and Engineering Applications(ISDEA), 2013: 554-557.

[16] 张以都. 国内外重载机械设备软启动技术的研究[J]. 煤炭科学技术, 2001, 29(9): 23-27.

[17] Huang W C, Yuan Y X, Chang Y F, et al. A novel soft start method based on auto-transformer and magnetic control[C]. IEEE International Conference on Industrial Technology(ICIT), 2016: 2108-2113.

[18] Hurlebaus S, Gaul L. Smart structure dynamics[J]. Mechanical Systems and Signal Processing, 2006, 20(2): 255-281.

[19] Yang G, Spencer B F Jr, Carlson J D, et al. Large-scale MR fluid dampers: modeling and dynamic performance considerations[J]. Engineering Structures, 2002, 24(3): 309-323.

[20] Carlson J D. Critical factors for MR fluids in vehicle systems[J]. International Journal of Vehicle Design, 2003, 33(1/2/3): 207-217.

[21] Hua D Z, Liu X H, Li Z Q, et al. A review on structural configurations of magnetorheological fluid based devices reported in 2018-2020[J]. Frontiers in Materials, 2021, 8: 1-15.

[22] 袁金福, 王建文. 圆槽盘式磁流变液制动器的设计研究[J]. 机械科学与技术, 2018, 37(2): 226-231.

[23] 唐龙, 岳恩, 罗顺安, 等. 磁流变液温度特性研究[J]. 功能材料, 2011, 42(6): 1065-1067.

[24] 周治江, 廖昌荣, 谢磊, 等. 硅基磁流变粘弹性流体制备方法与流变学特性研究[J]. 功能材料, 2013, 44(17): 2554-2558.

[25] Ashour O, Rogers C A, Kordonsky W. Magnetorheological fluids: materials, characterization, and devices[J]. Journal of Intelligent Material Systems and Structures, 2016, 7(2): 123-130.

[26] Skalski P, Kalita K. Role of magnetorheological fluids and elastomers in today's world[J]. Acta Mechanica et Automatica, 2017, 11(4): 267-274.

[27] De Vicente J, Klingenberg D J, Hidalgo-Alvarez R. Magnetorheological fluids: A review[J]. Soft Matter, 2011, 7(8): 3701-3710.

[28] Ginder J M. Behavior of magnetorheological Fluids[J]. MRS Bulletin, 2013, 23(8): 26-29.

[29] Pei P, Peng Y B. Constitutive modeling of magnetorheological fluids: A review[J]. Journal of Magnetism and Magnetic Materials, 2022, 550: 1-20.

[30] Liu X H, Wang L F, Lu H, et al. A study of the effect of nanometer Fe_3O_4 addition on the properties of silicone oil-based magnetorheological fluids[J]. Materials and Manufacturing Processes, 2015, 30(2): 204-209.

[31] 洪若瑜. 磁性纳米粒和磁性流体制备与应用[M]. 北京: 化学工业出版社, 2009.

[32] 单小璇, 刘仲武, 余红雅, 等. 化学共沉法制备的高饱和磁化强度 $Fe_{65}Co_{35}$ 合金纳米颗粒[J]. 磁性材料及器件, 2011, 42(2): 20-24.

[33] 杨仕清, 彭斌, 王豪才. 超细 Co-Ni 合金复合磁流变液的制备及流变性质研究[J]. 功能材料, 2001, 32(2): 142-143, 146.

[34] Bica I. The obtaining of magneto-rheological suspensions based on silicon oil and iron particles[J]. Materials Science and Engineering B-Solid State Materials for Advanced Technology, 2003, 98(2): 89-93.

[35] Lită M, Nicoară M. The use of amorphous and quasi-amorphous Fe-Cr-P powders for fabrication of magneto-rheological suspensions[J]. Journal of Magnetism and Magnetic Materials, 1999, 201(1-3): 49-52.

[36] Ulicny J C, Mance A M. Evaluation of electroless nickel surface treatment for iron powder used in MR fluids[J]. Materials Science and Engineering A, 2004, 369(1): 309-313.

[37] 关新春, 李金海, 欧进萍. 软性沉降磁流变液的研制及性能实验研究[J]. 功能材料与器件学报, 2004, 10(1): 115-119.

[38] Jang K I, Seok J, Min B K, et al. Behavioral model for magnetorheological fluid under a magnetic field using Lekner summation method[J]. Journal of Magnetism and Magnetic Materials, 2009, 321(9): 1167-1176.

[39] 刘维民, 许俊, 冯大鹏, 等. 合成润滑油的研究现状及发展趋势[J]. 摩擦学学报, 2013, 33(1): 91-104.

[40] 陈维清, 杜成斌, 万发学. 表面活性剂与触变剂对磁流变液沉降稳定性的影响[J]. 磁性材料及器件, 2010, 41(2): 55-57, 65.

[41] 李金海, 关新春, 欧进萍. 可调范围宽、悬浮稳定的磁流变液的配制[J]. 功能材料, 2004, 35(4): 414-416.

[42] Wilson M J, Fuchs A, Gordaninejad F. Development and characterization of magnetorheological polymer gels[J]. Journal of Applied Polymer Science, 2002, 84(14): 2733-2742.

[43] Jolly M R, Bender J W, Carlson J D. Properties and applications of commercial magnetorheological fluids[C]. 5th Annual International Symposium on Smart Structures and Materials, 1998: 262-275.

[44] Demortière A, Panissod P, Pichon B P, et al. Size-dependent properties of magnetic iron oxide nanocrystals[J]. Nanoscale, 2011, 3(1): 225-232.

[45] Daou T J, Grenèche J M, Pourroy G, et al. Coupling agent effect on magnetic properties of functionalized magnetite-based nanoparticles[J]. Chemistry of Materials, 2008, 20(18): 5869-5875.

[46] 易成建, 彭向和, 孙虎. 基于有限元方法的磁流变液微结构磁化及宏观力学特性分析[J]. 功能材料, 2011, 42(8): 1500-1503.

[47] Yi C J, Peng X H, Zhao C W. A magnetic-dipoles-based micro-macro constitutive model for MRFs subjected to shear deformation[J]. Rheologica Acta, 2010, 49(8): 815-825.

[48] Peng X H, Li H T. Analysis of the magnetomechanical behavior of MRFs based on micromechanics incorporating a statistical approach[J]. Smart Materials and Structures, 2007, 16(6): 2477-2485.

[49] Bica I. Electroconductive magnetorheological suspensions: production and physical processes[J]. Journal of Industrial and Engineering Chemistry, 2009, 15(2): 233-237.

[50] 张超, 江昱, 王雷, 等. 电磁颗粒阻尼器模型及铁磁颗粒力学特性研究[J]. 应用力学学报, 2020, 37(4): 1778-1783.

[51] Cutillas S, Bossis G, Lemaire E, et al. Experimental and theoretical study of the field induced phase separation in electro- and magnetorheological suspensions[J]. International Journal of Modern Physics B, 1999, 13(14-16): 1791-1797.

[52] Tao R, Jiang Q. Structural transitions of an electrorheological and magnetorheological fluid[J]. Physical Review E, 1998, 57(5): 5761-5765.

[53] Weiss K D, Carlson J D, Nixon D A. Viscoelastic properties of magnetorheological and electrorheological fluids[J]. Journal of Intelligent Material Systems and Structures, 1994, 5(6): 772-775.

[54] Tang X L, Conrad H. An analytical model for magnetorheological fluids[J]. Journal of Physics D-Applied Physics, 2000, 33(23): 3026-3032.

[55] Guo C W, Chen F, Meng Q R, et al. Yield shear stress model of magnetorheological fluids based on exponential distribution[J]. Journal of Magnetism and Magnetic Materials, 2014, 360: 174-177.

[56] 李海涛, 彭向和. 杆形颗粒磁流变液的剪切屈服应力模型[J]. 功能材料, 2011, 42(4): 689-692.

[57] Zhang X Z, Gong X L, Zhang P Q, et al. Study on the mechanism of the squeeze-strengthen effect in magnetorheological fluids[J]. Journal of Applied Physics, 2004, 96(4): 2359-2364.

[58] Mazlan S A, Ekreem N B, Olabi A G. The performance of magnetorheological fluid in squeeze mode[J]. Smart Materials and Structures, 2007, 16(5): 1678-1682.

[59] Hegger C, Maas J. Investigation of the squeeze strengthening effect in shear mode[J]. Journal of Intelligent Material Systems and Structures, 2016, 27(14): 1895-1907.

[60] He J M, Huang J, Liu C. Yield and rheological behaviors of magnetorheological fluids[J]. Advanced Materials Research, 2010, 905(97-101): 875-879.

[61] Lv H Z, Chen R, Zhang S S. Comparative experimental study on constitutive mechanical models of magnetorheological fluids[J]. Smart Materials and Structures, 2018, 27(11): 1-22.

[62] Farjoud A, Vahdati N, Fah Y F. Mathematical model of drum-type MR brakes using Herschel-Bulkley shear model[J]. Journal of Intelligent Material Systems and Structures, 2008, 19(5): 565-572.

[63] Choi Y T, Bitman L, Wereley N M. Nondimensional analysis of electrorheological dampers using an eyring constitutive relationship[J]. Journal of Intelligent Material Systems and Structures, 2005, 16(5): 383-394.

[64] 杨薇, 徐春晖, 孙其诚. 两刚性圆球间双黏度流体挤压流动压力分析[J]. 岩土力学, 2009, 30(S1): 116-120.

[65] Tao R. Super-strong magnetorheological fluids[J]. Journal of Physics-Condensed Matter, 2001, 13(50): 979-999.

[66] Pei L, Xuan S H, Pang H M, et al. Influence of interparticle friction on the magneto-rheological effect for magnetic fluid: A simulation investigation[J]. Smart Materials and Structures, 2020, 29(11): 1-10.

[67] Zhang X Z, Li W H, Gong X L. An effective permeability model to predict field-dependent modulus of magnetorheological elastomers[J]. Communications in Nonlinear Science and Numerical Simulation, 2008, 13(9): 1910-1916.

[68] Luo Q, Wang Y Q, Liu H B, et al. Analysis of quasistatic squeeze behavior of magnetorheological fluid from the microstructure variations[J]. Journal of Intelligent Material Systems and Structures, 2021, 32(18-19): 2127-2138.

[69] Shamieh H, Sedaghati R. Development, optimization, and control of a novel magnetorheological brake with no zero-field viscous torque for automotive applications[J]. Journal of Intelligent Material Systems and Structures, 2018, 29(16): 3199-3213.

[70] Wang D M, Zi B, Zeng Y S, et al. Temperature-dependent material properties of the components of magnetorheological fluids[J]. Journal of Materials Science, 2014, 49(24): 8459-8470.

[71] Forero-Sandoval I Y, Vega-Flick A, Alvarado-Gil J J, et al. Study of thermal conductivity of magnetorheological fluids using the thermal-wave resonant cavity and its relationship with the viscosity[J]. Smart Materials and Structures, 2017, 26(2): 1-8.

[72] Sun T, Peng X H, Li J Z, et al. Testing device and experimental investigation to influencing factors of magnetorheological fluid[J]. International Journal of Applied Electromagnetics and Mechanics, 2013, 43(3): 283-292.

[73] Ngatu G T, Wereley N M. Viscometric and sedimentation characterization of bidisperse magnetorheological fluids[J]. Ieee Transactions on Magnetics, 2007, 43(6): 2474-2476.

[74] Zheng J J, Li Y C, Wang J, et al. Accelerated thermal aging of grease-based magnetorheological fluids and their lifetime prediction[J]. Materials Research Express, 2018, 5(8): 1-12.

[75] Sahin H, Gordaninejad F, Wang X J, et al. Response time of magnetorheological fluids and magnetorheological valves under various flow conditions[J]. Journal of Intelligent Material Systems and Structures, 2012, 23(9): 949-957.

[76] Song W L, Choi S B, Choi J Y, et al. Wear and friction characteristics of magnetorheological fluid under magnetic field activation[J]. Tribology Transactions, 2011, 54(4): 616-624.

[77] Carlson J D. Magnetorheological fluid seismic damper: US6296088[P]. 2001-10-02.

[78] Boese H, Ehrlich J. Performance of magnetorheological fluids in a novel damper with excellent fail-safe behavior[J]. Journal of Intelligent Material Systems and Structures, 2009, 21(15): 1537-1542.

[79] Facey W B, Rosenfeld N C, Choi Y T, et al. Design and testing of a compact magnetorheological damper for high impulsive loads[J]. International Journal of Modern Physics B, 2005, 19(7/9): 1549-1555.

[80] Unsal M, Niezrecki C, Crane C D. Multi-axis semi-active vibration control using magnetorheological technology[J]. Journal of Intelligent Material Systems and Structures, 2008, 19(12): 1463-1470.

[81] Sodeyama H, Suzuki K, Sunakoda K. Development of large capacity semi-active seismic damper using magneto-rheological fluid[J]. Journal of Pressure Vessel Technology, 2004, 126(1): 105-109.

[82] Ahmadian M, Poynor J C. An evaluation of magneto rheological dampers for controlling gun recoil dynamics[J]. Shock and Vibration, 2001, 8(3-4): 147-155.

[83] Spelta C, Previdi F, Savaresi S M, et al. Control of magnetorheological dampers for vibration reduction in a washing machine[J]. Mechatronics, 2009, 19(3): 410-421.

[84] Lau Y K, Liao W H. Design and analysis of a magnetorheological damper for train suspension[J]. Proceedings of the Institution of Mechanical Engineers, Part F: Journal of Rail and Rapid Transit, 2006, 219(4): 261-276.

[85] 鞠锐, 廖昌荣, 周治江, 等. 单筒充气型轿车磁流变液减振器研究[J]. 振动与冲击, 2014, 33(19): 86-92.

[86] Paciello V, Pietrosanto A. Magnetorheological dampers: A new approach of characterization[J]. IEEE Transactions on Instrumentation and Measurement, 2011, 60(5): 1718-1723.

[87] Dobre A, Andreescu C N, Stan C J I C. The influence of the current intensity on the damping characteristics for a magneto-rheological damper of passenger car[J]. IOP Conference, 2016, 147(1): 1-7.

[88] Kim H C, Shin Y J, You W, et al. A ride quality evaluation of a semi-active railway vehicle suspension system with MR damper: Railway field tests[J]. Proceedings of the Institution of Mechanical Engineers, Part F: Journal of Rail and Rapid Transit, 2016, 231(3): 306-316.

[89] 温洪昌, 廖昌荣, 余淼, 等. 车用磁流变液减振器试验装置实时数据采集系统[J]. 仪表技术与传感器, 2007(9): 46-48.

[90] Zhang H H, Xu H P, Liao C R, et al. Dynamic response of magnetorheological fluid damper for automotive suspension and the influence by long-time standing-still[C]. International Conference on Vibration, Structural Engineering and Measurement(ICVSEM 2011), 2011: 1689-1692.

[91] Dutta S, Choi S B. A nonlinear kinematic and dynamic modeling of macpherson suspension systems with a magneto-rheological damper[J]. Smart Material Structures, 2016, 25(3): 1-11.

[92] Spencer B F Jr, Nagarajaiah S. State of the art of structural control[J]. Journal of Structural Engineering, 2003, 129(7): 845-856.

[93] Jung H J, Spencer B F, Ni Y Q, et al. State-of-the-art of semiactive control systems using MR fluid dampers in civil engineering applications[J]. Structural Engineering and Mechanics, 2004, 17(3-4): 493-526.

[94] Fu B Y, Zhang X M, Li Z Q, et al. A Dynamic model and parameter identification of high viscosity magnetorheological fluid-based energy absorber with radial flow mode[J]. Molecules, 2021, 26(22): 1-15.

[95] Hu W, Wereley N M. Hybrid magnetorheological fluid-elastomeric lag dampers for helicopter stability augmentation[J]. Smart Materials and Structures, 2008, 17(4): 1-16.

[96] Wang D H, Liao W H. Magnetorheological fluid dampers: A review of parametric modelling[J]. Smart Material and Structures, 2011, 20(2): 1-34.

[97] Thompson S K, Dobbs D R, Halilovic H, et al. Damping fluid devices, systems and methods: US9951841[P]. 2018-04-24.

[98] Choi S B, Hong S R, Sung K G, et al. Optimal control of structural vibrations using a mixed-mode magnetorheological fluid mount[J]. International Journal of Mechanical Sciences, 2008, 50(3): 559-568.

[99] Imaduddin F, Mazlan S A, Zamzuri H. A design and modelling review of rotary magnetorheological damper[J]. Materials & Design, 2013, 51: 575-591.

[100] 廖昌荣, 余淼, 陈伟民, 等. 汽车磁流变减振器设计原理与实验测试[J]. 中国机械工程, 2002, 13(16): 1391-1394.

[101] Dong X M, Yu M, Liao C R, et al. Comparative research on semi-active control strategies formagneto-rheological suspension[J]. Nonlinear Dynamics, 2010, 59(3): 433-453.

[102] Xie L, Choi Y T, Liao C R, et al. Long term stability of magnetorheological fluids using high viscosity linear polysiloxane carrier fluids[J]. Smart Materials and Structures, 2016, 25(7): 1-11.

[103] 张雷克, 唐华林, 王雪妮, 等. 磁流变液阻尼器控制下贯流式机组轴系碰摩振动特性分析[J]. 中国电机工程学报, 2022, 42(2): 693-701.

[104] 高瞻, 宋爱国, 秦欢欢, 等. 蛇形磁路多片式磁流变液阻尼器设计[J]. 仪器仪表学报, 2017, 38(4): 821-829.

[105] 陈淑梅, 汤鸿剑, 黄惠, 等. 剪切挤压混合模式磁流变阻尼器的性能[J]. 华南理工大学学报(自然科学版), 2021, 49(2): 140-150.

[106] 刘会兵, 廖昌荣, 李锐, 等. 磁流变液悬置用于发动机隔振模糊控制[J]. 振动. 测试与诊断, 2011, 31(2): 180-184, 265.

[107] 郑帅峰, 廖昌荣, 孙凌逸, 等. 旁通小孔与环形通道并联型轿车磁流变液减振器[J]. 振动与冲击, 2016, 35(18): 117-122.

[108] Huang J, Wang P, Wang G C. Squeezing force of the magnetorheological fluid isolating damper for centrifugal fan in nuclear power plant[J]. Science and Technology of Nuclear Installations, 2012, 2012(2): 289-294.

[109] Ito M, Yoshida S, Fujitani H, et al. Earthquake response reduction of mid-story isolated system due to semi-active control using magnetorheological rotary inertia mass damper[C]. Conference on Active and Passive Smart Structures and Integrated Systems, 2015: 1-9.

[110] Fang Y Y, Zuo Y Y, Xia Z W, et al. Displacement transmissibility of nonlinear isolation system with magnetorheological damper[C]. 4th International Conference on Applied Materials and Manufacturing Technology(ICAMMT), 2018: 1-7.

[111] Rabinow J. The magnetic fluid clutch[J]. Electrical Engineering, 1948, 67(12): 1167.

[112] Jolly M R, Marjoram R H, Koester S P, et al. Brake with field responsive material: EP1903244[P]. 2016-02-24.

[113] Carlson D J. Magnetorheological brake with integrated flywheel: US6186290[P]. 2001-2-13.

[114] Assadsangabi B, Daneshmand F, Vahdati N, et al. optimization and design of disk-type mr brakes[J]. International Journal of Automotive Technology, 2011, 12(6): 921-932.

[115] Shamieh H, Sedaghati R. Design Optimization of a magneto-rheological fluid brake for vehicle applications[C]. ASME Conference on Smart Materials, Adaptive Structures and Intelligent Systems, 2016: 1-7.

[116] Blake J, Gurocak H B. Haptic glove with MR brakes for virtual reality[J]. ASME Transactions on Mechatronics, 2009, 14(5): 606-615.

[117] Xie H L, Liang Z Z, Li F, et al. The knee joint design and control of above-knee intelligent bionic leg based on magneto-rheological damper[J]. International Journal of Automation and Computing, 2010, 7(3): 277-282.

[118] Huang J, Zhang J Q, Yang Y, et al. Analysis and design of a cylindrical magneto-rheological fluid brake[J]. Journal of Materials Processing Technology, 2002, 129(1): 559-562.

[119] Carlson J D. Magnelok(TM) technology-a compliment to magnetorheological fluids[C]. Smart Structures and Materials 2004 Conference, 2004: 348-354.

[120] Neelakantan V A, Washington G N. Modeling and reduction of centrifuging in magnetorheological(MR) transmission clutches for automotive applications[J]. Journal of Intelligent Material Systems and Structures, 2005, 16(9): 703-711.

[121] Farjoud A, Vahdati N, Fah Y F. MR-fluid yield surface determination in disc-type MR rotary brakes[J]. Smart Materials and Structures, 2008, 17(3): 1-8.

[122] Nguyen Q H, Choi S B. Optimal design of an automotive magnetorheological brake considering geometric dimensions and zero-field friction heat[J]. Smart Materials and Structures, 2010, 19(11): 1-11.

[123] Goncalves F D, Carlson J D, Wilder R, et al. Magnelok(TM) Technology-Achieving High Torque-Densities with a Novel Electromagnetically Actuated Band-Brake[C]. 12th International Conference on New Actuators/6th International Exhibition on Smart Actuators and Drive Systems, 2010: 702-705.

[124] Rizzo R, Musolino A, Bucchi F, et al. A multi-gap magnetorheological clutch with permanent magnet[J]. Smart Materials and Structures, 2015, 24(7): 1-9.

[125] Wang D M, Hou Y F, Tian Z Z, et al. Temperature rise characteristic of MR fluid in a multi-disc MR clutch under slip condition[J]. Industrial Lubrication and Tribology, 2015, 67(2): 85-92.

[126] 陈德民, 蔡青格, 张宏. 多筒式磁流变液离合器的设计及仿真[J]. 装甲兵工程学院学报, 2015, 29(4): 36-39.

[127] Sun H, Fang C N, Zhang L, et al. Design and research of a novel magnetorheological fluid coupling with cycloid corrugated surface[J]. International Journal of Applied Electromagnetics and Mechanics, 2019, 60(3): 355-377.

[128] 赵冲, 马晓娟. 双线圈波纹状新型磁流变制动器的设计研究[J]. 机械传动, 2018, 42(11): 96-100.

[129] 王代华, 艾红霞. 一种高效磁流变阀及其特性测试[J]. 功能材料, 2006, 37(7): 1179-1182.

[130] Abd Fatah A Y, Mazlan S A, Koga T, et al. A review of design and modeling of magnetorheological valve[J]. International Journal of Modern Physics B, 2015, 29(4): 1-35.

[131] Nguyen Q H, Choi S B, Lee Y S, et al. Optimal design of high damping force engine mount featuring MR valve structure with both annular and radial flow paths[J]. Smart Materials and Structures, 2013, 22(11): 1-10.

[132] Phu D X, Shah K, Choi S B. A new magnetorheological mount featured by changeable damping gaps using a moved-plate valve structure[J]. Smart Materials and Structures, 2014, 23(12): 1-13.

[133] Gorodkin S, Lukianovich A, Kordonski W. Magnetorheological throttle valve in passive damping systems[J]. Journal of Intelligent Material Systems and Structures, 1998, 9(8): 637-641.

[134] Huang J, He J M, Zhang J Q. Viscoplastic flow of the MR fluid in a cylindrical valve[J]. Key Engineering Materials, 2004, 501(274-276): 969-974.

[135] Aydar G, Wang X J, Gordaninejad F. A novel two-way-controllable magneto-rheological fluid damper[J]. Smart Materials and Structures, 2010, 19(6): 1-7.

[136] Fatah A Y, Mazlan S A, Koga T, et al. Design of magnetorheological valve using serpentine flux path method[J]. International Journal of Applied Electromagnetics and Mechanics, 2016, 50(1): 29-44.

[137] Manjeet K, Sujatha C. Magnetorheological valves based on Herschel-Bulkley fluid model: Modelling, magnetostatic analysis and geometric optimization[J]. Smart Materials and Structures, 2019, 28(11): 1-20.

[138] Hu G L, Liao M K, Li W H. Analysis of a compact annular-radial-orifice flow magnetorheological valve and evaluation of its performance[J]. Journal of Intelligent Material Systems and Structures, 2017, 28(10): 1322-1333.

[139] Golini D, Jacobs S D, Kordonsky W I. Fabrication of glass aspheres using deterministic microgrinding and magnetorheological finishing[J]. Proceedings of SPIE-The International Society for Optical Engineering, 1995, 2536: 208-211.

[140] 江宏亮, 姚巨坤, 田欣利, 等. 磁流变液在机械加工中的研究进展[J]. 工具技术, 2018, 52(2): 3-7.

[141] Kumar S, Jain V K, Sidpara A. Nanofinishing of freeform surfaces (knee joint implant) by rotational-magnetorheological abrasive flow finishing (R-MRAFF) process[J]. Precision Engineering, 2015, 42: 165-178.

[142] Maan S, Singh G, Singh A K. Nano-surface-finishing of permanent mold punch using magnetorheological fluid-based finishing processes[J]. Materials and Manufacturing Processes, 2016, 32(9): 1004-1010.

[143] Alam Z, Jha S. Modeling of surface roughness in ball end magnetorheological finishing (BEMRF) process[J]. Wear, 2017, 374-375: 54-62.

[144] Lu H, Hua D Z, Wang B Y, et al. The roles of magnetorheological fluid in modern precision machining field: a review[J]. Frontiers in Materials, 2021, 8: 1-11.

[145] Kordonski W I, Gorodkin S R. Magnetorheological fluid-based seal[J]. Journal of Intelligent Material Systems and Structures, 1996, 7(5): 569-572.

[146] Nanda A, Karami M A. One-way sound propagation via spatio-temporal modulation of magnetorheological fluid[J]. Journal of the Acoustical Society of America, 2018, 144(1): 412-420.

[147] Liu J, Flores G A, Sheng R S. In-vitro investigation of blood embolization in cancer treatment using magnetorheological fluids[J]. Journal of Magnetism and Magnetic Materials, 2001, 225(1-2): 209-217.

[148] Ma J J, Zhang D H, Wu B H, et al. Vibration suppression of thin-walled workpiece machining considering external damping properties based on magnetorheological fluids flexible fixture[J]. Chinese Journal of Aeronautics, 2016, 29(4): 1074-1083.

[149] Zhang Y J, Li D C, Chen Y B, et al. A comparative study of ferrofluid seal and magnetorheological fluid seal[J]. IEEE Transactions on Magnetics, 2018, 54(12): 1-7.

[150] Iacob G, Ciochină A D, Bredeean O, et al. Magnetite particle utilization for blood vessel embolization-a practical modeling[J]. Optoelectronics and Advanced Materials-Rapid Communications, 2008, 2(7): 446-449.

[151] Sheng R, Flores G A, Liu J. In vitro investigation of a novel cancer therapeutic method using embolizing properties of magnetorheological fluids[J]. Journal of Magnetism and Magnetic Materials, 1999, 194(1-3): 167-175.

[152] Ölander A. An electrochemical investigation of solid cadmium-gold alloys[J]. Journal of the American Chemical Society, 1932, 54(10): 3819-3833.

[153] Buehler W J, Gilfrich J V, Wiley R C. Effect of low-temperature phase changes on the mechanical properties of alloys near composition TiNi[J]. Journal of Applied Physics, 1963, 34(5): 1475-1477.

[154] Jani J M, Leary M, Subic A, et al. A review of shape memory alloy research, applications and opportunities[J]. Materials and Design, 2014, 56: 1078-1113.

[155] Paiva A, Savi M A. An overview of constitutive models for shape memory alloys[J]. Mathematical Problems in Engineering, 2006, 2006: 1-30.

[156] Huang W M, Ding Z, Wang C C, et al. Shape memory materials[J]. Materials Today, 2010, 13(7-8): 54-61.

[157] Furuya Y. Design and material evaluation of shape memory composites[J]. Journal of Intelligent Material Systems and Structures, 2016, 7(3): 321-330.

[158] Stoeckel D. Shape memory actuators for automotive applications[J]. Materials & Design, 1990, 11(6): 302-307.

[159] Sofla A Y N, Meguid S A, Tan K T, et al. Shape morphing of aircraft wing: Status and challenges[J]. Materials & Design, 2010, 31(3): 1284-1292.

[160] Barbarino S, Flores E I S, Ajaj R M, et al. A review on shape memory alloys with applications to morphing aircraft[J]. Smart Materials and Structures, 2014, 23(6): 1-19.

[161] Jani J M, Leary M, Subic A. Designing shape memory alloy linear actuators: A review[J]. Journal of Intelligent Material Systems and Structures, 2017, 28(13): 1699-1718.

[162] Zhang C S, Xing D, Li Y Y. Micropumps, microvalves, and micromixers within PCR microfluidic chips: Advances and trends[J]. Biotechnology Advances, 2007, 25(5): 483-514.

[163] Kumar G P, Commillus A L, Cui F. A finite element simulation method to evaluate the crimpability of curved stents[J]. Medical Engineering & Physics, 2019, 74: 162-165.

[164] Morgan N B. Medical shape memory alloy applications-the market and its products[J]. Materials Science and Engineering: A, 2004, 378(1-2): 16-23.

[165] 郑继周, 张艳. 形状记忆合金超弹性分段线性模型及其阻尼特性[J]. 振动与冲击, 2012, 31(3): 136-140.

[166] Heinen R, Hackl K, Windl W, et al. Microstructural evolution during multiaxial deformation of pseudoelastic NiTi studied by first-principles-based micromechanical modeling[J]. Acta Materialia, 2009, 57(13): 3856-3867.

[167] Hsu W N, Polatidis E, Šmid M, et al. Load path change on superelastic NiTi alloys: In situ synchrotron XRD and SEM DIC[J]. Acta Materialia, 2018, 144: 874-883.

[168] Polatidis E, Šmid M, Kuběna I, et al. Deformation mechanisms in a superelastic NiTi alloy: An in-situ high resolution digital image correlation study[J]. Materials & Design, 2020, 191: 1-10.

[169] 方成, 王伟, 陈以一. 基于超弹性形状记忆合金的钢结构抗震研究进展[J]. 建筑结构学报, 2019, 40(7): 1-12.

[170] 黄斌, 蒲武川, 张海洋, 等. 基于超弹性 SMA 螺旋弹簧的基础隔震研究[J]. 地震工程与工程振动, 2014, 34(2): 209-215.

[171] 贺志荣, 王芳, 周敬恩. Ni 含量和热处理对 Ti-Ni 形状记忆合金相变和形变行为的影响[J]. 金属热处理, 2006(9): 17-21.

[172] Nishida M, Honma T. All-round shape memory effect in Ni-rich TiNi alloys generated by constrained aging[J]. Scripta Metallurgica, 1984, 18(11): 1293-1298.

[173] Meng X L, Zheng Y F, Cai W, et al. Two-way shape memory effect of a TiNiHf high temperature shape memory alloy[J]. Journal of Alloys and Compounds, 2004, 372(1-2): 180-186.

[174] Gonzalez C H, Oliveira C A D, De Pina E A C, et al. Heat treatments and thermomechanical cycling influences on the R-phase in Ti-Ni shape memory alloys[J]. Materials Research-Ibero-American Journal of Materials, 2010, 13(3): 325-331.

[175] Sittner P, Molnarova O, Kaderavek L, et al. Deformation twinning in martensite affecting functional behavior of NiTi shape memory alloys[J]. Materialia, 2020, 9(c): 1-38.

[176] Bansiddhi A, Sargeant T D, Stupp S I, et al. Porous NiTi for bone implants: A review[J]. Acta Biomaterialia, 2008, 4(4): 773-782.

[177] 周博, 王振清, 梁文彦. 形状记忆合金的细观力学本构模型[J]. 金属学报, 2006, 42(9): 919-924.

[178] Tanaka K. A thermomechanical sketch of shape memory effect: One-dimensional tensile behavior[J]. Res Mechanica, 1986, 18(3): 251-263.

[179] Liang C, Rogers C A. Design of shape memory alloy springs with applications in vibration control[J]. Journal of Vibration and Acoustics-Transactions of the Asme, 1993, 115(1): 129-135.

[180] Brinson L C. One dimensional constitutive behavior of shape memory alloys[J]. Technomic Publishers, USA, 1993, 2: 229-242.

[181] Boyd J G, Lagoudas D C. Thermomechanical response of shape memory composites[J]. Journal of Intelligent Material Systems and Structures, 1994, 5(3): 333-346.

[182] 朱祎国, 吕和祥, 杨大智. 形状记忆合金的本构模型[J]. 材料研究学报, 2001, 15(3): 263-268.

[183] Kelly A, Stebner A P, Bhattacharya K. A micromechanics-inspired constitutive model for shape-memory alloys that accounts for initiation and saturation of phase transformation[J]. Journal of the Mechanics and Physics of Solids, 2016, 97: 197-224.

[184] 李卫国, 彭向和, 方岱宁, 等. 计及相变微结构演化的形状记忆合金本构描述[J]. 固体力学学报, 2007, 28(3): 255-260.

[185] 李卫国. 基于相变微结构的形状记忆合金本构描述[D]. 重庆: 重庆大学, 2005.

[186] Hannequart P, Peigney M, Caron J F. A micromechanics-based model for polycrystalline Ni-Ti wires[J]. Smart Materials and Structures, 2019, 28(8): 1-16.

[187] Zhu X, Dui G S, Zheng Y C. A micromechanics-based constitutive model for nanocrystalline shape memory alloys incorporating grain size effects[J]. Journal of Intelligent Material Systems and Structures, 2022, 33(6): 756-768.

[188] Frantziskonis G N, Gur S. Length scale effects and multiscale modeling of thermally induced phase transformation kinetics in NiTi SMA[J]. Modelling and Simulation in Materials Science and Engineering, 2017, 25(4): 1-29.

[189] Dao M, Lu L, Asaro R J, et al. Toward a quantitative understanding of mechanical behavior of nanocrystalline metals[J]. Acta Materialia, 2007, 55(12): 4041-4065.

[190] Yuan H, Fauroux J C, Chapelle F, et al. A review of rotary actuators based on shape memory alloys[J]. Journal of Intelligent Material Systems and Structures, 2017, 28(14): 1863-1885.

[191] Costanza G, Tata M E. Shape memory alloys for aerospace, recent developments, and new applications: A short review[J]. Materials, 2020, 13(8): 1-16.

[192] Madden J D W, Vandesteeg N A, Anquetil P A, et al. Artificial muscle technology: Physical principles and naval prospects[J]. IEEE Journal of Oceanic Engineering, 2004, 29(3): 706-728.

[193] NASA Glenn Research Center. Reinventing the wheel[EB/OL]. [2017-10-26]. https://www. nasa. gov/specials/wheels/.

[194] Elzey D M, Sofla A Y N, Wadley H N G. A bio-inspired high-authority actuator for shape morphing structures[C]. Smart Structures and Materials 2003: Active Materials: Behavior and Mechanics, California, USA, 2003: 92-100.

[195] Bigbee-Hansen W J, Clingman D J, Mabe J H. Shape memory alloy-actuated propeller blades and shape memory alloy-actuated propeller assemblies: US10029781[P]. 2018-07-24.

[196] Wang Z W, Li T J, Cao Y Y. Active shape adjustment of cable net structures with PZT actuators[J]. Aerospace Science and Technology, 2013, 26(1): 160-168.

[197] 潘逢群, 蒋翔俊, 范叶森, 等. 形状记忆索网结构型面精度优化设计[J]. 机械工程学报, 2020, 56(9): 1-8.

[198] 张林飞, 许旻, 杨浩, 等. 基于形状记忆合金驱动的柔性机械臂研究[J]. 机械与电子, 2017, 35(6): 72-76.

[199] Lange G, Lachmann A, Rahim A H A, et al. Shape memory alloys as linear drives in robot hand actuation[J]. Procedia Computer Science, 2015, 76: 168-173.

[200] Wang Z, Wang Y, Li J, et al. A micro biomimetic manta ray robot fish actuated by SMA[C]. Proceedings of the 2009 international conference on Robotics and biomimetics, 2009: 1809-1813.

[201] Trimmer B, Issberner J. Kinematics of soft-bodied, legged locomotion in manduca sexta larvae[J]. Biological Bulletin, 2007, 212(2): 130-142.

[202] 王玉荣, 许晟鑫. SMA 驱动的仿章鱼多关节柔性臂研究及发展分析[J]. 电子测试, 2020(3): 18-19, 25.

[203] Ali M, Takahata K. Frequency-controlled wireless shape-memory-alloy microactuators integrated using an electroplating bonding process[J]. Sensors Actuators A Physical, 2010, 163(1): 363-372.

[204] Furst S J, Bunget G, Seelecke S. Design and fabrication of a bat-inspired flapping-flight platform using shape memory alloy muscles and joints[J]. Smart Materials and Structures, 2013, 22(1): 1-12.

[205] Andreasen G F, Barrett R D. An evaluation of cobalt-substituted nitinol wire in orthodontics[J]. American Journal of Orthodontics, 1973, 63(5): 462-470.

[206] Soon K J, Geun B D, Suk H K, et al. Ti-Ni-Mo shape memory alloy biomaterial and fixating device for bone fractures using the same alloy: US2004002710[P]. 2004-1-1.

[207] Kuribayashi K, Tsuchiya K, You Z, et al. Self-deployable origami stent grafts as a biomedical application of Ni-rich TiNi shape memory alloy foil[J]. Materials Science And Engineering a-Structural Materials Properties Microstructure And Processing, 2006, 419(1-2): 131-137.

[208] Trépanier C, Tabrizian M, Yahia L H, et al. Effect of modification of oxide layer on NiTi stent corrosion resistance[J]. Journal of Biomedical Materials Research, 1998, 43(4): 433-440.

[209] 耿芳, 石萍, 杨大智. NiTi 形状记忆合金在生物医用领域的研究进展[J]. 功能材料, 2005, 36(1): 11-14.

[210] Azaouzi M, Makradi A, Belouettar S. Deployment of a self-expanding stent inside an artery: A finite element analysis[J]. Materials & Design, 2012, 41: 410-420.

[211] 陈松, 杨晶, 黄金. 磁流变传动装置多种工况下热结构场研究[J]. 机械传动, 2019, 43(8): 18-24.

[212] Xiong Y, Huang J, Shu R Z. Thermomechanical performance analysis and experiment of electrothermal shape memory alloy helical spring actuator[J]. Advances in Mechanical Engineering, 2021, 13(10): 1-12.

[213] Huang J, Chen W J, Shu R Z, et al. Research on the flow and transmission performance of magnetorheological fluid between two discs[J]. Applied Sciences-Basel, 2022, 12(4): 1-17.

[214] Ma J Z, Huang H L, Huang J. Characteristics analysis and testing of SMA spring actuator[J]. Advances in Materials Science and Engineering, 2013, 2013(1): 1-7.

[215] Huang J, Chen X, Zhong L R. Analysis and testing of MR shear transmission driven by SMA spring[J]. Advances in Materials Science and Engineering, 2013, 2013(9-10): 1-7.

[216] 黄金, 王西. 温控形状记忆合金驱动的变面磁流变传动性能研究[J]. 机械传动, 2019, 43(1): 10-14+49.

[217] 姚华, 黄金, 谢勇. 圆盘式磁流变液变面积传动性能研究[J]. 现代制造工程, 2020(10): 1-6.

[218] 乔臻, 黄金. 形状记忆合金温控的磁流变液自发电传动研究[J]. 中国机械工程, 2015, 26(24): 3360-3365.

[219] 黄金, 乔臻. 形状记忆合金驱动的圆盘式磁流变液变速传动装置磁场有限元分析[J]. 机械传动, 2015, 39(7): 126-130.

[220] Ma J Z, Shu H, Huang J. MR continuously variable transmission driven by SMA for centrifugal fan in nuclear power plant[J]. Science and Technology Nuclear of Installations, 2012, 2012(PT.2): 289-294.

[221] Chen S, Huang J, Jian K L, et al. Analysis of influence of temperature on magnetorheological fluid and transmission performance[J]. Advances in Materials Science and Engineering, 2015, 2015: 1-7.

[222] Xiong Y, Huang J. A novel magnetorheological braking system with variable magnetic particle volume fractioncontrolled by utilizing shape memory alloy[J]. Journal of Intelligent Material Systems and Structures, 2022, 34(1): 3-14.

[223] Xiong Y, Huang J, Shu R Z. Combined braking performance of shape memory alloy and magnetorheological fluid[J]. Journal of Theoretical and Applied Mechanics, 2021, 59(3): 355-368.

[224] 黄金, 王西. 一种温控变面磁流变传动装置: ZL201711069843.7[P]. 2018-03-06.

[225] 黄金, 熊洋. 一种温控圆变楔形磁流变液离合器: ZL201911244221.2[P]. 2020-02-28.

[226] 黄金, 陈松, 杨岩, 等. 一种利用形状记忆合金驱动的磁流变液自发电传动装置: ZL201410137647.9[P]. 2016-05-25.

[227] 黄金, 熊洋. 一种圆筒式变体积磁流变风扇自动离合器: ZL201911129814.4[P]. 2020-02-11.

[228] 邱锐, 熊洋, 黄金. 电磁挤压的多盘式磁流变液传动性能研究[J]. 机械科学与技术, 2022, 41(11): 1658-1664.

[229] Chen S, Chen W J, Huang J. Study of variable thickness magnetorheological transmission performance of electrothermal shape memory alloy squeeze[J]. Applied Sciences, 2022, 12(9): 4297.

[230] 黄金, 王西, 谢勇. 电磁热记忆合金挤压的圆弧式磁流变与摩擦传动装置: ZL201910013015.4[P]. 2020-05-05.

[231] 黄金, 熊洋. 一种内燃机永磁磁流变风扇离合器及风扇: ZL201911259379.7[P]. 2020-03-17.

[232] 黄金, 熊洋. 内啮合齿轮泵式循环冷却磁流液变制动器: ZL20191113743.9[P]. 2020-02-14.

[233] 黄金, 乔臻, 袁发鹏. 电磁挤压锥形式磁流变液自加压离合器: ZL210610530892.5[P]. 2020-12-04.

[234] 陈松, 蹇开林, 黄金, 等. 磁流变液与形状记忆合金复合传动分析[J]. 机械传动, 2015, 39(5): 128-132.

[235] Chen W J, Huang J, Yang Y. Research on the transmission performance of a high-temperature magnetorheological fluid and shape memory alloy composite[J]. Applied Sciences-Basel, 2022, 12(7): 1-16.

[236] 熊洋, 黄金, 舒锐志. 磁流变液与电热形状记忆合金联合传动性能研究[J]. 中国机械工程, 2021, 32(17): 2040-2046.

[237] Xiong Y, Huang J, Shu R. Research on combined transmission performance of magnetorheological fluid and electrothermal shape memory alloys[J]. Zhongguo Jixie Gongcheng/China Mechanical Engineering, 2021, 32(17): 2040-2046.

[238] 黄金, 乔臻, 王建, 等. 电热磁形状记忆合金与磁流变液复合离心式离合器: ZL2015103285869[P]. 2017-07-07.

[239] 黄金, 熊洋. 电磁挤压的磁流变与形状记忆合金摩擦复合制动器: ZL202110837125. X[P]. 2022-03-08.

[240] 黄金, 王西, 谢勇. 形状记忆合金驱动的磁流变液与电磁摩擦联合传动装置: ZL201910174630.3[P]. 2020-07-28.

[241] 黄金, 陈松, 杨岩. 基于磁流变液和形状记忆合金的楔形挤压软启动装置: ZL201310623042.6[P]. 2016-03-09.

第 2 章　电磁热智能材料

形状记忆合金与磁流变液作为典型的智能材料，具有独特的力学特性。形状记忆合金在发生塑性形变后通过加热即可使其恢复为初始形状，同时形状记忆合金比一般合金材料具有更高的可恢复应变；磁流变液在无磁场的条件下表现为流体状态，具有较好的流动性，而在磁场作用下磁流变液能够迅速地发生由液体向类固体的可逆转变。

本章将对磁流变液与形状记忆合金的性能进行详细的分析与介绍，简述磁流变液的组成成分，以及磁流变液产生磁流变效应的过程与机理；介绍用于描述磁流变液流变特性的本构模型；阐述形状记忆合金的形状记忆效应与超弹性及其产生机理，介绍现有研究中常用的经典形状记忆合金本构模型。

2.1　磁流变液及其性能

2.1.1　磁流变液组成

磁流变液是可磁化磁性颗粒在添加剂作用下均匀分散于基础液中的固液两相悬浮液，如图 2-1 所示。它主要由三部分组成：①作为分散相的磁性颗粒；②作为连续相的基础液；③为了提高磁流变液的性能而加入的添加剂[1-3]。

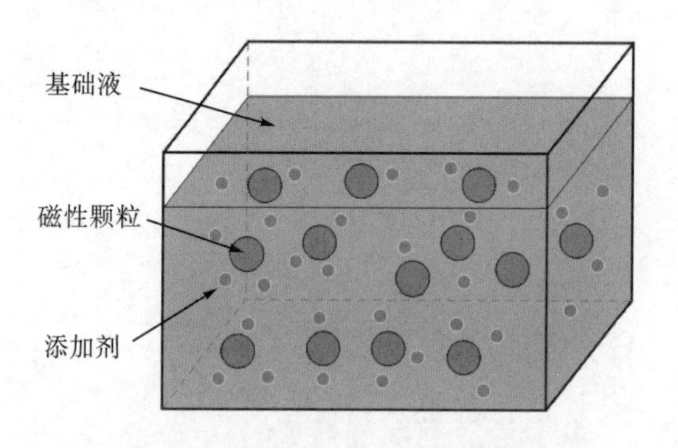

图 2-1　磁流变液组成成分示意图

1. 分散相

磁流变液的分散相即磁性颗粒，是磁流变液的重要组成部分。磁流变液中的磁性颗粒在磁场作用下产生的磁极化，是磁流变液产生磁流变效应的核心。因此，磁性颗粒材料的化学性质和物理性质，对磁流变液的性能起着决定性作用[4-6]。根据磁流变效应的机理研究结论，对磁性颗粒有以下要求。

(1) 磁化效应。磁性颗粒的磁导率要大，尤其是磁导率的初始值和最大值要大；在外加磁场作用下，高磁导率的磁性颗粒磁化形成的磁偶极子具有较大的偶极矩，使磁流变液产生较大的剪切屈服应力，以满足磁流变器件能耗低的要求。

(2) 退磁效应。在撤除磁场时，磁性颗粒具有退磁效应，使磁流变液能恢复到原来的零场状态。

(3) 磁饱和强度。Jolly 等[7]、Ginder 和 Davis[8]的研究表明，磁流变液的最大剪切屈服应力与磁极化粒子的磁饱和强度的平方成正比。因此，选择高磁饱和强度的磁极化粒子是制备优质磁流变体的先决条件。

(4) 温度范围。磁性颗粒应能在足够宽的工作温度范围内保持稳定的性能，为了保证在宽的工作温度范围内使磁流变液有稳定的磁流变效应，一般要求的工作温度范围为 −40～150℃。

(5) 尺寸和形状。为了储存较大的磁能，要求磁极化粒子的尺寸不能太小，Lemaire 等[9]的研究表明，在一定尺寸范围内随着粒子尺寸的增加，磁流变体剪切屈服应力显著增加，但超出该范围，磁流变体的剪切屈服应力与粒子尺寸无关。在制备磁流变体时，为了加工方便，一般采用球形磁极化粒子，直径一般为 10^{-7}～10^{-5}m。

(6) 体积分数。Ginder[10]和 Bossis 等[11]研究发现，磁流变液的剪切屈服应力与磁性颗粒的体积分数成正比。磁性颗粒与基础液的比重应保持一定比例，以防止磁性颗粒在基础液中沉淀过快；磁性颗粒的体积分数一般为 10%～40%。

(7) 磁性颗粒应具有稳定的化学性能和物理性能，以保证磁流变液有较长的工作寿命。

(8) 磁性颗粒应耐磨、无毒并且对其接触材料无腐蚀性。

羰基铁粉 (carbonyl iron powder，CIP) 具有高饱和磁化强度、低剩磁和稳定的化学性质，因此，羰基铁粉被广泛用作磁流变液中的分散相颗粒材料。然而，羰基铁粉和周围介质之间存在非常大的密度差异，由羰基铁粉制备的磁流变液通常在较短的时间内就会发生沉淀和结块的现象[12-14]。因此，为了减少沉淀和结块的现象，研究人员利用细小的磁性纳米颗粒制备磁流变液，如纳米 Fe_3O_4 粒子[15]。尽管磁性纳米颗粒能够显著降低流动阻力，使磁流变液具有较低的零磁场黏度，但会因为颗粒尺寸过小而减弱磁流变液在磁场作用下的链化强度，并将较多热能聚集在悬浮液系统，从而导致利用磁性纳米颗粒制备的磁流变液性能不佳。现有关于磁流变液制备的研究中，大部分研究所涉及的磁流变液为单分散的悬浮液，并且从稀释悬浮液到稠密悬浮液均有详细研究，而实际应用中性能最佳的磁流变液通常的磁性颗粒体积分数为 30%左右。现有研究表明，若磁流变液需具备抗沉降、高屈服强度、化学性能稳定等优异性能，则其磁性颗粒的尺寸应在 1～10μm，因为较大的磁性颗粒尺寸会导致沉淀问题，而过小的磁性颗粒尺寸不能保证磁流变液有足够的剪切屈服应力。

2. 连续相

磁流变液的连续相即基础液，是磁流变液中固体颗粒的载体，同时也是磁流变液的重要组成部分，它对磁流变液的性能有重大影响。

基础液的作用是使固体颗粒均匀地分散在磁流变液中，这种分散作用能保证在零磁场时，磁流变液仍保持牛顿流体的特性；而在外加磁场作用下，则能使固体颗粒在液体中形成链化结构，产生抗屈服应力，并使磁流变液呈现宾厄姆(Bingham)流体的特性。对基础液的要求如下。

(1)具有低黏度，在满足磁流变液器件所传递的功率条件下，为了使其所用磁流变液的体积尽可能减少，应确保磁流变液具有零磁场黏度低的要求。

(2)具有高沸点和低凝固点，以确保磁流变液有较宽的工作温度范围，为-50～150℃，在此工作温度范围内，磁流变液不挥发、不凝固。

(3)具有较高的密度，为了减轻磁流变液沉降问题，应缩小载体液与磁性颗粒的密度差。

(4)具备较高的“击穿磁场”，增加工作时的磁场强度，能提高磁流变液的磁流变效应。

(5)化学稳定性好，在高磁场强度和较宽工作温度范围内，长期使用和存放时，不分解、不氧化变质。

(6)无毒、无异味、价格低廉。

目前，制作磁流变液常用的连续相是硅油。硅油是一种合成润滑油，它是一些半有机硅的聚合物或共聚物，具有黏度低、凝点低和热稳定好等优良性能。硅油的缺点是润滑性差，润滑性是指润滑油中的极性分子与金属表面吸附形成的一层边界油膜，按边界油膜形成机理，边界油膜分为吸附膜(物理吸附膜及化学吸附膜)和反应膜，润滑油中脂肪酸的极性分子牢固地吸附在金属表面，就形成物理吸附膜。润滑油中分子受化学键力作用而贴附在金属表面所形成的吸附膜则称为化学吸附膜。吸附膜的吸附强度随温度升高而下降，当达到一定温度后，吸附膜会发生软化、失向和脱吸现象，从而使润滑作用降低[16,17]。润滑性越差，油膜与金属表面的吸附能力越差，对在低速和重载条件下工作的磁流变器件，润滑性具有重要的意义。因此，一般采用在硅油中加入油性添加剂和与其他润滑油混合使用两种方法改善硅油的润滑性能。

除硅油外，经常使用的磁流变液连续相还包括聚α烯烃、矿物油和水。Park 等[18]将羰基铁粉分散在水油混合乳剂中，既显著提升了磁流变液的稳定性，又具有较好的流变特性。美国洛德公司已有商品化的磁流变液产品，如 MRF-140CG、MRF-241ES、MRF-336AG 三种磁流变液的基础液。

3. 添加剂

在制备磁流变液时，为了提高其性能大多会添加添加剂，但是添加剂并不是制备磁流变液不可或缺的成分。一般情况下，磁流变液中的添加剂是一种辅助材料，通过添加剂改善磁流变液的再分散性和沉降率，减少磁流变液氧化以及增强磁流变效应。由于添加剂可以极大地改善磁流变液的性能，在实际应用中大部分商用磁流变液都加入了添加剂，常用的添加剂包括油酸、二氧化硅纳米颗粒和硬脂酸。

2.1.2　磁流变液分类

到目前，磁流变液还没有系统的分类方法，根据国内外的报道分析，大致有以下三种分类方法。

1. 根据磁流变液体系中是否含水分类

(1) 含水的磁流变液。含水的磁流变液是把水作为一种激起磁流变效应的活性添加剂。因为一些磁流变液是由于添加了水，才能产生强烈的磁流变效应。因此，这种磁流变液的磁流变效应对水的依赖性很强，这种磁流变液的工作范围受到温度的限制，当温度高于 100℃时，水将蒸发和汽化，而在温度低于 0℃时，水又将结冰，这些都将导致磁流变效应消失，如美国洛德公司生产的商用磁流变液 MRF-241ES 的基础液就是水。

(2) 不含水的磁流变液。不含水的磁流变液是一种较为成功并应用广泛的磁流变液，其组成成分不含水，因而其工作范围不受因含水而造成的影响，其工作温度范围较宽，可超过 100℃和低于 0℃。美国洛德公司生产的商用磁流变液 MRF-132AD 的基础液是合成油，MRF-336AG 的基础液是硅油，这两种磁流变液的工作温度范围为-40～150℃。

2. 根据磁流变液体系的组成分类

(1) 单相的磁流变液。单相的磁流变液包括单一成分和多种成分、均匀的液体，其中比较有实用价值的是单相均态的液晶。

(2) 两相的磁流变液。两相的磁流变液是指微小的固体颗粒悬浮在基础液中形成的两相悬浮液，其中的固体颗粒可以是单一的材料，也可以是复合材料组成的，甚至可以是不同成分的多种颗粒构成的两相悬浮液。

3. 根据磁流变液体系中所含固体颗粒的成分分类

磁流变液的固体颗粒可以是有无机化合物或者有机化合物，也可以由复合材料构成，甚至可以是同时含有电极化性能和磁极化性能的固体颗粒。

2.1.3　磁流变效应

磁流变效应是指在外部磁场的作用下，磁流变液的流变性质发生突变，并迅速固化而失去流动性或流动性极差的现象[19-21]。磁流变液由流体向类固体(黏塑性体)的转化过程可在毫秒内完成，且该过程是可逆的，在磁场消失后磁流变液能迅速恢复为流体状态。磁流变液在磁场作用下的变化如图 2-2 所示。

这种转换使得材料的流变性(包括弹性塑性、黏性等力学性能)、磁化性、导电性、传热性和其他机械性能均会发生显著变化[22,23]。磁流变效应作为一种特殊的物理现象，一般具有以下特征。

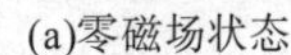
(a)零磁场状态

(b)磁场作用下成链

图 2-2　磁流变液在磁场作用下的变化

(1) 在外加磁场的作用下，磁流变液的表观黏度可随磁场强度的增大而增大，甚至在磁场强度达到一定的临界值时，停止流动或固化，但当外加磁场撤除后，磁流变液又恢复到原始的黏度，即在外加磁场作用下，磁流变液可在液态和固态之间转换。

(2) 在外加磁场作用下，磁流变液在液态与固态之间的转换是可逆的。

(3) 在外加磁场作用下，磁流变液的屈服强度随磁场强度的增大而增大，直至固体颗粒达到磁饱和后趋向于某一稳定值。

(4) 在外加磁场作用下，磁流变液的表观黏度和屈服强度随磁场强度的变化是连续的和无级的。

(5) 在外加磁场作用下，磁流变液的表观黏度和屈服强度随磁场强度的变化是可控的，这种控制可以是人控的或自动的。

(6) 磁流变效应的控制较简单，它只需应用一个极易获得的磁场强度信号即可，可以通过控制励磁线圈通入的电流大小实现对磁流变效应的控制。

(7) 磁流变效应对磁场作用的响应十分灵敏，一般其响应时间为毫秒级。

(8) 控制磁流变效应的能量低，即液态和固态间的相互转换，不像物理现象中的相变要吸收或放出大量的能量。

磁流变效应的上述特征是磁流变液在工程技术领域中应用的科学依据，在充分利用这些特征的基础上，就能够开发出一系列性能优良、价格低廉、有市场竞争力的磁流变器件产品。

磁流变液中磁性颗粒的链化过程如图 2-3 所示。当无外加磁场时，磁流变液中的磁性颗粒均匀分布在基础液中，此时磁流变液呈现流体状态，如图 2-3(a) 所示；当磁场作用于磁流变液时，磁性颗粒首尾相连并沿磁场的作用方向排列成链，磁流变液转变为黏塑性体并呈现一定的剪切屈服应力，如图 2-3(b) 所示。同时，若继续增大磁场强度或磁性颗粒的体积分数，磁链会由单链演化为厚柱结构，甚至是结构稳定的体心四方磁链结构[24]。

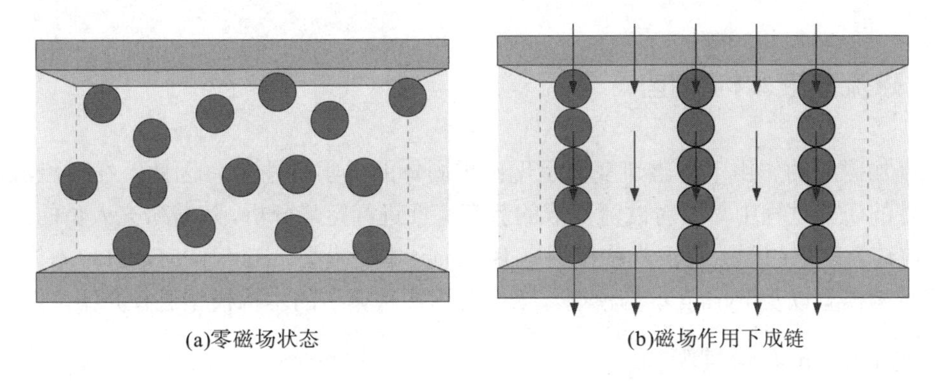

图 2-3　磁流变液中磁性颗粒的链化过程示意图

目前对磁流变效应的机理，学者们还没有统一的理论解释，但根据磁性颗粒成链现象提出了几种假设，主要集中在相变成核理论及磁偶极矩理论。相变成核理论认为，在磁场作用下，磁流变液中的磁性颗粒从随机均匀分布的自由状态开始相互靠拢并排列为有序状态，若继续增大磁场，则较长的单链会吸收较短的单链变成厚柱，从而呈现固态相[25]。磁偶极矩理论认为，在磁场作用条件下，磁流变液中的磁性颗粒被磁化为磁偶极子，在磁偶极矩存在的情况下，偶极子克服热运动的约束沿磁场方向首尾相接排列成链，而破坏磁链所需的剪切屈服应力，使得磁流变液呈现类固体特性。相变成核理论可解释磁链结构演化过程，而磁偶极矩理论能解释磁流变液所具有的宏观剪切屈服应力[26,27]。

磁流变液的流变特性适用于稳定的剪切实验以测量其屈服应力。如图 2-4 所示，磁流变液的屈服应力通常有两种，即静态屈服应力和动态屈服应力。静态屈服应力 τ_{sy} 为使静置的磁流变液悬浮液流动所需的最小应力；而动态屈服应力 τ_{dy} 为在连续剪切流动下，使磁流变液中磁性颗粒形成的磁链动态断裂与成链的临界应力，动态屈服应力可通过将高剪切率下的磁流变液实验流动曲线外推到剪切率为零而得到。磁流变液的动态黏度可表示为磁流变液剪切率与剪切屈服应力曲线的斜率，因此在零磁场条件下磁流变液的动态黏度是恒定的。在磁场的作用下，磁流变液中磁性颗粒沿磁场方向排列成链状或团状结构，磁流变液的表观黏度可以增加 3～4 个数量级[28]。

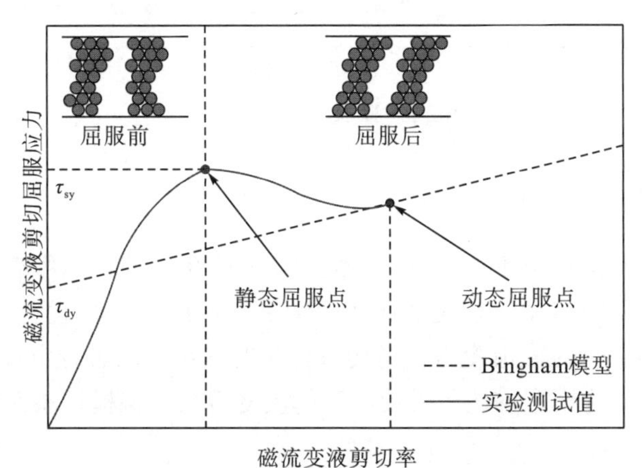

图 2-4　磁流变液剪切率与剪切屈服应力的关系

2.1.4 磁流变液本构模型

在外加磁场的作用下，磁流变液呈现出类固体的力学特性[29]，因此，在对磁流变液及其器件的研究过程中需要对磁流变液的流变特性进行定量分析，随着研究人员的深入研究，目前较为常用的磁流变液本构模型有 Bingham 本构模型、Herschel-Bulkley 本构模型、双黏度本构模型以及 Eyring 本构模型，下面对这四种典型的本构模型进行介绍。

1. Bingham 本构模型

Bingham 本构模型是在磁流变液传动领域应用极为广泛的模型，该本构模型假设基础液为自由流体，磁流变液表现出的宏观剪切屈服应力是由破坏磁链所需的剪切屈服应力以及基础液黏度产生的剪切屈服应力构成。基于 Bingham 本构模型建立的磁流变液剪切应变率与剪切屈服应力曲线如图 2-5 所示。Bingham 本构模型可表示为[30]

$$\begin{cases} \tau = \tau_0(H)\operatorname{sgn}(\dot{\gamma}) + \eta\dot{\gamma} \\ \dot{\gamma} = 0 \end{cases} \tag{2-1}$$

式中，τ 为磁流变液的剪切屈服应力；H 为磁场强度；$\tau_0(H)$ 为磁流变液随磁场强度变化的剪切屈服应力；η 为磁流变液的零磁场黏度；$\dot{\gamma}$ 为磁流变液的剪切应变率。

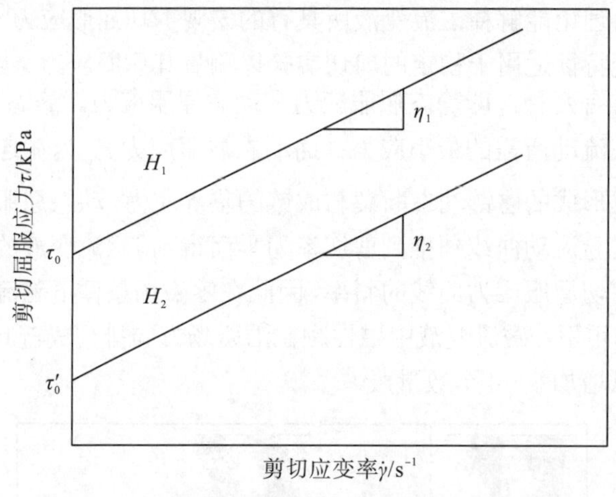

图 2-5 Bingham 本构模型

2. Herschel-Bulkley 本构模型

通过 Bingham 本构模型建立的磁流变液剪切应变率与剪切屈服应力曲线可知，磁流变液屈服后的表观黏度为常数，但是对比实验结果可以看出，磁流变液会在剪切过程中产生稀化的现象。因此，为对磁流变液在剪切过程中的稀化现象进行定性描述，研究人员基于 Herschel-Bulkley 本构模型描述了磁流变液的流变特性，该模型将黏度设为变量，黏度 η 可表示为

$$\eta = K\left|\dot{\gamma}\right|^{\frac{1}{m}} \tag{2-2}$$

式中，K 是黏度系数；m 是磁流变液流动特性指数。Herschel-Bulkley 本构模型可表示为[31]

$$\tau = \left[\tau_0(H) + K\dot{\gamma}^m\right]\mathrm{sgn}(\dot{\gamma}) \tag{2-3}$$

Herschel-Bulkley 本构模型得出的剪切屈服应力曲线如图 2-6 所示。从图中可知，当 $m > 1$ 时，剪切应变率与磁流变液黏度成反比，用来描述黏塑性体剪切稀化的现象；当 $m = 1$ 时，η 为常数，Herschel-Bulkley 本构模型退化为 Bingham 本构模型；当 $m < 1$ 时，剪切应变率与磁流变液黏度成正比，用于描述黏塑性体剪切稠化现象。

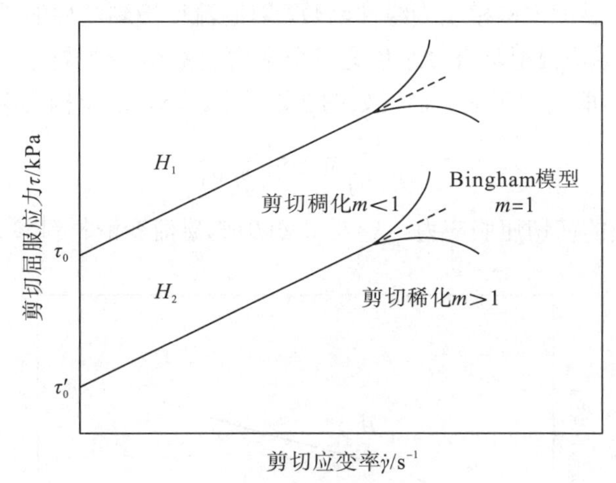

图 2-6　Herschel-Bulkley 本构模型

3. 双黏度本构模型

虽然 Bingham 本构模型形式简单、Herschel-Bulkley 本构模型能够描述磁流变液剪切稀化现象，但上述本构模型均不能有效地描述磁流变液在屈服前的流变特性。为了更加准确地描述磁流变液屈服全过程的流变特性，研究人员对 Bingham 本构模型进行了改进和拓展，提出双黏度本构模型。基于双黏度本构模型得出的磁流变液剪切应变率与剪切屈服应力曲线如图 2-7 所示。双黏度本构模型可表示为[32]

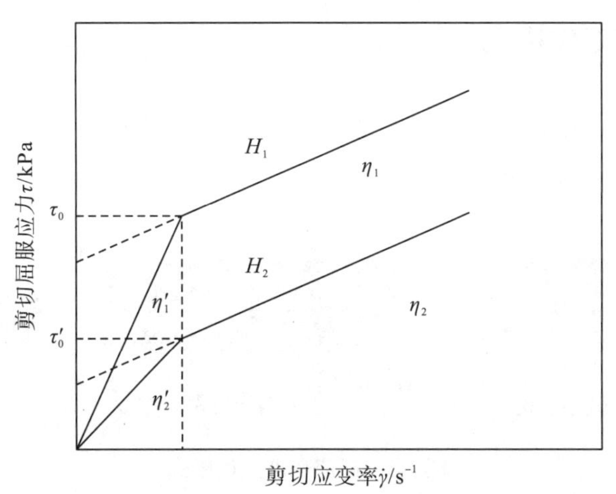

图 2-7　双黏度本构模型

$$\tau = \begin{cases} \tau_B + \eta\dot{\gamma} \\ \eta_B\dot{\gamma} \end{cases} \tag{2-4}$$

式中，τ_B 是动态屈服应力；η_B 是磁流变液屈服后的黏度。

4. Eyring 本构模型

Bingham 本构模型与 Herschel-Bulkley 本构模型在描述磁流变液的剪切屈服变化前区时存在缺陷，并且双黏度本构模型为线性函数，对磁流变液黏塑性的过渡阶段不能准确描述，而通过 Eyring 本构模型可有效避免这三个本构模型存在的缺陷。基于 Eyring 本构模型得出的剪切应变与剪切屈服应力曲线如图 2-8 所示。Eyring 本构模型可表示为[33]

$$\tau = \frac{1}{K(B)}\arcsin\left[\frac{\dot{\gamma}}{\xi(B)}\right] \tag{2-5}$$

式中，τ 为磁流变液的剪切屈服应力；$K(B)$、$\xi(B)$ 为磁流变液材料参数。

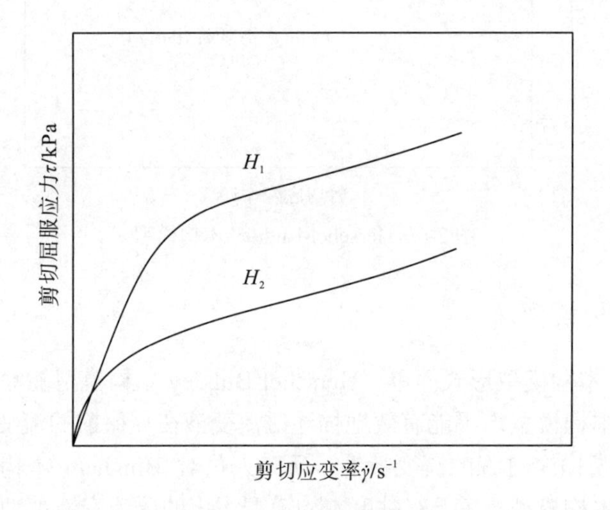

图 2-8 Eyring 本构模型

2.1.5 磁流变液工作模式

根据磁流变液的流动特性，磁流变液具有流动模式、剪切模式和挤压模式三种基本的工作模式[34-36]，如图 2-9 所示。

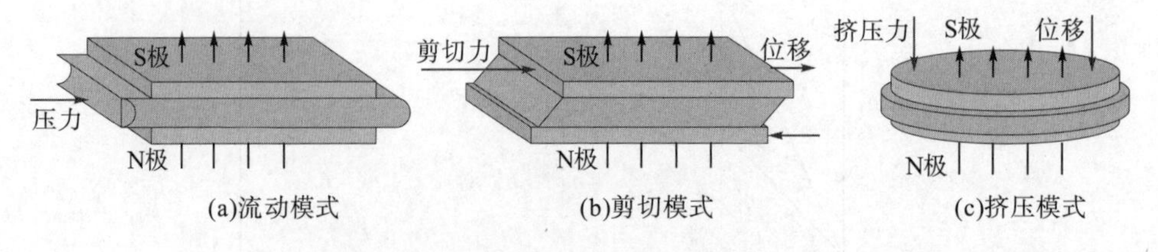

图 2-9 磁流变液工作模式

1. 流动模式

由图2-9(a)可知，在流动模式条件下，平行匀强磁场垂直穿过上、下极板分别为N、S极板，并且上极板和下极板均保持固定，磁流变液依靠进口端与出口端之间的压力差在上极板和下极板形成的间隙内流动，磁流变液的流动阻力随着磁场的变化而变化。基于流动模式，磁流变液可应用于控制阀、阻尼器等器件。

2. 剪切模式

由图2-9(b)可知，在剪切模式条件下，平行匀强磁场垂直穿过上极板和下极板，并且上极板和下极板发生相对移动，极板移动方向垂直于磁场的方向，磁流变液在上极板和下极板之间形成的间隙内剪切流动。由于磁流变液在磁场作用下呈现出的黏塑性体力学性能，磁流变液沿着剪切运动的方向产生剪切屈服应力，从而阻碍上极板和下极板的移动。基于剪切模式，磁流变液可应用于离合器、制动器、锁紧装置等传动器件。

3. 挤压模式

根据图2-9(c)可知，在挤压模式条件下，平行匀强磁场垂直穿过上极板和下极板，上极板和下极板沿着外加磁场的方向对磁流变液产生挤压力，磁流变液沿磁场方向的磁链受到挤压，从而产生挤压应力。基于挤压模式，磁流变液可应用于减振器等器件。

2.1.6 磁流变液性能

磁流变液是一种性能特殊的流体，研究磁流变液的性能及其影响因素对于磁流变液在工程中的应用具有重要意义。本节主要针对磁流变液的工程应用来描述其性能。

1. 流变力学性能

不加磁场时，多数磁流变液表现出类似牛顿流体行为，其本构方程可以描述为[28]

$$\tau = \eta\dot{\gamma} \tag{2-6}$$

式中，τ是磁流变液的剪切屈服应力；η是零场时磁流变液的黏度；$\dot{\gamma}$是磁流变液的剪切应变率。

外加磁场时，磁流变液表现出Bingham黏塑性体的行为，其本构方程如式(2-1)所示。Bingham模型表明，在零磁场时磁流变液表现为牛顿流体，在外加磁场时磁流变液表现为Bingham流体。当磁流变液的剪切屈服应力超过其屈服应力时，磁流变液又以零磁场的黏度流动；当磁流变液的剪切屈服应力小于其屈服应力时，磁流变液类似固体运动[37,38]。

图2-10为磁流变液材料MRF-132AD的剪切屈服应力随剪切应变率变化的曲线，当剪切应变率$\dot{\gamma}$=500～800s^{-1}时，$\eta = 0.09$Pa·s，从中可以看出，当剪切应变率$\dot{\gamma}$=800s^{-1}，磁场强度分别为0kA/m、50kA/m、100kA/m和200kA/m时，剪切屈服应力分别为0.072kPa、16.521kPa、29.521kPa和42.128kPa；当固定磁场强度，如H=100kA/m，剪切应变率分别为500s^{-1}、650s^{-1}和800s^{-1}时，剪切屈服应力分别为29.493kPa、29.507kPa和29.521kPa。

表明剪切屈服应力随着外加磁场强度的增大而迅速增大，随剪切应变率变化很小；并且磁流变液的流变特性服从 Bingham 模型。

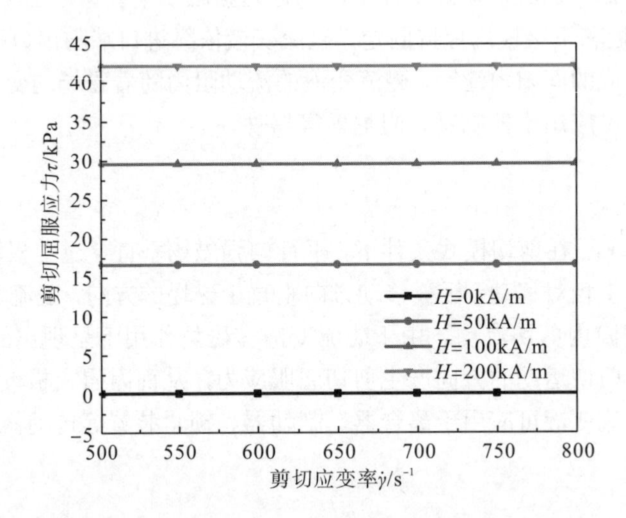

图 2-10　不同磁场下剪切屈服应力与剪切应变率的曲线

Bingham 模型不能解释磁流变液的剪切稀化现象和屈服应力对磁场强度的依赖性，Lee 和 Wereley[39]采用 Herschel-Bulkley 模型来描述磁流变液屈服后黏塑性体剪切稀化现象，其本构方程如式(2-3)所示。图 2-11 表示考虑磁流变液的剪切稀化程度后，指数 m 对剪切屈服应力的影响。分析采用磁流变液材料 MRF-132AD，当剪切应变率 $\dot{\gamma}=800\text{s}^{-1}$、$H$=200kA/m，指数 m 分别为 0.1、0.5 和 0.9 时，磁流变液的剪切屈服应力分别为 42.056kPa、42.058kPa 和 42.093kPa，所以剪切屈服应力变化很小。

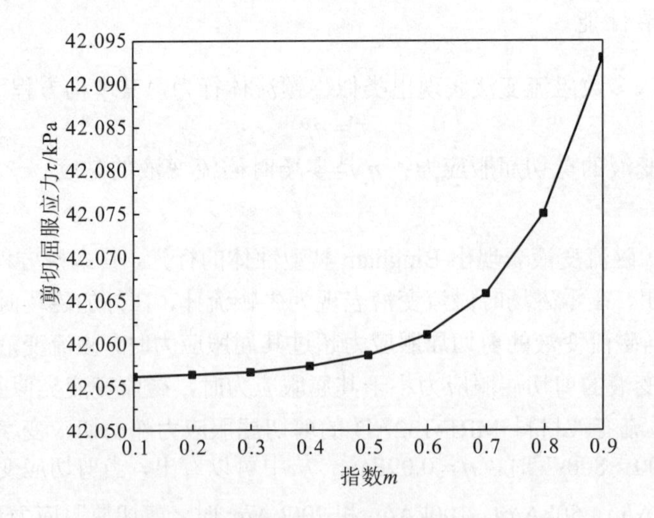

图 2-11　指数 m 对剪切屈服应力的影响

翁建生等[40]从唯象角度讨论了磁流变液的流变力学特性，用非线性模型研究了磁流变液的剪切稀化现象，非线性模型可以表达为

$$\tau=\tau_y(H)+\eta\dot{\gamma}(1-c\dot{\gamma}),\tau\geqslant\tau_y(H) \tag{2-7}$$

式中，系数 c 表示磁流变液的剪切稀化程度；η 为零磁场时磁流变液的黏度；$\tau_y(H)$ 为动态屈服应力。图 2-12 表示考虑磁流变液的剪切稀化程度后，系数 c 对剪切屈服应力的影响。分析采用磁流变液材料 MRF-132AD，当剪切应变率 $\dot{\gamma}$ =500s^{-1}、H =200kA/m，系数 c 分别为 0.001、0.005 和 0.010 时，磁流变液的剪切屈服应力分别为 42.101kPa、41.989 kPa 和 41.876kPa，所以剪切屈服应力变化很小。

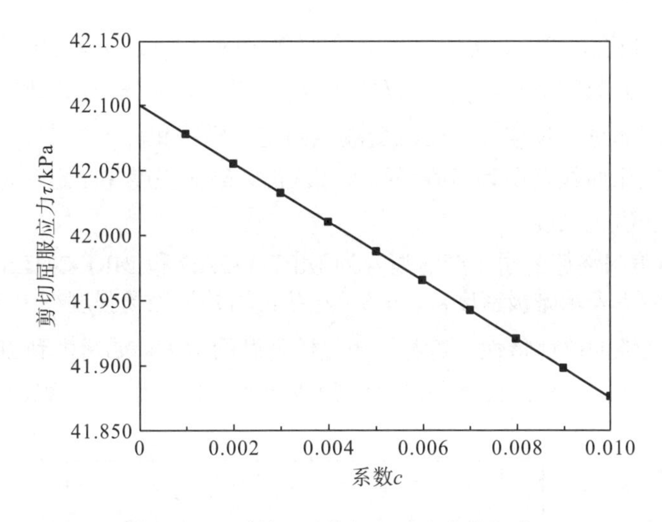

图 2-12　系数 c 对剪切屈服应力的影响

式(2-3)和式(2-7)考虑了磁流变液的剪切稀化程度，但从图 2-11 和图 2-12 可以分析出，指数 m 和系数 c 对剪切屈服应力的影响很小。虽然 Bingham 模型不能反映磁流变液的剪切稀化程度，但其形式简单，在工程应用中对磁流变液器件设计依然十分有效。

对挤压流动，如果使用 Bingham 模型，磁流变液未屈服时，会导致两相对运动件无相对运动的非物理结果。朱克勤等[32]、杨士普等[41]用广义的双黏度模型描述了电流变液在两圆盘之间的流变力学行为，也可以用此模型来描述磁流变液的挤压流动行为，其表达式如式(2-4)所示。广义的双黏度模型表明，在零磁场作用下，屈服应力为零，磁流变液表现出牛顿流体特性；施加磁场后，在剪切屈服应力绝对值大于动态屈服应力 $\tau_y(H)$ 的流场区域，流体以黏度 η 流动；而在剪切屈服应力绝对值小于动态屈服应力 $\tau_y(H)$ 的流场区域，流体又以很大但有限的黏度 η_r 非常缓慢地流动。把 $|\tau|=\tau_y(H)$ 的界面称为屈服区域和未屈服区域的分界面，两个区域的黏度系数有几个数量级的差别，η/η_r =10^{-5}～10^{-2}。

Sun 等[42]研究了未屈服区域的复合剪切弹性模量与外加磁场强度的关系，随着外加磁场的增大，磁流变液的复合剪切弹性模量增大。

2. 磁学特性

当外加磁场强度很小时，磁流变液近似表现出线性介质的磁特性，在这一区域，磁化强度与磁场强度成正比，其关系可以表示为

$$M = |\chi_0| H \tag{2-8}$$

式中，M为磁化强度；χ_0为磁流变液的磁化率，是一个无量纲的纯数，$|\chi_0|$与温度有关，常随温度的升高而减小；H为磁场强度。随着外加磁场强度的增大，磁感应强度也迅速增大，磁流变液逐步达到磁饱和，在这一区域，磁化强度可以表示为

$$M = \frac{B}{\mu_0} - H = (\mu_r - 1)H \tag{2-9}$$

式中，B是磁感应强度，$B = \mu_0 \mu_r H$；μ_0是真空磁导率；μ_r是磁流变液的相对磁导率，它是磁场强度和体积分数的函数，$\mu_r = \mu_r(H, \varphi)$，$\mu_r$可以从磁流变液的实验磁化曲线中查到。随着外加磁场强度的进一步增大，磁流变液达到完全磁饱和。

磁流变液的磁化曲线表现为当磁场强度增大时，磁化强度先是迅速增大，然后缓慢增大，最终达到饱和磁化强度。

图 2-13 为由美国洛德公司生产的型号为 MRF-132AD 和 MRF-241ES 的磁流变液材料的磁化曲线。图中J表示磁极密度，$J = B - \mu_0 H$，当外加磁场强度小于 20kA/m 时，磁流变液近似表现出线性的磁性特性；随着外加磁场强度的增大，如增大到 200kA/m 时，磁流变液逐步达到磁饱和；当外加磁场强度增大到 400kA/m 时，磁流变液完全达到磁饱和。

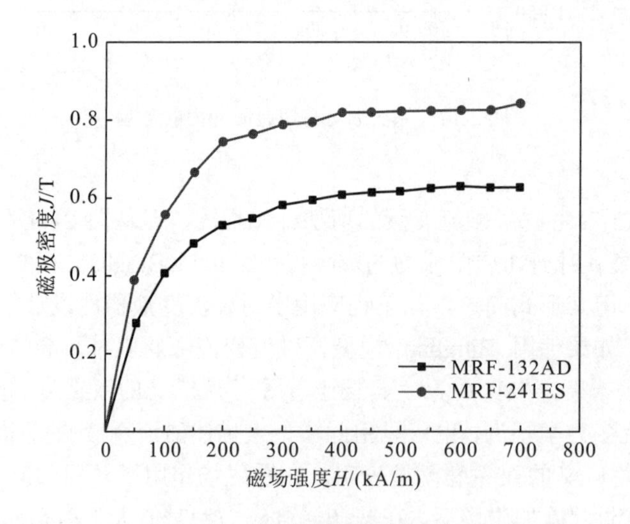

图 2-13 磁流变液的磁化特性

Jolly 等[7]介绍了美国洛德公司生产的 4 种磁流变液的磁化曲线，磁感应强度随磁场强度的增大而增大；当磁场强度从零增大到 16kA/m 时，磁感应强度也线性增大；当磁场强度增大到 318kA/m 时，磁感应强度非线性地迅速增大；当磁场强度超过 318kA/m 时，达到饱和感应强度。Vicente 等[43]研究和测量了磁流体的磁化率，结果显示，在不同的颗粒体积分数下，磁化率为磁场的函数。在颗粒可以移动的情况下，磁化率随磁场强度的变化

先线性增大后减小，有一最大值；而颗粒固定的情况下，不存在最大值。Bednarek[44]发现，磁流变液中存在磁滞电阻，它随时间的推移而发生变化，分析认为，这主要是由外加磁场导致磁流变液微结构的变化而引起的。若对磁流变液施加一恒定的剪切屈服应力，则磁流变液会发生蠕变，且具有一定的恢复行为。Vékás 等[45]通过实验测出了由纳米量级磁颗粒组成的磁流变液的磁化强度曲线，并计算出液体中颗粒尺寸的分布。Borcea 和 Bruno[46]分析了磁流变液的磁-弹性特性。

3. 摩擦特性

磁流变液在本质上是磨料，磨料对磁性颗粒耐久性的影响取决于液体成分和磁流变装置。Jolly 等[7]分析了美国洛德公司生产的 4 种商用磁流变液材料与磁流变装置表面的滑动摩擦系数，发现磁流变液的滑动摩擦特性与滑动速度和磁流变液厚度有关。Wong 等[47]分析了磁流变液的摩擦特性，发现摩擦系数随着体积百分数的增加而增加。

4. 磁流变液的稳定性

磁流变液的稳定性会受到颗粒沉淀的影响，由于颗粒的密度大于载体的密度，颗粒会在磁流变液中产生沉淀，严重影响磁流变液的磁流变效应。

在没有磁场作用时，磁流变液中的磁性固体颗粒在重力场作用下产生沉淀，可以看成一种低雷诺数的圆球绕流。图 2-14 为一个颗粒稳态下沉的受力分析，根据力的平衡方程条件：

$$F_s + F_b = W \tag{2-10}$$

式中，F_s 为在沉降中所受到的流体斯托克斯(Stokes)阻力；F_b 为基础液对颗粒产生的浮力；W 为重力。按斯托克斯阻力定律，圆球颗粒的阻力可以表示为

$$F = \frac{1}{8}\pi d_p^2 \rho_c v_m^2 C_f \tag{2-11}$$

式中，d_p 为磁性颗粒直径；ρ_c 为基础液的密度；v_m 为颗粒的平均速度；C_f 为摩擦系数，对于小圆球，摩擦系数可表示为

$$C_f = \frac{24}{Re} \tag{2-12}$$

式中，Re 为雷诺数。如果把颗粒沉降看成一种低雷诺数的圆球绕流，则雷诺数可以表示为

$$Re = \frac{\rho_c v_m d_p}{\eta_c} \tag{2-13}$$

式中，η_c 为基础液的动力黏度。基础液对颗粒产生的浮力为

$$F_b = \rho_c V g \tag{2-14}$$

式中，V 为颗粒的体积，$V = \frac{1}{6}\pi d_p^3$；g 为重力加速度。颗粒的重力为

$$W = \rho_p V g \tag{2-15}$$

式中，ρ_p 为颗粒密度。由式(2-11)、式(2-12)和式(2-14)得到颗粒在基础液中沉降的平均速度为

$$v_m = \frac{(\rho_p - \rho_c) g d_p^2}{18 \eta_c} \tag{2-16}$$

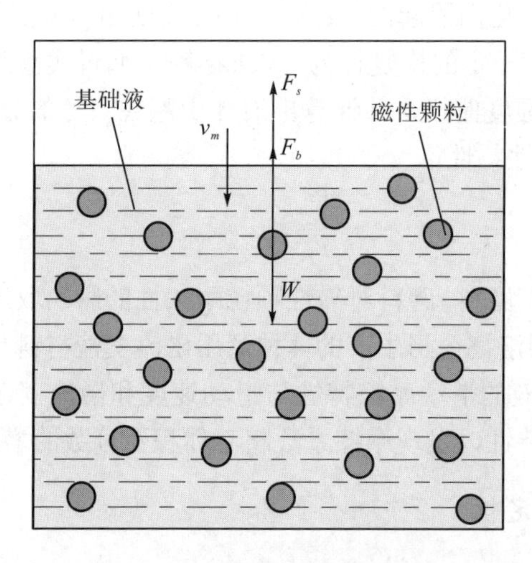

图 2-14　颗粒沉降速度分析

Kordonsky 和 Demchuk[48]通过实验证实了颗粒沉降速度与颗粒直径的平方成正比，减小颗粒尺寸可以增加磁流变液的稳定性。图 2-15 为颗粒直径对颗粒沉降速度的影响。分析中设基础液的动力黏度为 0.05Pa·s，密度为 900kg/m^3，磁性颗粒的密度为 5200kg/m^3，当颗粒直径分别为 1μm、4μm、9μm 时，颗粒沉降速度分别为 4.68×10^{-8}m/s、9.49×10^{-7}m/s、3.79×10^{-6}m/s，可见颗粒直径越大，颗粒沉降速度越快。当颗粒直径为 1μm，颗粒沉降速度为 4.68×10^{-8}m/s 时，颗粒每天沉降 4.045mm，颗粒这样快速地沉降，显然不能保证磁流变液长时间的有效贮存。

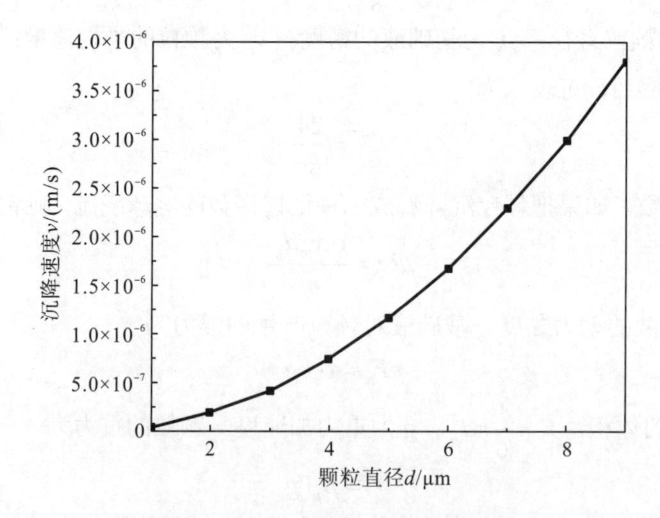

图 2-15　颗粒直径对颗粒沉降速度的影响

为了增加磁流变液的稳定性，Carlson 和 Jolly[49]发现，添加具有防止颗粒沉淀的添加剂、采用复合材料制备颗粒以保证其密度与载体相接近等方法可增强磁流变液的稳定性。磁性颗粒的尺寸也可以是纳米量级的，如 Kormann 等[50]研制出稳定的纳米量级磁性颗粒的磁流变液，增强了磁流变液的稳定性能。图 2-16 表示了颗粒尺寸采用纳米量级时，在一年中沉降的距离，当颗粒直径分别为 9nm、6nm 和 3nm 时，每年颗粒的沉降距离分别为 11.766mm、5.316mm、1.329mm，可见颗粒直径越小，每年颗粒沉降距离越短。如颗粒直径为 1nm 时，每年颗粒沉降距离为 0.148mm，颗粒这样缓慢地沉降，显然能保证磁流变液长时间的有效贮存。

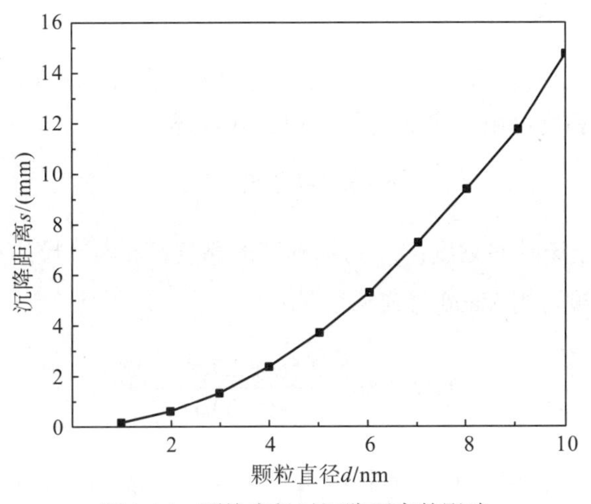

图 2-16　颗粒直径对沉降距离的影响

但是为了保证颗粒沿外磁场方向稳定成链，颗粒的直径也不能无限小。颗粒沿外磁场方向稳定成链时，磁流变液中磁性固体颗粒的尺寸非常小，以致它们都是磁偶极子。在没有磁场作用时，这些磁偶极子的磁矩方向是杂乱无章和互相抵消的，所以宏观磁矩为零。在外加磁场作用下，这些磁偶极子之间存在相互作用的磁场力，颗粒的磁矩都是按照外磁场方向排列，这时磁偶极子对相互作用的势能最大，它们的磁化方向与外加磁场方向相同，假设颗粒为球形，当两个颗粒互相接触时，磁偶极子之间的磁势能可表示为

$$E_m = -\frac{1}{6}\pi d_p^3 \mu_0 MH \tag{2-17}$$

式中，E_m 为磁偶极子之间的磁势能；d_p 为磁性颗粒直径；μ_0 为真空磁导率；M 为磁化强度；H 为磁场强度。另外，每一个小的磁偶极子又是一个悬浮分子，因而它具有分子热运动，其热运动能量为

$$E_T = Ck_0T \tag{2-18}$$

式中，E_T 为分子热运动产生的动能；C 为热运动的系数，C=1～1.5；k_0 为玻尔兹曼(Boltzmann)常数；T 为绝对温度。如果热运动的动能大于外磁场对颗粒吸引的磁势能，则磁流变液中的固体颗粒就保持分散状态，这虽然可以降低固体颗粒的沉淀，但是影响了颗粒沿外磁场方向稳定成链，减弱了磁流变效应。所以，保证颗粒沿外磁场方向稳定成链的条件为

$$E_T \leqslant E_m \tag{2-19}$$

颗粒的直径应满足的条件为

$$d_p \geqslant \left(\frac{6Ck_0T}{\pi\mu_0 MH}\right)^{\frac{1}{3}} \tag{2-20}$$

必须指出，式(2-20)是建立在分子运动论的物理基础上，如果颗粒直径太大，则它们不具备分子的行为。所以磁流变液的温度是有限制的。

5. 磁流变液的黏度

零磁场时，假设磁流变液表现出牛顿流体的行为，黏度与剪切应变率无关[49]；在低浓度时，磁流变液的黏度可用著名的爱因斯坦公式描述：

$$\eta = \eta_0\left(1+2.5\varphi\right) \tag{2-21}$$

式中，η 为磁流变液零场时的黏度；η_0 为基础液的黏度；φ 为颗粒的重量百分比。在高浓度时，磁流变液的黏度可用 Vand 公式描述[6]：

$$\eta = \eta_0 \exp\left[\frac{(2.5\varphi+2.7\varphi^2)}{1-0.609\varphi}\right] \tag{2-22}$$

图 2-17 表示了由式(2-22)计算的颗粒重量百分比对黏度的影响，设基础液的黏度为 0.05Pa·s，当颗粒的重量百分比分别为 10%、30%和 60%时，磁流变液的黏度分别为 0.0543Pa·s、0.0808Pa·s 和 0.3710Pa·s；当颗粒的重量百分比分别为 70%、80%和 90%时，磁流变液的黏度分别为 0.9232Pa·s、3.1696Pa·s 和 17.099Pa·s。表明当颗粒的重量百分比小于 60%时，颗粒的重量百分比对黏度的影响不大；当颗粒的重量百分比大于 60%时，颗粒的重量百分比对黏度的影响很大。

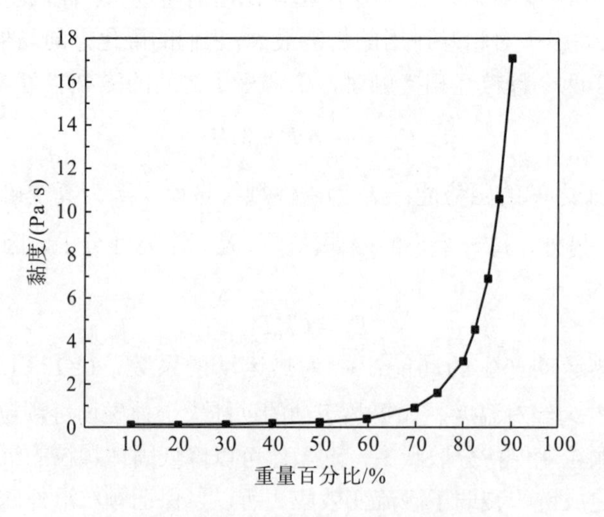

图 2-17 颗粒重量百分比对黏度的影响

在外加磁场作用下，颗粒受到磁矩的作用，转动速度发生变化，导致颗粒与基础液之间产生摩擦，因而影响磁流变液的黏度。为了探明磁流变液的表观黏度随外加磁场强度和剪切应变率的变化关系，Marshall 等引入一无量纲的 Mason 数来研究较高浓度的磁流变液的黏滞性，可以描述为

$$M_n = \frac{\eta_0 \dot{\gamma}}{2\mu_0 \mu_f (\beta H)^2} \tag{2-23}$$

式中，$\beta = \dfrac{\mu_p - \mu_s}{\mu_p + 2\mu_s}$，$\eta_p \propto M_n^{-\Delta}$，$M_n$ 表征了磁流变液的黏滞性与磁场的比率；μ_0、μ_p、μ_s、μ_f 分别为真空、颗粒、载液和磁流变液的磁导率；η_0 为载液的黏度；Δ为系数。式(2-23)表明了磁流变液的剪切稀化现象，即 $\dot{\gamma}$ 增大，使 M_n 增大，从而导致表观黏度下降。

6. 磁流变液的密度

磁流变液的密度是磁流变液应用中的重要数据，可以用它来计算磁流变液中磁性颗粒的含量。磁流变液由磁性颗粒、基础液、添加剂组成，Bednarek[51]认为磁流变液的重量是各组成部分重量之和，由此可得磁流变液的密度 ρ 为

$$\rho = \rho_m \varphi_m + \rho_c \varphi_c + \rho_a \varphi_a \tag{2-24}$$

式中，ρ_m、ρ_c、ρ_a 和 φ_m、φ_c、φ_a 分别是磁性颗粒、基础液、添加剂的密度和体积百分数。对以油为基础液的磁流变液，密度 $\rho_c \approx \rho_a$，式(2-24)可以表达为

$$\rho = \rho_m \varphi_m + \rho_c (1 - \varphi_m) \tag{2-25}$$

式中，$\varphi_m = \dfrac{\rho - \rho_c}{\rho_m - \rho_c}$。由式(2-25)可知，在已知磁流变液、磁性颗粒和基础液的密度时，可以通过测量磁流变液的密度来确定磁性颗粒的体积百分数。根据下式由磁流变液、磁性颗粒和基础液的密度，可以近似计算出磁流变液中磁性颗粒的含量：

$$\varphi = \frac{\rho_m (\rho - \rho_c)}{\rho_m - \rho_c} \tag{2-26}$$

7. 温度的影响

1) 磁流变液的黏度与温度的关系

磁流变液的黏度与温度的关系主要由基础液的性质决定。当温度升高时，液体分子的平均速度增大，而分子间的距离也增加，这样就使得分子的动能增加，而分子间的作用力减小。因此，液体的黏度随温度的升高而下降，从而影响磁流变液的性能，特别是在高温范围，分析温度对磁流变液黏度的影响显得很重要[52-54]。在高温范围，黏度与温度的关系可以表达为

$$\eta = b \mathrm{e}^{\frac{a}{T}} \tag{2-27}$$

式中，η 为磁流变液的黏度；a、b 均为常数；T 为温度。

2)磁流变液的密度与温度的关系

温度对磁流变液密度的影响是由于热膨胀造成的，磁流变液热膨胀，会导致磁流变液的体积增大，从而使密度减小。根据磁流变液各组分的密度与温度的关系及其体积分数可得

$$\rho(T)=\rho^0\left[1-\left(\alpha_m\varphi_m^0+\alpha_c\varphi_c^0+\alpha_a\varphi_a^0\right)\left(T-T_0\right)\right] \tag{2-28}$$

式中，$\rho(T)$为温度T时磁流变液的密度；ρ^0为某基本温度T_0时磁流变液的密度；α_m、α_c和α_a分别为磁性颗粒、基础液和添加剂的热膨胀系数；φ_m^0、φ_c^0和φ_a^0分别为磁性颗粒、基础液和添加剂在温度T_0时的体积百分数。

3)磁流变液的静态屈服应力与温度的关系

潘胜等[55]研究了羰基铁粉磁流变液的静态屈服应力与温度的关系，发现静态屈服应力对于温度具有良好的稳定性，在温度变化时(室温到150℃)静态屈服应力变化很小。虽然零场时磁流变液黏滞系数随温度的相对变化很大(变化趋势主要由载液决定)，然而零场下的屈服应力和外场中的屈服应力相比是一个小量，可以忽略不计。

4)工作温度范围

工作温度范围主要取决于载体，以水为载体的磁流变液的工作温度范围较窄，以硅油为载体的磁流变液的工作温度范围较宽。美国洛德公司生产的 4 种商用磁流变液中[29]，MRF-132AD和MRF-140CG的工作温度范围为-40～130℃，MRF-241ES的基础液为水，其工作温度范围为-10～70℃，MRF-336AG 的基础液为硅油，其工作温度范围为-40～150℃。

8. 响应时间

影响磁流变液产生磁流变效应的响应时间长短的因素主要有基础液的黏度、颗粒体积分数和磁场强度。以颗粒运动，聚集有序排列为基础，基础液黏度越大，颗粒运动阻力越大，响应时间越长；颗粒体积分数越大，响应时间越短；磁场强度越大，响应时间越短。所以用不同配制方法制作出的磁流变液，其响应时间不一样，但都应控制在毫秒级内。

磁流变液器件的响应时间与器件本身的尺寸参数和磁场参数有关，如磁流变阻尼器中磁流变液流道长度、间隙大小和磁路设计等都影响阻尼器的响应时间。Carlson[56]研制的商用磁流变液减振器的响应时间小于 10ms。

9. 磁流变液的寿命

磁流变液经长期使用后，性能会逐步退化，当性能退化达到一定程度时，磁流变液就无法正常工作，甚至失效。磁流变液从投入工作到失效的整个时间，可以看作磁流变液的寿命。Carlson[57]用寿命耗散能(life dissipated energy，LDE)描述了磁流变液的寿命，它可以表示为

$$\mathrm{LDE}=\frac{1}{V}\int_{0}^{t_l} P\,\mathrm{d}t \tag{2-29}$$

式中，V 为磁流变器件中能产生磁流变效应的有效激活体积；P 为功率；t_l 为正常工作时间；LDE 表征了磁流变器件每单位体积所耗散的机械能量。

10. 磁流变液的声学特性

磁流变液的微观结构影响其声学性能。声学方法可以用于测量磁流变液的压缩率、黏度、热容等性能。磁流变液的声学性能使其在超声裂纹检测以及电磁能-声能转换器等方面的应用成为可能。影响磁流变液声速的主要因素有颗粒和基础液的密度与体积分数、分散颗粒与其周围介质间的热传递等。

2.2　形状记忆合金及其性能

2.2.1　形状记忆效应

形状记忆效应是指材料具有“记忆”原始形状的功能，即材料在高温下定形后，冷却到低温并施加变形，使其产生残余变形，通过加热可以使残余变形消失，并恢复到高温时的形状[58,59]。如果随后对材料进行加热或冷却，其形状保持不变，但上述过程可以反复进行，则称为单程形状记忆效应(one-way shape memory effect，OWSME)。如果对材料进行特殊处理，由于材料内部产生预期的应力场，在随后的加热和冷却循环中，能够重复记住高温和低温时的两种形状，则称为双程形状记忆效应(two-way shape memory effect，TWSME)。某些材料在实现双程形状记忆的同时，继续冷却到更低温度，可以出现与高温时完全相反的形状，称为全程形状记忆效应(all-round shape memory effect，ARSME)[目前仅在富 Ni(大于 50.5at.%)的 Ni-Ti 合金中发现][60-63]。典型的不同形状记忆效应之间的对比见表 2-1。

表 2-1　典型形状记忆效应

状态	单程形状记忆效应	双程形状记忆效应	全程形状记忆效应
初始状态			
低温变形			
加热			
冷却			

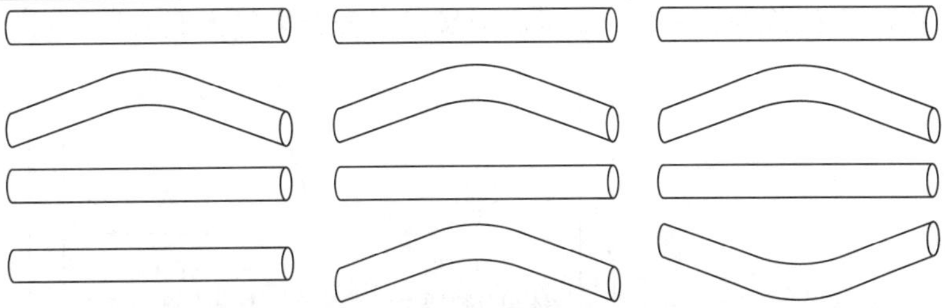

图 2-18 为形状记忆合金形状记忆效应的宏观过程。在加载过程中形状记忆合金发生由奥氏体或孪晶马氏体向非孪晶马氏体转变的马氏体相变，马氏体的体积分数逐渐增大、

形状记忆变形逐渐产生；在温度小于奥氏体的开始温度 A_s 时，非孪晶马氏体是稳定的；在卸载过程中形状记忆合金不发生相变，马氏体的体积分数保持不变、形状记忆变形不恢复；卸载后，通过加热至温度大于 A_f，形状记忆合金发生由非孪晶马氏体向奥氏体转变的马氏体逆相变，马氏体的体积分数逐渐减小，形状记忆变形逐渐恢复，形状记忆合金恢复为原来的形状。

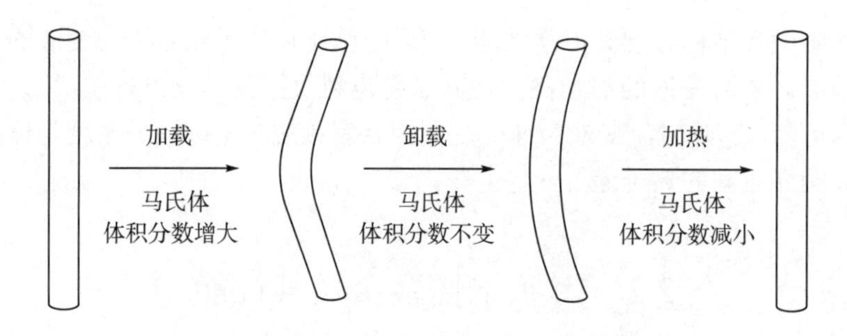

图 2-18 形状记忆合金形状记忆效应的宏观过程

2.2.2 超弹性

超弹性是指材料在弹性变形后经历了较大的非弹性变形，卸载后能够自发地恢复到原始形状。当形状记忆合金温度处于马氏体结束相变温度 M_f 与奥氏体开始相变温度 A_s 之间时，奥氏体由于应力诱发马氏体相变而产生非弹性变形，然后进行卸载而引起马氏体逆相变并恢复到原始形状，同时伴随迟滞现象。通常，Ni-Ti 合金的可恢复应变可达 8.0%，而一般金属的可恢复应变不到 1.0%。形状记忆效应和超弹性本质上是同一现象，区别仅在于形状记忆效应是材料在低温环境下发生变形，然后通过加热产生逆相变恢复到母相。而超弹性是发生在高温环境下，在应力去除后发生马氏体逆相变使其形状恢复到母相状态。因此，产生热弹性马氏体相变的大部分合金不仅具有形状记忆效应，还表现出超弹性[64,65]。

图 2-19 为形状记忆合金超弹性的宏观过程。在加载过程中形状记忆合金发生由奥氏体向非孪晶马氏体转变的马氏体相变，马氏体的体积分数逐渐增大、形状记忆变形逐渐产生；在温度大于奥氏体结束温度 A_f 时，非孪晶马氏体是不稳定的；在卸载过程中形状记忆合金发生由非孪晶马氏体向奥氏体转变的马氏体逆相变，马氏体的体积分数逐渐减小、形状记忆变形逐渐恢复；卸载后形状记忆合金恢复为原来的形状[66,67]。

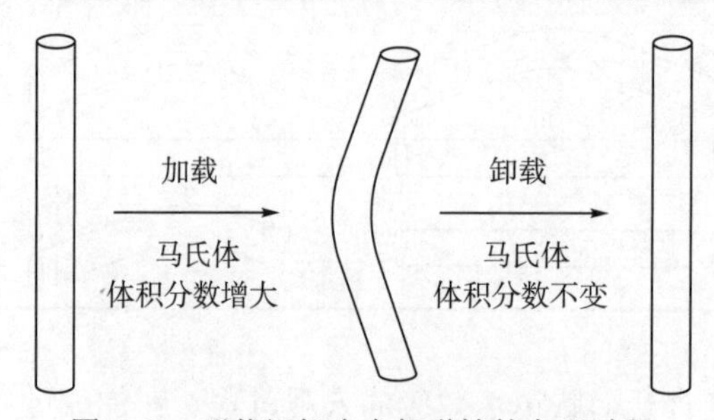

图 2-19 形状记忆合金超弹性的宏观过程

2.2.3　经典形状记忆合金本构模型

形状记忆材料的特殊行为给本构关系的描述带来了很大难度，直到 1979 年德国学者 Müller 构造了超弹性体的相变模型，关于形状记忆合金本构关系的研究才大规模地展开。在过去的 40 多年，各国学者从不同角度构造了不同类型的本构关系，主要可以分为三大类：细观热动力学模型、细观力学模型和宏观唯象模型[58,68]。

细观热动力学模型主要是通过描述一个在有限区域内含有一个无限小的热动力学过程来构造相变过程中的自由能。它详细描述了材料在相变过程中马氏体的形核与长大、两相截面的移动等细观过程，这类模型有助于理解材料的相变过程，但很难应用于工程实际。

建立在实验基础上描述材料宏观行为的唯象理论模型，由于模型简单、引入参数少且容易由实验获得，近 20 多年来有很大的发展，在智能结构的分析中也发挥了巨大作用，这些模型都是基于热力学、热动力学和相变动力学的本构关系[69,70]。在实际中，应用较多的模型有 Tanaka 本构模型、Liang-Rogers 本构模型和 Brinson 本构模型。

1. Tanaka 本构模型

Tanaka 将描述形状记忆材料的相变过程的内变量简化为马氏体体积分数ξ，并给出了增量型的本构关系[71]。

$$\dot{\sigma}=\frac{\partial\sigma}{\partial\varepsilon}\dot{\varepsilon}+\frac{\partial\sigma}{\partial\xi}\dot{\xi}+\frac{\partial\sigma}{\partial T}\dot{T}=D(\varepsilon,\xi,T)\dot{\varepsilon}+\Omega(\varepsilon,\xi,T)\dot{\xi}+\Theta(\varepsilon,\xi,T)\dot{T} \tag{2-30}$$

式中，$D(\varepsilon,\xi,T)$为弹性模量；$\Omega(\varepsilon,\xi,T)$为相变模量；$\Theta(\varepsilon,\xi,T)$为热弹性模量；$\dot{\varepsilon}$、$\dot{\xi}$、$\dot{T}$分别表示$\varepsilon-\varepsilon_0$，$\xi-\xi_0$，$T-T_0$。铁系合金马氏体相变的一维核动力学方程为

$$\begin{cases}\dfrac{\mathrm{d}\xi}{1-\xi}=a^M\,\mathrm{d}T\\ a^M=-\bar{V}\,\mathrm{Q}\dfrac{\mathrm{d}\Delta G}{\mathrm{d}T}\end{cases} \tag{2-31}$$

式中，$\bar{V}$为新形成马氏体的平均体积；Q 为常数；ΔG为发生马氏体相变的自由能驱动力，假定a^M为常数，对温度从M_s到T由积分式(2-31)可以得到马氏体体积分数ξ的表达式：

$$\xi=1-\mathrm{e}^{\left[a^M(M_s-T)\right]},\quad M_s\leqslant T\leqslant M_f \tag{2-32}$$

在一维情况下，临界应力(σ_{cr})与相变临界温度(T_{cr})呈线性关系，如图 2-20 所示，其中，C_M和C_A分别为马氏体和奥氏体的影响系数，根据图 2-20 所示的相变应力和温度的关系，由积分式(2-31)可以推导出，在温度$T\geqslant M_s$时，描述马氏体体积分数ξ变化规律的相变演化方程。

由奥氏体向马氏体转变的马氏体相变方程为

$$\xi=1-\mathrm{e}^{\left[a^M(M_s-T)+b^M\sigma\right]} \tag{2-33a}$$

由马氏体向奥氏体转变的奥氏体相变方程为

$$\xi=\mathrm{e}^{\left[a^A(A_s-T)+b^A\sigma\right]} \tag{2-33b}$$

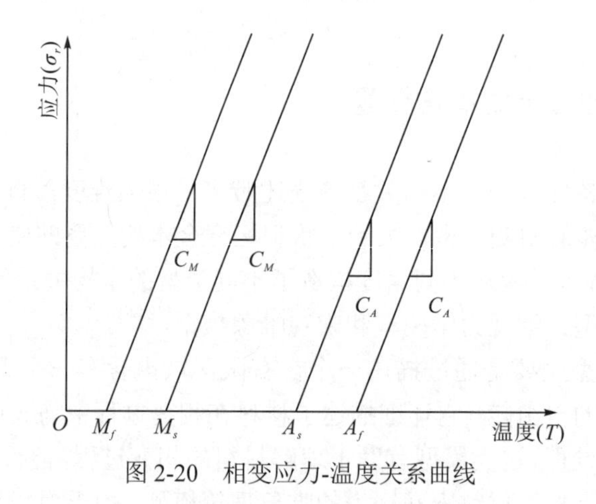

图 2-20 相变应力-温度关系曲线

式中，a^M、a^A、b^M 和 b^A 为积分常数。假定在 $\xi=0.99$ 时，马氏体相变完成，在 $\xi=0.01$ 时，奥氏体相变完成，则可确定出式(2-33a)和式(2-33b)中的 4 个积分常数为

$$\begin{cases} a^M = \dfrac{\ln(0.01)}{M_s - M_f}, \\ b^M = \dfrac{a^M}{C^M} \\ a^A = \dfrac{\ln(0.01)}{A_s - A_f}, \\ b^A = \dfrac{a^A}{C^A} \end{cases} \tag{2-33c}$$

这样本构方程(2-30)和指数型相变方程(2-33)一起构成了 Tanaka 本构模型。

2. Liang-Rogers 本构模型

由于应力诱发马氏体相变是形状记忆合金材料最重要的特征之一，因此可以从相变关系和应力对相变的影响入手建立模型[72]。

如图 2-21 所示，在自由应力条件下，马氏体体积分数随温度的变化而变化。图 2-21 中的 4 个重要温度参数是马氏体开始温度（M_s）、马氏体结束温度（M_f）、奥氏体开始温度（A_s）和奥氏体结束温度（A_f）。形状记忆合金材料有两种类型，一种具有典型的马氏体体积分数与温度的关系，其中 $A_s > M_s$，而另一种类型的特征是 $A_s < M_s$。由于大多数商用形状记忆合金材料都属于第一类，因此仅考虑第一类形状记忆合金材料。

Tanaka 本构模型用指数函数来描述马氏体体积分数 ξ 与温度 T 的关系，而 Liang-Rogers 本构模型以余弦函数来描述马氏体体积分数与温度的关系。在自由应力条件下，描述奥氏体向马氏体转变和马氏体向奥氏体转变过程中的马氏体体积分数的两个方程被假定为具有以下形式：

$$\begin{cases} \xi_{M\to A} = \mathrm{e}^{\left[A_a(T-A_s)+B_a\sigma\right]} \\ \xi_{A\to M} = 1-\mathrm{e}^{\left[A_m(T-M_s)+B_m\sigma\right]} \end{cases} \tag{2-34}$$

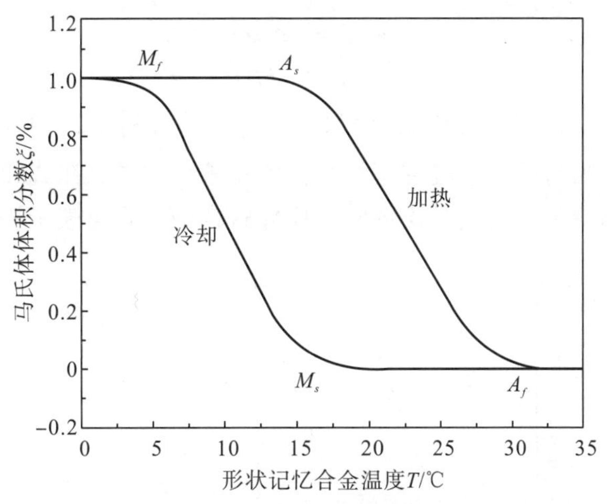

图 2-21　形状记忆合金温度与马氏体体积分数的关系

$$\xi=\frac{1}{2}\{\cos[a_A(T-A_s)]+1\} \tag{2-35}$$

上式中 A_s 、 M_s 分别是奥氏体开始转变温度、马氏体开始转变温度； A_a 、 B_a 、 A_m 、 B_m 为积分常数，σ 为形状记忆合金的应力； a_A 同 A_a 。

而对于奥氏体向马氏体的转变，马氏体体积分数为

$$\xi=\frac{1}{2}\{\cos[a_M(T-M_f)]+1\} \tag{2-36}$$

其中，两个材料常数 a_A 和 a_M 由以下因素决定：

$$\begin{cases} a_M=\dfrac{\pi}{M_s-M_f} \\ a_A=\dfrac{\pi}{A_f-A_s} \end{cases} \tag{2-37}$$

如果马氏体向奥氏体转变，则相变是从奥氏体和马氏体混合的状态开始的，用(ξ_M ， T_M)表示，假设在加热过程中，温度高于 A_s 时就没有新的奥氏体出现。

对于温度高于 A_s 的情况，该转变被描述为

$$\xi=\frac{\xi_M}{2}\left\{\cos\left[a_A\left(T-A_s\right)\right]+1\right\} \tag{2-38}$$

当 ξ_M =1 时，式(2-38)变成简单的式(2-36)。类似地，如果奥氏体向马氏体的转变从(ξ_A ， T_A)开始，则在冷却到低于 M_s 的温度之前，不会有新的马氏体出现，从 M_s 到 M_f 的相变方程为

$$\xi=\frac{1-\xi_A}{2}\cos\left[a_M\left(T-M_f\right)\right]+\frac{1+\xi_A}{2} \tag{2-39}$$

如图 2-22 所示，三个过渡温度 M_s 、 M_f 、 A_s 与施加的应力呈线性关系。然而奥氏体结束转变温度 A_f 的变化则较为复杂，因此为简化模型，假设 A_f 与施加的应力也呈线性关系，并且与其他温度-应力曲线斜率相等。

另外两个表明应力对转变温度的影响的材料常数由以下经验方程表示：

$$\begin{cases} C_M = \tan(\alpha) \\ C_A = \tan(\beta) \end{cases} \tag{2-40}$$

式中，α和β如图 2-22 所示，可以观察到$C_A = C_M$。结合图 2-21 和图 2-22 可以看出，如果在外部施加应力，则马氏体温度磁滞回线会向左移动。通过在式(2-38)和式(2-39)中增加一个应力引起的相变项，得到马氏体向奥氏体转变的关系可表示为

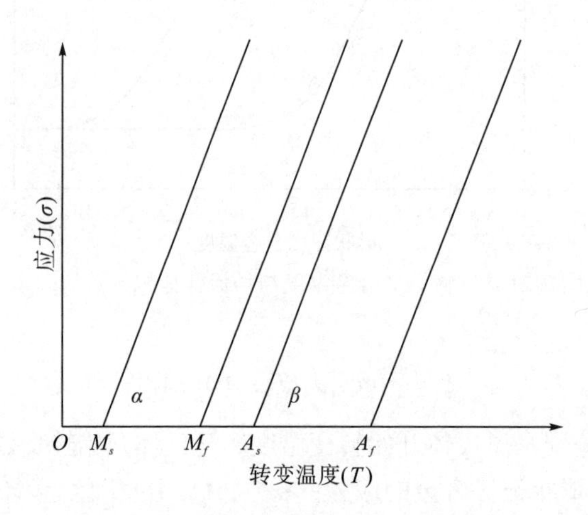

图 2-22　转变温度与应力的关系

$$\xi = \frac{\xi_M}{2}\left\{\cos\left[a_A\left(T - A_s\right) + b_A\sigma\right] + 1\right\} \tag{2-41}$$

而对于奥氏体向马氏体的转变，其表达式为

$$\xi = \frac{1-\xi_A}{2}\cos\left[a_M\left(T - M_f\right) + b_M\sigma\right] + \frac{1+\xi_A}{2} \tag{2-42}$$

式中，b_A、b_M 分别为两个新的材料常数。

$$\begin{cases} b_A = -\dfrac{a_A}{C_A} \\ b_M = -\dfrac{a_M}{C_M} \end{cases} \tag{2-43}$$

由于上述方程中余弦函数的变量被限制在 0～π的范围内，所以马氏体向奥氏体转变的应力范围可以表示为

$$C_A\left(T - A_s\right) - \frac{\pi}{|b_A|} \leqslant \sigma \leqslant C_A\left(T - A_s\right) \tag{2-44}$$

而相应的反向转变的应力范围可表示为

$$C_M\left(T - M_f\right) - \frac{\pi}{|b_A|} \leqslant \sigma \leqslant C_M\left(T - M_f\right) \tag{2-45}$$

这显然是线弹性的应力-应变关系，不能描述形状记忆材料的形状记忆效应。事实上 Tanaka 本构模型和 Liang-Rogers 本构模型都不能有效地描述形状记忆合金在温度 $T < M_f$ 时的热力学行为，Liang-Rogers 本构模型不能有效地描述形状记忆合金的马氏体择优取向

过程，同样 Tanaka 本构模型也不能有效地描述形状记忆合金的马氏体择优取向过程，这是 Tanaka 本构模型和 Liang-Rogers 本构模型的局限性。

3. Brinson 本构模型

1)形状记忆合金热力学本构模型

Brinson 在 Tanaka 和 Liang 工作的基础上，克服了 Liang-Rogers 本构模型和 Tanaka 本构模型不能描述马氏体择优取向过程的局限性。Brinson 假设形状记忆合金材料的热力学本构模型只由一组变量(ε, T, ξ)即可描述，其中，ε 为应变张量，ξ 为相变阶段的内部变量。变量ξ 被定义为形状记忆合金马氏体的体积分数，其取值范围为 0～1，当ξ=1 时表示形状记忆合金中为 100%的马氏体相，同时变量ξ 受温度和应力的影响。通过引入亥姆霍兹自由能$\Phi=U-TS$，将 Tanaka 所推导的热量学能量方程改写为[73,74]

$$\left(\sigma-\varrho_0\frac{\partial\Phi}{\partial\epsilon}\right)\dot{\epsilon}-\left(S+\frac{\partial\Phi}{\partial T}\right)\dot{T}-\frac{\partial\Phi}{\partial\xi}\dot{\xi}-\frac{1}{\varrho_0 T}\frac{\varrho_0}{\varrho}qF^{-1}\frac{\partial T}{\partial X}\geqslant 0 \tag{2-46}$$

式中，σ 为第二类皮奥拉-基尔霍夫应力(second Piola-Kirchhoff stress)；S 为熵密度；T 为温度；$\dot{T}$ 为 $T-T_0$；F 为变形梯度；ϱ_0 为材料密度；X 为材料的参考坐标系；ϵ 为转变应变；$\dot{\epsilon}$ 为 ε_0，q 为热源密度。

满足式(2-46)的一个充分条件是，对于任何 $\dot{\epsilon}$ 、$\dot{T}$ 的取值，其各自的系数都能够被抵消为 0，因此，可以得出

$$\sigma=\varrho_0\frac{\partial\Phi(\varepsilon,\ T,\ \xi)}{\partial\epsilon}=\sigma(\varepsilon,T,\xi) \tag{2-47a}$$

$$S=-\frac{\partial\Phi}{\partial T} \tag{2-47b}$$

式(2-47a)为形状记忆合金的机械本构模型，通过对式(2-47a)进行微分可得

$$\mathrm{d}\sigma=\frac{\partial\sigma}{\partial\epsilon}\mathrm{d}\epsilon+\frac{\partial\sigma}{\partial\xi}\mathrm{d}\xi+\frac{\partial\sigma}{\partial T}\mathrm{d}T \tag{2-48}$$

将式(2-48)表示为一般形式：

$$\mathrm{d}\sigma=D(\varepsilon,T,\xi)\mathrm{d}\epsilon+\varOmega(\varepsilon,T,\xi)\mathrm{d}\xi+\varTheta(\varepsilon,T,\xi)\mathrm{d}T \tag{2-49}$$

式中，材料的参数方程被定义为

$$D(\varepsilon,T,\xi)=\varrho_0\frac{\partial^2\Phi}{\partial\epsilon^2},\varOmega(\varepsilon,T,\xi)=\varrho_0\frac{\partial^2\Phi}{\partial\epsilon\partial\xi},\varTheta(\varepsilon,T,\xi)=\varrho_0\frac{\partial^2\Phi}{\partial\epsilon\partial T} \tag{2-50}$$

由式(2-49)所表示的增量型形状记忆合金本构关系的形式可知，函数 $D(\varepsilon,T,\xi)$ 代表形状记忆合金材料的模量，$\varOmega(\varepsilon,T,\xi)$ 可被视为转变张量，$\Theta(\varepsilon,T,\xi)$ 与形状记忆合金材料的热膨胀系数有关。如果这些材料函数都假定为常数，那么形状记忆合金的本构关系可表示为

$$\sigma-\sigma_0=D(\varepsilon-\varepsilon_0)+\varOmega(\xi-\xi_0)+\varTheta(T-T_0) \tag{2-51}$$

式中，σ_0、ε_0、ξ_0、T_0 为材料的初始状态或初始条件。

应用式(2-51)所示形状记忆合金的本构方程时需考虑杨氏模量和转变张量之间的关系。同时，形状记忆合金的最大残余应变 ϵ_L 是一个材料常数。加载过程中，最大残余应变

ϵ_L 会在母相奥氏体转换为非孪晶马氏体的过程中逐渐增大，同时，形状记忆合金马氏体的体积分数由初始状态ξ=0 转变为ξ=1。卸载后，最大的残余应变仍然存在，直到温度增加到 A_s 以上。在式(2-51)中使用初始条件（$\sigma_0=\varepsilon_0=\xi_0=0$）和最终条件（$\sigma_0=0$, $\varepsilon_0=\varepsilon_L$, $\xi_0=1$），可以得到必要的关系：

$$\Omega=-\varepsilon_L D \tag{2-52}$$

奥氏体和马氏体之间的相变是关于温度和应力的函数，并且是由化学自由能作为驱动力的。引入克劳修斯-克拉珀龙方程(Clausius-Clapeyron equation)：

$$\frac{\mathrm{d}\sigma}{\mathrm{d}T}=-\frac{\Delta H}{T_0\epsilon} \tag{2-53}$$

即可从基本的热力学原理中推导出形状记忆合金温度和转变应力之间的关系。式中，ϵ 表示转变应变；ΔH 表示温度为 T_0 时马氏体和奥氏体相变的焓值变化。因此，母相向马氏体转变的过程中，马氏体的体积分数ξ与温度 T 的关系可表示为

$$\xi=\frac{1-\xi_0}{2}\cos\left[a_M\left(T-M_f-\frac{\sigma}{C_M}\right)\right]+\frac{1+\xi_0}{2} \tag{2-54}$$

马氏体向奥氏体转变的过程中，马氏体的体积分数ξ与温度 T 的关系可表示为

$$\xi=\frac{\xi_0}{2}\left\{\cos\left[a_A\left(T-A_f-\frac{\sigma}{C_A}\right)\right]+1\right\} \tag{2-55}$$

式中，ξ_0 表示形状记忆合金在转变之前的马氏体体积分数；T 表示温度；σ 表示施加的应力；常数 C_M 和 C_A 是描述温度与诱发转变的临界应力的关系的材料属性；a_M 和 a_A 定义为

$$\begin{cases} a_M=\dfrac{\pi}{M_s-M_f} \\ a_A=\dfrac{\pi}{A_s-A_f} \end{cases} \tag{2-56}$$

尽管临界应力 σ_τ 在转化开始和结束时的实验结果很少产生精确的线性结果，但仍可近似表示为温度的线性函数。马氏体的体积分数ξ一般仅代表相变过程中形状记忆合金材料整体马氏体的体积分数。

2)本构模型修正

为克服 Liang-Rogers 本构模型和 Tanaka 本构模型不能描述马氏体择优取向过程的局限性，Brinson 根据形状记忆合金材料的微观力学，将马氏体的体积分数ξ分为两个部分：

$$\xi=\xi_T+\xi_S \tag{2-57}$$

式中，ξ_T 为温度诱发的马氏体体积分数；ξ_S 为应力诱发的马氏体体积分数。Brinson 认为材料的弹性模量和相变模量与马氏体体积分数呈线性关系，即

$$D(\xi)=D_0+(D_m-D_a) \tag{2-58}$$

$$\Omega(\xi)=-\varepsilon_L D(\xi) \tag{2-59}$$

将式(2-57)引入本构模型(2-47a)中，其微分方程可表示为

$$\mathrm{d}\sigma=\frac{\partial\sigma}{\partial\epsilon}\mathrm{d}\epsilon+\frac{\partial\sigma}{\partial\xi_S}\mathrm{d}\xi_S+\frac{\partial\sigma}{\partial\xi_T}\mathrm{d}\xi_T+\frac{\partial\sigma}{\partial T}\mathrm{d}T \tag{2-60}$$

式(2-60)所示微分方程的一般表达式为

$$\mathrm{d}\sigma=D(\varepsilon,T,\xi)\mathrm{d}\epsilon+\Omega(\varepsilon,T,\xi_S)\mathrm{d}\xi_S+\Omega(\varepsilon,T,\xi_T)\mathrm{d}\xi_T+\Theta(\varepsilon,T,\xi)\mathrm{d}T \tag{2-61}$$

再次假设 D、Ω、Θ 为常数，初始条件值为σ_0、ε_0、ξ_{S_0}、ξ_{T_0}、T_0，那么形状记忆合金的本构关系可表示为

$$\sigma-\sigma_0=D(\varepsilon-\varepsilon_0)+\Omega_S(\xi_S-\xi_{S_0})+\Omega_T(\xi_T-\xi_{T_0})+\Theta(T-T_0) \tag{2-62}$$

当温度低于 M_s 时的马氏体转变临界应力是一个常数，因此可以与 C_M 和 C_A 参数类似地被简化为材料系数。图 2-23 为形状记忆合金相变的临界应力与温度的关系。

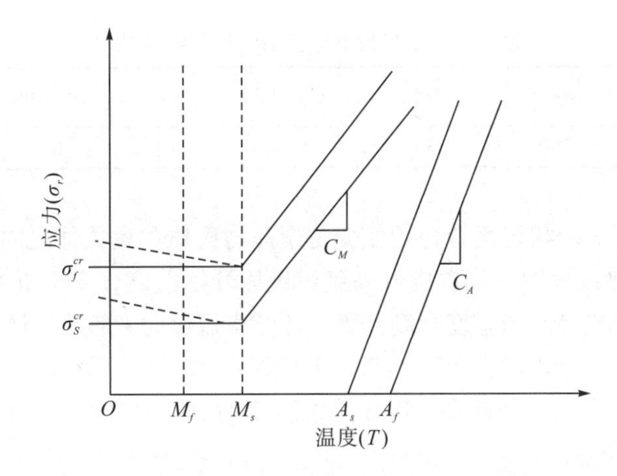

图 2-23　形状记忆合金相变的临界应力与温度的关系

在一维情况下，Brinson 根据实验观测的结果，进一步修正了临界应力与马氏体相变温度的关系，结合图 2-23 所示的形状记忆合金相变临界应力与相变温度间的关系，Brinson 构造的反映ξ、ξ_T、ξ_S 变化规律的余弦型的相变演化方程如下。

马氏体相变过程中，马氏体体积分数可表示为

$$\xi_S=\frac{1-\xi_{S_0}}{2}\cos\left[\frac{\sigma-\sigma_f^{cr}-C_M(T-M_s)_+}{\sigma_s^{cr}-\sigma_f^{cr}}\pi\right]+\frac{1+\xi_{S_0}}{2} \tag{2-63a}$$

$$\xi_T=\xi_{T_0}-\frac{\xi_{T_0}}{1-\xi_{T_0}}\left(\xi_S-\xi_{S_0}\right) \tag{2-63b}$$

奥氏体相变过程中，马氏体体积分数可表示为

$$\xi=\frac{\xi_0}{2}\cos\left(\frac{C_AT-C_AC_S-\sigma}{C_AA_f-C_AA_S}\pi\right)+1 \tag{2-63c}$$

$$\xi_S=\xi_{S_0}-\frac{\xi_{S_0}}{\xi_0}\left(\xi_{S_0}-\xi\right) \tag{2-63d}$$

$$\xi_T=\xi_{T_0}-\frac{\xi_{T_0}}{\xi_0}\left(\xi_0-\xi\right) \tag{2-63e}$$

在式(2-63a)中应用了阶跃函数的表示符号，具体说明如下：

$$(x-a)_+^n=\begin{cases}(x-a)^n, & x>a\\ 0, & x\leqslant a\end{cases} \tag{2-64}$$

由于 Brinson 本构模型有效地克服了 Tanaka 本构模型和 Liang-Rogers 本构模型的不足，因此在工程上得到了比较广泛的应用。

3) 数值计算

利用 Brinson 本构模型对 Ni-Ti 形状记忆合金进行数值计算分析。在数值模拟计算中，用到的形状记忆合金的材料参数见表 2-2[75]。

表 2-2 Ni-Ti 形状记忆合金的材料参数

A_s/℃	A_f/℃	M_s/℃	M_f/℃	C_A/(MPa·℃)	C_M/(MPa·℃)	ε_L/%	σ_S^{cr}/MPa	σ_f^{cr}/MPa	E_m/GPa
63.3	82.9	49.5	36.2	13.8	8.0	6.7	100	170	67.0

在无应力作用下，形状记忆合金的相变是孪晶马氏体和奥氏体之间的相互转变，无宏观应变产生。在加热过程中，当温度升高到奥氏体开始温度 A_s 时，形状记忆合金开始由孪晶马氏体向奥氏体转变，当温度升高到奥氏体结束温度时，形状记忆合金全部转变为奥氏体；在冷却过程中，当温度降低到马氏体开始温度 M_s 时，形状记忆合金开始由奥氏体向孪晶马氏体转变，当温度降低到马氏体结束温度 M_f 时，形状记忆合金全部转变为孪晶马氏体，如图 2-24 所示。

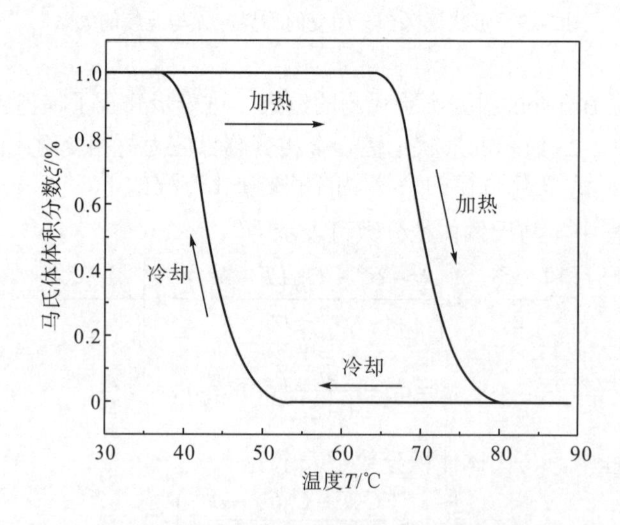

图 2-24 马氏体体积分数与温度的关系曲线

图 2-25 为温度 $T>90$℃ $(T>A_f)$ 时，Brinson 相变方程所描述的形状记忆合金马氏体体积分数-应力曲线。在温度大于奥氏体结束温度 A_f 时，形状记忆合金的初始状态为奥氏体。在加载过程中，当应力增加到马氏体开始应力时，形状记忆合金开始由奥氏体向非孪

晶马氏体转变，马氏体体积分数从 0 开始逐渐增加，当应力增加到马氏体结束应力时，马氏体体积分数增加到最大值 1，形状记忆合金全部转变为非孪晶马氏体；在卸载过程中，当应力降低到奥氏体开始应力时，形状记忆合金开始由非孪晶马氏体向奥氏体转变，马氏体体积分数开始由 1 逐渐减小，当应力降低到奥氏体结束应力时，马氏体体积分数减小到最小值 0，形状记忆合金全部转变为奥氏体。

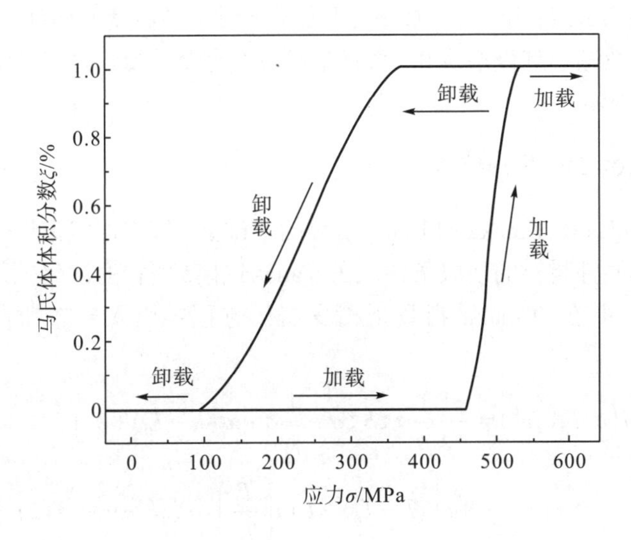

图 2-25　马氏体体积分数-应力曲线

图 2-26 为应用 Brinson 建立的形状记忆合金本构模型描述在不同温度下形状记忆合金的应力-应变曲线。在温度 T=95℃与 T=55℃时，加载前形状记忆合金处于奥氏体相。在温度 T =95℃（$T > A_f$）时，在加载过程中应力增加到马氏体开始应力时，形状记忆合金开始由奥氏体向非孪晶马氏体转变，马氏体体积分数和形状记忆应变从 0 开始不断增加；在卸载过程中，当应力减小到奥氏体开始应力时，形状记忆合金开始由非孪晶马氏体向奥氏体

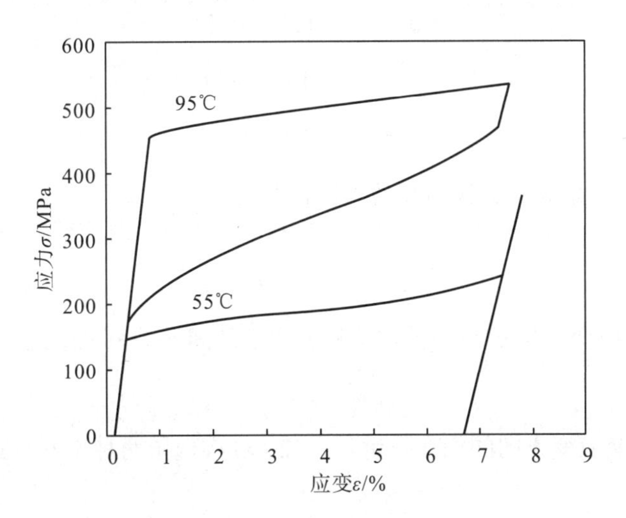

图 2-26　不同温度下形状记忆合金的应力-应变曲线

转变，马氏体体积分数和形状记忆应变逐渐减小到0，卸载结束后形状记忆合金的应变完全恢复，形状记忆合金表现为卸载引起的形状记忆效应。在温度 T=55℃（$M_f < T < A_s$）时，在加载过程中，当应力增加到马氏体开始应力时，形状记忆合金开始由奥氏体向非孪晶马氏体转变，马氏体体积分数和形状记忆应变从0开始不断增加；由于在温度$T < A_s$时，非孪晶马氏体是稳定的，在卸载过程中不会向奥氏体转变，卸载结束后，形状记忆应变全部转变为材料的残余应变；卸载后，加热形状记忆合金，当温度增加到奥氏体结束温度A_f时，马氏体体积分数减小到最小值0，形状记忆应变完全恢复，形状记忆合金表现为加热引起的形状记忆效应。

4. Boyd-Lagoudas 本构模型

Boyd 和 Lagoudas 在 Tanaka 和 Liang 研究的基础上，假定形状记忆合金材料的形状记忆效应类似于各向同性材料的屈服条件，在 Tanaka 指数型相变演化方程中，利用等效应力代替一维应力，并在 Tanaka 指数型相变演化方程中引入吉布斯自由能(Gibbs free energy)方程[76]：

$$\begin{aligned} G\left(\boldsymbol{\sigma},T,\xi,\boldsymbol{\varepsilon}^t\right) = & -\frac{1}{2}\frac{1}{\rho}\boldsymbol{\sigma}:\boldsymbol{S}:\boldsymbol{\sigma} - \frac{1}{\rho}\boldsymbol{\sigma}:\left[\boldsymbol{\alpha}(T-T_0)+\boldsymbol{\varepsilon}^t\right] \\ & + c\left[(T-T_0) - T\ln\left(\frac{T}{T_0}\right)\right] - s_0 T + u_0 + f(\xi) \end{aligned} \tag{2-65}$$

式中，$\boldsymbol{\sigma}$、$\boldsymbol{\varepsilon}^t$、$\xi$、$T$ 和 T_0 分别为柯西应力张量、相变应变张量、马氏体体积分数、当前温度和参考温度。$\boldsymbol{S}$、$\boldsymbol{\alpha}$、c、s_0 和 u_0 是参考状态下的有效柔度张量、有效热膨胀张量、密度、有效比热容、有效熵和比热力学能。各材料参数之间的关系为

$$\begin{cases} \boldsymbol{S} = \boldsymbol{S}^A + \xi\left(\boldsymbol{S}^M - \boldsymbol{S}^A\right) \\ \boldsymbol{\alpha} = \boldsymbol{\alpha}^A + \xi\left(\boldsymbol{\alpha}^M - \boldsymbol{\alpha}^A\right) \end{cases} \tag{2-66a}$$

$$\begin{cases} c = c^A + \xi\left(c^M - c^A\right) \\ s_0 = s_0^A + \xi\left(s_0^M - s_0^A\right) \\ u_0 = u_0^A + \xi\left(u_0^M - u_0^A\right) \end{cases} \tag{2-66b}$$

式中，上标 A 和 M 分别表示奥氏体和马氏体相变的值。

函数 $f(\xi)$ 为相变硬化函数。结合式(2-65)和式(2-66)，总应变可表示为

$$\varepsilon = \boldsymbol{S}:\boldsymbol{\sigma} + \alpha(T-T_0) + \boldsymbol{\varepsilon}^t \tag{2-67}$$

类似地，相变应变张量 $\boldsymbol{\varepsilon}^t$ 与马氏体体积分数 ξ 之间的关系表示为

$$\boldsymbol{\varepsilon}^t = \boldsymbol{\Lambda}\xi \tag{2-68}$$

式中，$\boldsymbol{\Lambda}$是确定相变应变方向的相变张量。式(2-68)实现了两种不同形式的变换张量，相变张量$\boldsymbol{\Lambda}$可表示为

$$\boldsymbol{\Lambda}=\begin{cases}\dfrac{3}{2}H\dfrac{\boldsymbol{\sigma}'}{\overline{\sigma}}\\ H\dfrac{\boldsymbol{\varepsilon}^{t-r}}{\overline{\varepsilon}^{t-r}}\end{cases} \tag{2-69}$$

式中，H 为最大单轴相变应变，是逆相变时的相变应变，并且：

$$\overline{\sigma}^{m}=\sqrt{\frac{3}{2}}\left\|\sigma^{m'}\right\|,\quad \sigma^{m'}=\sigma^{m}-\frac{1}{3}\mathrm{tr}\left(\sigma^{m}\right)\boldsymbol{I},\quad \overline{\varepsilon}^{t-r}=\sqrt{\frac{3}{2}}\left\|\varepsilon^{t-r}\right\| \tag{2-70}$$

由式(2-70)给出的相变张量适用于成比例加载情况(如单轴加载)。对于更复杂的加载情况，与变换方向无关的相变张量$\boldsymbol{\Lambda}$可表示为

$$\boldsymbol{\Lambda}=\frac{3}{2}H\frac{\boldsymbol{\sigma}'}{\overline{\sigma}} \tag{2-71}$$

与ξ共轭的热力学的力可表示为

$$\begin{aligned}\pi=&\boldsymbol{\sigma}:\boldsymbol{\Lambda}+\frac{1}{2}\boldsymbol{\sigma}:\Delta\boldsymbol{S}:\boldsymbol{\sigma}+\Delta\boldsymbol{\alpha}:\boldsymbol{\sigma}(T-T_0)-\rho\Delta c\left[(T-T_0)-T\ln\left(\frac{T}{T_0}\right)\right]\\&+\rho\Delta s_0T-\frac{\partial f}{\partial\xi}-\rho\Delta u_0\end{aligned} \tag{2-72}$$

式中，$f(\xi)$ 是相变硬化函数；前缀Δ表示马氏体和奥氏体阶段之间的数量差异，可表示为

$$\begin{aligned}&\Delta S=\mathbf{S}^{M}-\boldsymbol{S}^{A},\Delta\boldsymbol{\alpha}=\boldsymbol{\alpha}^{M}-\boldsymbol{\alpha}^{A},\Delta c=c^{M}-c^{A},\\&\Delta s_0=s_0^{M}-s_0^{A},\Delta u_0=u_0^{M}-u_0^{A}\end{aligned} \tag{2-73}$$

针对不同的本构模型，可以选择不同形式的相变硬化函数 $f(\xi)$ 。对于指数模型，函数 $f(\xi)$ 可选为

$$f(\xi)=\begin{cases}\dfrac{\Delta s_0}{a_0^{M}}[(1-\xi)\ln(1-\xi)+\xi]+\left(\mu_1^{e}+\mu_2^{e}\right)\xi, & \dot{\xi}>0\\ -\dfrac{\Delta s_0}{a_e^{A}}\xi[\ln(\xi)-1]+\left(\mu_1^{e}-\mu_2^{e}\right)\xi, & \dot{\xi}<0\end{cases} \tag{2-74}$$

对于余弦模型，函数 $f(\xi)$ 采用形式为

$$f(\xi)=\begin{cases}\displaystyle\int_0^{\xi}-\frac{\Delta s_0}{a_c^{M}}[\pi-\cos^{-1}(2\tilde{\xi}-1)]\mathrm{d}\tilde{\xi}+\left(\mu_1^{c}+\mu_2^{c}\right)\xi, & \dot{\xi}>0\\ \displaystyle\int_0^{\xi}-\frac{\Delta s_0}{a_c^{A}}[\pi-\cos^{-1}(2\tilde{\xi}-1)]\mathrm{d}\tilde{\xi}+\left(\mu_1^{c}-\mu_2^{c}\right)\xi, & \dot{\xi}<0\end{cases} \tag{2-75}$$

Boyd-Lagoudas 本构模型虽然是一个三维的模型，但和 Tanaka 本构模型、Liang-Rogers 本构模型一样，仅用一个内变量(即马氏体体积分数ξ)来描述形状记忆合金的相变过程，无法描述形状记忆合金的马氏体择优取向过程。

5. Ivshin-Pence 本构模型

Ivshin 和 Pence 也是从热力学和热动力学出发建立本构模型，不同的是 Ivshin-Pence 本构模型采用母相的体积分数α作为内变量，所建立的模型为[77]

$$\varepsilon=(1-\alpha)\varepsilon_m+\alpha\varepsilon_a \tag{2-76a}$$

$$\varepsilon_a = \frac{\sigma}{E_a} \tag{2-76b}$$

$$\varepsilon_m = \frac{\sigma}{E_m} + \varepsilon_L \tag{2-76c}$$

描述母相体积分数α变化规律的相变演化方程为

$$\frac{\mathrm{d}\alpha}{\mathrm{d}t} = \begin{cases} \dfrac{\alpha(t_k)}{\alpha_{\max}\beta(t_k)} \dfrac{\mathrm{d}\alpha_{\max}}{\mathrm{d}\beta}\left(\dfrac{\partial\beta}{\partial T}\dfrac{\mathrm{d}T}{\mathrm{d}t} + \dfrac{\partial\beta}{\partial\sigma}\dfrac{\mathrm{d}\sigma}{\mathrm{d}t}\right), & \dfrac{\mathrm{d}\alpha}{\mathrm{d}t} \leqslant 0 \\ \dfrac{1-\alpha(t_k)}{1-\alpha_{\min}\beta(t_k)} \dfrac{\mathrm{d}\alpha_{\min}}{\mathrm{d}\beta}\left(\dfrac{\partial\beta}{\partial T}\dfrac{\mathrm{d}T}{\mathrm{d}t} + \dfrac{\partial\beta}{\partial\sigma}\dfrac{\mathrm{d}\sigma}{\mathrm{d}t}\right), & \dfrac{\mathrm{d}\alpha}{\mathrm{d}t} \geqslant 0 \end{cases} \tag{2-77a}$$

式中，t_k为相变时刻或相变转换点。

$$\beta(T,\sigma) = T + \frac{1}{s_{a0} - s_{m0}}\left(\frac{D_m - D_a}{2D_m D_a}\sigma^2 - \varepsilon_L\sigma\right) \tag{2-77b}$$

$$\begin{cases} \alpha_{\max} = 0.5 + 0.5\tanh(k_1\beta + k_2) \\ \alpha_{\min} = 0.5 + 0.5\tanh(k_3\beta + k_4) \end{cases} \tag{2-77c}$$

Ivshin-Pence 本构模型的相变演化方程过于烦琐，这给实际应用带来了不便，因此在工程中没有得到广泛的应用。

2.2.4 形状记忆合金剪切本构模型

1. 形状记忆演化方程的建立

形状记忆合金相变临界应力-温度的关系如图 2-27 所示。图中M_s和M_f分别为马氏体开始温度和结束温度；A_s和A_f分别为奥氏体开始温度和结束温度；σ_s^{cr}、σ_f^{cr}、C_A、C_M为反映相变临界应力和温度间关系的材料常数；A、PZ、TM和DM分别代表奥氏体、塑性屈服区、孪晶马氏体和非孪晶马氏体；横坐标T为温度，纵坐标σ_e为等效应力，且σ_e和偏应力张量σ'_{ij}分别满足[78,79]：

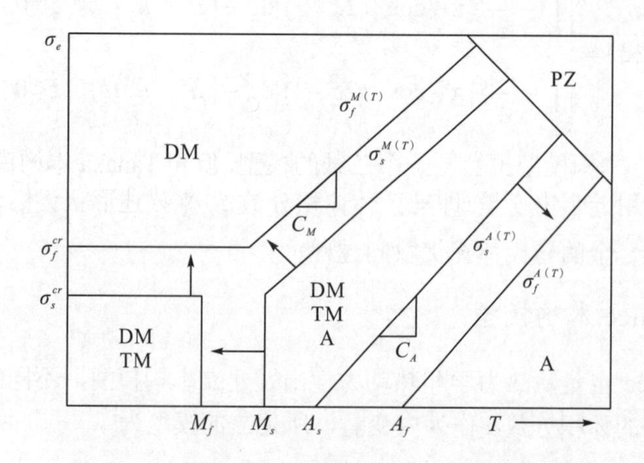

图 2-27 形状记忆合金相变临界应力-温度的关系

$$\begin{cases}\sigma_e = \left(\dfrac{3}{2}\sigma'_{ij}\sigma'_{ij}\right)^{\frac{1}{2}} \\ \sigma'_{ij} = \sigma_{ij} - \dfrac{1}{3}\sigma_{kk}\end{cases} \tag{2-78}$$

式中，σ_{ij} 为应力张量；σ_{kk} 为应力张量的缩并。假设形状记忆因子与等效应力和温度的关系为线性关系，则根据相变临界应力与温度的关系，可以得到形状记忆合金在纯剪切状态下的形状记忆演化方程。在加载过程中，形状记忆合金发生由奥氏体或孪晶马氏体向非孪晶马氏体转变的相变，形状记忆因子与等效应力和温度的关系为

$$\eta = \eta_0 + (1-\eta_0)\frac{\sigma_e - \sigma_{M_s}}{\sigma_{M_f} - \sigma_{M_s}} \tag{2-79a}$$

式中，η_0 为形状记忆因子加载的初值；σ_e 为等效应力；σ_{M_s} 和 σ_{M_f} 分别为马氏体的开始应力和结束应力，且分别满足：

$$\sigma_{M_s} = \begin{cases}\sigma_s^{cr}, & T \leqslant M_s \\ \sigma_s^{cr} + C_M(T - M_s), & T > M_s\end{cases} \tag{2-79b}$$

和

$$\sigma_{M_f} = \begin{cases}\sigma_f^{cr}, & T \leqslant M_f \\ \sigma_f^{cr} + C_M(T - M_f), & T > M_f\end{cases} \tag{2-79c}$$

式中，σ_s^{cr} 和 σ_f^{cr} 分别为相变开始和结束的临界应力。根据式(2-78)、式(2-79a)、(2-79b)和式(2-79c)，在卸载过程中，形状记忆合金发生由非孪晶马氏体向奥氏体转变的相变，形状记忆因子与等效应力及温度的关系为

$$\eta = \eta_{u_0}\frac{\tau - \tau_{A_f}}{\tau_{A_s} - \tau_{A_f}} \tag{2-79d}$$

式中，τ_{A_s} 和 τ_{A_f} 分别为奥氏体的开始应力和结束应力，其中，

$$\tau_{A_s} = \sqrt{\frac{2}{3}}C_A(T - A_s), T > A_s \tag{2-79e}$$

$$\tau_{A_f} = \sqrt{\frac{2}{3}}C_A(T - A_f), T > A_f \tag{2-79f}$$

式(2-79a)～式(2-79f)构成了描述纯剪切状态下形状记忆合金相变行为的形状记忆演化方程。该方程能有效描述纯剪切状态下形状记忆合金发生在奥氏体、孪晶马氏体和非孪晶马氏体间相变的过程中，形状记忆因子与剪应力和温度的关系。

2. 力学本构方程的建立

形状记忆合金的应变可分解为弹性应变、形状记忆应变和热膨胀应变，将应变 ε_{ij} 描述为应力 σ_{ij} 与 τ 和 T 的函数，应变 ε_{ij} 可表示为

$$\varepsilon_{ij} = S_{ijkl}\sigma_{kl} + \frac{3}{2}\varepsilon_{l,\max}\frac{\sigma'_{ij}}{\sigma_e}\eta + \alpha_{ij}(T - T_0) \tag{2-80}$$

式中，S_{ijkl} 为柔度系数，下标 i、j、k 和 l 代表坐标轴不同的方向；α_{ij} 为热膨胀系数；$\varepsilon_{l,\max}$ 为材料常数，是最大残余应变；等式右边的三项分别为弹性应变、形状记忆应变和热膨胀应变。将张量形式的本构方程式(2-80)，改写为矩阵形式：

$$\begin{aligned}&\begin{bmatrix}\varepsilon_{11} & \varepsilon_{22} & \varepsilon_{33} & \gamma_{23} & \gamma_{31} & \gamma_{12}\end{bmatrix}^{\mathrm{T}}\\ &= \begin{bmatrix} S_{1111} & S_{1122} & S_{1133} & S_{1123} & S_{1131} & S_{1112} \\ S_{2211} & S_{2222} & S_{2233} & S_{2223} & S_{2231} & S_{2212} \\ S_{3311} & S_{3322} & S_{3333} & S_{3323} & S_{3331} & S_{3312} \\ S_{2311} & S_{2322} & S_{2333} & S_{2323} & S_{2331} & S_{2312} \\ S_{3111} & S_{3122} & S_{3133} & S_{3123} & S_{3131} & S_{3112} \\ S_{1211} & S_{1222} & S_{1233} & S_{1223} & S_{1231} & S_{1212} \end{bmatrix}\begin{bmatrix}\sigma_{11}\\ \sigma_{22}\\ \sigma_{33}\\ \tau_{23}\\ \tau_{31}\\ \tau_{12}\end{bmatrix}\\ &\quad + \frac{3}{2}\frac{\varepsilon_{l,\max}}{\sigma_e}\eta\begin{bmatrix}\sigma'_{11}\\ \sigma'_{22}\\ \sigma'_{33}\\ \tau_{23}\\ \tau_{31}\\ \tau_{12}\end{bmatrix} + \begin{bmatrix}\alpha_{11}\\ \alpha_{22}\\ \alpha_{33}\\ \alpha_{23}\\ \alpha_{31}\\ \alpha_{12}\end{bmatrix}(T - T_0)\end{aligned} \tag{2-81}$$

式中，γ_{ij} 为工程剪应变；$\tau_{ij} = 2\sigma_{ij}$ 为剪应力。假设形状记忆合金为各向同性材料，则式(2-81)可表示为

$$\begin{aligned}&\left[\varepsilon_{11},\varepsilon_{22},\varepsilon_{33},\gamma_{23},\gamma_{31},\gamma_{12}\right]^{\mathrm{T}}\\ &= \begin{bmatrix} E^{-1} & -\nu E^{-1} & -\nu E^{-1} & 0 & 0 & 0 \\ -\nu E^{-1} & E^{-1} & -\nu E^{-1} & 0 & 0 & 0 \\ -\nu E^{-1} & -\nu E^{-1} & E^{-1} & 0 & 0 & 0 \\ 0 & 0 & 0 & G^{-1} & 0 & 0 \\ 0 & 0 & 0 & 0 & G^{-1} & 0 \\ 0 & 0 & 0 & 0 & 0 & G^{-1} \end{bmatrix}\begin{bmatrix}\sigma_{11}\\ \sigma_{22}\\ \sigma_{33}\\ \tau_{23}\\ \tau_{31}\\ \tau_{12}\end{bmatrix}\\ &\quad + \frac{3}{2}\frac{\varepsilon_{l,\max}\eta}{\sigma_e}\begin{bmatrix}\sigma'_{11}\\ \sigma'_{22}\\ \sigma'_{33}\\ \tau_{23}\\ \tau_{31}\\ \tau_{12}\end{bmatrix} + \begin{bmatrix}\alpha\\ \alpha\\ \alpha\\ 0\\ 0\\ 0\end{bmatrix}(T - T_0)\end{aligned} \tag{2-82}$$

式中，E 和 ν 分别为形状记忆合金的弹性模量和泊松比；$G = E/[2(1+\nu)]$ 为剪切弹性模量；α 为热膨胀系数。对于纯剪切状态（$\tau_{12} = \tau$，其他应力分量为 0），式(2-82)退化为

$$\gamma = \frac{\tau}{G} + \frac{\sqrt{6}}{2}\varepsilon_{l,\max}\eta \tag{2-83}$$

式中，$\gamma=\gamma_{12}$，下标1、2代表坐标轴的不同方向。形状记忆合金的剪切弹性模量为

$$G(\xi)=G_A+(G_M-G_A)\xi \tag{2-84}$$

式中，G_A和G_M分别为形状记忆合金在纯奥氏体和纯马氏体状态下的剪切弹性模量，均可以通过扭转试验测定。

对应于某一初始状态，式(2-83)可表示为

$$\gamma_0=\frac{\tau_0}{G_0}+\frac{\sqrt{6}}{2}\varepsilon_{l,\max}\eta_0 \tag{2-85}$$

根据式(2-83)和式(2-85)，可得纯剪切状态下形状记忆合金的力学本构方程：

$$\gamma-\gamma_0=\frac{\tau}{G}-\frac{\tau_0}{G_0}+\frac{\sqrt{6}}{2}\varepsilon_{l,\max}(\eta-\eta_0) \tag{2-86}$$

形状记忆演化方程和力学本构方程构成形状记忆合金纯剪切本构模型。该本构模型能有效地描述处于纯剪切状态下形状记忆合金的相变行为、形状记忆效应和超弹性热力学过程，可为研制和设计形状记忆合金扭转驱动器元件提供理论基础和技术参考。

参考文献

[1] Zhang Y J, Li D C, Zhang Z L. The study of magnetorheological fluids sedimentation behaviors based on volume fraction of magnetic particles and the mass fraction of surfactants[J]. Materials Research Express, 2020, 6(12): 1-8.

[2] Dong Y Z, Piao S H, Zhang K, et al. Effect of $CoFe_2O_4$ nanoparticles on a carbonyl iron based magnetorheological suspension[J]. Colloids and Surfaces A: Physicochemical and Engineering Aspects, 2018, 537: 102-108.

[3] 吴旻, 张秋禹, 罗正平, 等. 轻质磁性材料的制备及在磁流变液中的应用[J]. 化学物理学报, 2001, 14(5): 597-600.

[4] Phulé P P. Magnetorheological (MR) fluids: Principles and applications[J]. Smart Materials Bulletin, 2001(2): 7-10.

[5] Pei P, Peng Y. Constitutive modeling of magnetorheological fluids: A review[J]. Journal of Magnetism and Magnetic Materials, 2022, 550: 1-20.

[6] Shah K, Choi S-B. The influence of particle size on the rheological properties of plate-like iron particle based magnetorheological fluids[J]. Smart Materials and Structures, 2015, 24(1): 15004-15011.

[7] Jolly M R, Bender J W, Carlson J D. Properties and applications of commercial magnetorheological fluids[J]. Journal of Intelligent Material Systems and Structures, 2016, 10(1): 5-13.

[8] Ginder J M, Davis L C. Shear stresses in magnetorheological fluids: Role of magnetic saturation[J]. Applied Physics Letters, 1994, 65(26): 3410-3412.

[9] Lemaire E, Meunier A, Bossis G, et al. Influence of the particle size on the rheology of magnetorheological fluids[J]. Journal of Rheology, 1995, 39(5): 1011-1020.

[10] Ginder J M. Behavior of magnetorheological fluids[J]. MRS Bulletin, 2013, 23(8): 26-29.

[11] Bossis G, Khuzir P, Lacis S, et al. Yield behavior of magnetorheological suspensions[J]. Journal of Magnetism and Magnetic Materials, 2003, 258-259: 456-458.

[12] 江万权, 朱春玲, 何沛, 等. 磁性粒子浓悬浮液体系中非磁性粒子的磁流变液性能增强效应[J]. 功能材料, 2001, 32(3): 243-244, 247.

[13] 周小清, 邬云文. 母液对磁流变液力学性质的影响[J]. 应用力学学报, 2007, 24(2): 223-226, 339.

[14] 周治江, 廖昌荣, 谢磊, 等. 硅基磁流变粘弹性流体制备方法与流变学特性研究[J]. 功能材料, 2013, 44(17): 2554-2558.

[15] 周超. 表面改性纳米 Fe_3O_4 粒子对双分散磁流变液性能的影响[D]. 武汉: 武汉理工大学, 2010.

[16] Rabbani Y, Ashtiani M, Hashemabadi S H. An experimental study on the effects of temperature and magnetic field strength on the magnetorheological fluid stability and MR effect[J]. Soft Matter, 2015, 11(22): 4453-4460.

[17] Cvek M, Mrlik M, Pavlinek V. A rheological evaluation of steady shear magnetorheological flow behavior using three-parameter viscoplastic models[J]. Journal of Rheology, 2016, 60(4): 687-694.

[18] Park J H, Chin B D, Park O O. Rheological properties and stabilization of magnetorheological fluids in a water-in-oil emulsion[J]. Journal of Colloid and Interface Science, 2001, 240(1): 349-354.

[19] Maroofi J, Hashemabadi S H, Rabbani Y. Investigation of the chain formation effect on thermal conductivity of magnetorheological fluids[J]. Journal of Thermophysics and Heat Transfer, 2020, 34(1): 3-12.

[20] Ashtiani M, Hashemabadi S H. An experimental study on the effect of fatty acid chain length on the magnetorheological fluid stabilization and rheological properties[J]. Colloids and Surfaces, A: Physicochemical and Engineering Aspects, 2015, 469: 29-35.

[21] Zhu W N, Dong X F, Huang H, et al. Enhanced magnetorheological effect and sedimentation stability of bimodal magnetorheological fluids doped with iron nanoparticles[J]. Journal of Intelligent Material Systems and Structures, 2021, 32(12): 1271-1277.

[22] Zhu X C, Jing X J, Cheng L. Magnetorheological fluid dampers: A review on structure design and analysis[J]. Journal of Intelligent Material Systems and Structures, 2012, 23(8): 839-873.

[23] Lee C H, Lee D W, Choi J Y, et al. Tribological characteristics modification of magnetorheological fluid[J]. Journal of Tribology, 2011, 133(3): 1-6.

[24] Li H, Peng X, Chen W. Simulation of the chain-formation process in magnetic fields[J]. Journal of Intelligent Material Systems and Structures, 2016, 16(7-8): 653-658.

[25] Zhu Y, Gross M, Liu J. Nucleation theory of structure evolution in magnetorheological fluid[J]. Journal of Intelligent Material Systems and Structures, 1996, 7(5): 594-598.

[26] Castañeda P P, Galipeau E. Homogenization-based constitutive models for magnetorheological elastomers at finite strain[J]. Journal of the Mechanics and Physics of Solids, 2011, 59(2): 194-215.

[27] Scherer C. Computer simulation of magnetorheological transition on a ferrofluid emulsion[J]. Journal of Magnetism and Magnetic Materials, 2005, 289: 196-198.

[28] Park B J, Fang F F, Choi H J. Magnetorheology: Materials and application[J]. Soft Matter, 2010, 6(21): 5246-5253.

[29] Peng G R, Li W H, Tian T F, et al. Experimental and modeling study of viscoelastic behaviors of magneto-rheological shear thickening fluids[J]. Korea-Australia Rheology Journal, 2014, 26(2): 149-158.

[30] 苗运江. 磁流变液屈服应力测试影响因素与磁流变液软启动装置的研究[D]. 徐州: 中国矿业大学, 2009.

[31] Farjoud A, Vahdati N, Fah Y F. Mathematical model of drum-type MR brakes using herschel-bulkley shear model[J]. Journal of Intelligent Material Systems and Structures, 2008, 19(5): 565-572.

[32] 朱克勤，葛蓉，席葆树. 圆盘间的电流变液挤压流[J]. 清华大学学报(自然科学版), 1999, 39(8): 80-83.

[33] 廖昌荣, 余淼, 陈伟民, 等. 基于 Eyring 本构模型的磁流变液阻尼器设计原理与试验研究[J]. 机械工程学报, 2005, 41(10): 132-136.

[34] 王琪民, 徐国梁, 金建峰. 磁流变液的流变性能及其工程应用[J]. 中国机械工程, 2002, 13(3): 267-270.

[35] Scherer C, Neto A M F. Ferrofluids: Properties and applications[J]. Brazilian Journal of Physics, 2005, 35(3a): 718-727.

[36] Bossis G, Lacis S, Meunier A, et al. Magnetorheological fluids[J]. Journal of Magnetism and Magnetic Materials, 2002, 252: 224-228.

[37] Li W H, Du H, Guo N Q. Dynamic behavior of MR suspensions at moderate flux densities[J]. Materials Science and Engineering: A, 2004, 371 (1-2): 9-15.

[38] López-López M T, Kuzhir P, Caballero-Hernández J, et al. Yield stress in magnetorheological suspensions near the limit of maximum-packing fraction[J]. Journal of Rheology, 2012, 56 (5): 1209-1224.

[39] Lee D Y, Wereley N M. Analysis of electro-and magneto-rheological flow mode dampers using Herschel-Bulkley model[J]. Proceedings of SPIE Smart Structure and Material Conferece, 2000, 3989: 224-252.

[40] 翁建生, 胡海岩, 张庙康. 磁流变液体的流变力学特性试验和建模[J]. 应用力学学报, 2000, 17 (3): 1-5, 140.

[41] 杨士普, 任玲, 朱克勤. 平行圆盘间电流变液的挤压流研究[J]. 功能材料, 2006, 37 (5): 690-692, 696.

[42] Sun Q, Zhou J X, Ling Z. An adaptive beam model and dynamic characteristics of magnetorheological materials[J]. Journal of Sound and Vibration, 2003, 261 (3): 465-481.

[43] Vicente J D, Bossis G, Lacis S, et al. Permeability measurements in cobalt ferrite and carbonyl iron powders and suspensions[J]. Journal of Magnetism and Magnetic Materials, 2002, 251 (1): 100-108.

[44] Bednarek S. The gaint transverse magnetoresistance in a magnetorheological suspension with a conducting carrier[J]. Journal of Magnetism and Magnetic Materials, 1999, 202 (2-3): 574-582.

[45] Vékás L, Rasa M, Bica D. Physical properties of magnetic fluids and nanoparticles from magnetic and magneto-rheological measurements[J]. Journal of Colloid Interface and Interface Science, 2000, 231 (2): 247-254.

[46] Borcea L, Bruno O. On the magneto-elastic properties of elastomer-ferromagnet composites[J]. Journal of the Mechanics and Physics of Solids, 2001, 49 (12): 2877-2919.

[47] Wong P L, Bullough W A, Feng C, et al. Tribological performance of a magneto-rheological suspension[J]. Wear, 2001, 247 (1): 33-40.

[48] Kordonsky W I, Demchuk S A. Additional magnetic dispersed phase improves the mr-fluid properties[J]. Journal of Intelligent Material Systems and Structures, 2016, 7 (5): 522-525.

[49] Carlson J D, Jolly M R. MR fluid, foam and elastomer devices[J]. Mechatronics, 2000, 10 (4-5): 555-569.

[50] Kormann C, Laun H M, Richter H J. MR fluid with nano-sized magnetic particles technology[J]. International Journal of modern physics B, 1996, 10 (23-24): 3167-3172.

[51] Bednarek S. Magnetic suspensions based on composite particles[J]. Journal of Magnetism and Magnetic Materials, 1998, 183 (1-2): 195-200.

[52] Li H P, Chen F, Wang G, et al. Novel ring-type measurement system of shear yield stress for magnetorheological fluid under high temperature[J]. Review of Scientific Instruments Instrum, 2020, 91 (3): 1-13.

[53] Chen S, Huang J, Jian K L, et al. Analysis of influence of temperature on magnetorheological fluid and transmission performance[J]. Advances in Materials Science and Engineering, 2015: 583076.

[54] Song B K, Nguyen Q H, Choi S B, et al. The impact of bobbin material and design on magnetorheological brake performance[J]. Smart Materials and Structures, 2013, 22 (10): 105030.

[55] 潘胜, 吴建耀, 胡林, 等. 磁流变液的屈服应力与温度效应[J]. 功能材料, 1997 (3): 44-47.

[56] Carlson J D. Critical factors for MR fluids in vehicle systems[J]. International Journal of Vehicle Design, 2003, 33 (1-3): 207-217.

[57] Carlson J D. What makes a good MR fluid?[J]. Journal of Intelligent Material Systems and Structures, 2002, 13 (7-8): 431-435.

[58] Xu L, Solomou A, Baxevanis T, et al. Finite strain constitutive modeling for shape memory alloys considering transformation-induced plasticity and two-way shape memory effect[J]. International Journal of Solids and Structures, 2020, 221: 1-18.

[59] Li Y H, Yang C, Zhao H D, et al. New developments of Ti-based alloys for biomedical applications[J]. Materials, 2014, 7(3): 1709-1800.

[60] Mohd Jani J, Leary M, Subic A, et al. A review of shape memory alloy research, applications and opportunities[J]. Materials and Design (1980-2015), 2014, 56: 1078-1113.

[61] Buehler W J, Gilfrich J V, Wiley R C. Effect of low-temperature phase changes on the mechanical properties of alloys near composition TiNi[J]. Journal of Applied Physics, 1963, 34(5): 1475-1477.

[62] Gangele A, Mishra A. A review on smart materials, types and modelling: Need of the modern era[J]. Materials Today: Proceedings, 2021, 47: 6469-6474.

[63] Price A, Edgerton A, Cocaud C, et al. A study on the thermomechanical properties of shape memory alloys-based actuators used in artificial muscles[J]. Journal of Intelligent Material Systems and Structures, 2007, 18(1): 11-18.

[64] Damanpack A R, Bodaghi M, Liao W H. A finite-strain constitutive model for anisotropic shape memory alloys[J]. Mechanics of Materials, 2017, 112: 129-142.

[65] Auricchio F, Taylor R L, Lubliner J. Shape-memory alloys: Macromodelling and numerical simulations of the superelastic behavior[J]. Computer Methods in Applied Mechanics and Engineering, 1997, 146(3-4): 281-312.

[66] Cisse C, Zaki W, Zineb T B. A review of constitutive models and modeling techniques for shape memory alloys[J]. International Journal of Plasticity, 2016, 76: 244-284.

[67] Brocca M, Brinson L C, Bazant Z. Three-dimensional constitutive model for shape memory alloys based on microplane model[J]. Journal of the Mechanics and Physics of Solids, 2002, 50(5): 1051-1077.

[68] Song J J, Chen Q, Naguib H E. Constitutive modeling and experimental validation of the thermo-mechanical response of a shape memory composite containing shape memory alloy fibers and shape memory polymer matrix[J]. Journal of Intelligent Material Systems and Structures, 2016, 27(5): 625-641.

[69] Jani J M, Leary M, Subic A. Designing shape memory alloy linear actuators: A review[J]. Journal of Intelligent Material Systems and Structures, 2016, 28(13): 1699-1718.

[70] Sohn J, Kim G W, Choi S B. A state-of-the-art review on robots and medical devices using smart fluids and shape memory alloys[J]. Applied Sciences, 2018, 8(10): 1-21.

[71] Tanaka K, Iwasaki R. A phenomenological theory of transformation superplasticity[J]. Engineering Fracture Mechanics, 1985, 21(4): 709-720.

[72] Liang C, Rogers C A. One-dimensional thermomechanical constitutive relations for shape memory materials[J]. Journal of Intelligent Material Systems and Structures, 2016, 1(2): 207-234.

[73] Brinson L C. One-dimensional Constitutive behavior of shape memory alloys: Thermomechanical derivation with non-constant material functions and redefined martensite internal variable[J]. Journal of Intelligent Material Systems and Structures, 2016, 4(2): 229-242.

[74] Brinson L C, Schmidt I, Lammering R. Stress-induced transformation behavior of a polycrystalline NiTi shape memory alloy: micro and macromechanical investigations via in situ optical microscopy[J]. Journal of the Mechanics and Physics of Solids, 2004, 52(7): 1549-1571.

[75] 王振清, 梁文彦, 周博. 形状记忆材料的本构模型[M]. 北京: 科学出版社, 2017.

[76] Boyd J G, Lagoudas D C. A thermodynamical constitutive model for shape memory materials. Part I. The monolithic shape memory alloy[J]. International Journal of Plasticity, 1996, 12(6): 805-842.

[77] Ivshin Y, Pence T J. A constitutive model for hysteretic phase transition behavior[J]. International Journal of Engineering Science, 1994, 32(4): 681-704.

[78] 周博. 形状记忆合金的本构模型[D]. 哈尔滨: 哈尔滨工程大学, 2006.

[79] Zhou B, Liu Y J, Leng J S, et al. A macro-mechanical constitutive model of shape memory alloys[J]. Science in China Series G: Physics, Mechanics and Astronomy, 2009, 52(9): 1382-1391.

第3章　电磁热智能材料传动理论

磁流变液与形状记忆合金是目前在电-磁-热工作条件下比较具有代表性的两种智能材料，由磁流变液和形状记忆合金等智能材料的复合机理发展而来的传动技术被称为电磁热智能材料传动技术。机械系统一般由原动机、执行机构和传动系统构成，传动系统作为连接原动机与执行机构的装置具有重要的作用。一般情况下，原动机的输出特性不能满足执行机构的需要，这时就需要传动系统将原动机的运动和动力进行适当转变以满足执行机构的要求。磁流变液与形状记忆合金因其独特的电-磁-热耦合特性，在传动工程领域的起动、停机、换向、无级变速、过载保护和安全防护方面有着得天独厚的优势，因此将电磁热智能材料传动技术引入传动工程领域具有重大意义。

本章将介绍电磁热智能材料传动的工作原理和特点；将磁流变液作为传动介质，阐述磁流变液的工作形式，以及不同工作形式下磁流变液在不同工作间隙结构的流动和受力情况，基于磁流变液的流变特性、本构模型方程和纳维-斯托克斯(Navier-Stokes)方程，分别建立不同结构下的转矩传递方程、压力方程和流动方程等；基于形状记忆合金的形状记忆效应和赫兹(Hertz)接触理论，得出形状记忆合金在不同工况下的摩擦驱动特性。

3.1　电磁热智能材料传动概述

电磁热智能材料在建筑、汽车、智能传感器、生物医学、装甲火炮系统、航空航天等前沿领域起着关键的推动作用[1,2]。传统机械传动系统极易发生冲击和振动，特别是传动系统满载或启动过程中的冲击和振动更加严重，影响传动系统的使用寿命[3]。磁流变液与形状记忆合金这类典型的新型智能材料因其独特的力学特性能够解决在传统机械传动系统中难以解决的问题。剪切流动过程中的屈服与黏弹性行为是磁流变液的主要工作形式。磁流变液在通常情况下剪切屈服应力较小，不能满足传递大功率动力的需要。在温升过程中磁流变液性能会下降，不能满足不同温度环境下稳定传动的需求。通过形状记忆合金的形状记忆效应能够弥补磁流变液传动方面的缺陷。由磁流变液与形状记忆合金构成的电磁热智能材料复合传动不仅具有重要的科学研究意义，还具有广泛的应用价值[4-6]。

3.1.1　定义

电磁热智能材料传动是由磁流变液与形状记忆合金这类典型智能材料组成的复合传动方法。磁流变液传动是依靠磁流变液作为传动介质，传递转矩与转速的方式。在磁场作用下，磁流变液中磁性颗粒沿磁场方向聚集成链或粗柱，使磁流变液剪切屈服应力显著增大，通过控制磁场强度，即可控制磁流变液的剪切屈服应力，从而实现对磁流变液传动装置输出转矩或转速的控制。形状记忆合金摩擦传动是依靠形状记忆合金被加热过程中产生的力作为驱动力，传递转矩与转速的方式。发生形变的形状记忆合金在温升过程中相变引起的晶体结构变化，使形状记忆合金形态恢复为初始形态，若形态恢复过程中受到约束，则可输出驱动力或位移，通过改变形状记忆合金的温度，控制相变过程中输出的驱动力，实现不同的输出转矩和转速[7,8]。磁流变液与形状记忆合金是智能材料在机械传动领域的典型应用，将磁流变液与形状记忆合金复合应用于机械传动装置，可实现传动装置具有电场、磁场、热场等多物理场感知能力，具有广泛的应用价值[9]。

3.1.2　工作原理

电磁热智能材料传动装置主要由磁流变液、形状记忆合金等具有多物理场感知能力的智能材料所构成。电磁热智能材料传动装置的工作机理是以磁流变液的磁流变效应、形状记忆合金的形状记忆效应等特性为基础。以磁流变液与形状记忆合金弹簧所构成的电磁热智能复合传动装置工作原理为例，如图 3-1 所示的电热形状记忆合金摩擦与圆盘式磁流变复合传动装置的主动部分主要包括主动轴、主动盘、磁流变液、励磁线圈、摩擦滑块、电热形状记忆合金弹簧、从动轴、隔磁环、外壳。

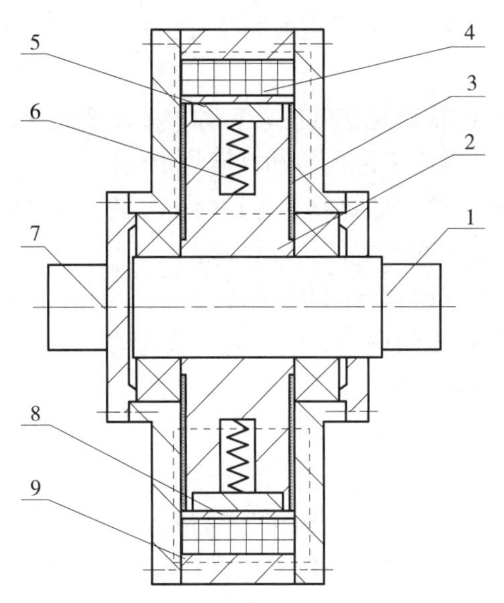

图 3-1　电热形状记忆合金摩擦与圆盘式磁流变复合传动装置

1—主动轴；2—主动盘；3—磁流变液；4—励磁线圈；5—摩擦滑块；6—电热形状记忆合金弹簧；7—从动轴；8—隔磁环；9—外壳。

外壳左右两端分别通过连接螺钉与左端盖、右端盖相连成一体，形成封闭的外壳体，外壳体的内侧安装有励磁线圈，从动轴与左端盖固定连接。主动部分主要包括主动轴、主动盘和摩擦滑块。主动轴的中心孔有用于连接电热形状记忆合金弹簧的导线，摩擦滑块底部安装有电热形状记忆合金弹簧。

主动盘与外壳之间的封闭空间即为磁流变液的工作间隙，工作间隙内充满了磁流变液。初始状态下，励磁线圈未通电，磁流变液中的磁性颗粒在基础液中处于自由状态，依靠磁流变液零磁场下的黏性转矩，其传递的转矩较小，并且传动装置初始温度低于形状记忆合金相变开始温度，形状记忆合金弹簧未产生推动摩擦滑块产生摩擦转矩的挤压力，此时传动装置传递的转矩和转速不明显；励磁线圈通电后，在外加磁场作用下，磁流变液中自由状态的磁性颗粒沿着磁场方向聚集成链或粗柱，具有一定的剪切屈服应力，实现复合传动装置的转矩和转速的传递。磁流变液的剪切屈服应力由励磁线圈产生的磁场可逆控制。磁流变液传动性能随工况温度的升高而逐渐下降时，通过控制通入电热形状记忆合金弹簧的电流，使形状记忆合金温度达到相变开始温度，从而使形状记忆合金弹簧驱动摩擦滑块产生摩擦转矩，弥补装置因磁流变液温升导致的性能下降，并且可通过控制电热形状记忆合金弹簧的电流，改变电热形状记忆合金弹簧产生的摩擦转矩。电磁热智能材料传动可通过控制磁场强度、磁场增大的速率、电流等物理量，实现传动过程中启动平稳与负载波动或温升过程中传动性能稳定。

3.1.3 特点

相对于传统的机械传动模式或磁流变液传动，电磁热智能材料传动将磁流变液和形状记忆合金复合应用，使其在兼具两者优点的同时又相互弥补彼此的缺陷。电磁热智能材料传动具有以下特点。

(1) 利用形状记忆合金的形状记忆效应，可弥补磁流变液传动在高温下传动性能下降的缺陷，保证传动装置工作温度范围内传动性能的稳定性。

(2) 励磁线圈通电过程中产生的焦耳热通过热传导的方式传递给形状记忆合金，充分利用能源、减少能耗，并且提高装置的传动性能。

(3) 输出转矩的可控性，输出转速的可调性。

(4) 应用领域广，可实现无级调速、软启动、软制动等功能。

(5) 装置振动幅度小、噪声小。

(6) 装置灵敏可靠，响应速度快。

电磁热智能材料传动技术由于其出色的传动性能，受到了国内外众多学者的关注和研究，近年来得到了快速的发展。基于电磁热智能材料传动的特点，电磁热智能材料传动可广泛应用于离合器、制动器、联轴器等传动装置，具有良好的发展前景。

3.2 磁流变液传动形式

根据磁流变液传动装置的内部结构特征以及磁流变液工作间隙的形貌特征，磁流变液传动装置的类型可分为圆盘式、圆筒式、圆锥式、圆弧式、楔式和球式，如图 3-2 所示[10-12]。

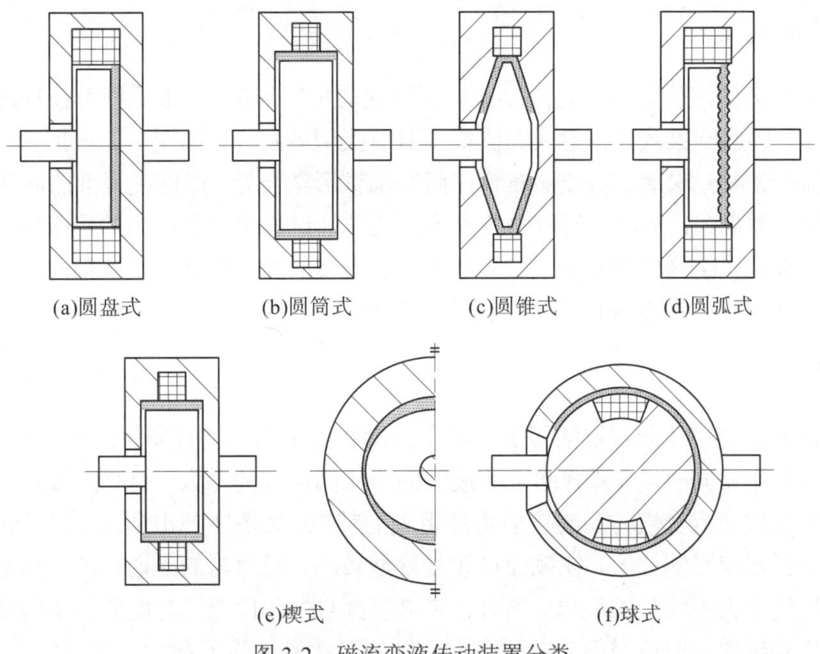

(a)圆盘式　(b)圆筒式　(c)圆锥式　(d)圆弧式

(e)楔式　(f)球式

图 3-2　磁流变液传动装置分类

3.2.1　磁流变液工作间隙结构

1. 圆盘式

圆盘式磁流变液传动装置具有设计简单、结构紧凑、反应迅速等优点，应用比较广泛，如图 3-2(a)所示。圆盘式磁流变液传动装置可以根据设计要求合理增加圆盘的个数以提高装置的传递能力。但是圆盘式磁流变液工作间隙的尺寸小，容易造成磁流变液分布不均匀的现象，影响装置的传递能力。另外，圆盘式磁流变液工作间隙处于垂直方向，在装置转动的情况下，磁流变液中磁性颗粒受离心力的影响力较大，容易造成转矩传递能力不均匀的现象。圆盘式磁流变液相对传递能力较弱，一般用于轴向尺寸比较紧凑的装置。一般单盘传递的转矩较小，因此为了增大圆盘式结构传递的转矩，多采用多盘堆叠的方式增大转矩传递。

2. 圆筒式

圆筒式磁流变液传动装置和圆盘式相比，工作间隙位置发生变化，工作间隙处于水平方向，磁流变液在工作间隙内分布均匀，且传动介质在传动过程中受到的离心力影响较小，如图 3-2(b)所示。圆筒式磁流变液的工作间隙相对圆盘式接触面积更大，因此磁流变液体积相同时，圆筒式磁流变液传动装置比圆盘式磁流变液传动装置能够传递更大的转矩。但圆筒式磁流变液传动装置结构更为复杂，对装置加工、安装的要求更高，要求轴向尺寸较大，对工作间隙的磁场分布有特殊要求。圆筒式磁流变液一般应用于轴向尺寸较大、要求传递转矩较大的装置。与圆盘式结构类似，一般单圆筒传递的转矩较小，因此为了增大圆筒式结构传递的转矩，多采用多圆筒堆叠的方式增大转矩传递。

3. 圆锥式

圆锥式磁流变液传动装置是圆盘式与圆筒式的中间形态，圆锥式同时在轴向与径向具有接触面积，因此圆锥式与圆盘式和圆筒式具有类似的特点，如图3-2(c)所示。具有双圆锥形的磁流变液传动装置，将线圈布置在两个圆锥形结合处，能够使全部的磁流变液参与传动；相较于圆盘式，圆锥式间隙内的磁流变液传动过程中受离心力的影响较小。但与圆筒式类似，圆锥式结构较为复杂，对装置加工、安装的要求更高，要求轴向尺寸较大，具有转动惯量较大、传动系统响应时间较长等不足。

4. 圆弧式

圆弧式磁流变液传动装置的转矩受径向长度和圆弧圆心位置变化的影响较大，当工作间隙的径向长度相同时，圆弧式间隙的接触面积比圆盘式的更大，因此圆弧式磁流变液传动装置比圆盘式磁流变液传动装置能传递更大的转矩，如图3-2(d)所示。但是传动装置的磁通受到圆弧形状影响较大，在弧面过渡处磁通较小，间隙内的磁通呈波浪形分布，容易造成转矩传递能力不均匀的现象。另外，多弧面圆盘加工困难，对安装要求较高。圆弧式磁流变液传动装置一般适用于转矩需求大、轴向尺寸紧凑的场合。

5. 楔式

楔式的结构与圆筒式类似，但楔形是由圆形外筒和椭圆形内筒构成，这样主从动圆筒之间形成楔形间隙，如图3-2(e)所示。磁场作用下，磁流变液中的磁性颗粒沿磁通方向形成链状结构，楔形间隙内的磁流变液屈服应力增大，并且磁流变液在剪切流动过程中经过收敛的楔形间隙会对磁流变液产生挤压力，通过挤压强化效应使磁流变液的剪切屈服应力显著增大，因此楔形结构比圆筒形结构传递的转矩更大。但楔式需要将转子加工为椭圆柱面或其他复杂曲面，因此对加工、安装有较高的要求，并且由于楔形挤压产生的局部高压流体，对磁流变液的密封要求较高。

6. 球式

球式磁流变液传动装置与圆筒式磁流变液传动装置相比，工作面积更大，对线圈布置要求较低，如图3-2(f)所示。球式磁流变液传动装置主从动轴安装时的对中要求不高，且有一定径向补偿作用。此外，球形结构与球形铰链结构类似，因此可应用于高自由度传动系统。传动装置结构简单，工作间隙利用率高，有效提高了传递效率，它允许被连接零件的轴线夹角在一定范围内变化，可实现变角度动力传递。球式磁流变液传动装置一般应用于需要相对位移补偿、对中性要求不高的场合。

3.2.2 磁流变液受力

根据磁流变液在器件中受力和流动的特点，磁流变器件的工作模式主要有三种(图3-3)[13]。

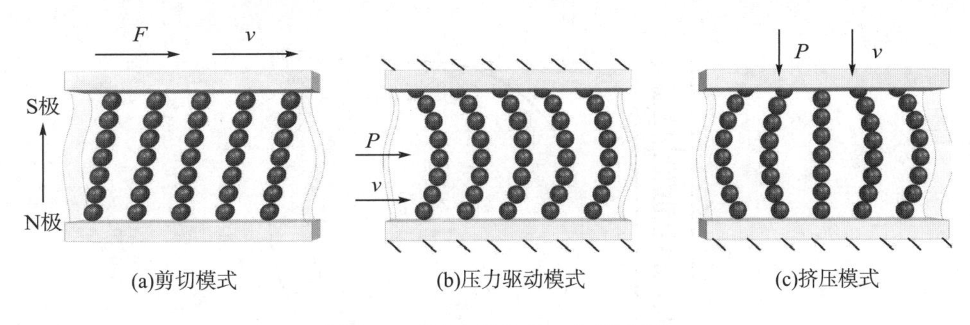

图 3-3　磁流变器件的工作模式图

1. 剪切模式

如图 3-3(a)所示，在两个平行放置的平板之间充满磁流变液，F 为施加在上板上的力，v 为上板的移动速度，其移动方向与磁场方向垂直，当有外加磁场作用时，这些颗粒在磁场力作用下相互吸引，沿着 N 极和 S 极之间的磁力线方向形成链状结构，这些颗粒链阻碍了流体的运动，因而增加了悬浮颗粒的黏度特性，磁流变液在外加磁场作用下产生了抗剪切屈服应力的作用，随着外加磁场强度的增大，磁流变液的抗剪切能力增强。这种工作模式可用于变速器、离合器以及制动器等磁流变器件。

2. 压力驱动模式

如图 3-3(b)所示，磁流变液在压力 P 作用下通过固定的平板(或圆筒等)，磁流变液流动的方向与磁场方向垂直，可通过改变励磁线圈的电流控制磁流变液的压力。这种工作模式可用于液压控制伺服阀器件。

3. 挤压模式

如图 3-3(c)所示，在两个平行放置的平板之间充满磁流变液，其中下板固定，上板以速度 v 沿与磁场方向相同的方向向下移动，挤压两平板之间的磁流变液，磁流变液在挤压力的作用下向四周流动，其流动方向与磁场方向垂直。上板移动的位移较小，磁流变液产生的阻尼力却较大。这种工作模式可用于振动阻尼器和隔振器等磁流变器件。

3.3　磁流变液剪切传动

3.3.1　圆盘式剪切传动

1. 流动分析

圆盘间的磁流变液剪切模型如图 3-4 所示。考虑半径为 r，相距为 $h(h \ll r)$ 的两个圆盘，在圆盘间的工作间隙里充满了磁流变液；右盘以角速度 ω_1 沿 z 方向旋转，圆盘间的磁流变液受到剪切，从而带动从动盘以角速度 ω_2 转动。

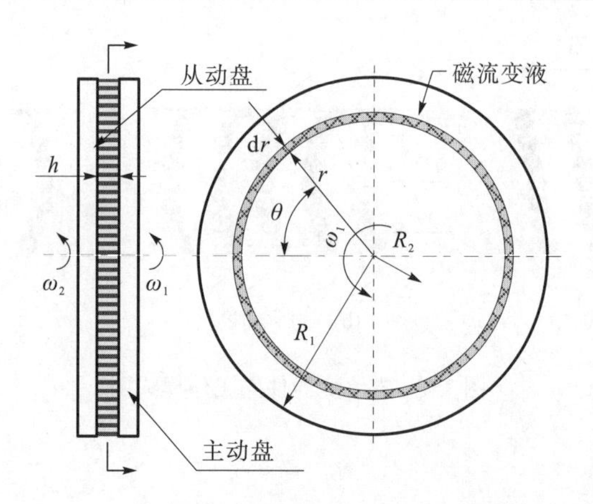

图 3-4　磁流变液在两圆盘间的周向流动

为了分析离合器两盘间工作间隙中磁流变液的流动，假设下列条件：①磁流变液不可压缩；②磁流变液的流动是稳态的；③在径向没有流动；④磁流变液的流动只是半径的函数；⑤不计体力；⑥磁场强度在工作间隙中的分布是均匀的；⑦磁流变液中的压力沿厚度方向不变。根据上述假设，选取圆柱坐标系，在圆柱坐标系(r,θ,z)中，设流速的分布为

$$V_r = 0, V_\theta = r\omega(z), V_z = 0 \tag{3-1}$$

式中，V_r、V_θ和V_z分别是沿半径r方向、转动方向和厚度方向的速度；$\omega(z)$是圆盘磁流变液在厚度方向的角速度，它是z的函数。设沿转动方向的压力梯度为$\mathrm{d}p/\mathrm{d}\theta$；流动为恒定，$\partial V_\theta/\partial t = 0$；在$r$方向没有变化。沿$\theta$方向的流动方程为[14]

$$\frac{\mathrm{d}^2\omega(z)}{\mathrm{d}z^2} = \frac{1}{\eta}\frac{\mathrm{d}p}{\mathrm{d}\theta} \tag{3-2}$$

积分式(3-2)得

$$\omega(z) = \frac{z^2}{2\eta}\frac{\mathrm{d}p}{\mathrm{d}\theta} + c_1 z + c_2 \tag{3-3}$$

流动边界条件为

$$在\ z=0\ 处，\ \omega(z)=\omega_2；\ 在\ z=h\ 处，\ \omega(z)=\omega_1 \tag{3-4}$$

应用边界条件确定积分常数后，流速沿磁流变液厚度方向的分布可表示为

$$\omega(z) = \omega_2 + \frac{(\omega_1-\omega_2)z}{h} + \frac{1}{2\eta}\frac{\mathrm{d}p}{\mathrm{d}\theta}(z^2 - zh) \tag{3-5}$$

压力梯度取不同的数值，则速度分布曲线有如下情况[15]。

(1)当压力梯度$\mathrm{d}p/\mathrm{d}\theta=0$时，角速度为

$$\omega(z) = \omega_2 + \frac{(\omega_1-\omega_2)z}{h} \tag{3-6}$$

说明速度为线性分布，流动由速度而引起，如图 3-5(a)所示。

(2)当$\mathrm{d}p/\mathrm{d}\theta<0$时，压力沿流动方向逐渐降低，称为顺压梯度，在整个流域内流速为正值，如图 3-5(b)所示。

(3)当$\mathrm{d}p/\mathrm{d}\theta>0$时，称为逆压梯度，如图 3-5(c)所示。

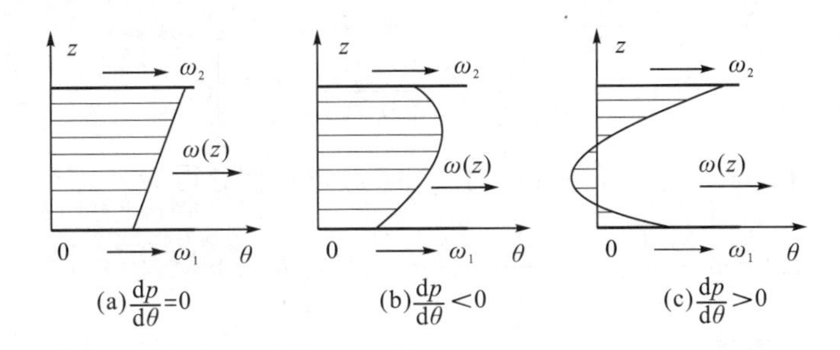

图 3-5　磁流变液在圆盘式磁流变离合器中的流速分布

下面讨论磁流变液连续流动的情况。设单位宽度上的容积流量为 Q，沿截面对式(3-5)进行积分可得容积流量为

$$Q=\int_0^h \omega(z)\mathrm{d}z=(\omega_1+\omega_2)\frac{h}{2}-\frac{h^3}{12\eta}\frac{\mathrm{d}p}{\mathrm{d}\theta} \tag{3-7}$$

设在 $p=p_{\max}$ 处的磁流变液厚度为 h_0，在 $h=h_0$ 处，$\mathrm{d}p/\mathrm{d}\theta=0$，在该截面处的流量为

$$Q_0=\frac{h_0}{2}(\omega_1+\omega_2) \tag{3-8}$$

当磁流变液连续流动时，各截面的流量相等，由此压力沿转动方向的梯度为

$$\frac{\mathrm{d}p}{\mathrm{d}\theta}=\frac{6\eta(\omega_1+\omega_2)}{h^3}(h-h_0) \tag{3-9}$$

因两平板平行，即 $h=h_0$，而 η 和 $(\omega_1+\omega_2)$ 均不等于零，所以只能是 $\mathrm{d}p/\mathrm{d}\theta=0$

将 $\sigma_{r\theta}=\tau_y(H)$ 的界面定义为屈服区域与未屈服区域的分解面，其中 $\tau_y(H)$ 为剪切屈服应力与磁场强度的函数表达式。设 z_y 为屈服区域与未屈服区域分解面处的尺寸，磁流变液在两狭缝平板间作周向剪切流动的动量方程为[14]

$$\frac{\partial\tau_{r\theta}}{\partial r}+\frac{1}{r}\frac{\partial\sigma_{\theta\theta}}{\partial\theta}+\frac{\partial\tau_{z\theta}}{\partial z}+\frac{2}{r}\tau_{r\theta}=0 \tag{3-10}$$

式中，$\sigma_{\theta\theta}$ 为沿 θ 方向的切向压力；$\tau_{r\theta}$ 和 $\tau_{z\theta}$ 为磁流变液的剪切屈服应力。因角速度沿流动方向为常数，所以 $\tau_{r\theta}$=0；又因为两平板相互平行，则压力 $\sigma_{\theta\theta}$ 为常数，式(3-10)可简化为

$$\frac{\mathrm{d}\tau_{z\theta}}{\mathrm{d}z}=0 \tag{3-11}$$

由式(3-11)可确定 $\tau_{z\theta}$ 为常数，与 z 无关。设从动轴上的负载转矩为 M_L，使从动盘刚转动所需磁流变液的剪切屈服应力为 τ_L，则

$$M_L=2\pi\int_{R_1}^{R_2}\tau_L r^2\,\mathrm{d}r \tag{3-12}$$

由积分中值定理，求解式(3-12)得

$$M_L=\frac{2}{3}\pi\tau^*\left(R_2^3-R_1^3\right) \tag{3-13}$$

式中，τ^* 为在区间 (R_1, R_2) 内某一点 R_0 处的剪切屈服应力值，当 $\frac{R_2-R_1}{R_1}\ll 1$ 时，τ^* 近似等于 $R_0=\frac{R_1+R_2}{2}$ 处的值。在屈服区域，由式(3-2)和式(3-12)可得角速度为

$$\mathrm{d}\omega(z)=\frac{1}{\eta R_0}\left[\frac{3M_L}{2\pi\left(R_2^3-R_1^3\right)}-\tau_y(H)\right]\mathrm{d}z \tag{3-14}$$

应用在 $z=h$ 处，$\omega(z)=\omega_1$ 的边界条件，对式(3-14)进行积分得

$$\omega(z)=\omega_1-\frac{1}{\eta R_0}\left[\frac{3M_L}{2\pi\left(R_2^3-R_1^3\right)}-\tau_y(H)\right](h-z),\quad z_y<z\leqslant h \tag{3-15}$$

在未屈服区域，角速度为 $\omega(z)=\omega_2$，$z\leqslant z_y$。应用在 $z=z_y$ 处，$\omega(z)=\omega_2$ 的边界条件，可得屈服区域与未屈服区域分解面处的尺寸为

$$z_y=h-\frac{2\pi\eta R_0\left(R_2^3-R_1^3\right)(\omega_1-\omega_2)}{3M_L-2\pi\left(R_2^3-R_1^3\right)\tau_y(H)} \tag{3-16}$$

磁流变圆盘离合器的输出角速度可表示为

$$\omega_2=\omega_1+\frac{4h\left(R_2^3-R_1^3\right)\tau_y(H)}{3\eta\left(R_2^4-R_1^4\right)}-\frac{2hM_L}{\pi\eta\left(R_2^4-R_1^4\right)} \tag{3-17}$$

2. 转矩分析

现有磁流变传动理论模型广泛采用 Bingham 本构模型，该本构模型表达方式简洁、易于求解，但其具有一定的局限性。磁流变液剪切屈服过程可分为剪切屈服前区、剪切屈服区以及剪切屈服后区，Bingham 本构模型仅能有效描述剪切屈服后区的流变特性。为了更加准确地描述剪切流变过程中磁流变液黏度剪切变稀或变稠的现象，磁流变液一维流动模型可由 Herschel-Bulkley 本构模型描述[16]：

$$\begin{cases}\tau_{z\theta}=\left[\tau_y+k|\dot{\gamma}|^m\right]\operatorname{sgn}(\dot{\gamma}), & \tau_{z\theta}\geqslant\tau_y\\ \dot{\gamma}=0, & \tau_{z\theta}<\tau_y\end{cases} \tag{3-18}$$

式中，m、k 为大于零的常数，由实验确定。在 Herschel-Bulkley 本构模型中等效黏度 η 可表示为

$$\eta=k|\dot{\gamma}|^{\frac{1}{m}} \tag{3-19}$$

由式(3-19)可知，当 $m>1$ 时，黏度是关于剪切应变率的减函数；当 $m<1$ 时，黏度是关于剪切应变率的增函数；当 $m=1$ 时，Herschel-Bulkley 本构模型退化为 Bingham 本构模型。剪切应变率 $\dot{\gamma}$ 表示为

$$\dot{\gamma}=\frac{\mathrm{d}\gamma}{\mathrm{d}t}=\frac{\mathrm{d}}{\mathrm{d}t}\frac{\mathrm{d}\theta}{\mathrm{d}z}=\frac{\mathrm{d}v(z)}{\mathrm{d}z}=r\frac{\mathrm{d}\omega(z)}{\mathrm{d}z} \tag{3-20}$$

对于磁流变液在两圆盘间的流动，设圆盘的工作面积为半径从 R_1 到 R_2 的圆环，在半径 r 处取一微圆环面积 $\mathrm{d}A$，其中 $\mathrm{d}A=2\pi r\mathrm{d}r$；产生的作用力为 $\mathrm{d}F$，因此 $\mathrm{d}F=\tau\mathrm{d}A$，$\tau$ 为磁流变液的剪切屈服应力；传递的转矩为 $\mathrm{d}M$，则有 $\mathrm{d}M=r\mathrm{d}F$，即 $\mathrm{d}M=2\pi r_2\tau_{z\theta}\mathrm{d}r$。整个圆盘所传递的转矩 M_d 可表示为

$$M_d=\int_{R_1}^{R_2}2\pi r^2\tau_{z\theta}\mathrm{d}r \tag{3-21}$$

由式(3-18)可知，磁流变液产生的剪切屈服应力 $\tau_{z\theta}$ 由两部分组成，即磁流变液链化产生的剪切屈服应力以及磁流变液黏度产生的剪切屈服应力，因此整个圆盘所传递的转矩 M_d 由 M_H 与 M_η 组成。结合式(3-18)和式(3-21)，磁流变液链化产生的剪切屈服应力传递的转矩 M_H 为

$$M_H = \int_{R_1}^{R_2} 2\pi r^2 \tau_y \mathrm{d}r = \frac{2\pi}{3}\left(R_2^3 - R_1^3\right)\tau_y \tag{3-22}$$

结合式(3-18)、式(3-20)和式(3-21)，磁流变液黏度产生的剪切屈服应力传递的转矩 M_η 为

$$\begin{aligned} M_\eta &= \int_{R_1}^{R_2} 2\pi r^2 k \dot{\gamma}^m \mathrm{d}r = \int_{R_1}^{R_2} 2\pi r^3 k \left[\frac{\mathrm{d}\omega(z)}{\mathrm{d}z}\right]^m \mathrm{d}r = \int_{R_1}^{R_2} 2\pi r^3 k \left(\frac{\Delta\omega}{h}\right)^m \mathrm{d}r \\ &= \frac{2\pi k}{m+3}\left(R_2^{m+3} - R_1^{m+3}\right)\left(\frac{\omega_2 - \omega_1}{h}\right)^m \end{aligned} \tag{3-23}$$

因此，在两圆盘间磁流变液传递的转矩 M_d 可表示为

$$M_d = M_H + M_\eta = \frac{2\pi}{3}\left(R_2^3 - R_1^3\right)\tau_y + \frac{2\pi k}{m+3}\left(R_2^{m+3} - R_1^{m+3}\right)\left(\frac{\omega_2 - \omega_1}{h}\right)^m \tag{3-24}$$

3.3.2　圆筒式剪切传动

1. 流动分析

如图 3-6 所示，设内筒和外筒的半径分别为 R_1、R_2，内圆筒为主动件，外圆筒为从动件，主动件和从动件之间充满了磁流变液，主动件以角速度 ω_1 旋转，磁流变液受到剪切屈服应力从而带动从动件以角速度 ω_2 旋转。

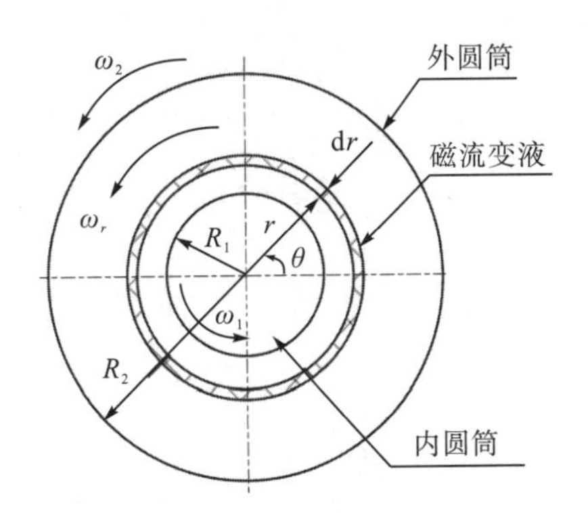

图 3-6　磁流变液在两圆筒间的周向流动

为了分析离合器两圆筒间工作间隙中磁流变液的流动，假设下列条件：①磁流变液不可压缩；②磁流变液的流动是稳态的；③在轴向和径向没有流动；④磁流变液的流动只是半径的函数；⑤不计体力；⑥磁场强度在工作间隙中的分布是均匀的；⑦磁流变液中的压

力沿厚度方向不变。根据上述假设，选取圆柱坐标系，在圆柱坐标系(r,θ,z)中，设流速的分布为

$$V_\theta = r\omega(r), V_r = 0, V_z = 0 \tag{3-25}$$

式中，V_r、V_θ和V_z分别为流体沿r、θ、z方向的线速度；r为所研究的微圆环处的半径；$\omega(r)$为磁流变液在半径r处的角速度，它是半径的函数。

在磁流变液内取一个微元体，磁流变液在做周向剪切流动时，取微元体沿z方向的长度为$\mathrm{d}l$，将所有各力投影到微元体中心的切向轴上，得切向偏微分方程为[4]

$$\begin{aligned}&\left(\sigma_{\theta\theta}+\frac{\partial\sigma_{\theta\theta}}{\partial\theta}\mathrm{d}\theta\right)\mathrm{d}r\mathrm{d}l\cos\frac{\mathrm{d}\theta}{2}+\left(\tau_{r\theta}+\frac{\partial\tau_{r\theta}}{\partial r}\mathrm{d}r\right)\left(r+\mathrm{d}r\right)\mathrm{d}\theta\mathrm{d}l+\tau_{\theta r}\mathrm{d}r\mathrm{d}l\sin\frac{\mathrm{d}\theta}{2}\\&+\left(\tau_{\theta r}+\frac{\partial\tau_{\theta r}}{\partial\theta}\mathrm{d}\theta\right)\mathrm{d}r\mathrm{d}l\sin\frac{\mathrm{d}\theta}{2}-\sigma_{\theta\theta}\mathrm{d}r\mathrm{d}l\cos\frac{\mathrm{d}\theta}{2}-\tau_{r\theta}r\mathrm{d}\theta\mathrm{d}l=0\end{aligned} \tag{3-26}$$

式中，$\sigma_{\theta\theta}$为沿θ方向的切向压力；$\tau_{\theta r}$和$\tau_{r\theta}$为磁流变液的剪切屈服应力。由于$\mathrm{d}\theta$微小，可以把$\sin\frac{\mathrm{d}\theta}{2}$取为$\frac{\mathrm{d}\theta}{2}$，$\cos\frac{\mathrm{d}\theta}{2}$近似取为1。根据剪切屈服应力的互等关系，$\tau_{r\theta}=\tau_{\theta r}$，并略去二阶微量，方程(3-26)可近似表达为

$$\frac{1}{r}\frac{\partial\sigma_{\theta\theta}}{\partial\theta}+\frac{\partial\tau_{r\theta}}{\partial r}+\frac{2\tau_{r\theta}}{r}=0 \tag{3-27}$$

因磁流变液在同心圆筒中做剪切流动，假设沿θ方向的切向压力$\sigma_{\theta\theta}$为常数，方程(3-27)变为

$$\frac{\mathrm{d}\tau_{r\theta}}{\mathrm{d}r}+\frac{2\tau_{r\theta}}{r}=0 \tag{3-28}$$

解微分方程(3-28)得

$$\tau_{r\theta}=\frac{c_1}{r^2} \tag{3-29}$$

式中，c_1为积分常数。由于$\omega_1 \geqslant \omega_2$，所以，剪切应变率$\dot{\gamma}$可表示为

$$\dot{\gamma}=-r\frac{\mathrm{d}\omega(r)}{\mathrm{d}r} \tag{3-30}$$

式中，$\mathrm{d}\omega(r)/\mathrm{d}r$为磁流变液流动的角速度沿半径方向的梯度，由式(3-21)和式(3-30)可以得到角速度为

$$\omega(r)=\frac{\tau_y(H)}{\eta}\ln r+\frac{c_1}{2\eta r^2}+c_2 \tag{3-31}$$

式中，c_2为另一积分常数。

当不加磁场时，$\tau_y(H)=0$，磁流变液的流动表现出类似牛顿流体行为，如图 3-7(a)所示。对牛顿流体其边界条件为

$$r=R_1, \omega(r)=\omega_1, r=R_2, \omega(r)=\omega_2 \tag{3-32}$$

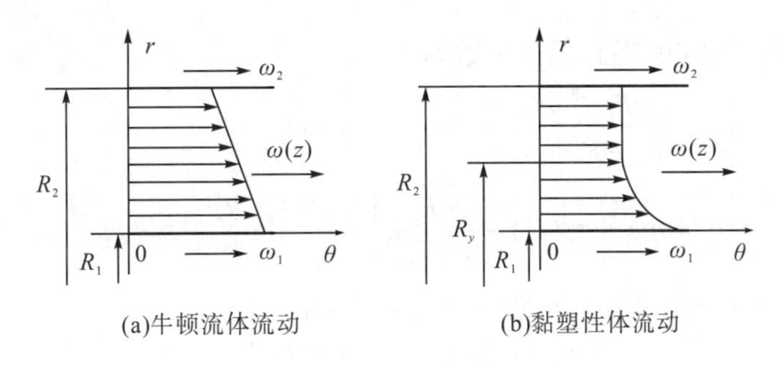

(a)牛顿流体流动　　(b)黏塑性体流动

图 3-7　磁流变液在圆筒磁流变离合器中的速度分布

根据边界条件(3-32)，由式(3-31)定出常数为

$$c_1 = \frac{\omega_2 R_2^2 - \omega_1 R_1^2}{R_2^2 - R_1^2} \tag{3-33}$$

$$c_2 = \frac{(\omega_1 - \omega_2) R_2^2 R_1^2}{R_2^2 - R_1^2} \tag{3-34}$$

于是得角速度方程为

$$\omega(r) = \frac{v_\theta}{r} = \frac{\omega_2 R_2^2 - \omega_1 R_1^2}{R_2^2 - R_1^2} + \frac{(\omega_1 - \omega_2) R_2^2 R_1^2}{R_2^2 - R_1^2} \frac{1}{r^2} \tag{3-35}$$

外加磁场作用时，磁流变液表现出 Bingham 黏塑性体行为，在两圆筒间隙中有两部分：屈服区域的流动和未屈服区域的转动，如图 3-7(b)所示，所以将$\sigma_{r\theta} = \tau_y(H)$的界面定义为屈服区域与未屈服区域的分解面。设$R_y$为屈服区域与未屈服区域分解面处的半径，由式(3-29)可得剪切屈服应力：

$$\sigma_{r\theta y} = \frac{c_1}{R_y^2} \tag{3-36}$$

当$\sigma_{r\theta 1} = c_1 / R_1^2 > \tau_y(H)$时，在区域$R_1 < r < R_y$，磁流变液屈服；而当$\sigma_{r\theta 2} = c_1 / R_2^2 < \tau_y(H)$时，在区域$R_y < r < R_2$，磁流变液未屈服。

在区域$R_1 < r < R_y$，磁流变液流动成立的边界条件为

$$r = R_1, \omega(r) = \omega_1, r = R_y, \frac{\mathrm{d}\,\omega(r)}{\mathrm{d}r} = 0 \tag{3-37}$$

由式(3-37)定出常数后，再由式(3-31)可得流速为

$$\omega(r) = \omega_1 + \frac{\tau_y(H)}{\eta} \ln\frac{r}{R_1} - \frac{\tau_y(H) R_y^2}{2\eta}\left(\frac{r^2 - R_1^2}{r^2 R_1^2}\right), R_1 < r < R_y \tag{3-38}$$

在区域$R_y < r < R_2$，磁流变液类似固体一样转动，设转动的角速度为ω_0，可表示为

$$\omega_0 = \omega_2 \tag{3-39}$$

下面讨论两种特殊情况。

(1) $\sigma_{r\theta 2} = \dfrac{c_1}{R_2^2} > \tau_y(H)$，此时两圆筒间的磁流变液都做黏性流动，其边界条件为

$$r = R_1, \omega(r) = \omega_1, r = R_2, \omega(r) = \omega_2 \tag{3-40}$$

由式(3-37)和式(3-40)得到积分常数为

$$\begin{cases} c_1 = \dfrac{2\eta R_1^2 R_2^2}{R_2^2 - R_1^2}\left[\dfrac{\tau_y(H)}{\eta}\ln\dfrac{R_2}{R_1} + \omega_1 - \omega_2\right] \\ c_2 = \eta\omega_2 - \tau_y(H) - \dfrac{\eta R_1^2}{R_2^2 - R_1^2}\left[\dfrac{\tau_y(H)}{\eta}\ln\dfrac{R_2}{R_1} + \omega_1 - \omega_2\right] \end{cases} \tag{3-41}$$

则在两圆筒间的磁流变液都做黏性流动的角速度 $\omega(r)$ 为

$$\omega(r) = \frac{R_1^2 R_2^2}{R_2^2 - R_1^2}\alpha + \frac{\tau_y(H)}{\eta}\ln r \tag{3-42}$$

其中，

$$\alpha = \left(\frac{R_2^2 - r^2}{R_2^2 r^2}\right)\left[\omega_1 - \frac{\tau_y(H)}{\eta}\ln R_1\right] + \left(\frac{r^2 - R_1^2}{r^2 R_1^2}\right)\left[\omega_2 - \frac{\tau_y(H)}{\eta}\ln R_2\right]$$

(2) $\sigma_{r\theta 1} = \dfrac{c_1}{R_1^2} < \tau_y(H)$。圆筒间的全部磁流变液没有相对流动。

$$\omega_0 = \omega_1 = \omega_2 \tag{3-43}$$

输出角速度为

$$\omega_2 = \omega_1 - \frac{R_2^2 - R_1^2}{4\pi\eta L R_1^2 R_2^2}\left[M_L - \frac{4\pi L_e R_1^2 R_2^2 \ln\left(\dfrac{R_2}{R_1}\right)}{R_2^2 - R_1^2}\tau_y(H)\right] \tag{3-44}$$

式中，M_L 为负载转矩。

2. 转矩分析

对于图 3-6 所示的磁流变液在两圆筒间的流动，设磁流变液在圆筒间的轴向工作长度为 L，在半径 r 处磁流变液能传递的转矩为

$$M = A\tau r = 2\pi r^2 L\tau \tag{3-45}$$

式中，A 为面积。两同心圆筒间磁流变液的传递转矩由两部分组成，分别为磁流变液本身黏度产生的转矩 M_η 和由磁流变屈服应力产生的转矩 M_H。假设两圆筒工作间隙中的磁流变液全部屈服做剪切流动，由式(3-30)得到剪切应变率为

$$\dot{\gamma} = -r\frac{\mathrm{d}\omega(z)}{\mathrm{d}z} = \frac{2}{r^2}\frac{(\omega_1 - \omega_2)R_2^2 R_1^2}{R_2^2 - R_1^2} \tag{3-46}$$

半径 r 取平均值，即 $r = (R_2 + R_1)/2$。则由 Herschel-Bulkley 本构模型以及式(3-46)得出磁流变液黏度产生的传递转矩 M_η 为

$$M_\eta = \frac{\pi k 2^{m+1} L_e}{r^{2-2m}}\left[\frac{(\omega_1 - \omega_2)^m R_2^{2m} R_1^{2m}}{R_2^2 - R_1^2}\right] \tag{3-47}$$

假设在工作间隙中能产生磁流变效应的工作长度为 L_e，则由磁流变屈服应力产生的转矩 M_H 为

$$M_H = \frac{\pi L_e (R_2 + R_1)^2}{2}\tau_y \tag{3-48}$$

所以在两圆筒间磁流变液传递的转矩 M_c 为

$$M_c = M_H + M_\eta = \frac{\pi L_e (R_2 + R_1)^2}{2}\tau_y + \frac{\pi k 2^{m+1} L_e}{r^{2-2m}}\left[\frac{(\omega_1 - \omega_2)^m R_2^{2m} R_1^{2m}}{R_2^2 - R_1^2}\right] \tag{3-49}$$

3.3.3　圆锥式剪切传动

圆锥式磁流变液传动结构示意图如图 3-8 所示。为分析装置中磁流变液传递转矩的大小，在图 3-8 所示的磁流变液锥形间隙内取一微元环，微元环的中心线方向为从动轴中心线方向，r 为距锥体顶点 h 处的半径，θ 为工作面与中心线的夹角(半锥角)。

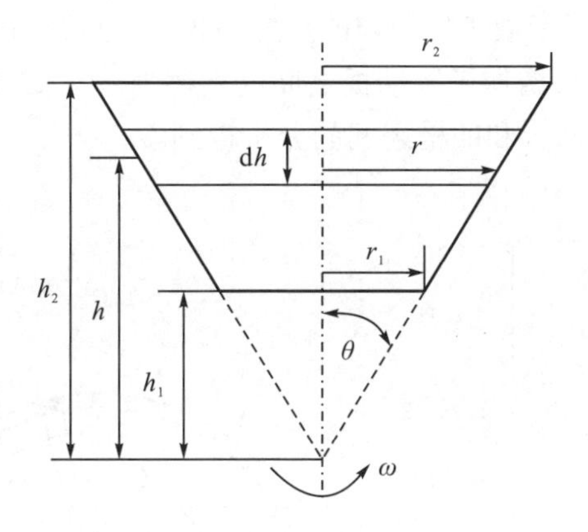

图 3-8　圆锥式磁流变液传动示意图

如图 3-8 所示，微元环面积可表示为[17]

$$\mathrm{d}s = 2\pi r \frac{\mathrm{d}h}{\cos\theta} \tag{3-50}$$

假设装置磁流变液工作间隙内的剪切屈服应力为 $\tau_{z\theta}$，由式(3-50)可得该微元环所能传递的转矩为

$$\mathrm{d}M_1 = \tau_{z\theta} r \,\mathrm{d}s = 2\pi r^2 \tau_{z\theta} \frac{\mathrm{d}h}{\cos\theta} \tag{3-51}$$

设圆锥式磁流变离合器的主动轴转速为 ω_2，从动轴转速为 ω_1，工作区域垂直于锥面的间隙为δ，根据 Herschel-Bulkley 本构模型，磁流变液的剪切屈服应力为

$$\tau_y(H) = \tau_0 + k\left(r\frac{\omega_2 - \omega_1}{\delta}\right)^m,\quad \tau > \tau_y(H) \tag{3-52}$$

设圆锥面的距离由 r_1 到 r_2，根据三角函数关系可知：$r = h\tan\theta$。结合式(3-51)和式(3-52)，圆锥式磁流变液传动装置能传递的转矩 M_s 可表示为

$$M_s = M_H + M_\eta = \int_{r_1}^{r_2} \frac{2\pi r^2 \tau_y(H)}{\cos\theta\tan\theta}\mathrm{d}r + \int_{r_1}^{r_2} \frac{2\pi k r^{m+3}(\omega_2 - \omega_1)^m}{\delta^m \cos\theta\tan\theta}\mathrm{d}r \tag{3-53}$$

式中，M_H 为磁流变液的剪切屈服应力传递的转矩；M_η 为依靠磁流变液黏度所传递的转矩。对式(3-53)进行积分运算，圆锥式磁流变液传动装置所传递的总转矩可表示为

$$M_s = \frac{4\pi\left(r_2^3 - r_1^3\right)}{3\cos\theta\tan\theta}\tau_y(H) + \frac{2\pi k(r_2 - r_1)^{m+3}(\omega_2 - \omega_1)^m}{(m+3)\delta^m\cos\theta\tan\theta} \tag{3-54}$$

式中，θ为半锥角。当θ=0时，圆锥式磁流变液转矩方程变为圆筒式磁流变液转矩方程；当θ=π/4时，变为圆盘式磁流变液转矩方程。

3.3.4 圆弧式剪切传动

圆弧式制动盘与普通制动盘的区别在于制动盘的表面不是平面，而是相互配合的凸脊和凹槽。其剖切面结构如图3-9(a)所示。两个接触面在剖面图中表现为圆弧形。圆槽盘形表面相互配合，增加了磁流变液工作间隙的接触面积。在凸脊和凹槽配合的地方，磁流体在磁场作用下聚集在一起，增加了制动板之间的摩擦力[18]。磁流变液产生的总制动力矩可以通过图3-9(b)的单个凸脊和凹槽之间的分析得到。

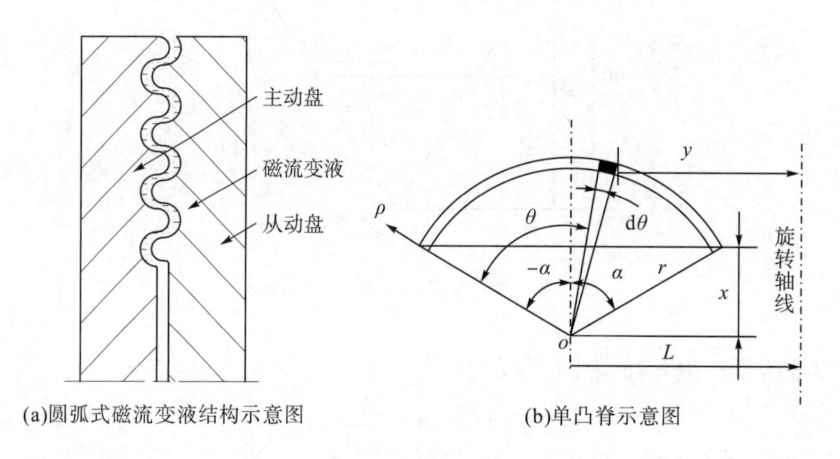

图3-9 圆弧式磁流变液传动装置

在凸脊和凹槽边缘处取一微圆弧ds，则

$$\mathrm{d}s = r\,\mathrm{d}\theta \tag{3-55}$$

式中，dθ为微圆弧对应的中心角；r为凸脊和凹槽的半径。

该段微圆弧产生的微剪切屈服应力为dF，即

$$\mathrm{d}F = 2\pi y\tau_y\mathrm{d}s \tag{3-56}$$

式中，y为微圆弧到旋转轴线的距离。

结合Herschel-Bulkley本构模型，将式(3-55)代入式(3-56)，并用圆心位置L表示微圆弧的位置。因此，该微圆弧对旋转中心产生的微转矩dM为[19]

$$\mathrm{d}M = 2\pi r(L - \sin\theta)^2\left[\tau_y(H) + k\frac{\omega^m(L - r\sin\theta)^m}{h^m}\right]\mathrm{d}\theta \tag{3-57}$$

圆弧式磁流变液传动装置的转矩 M_a 是由两部分转矩组成：磁场作用下磁流变液产生的剪切屈服应力传递的转矩 M_H 及磁流变液依靠黏度所传递的转矩 M_η 。其中依靠剪切屈服应力传递的转矩 M_H 可表示为

$$M_H = \int_0^\alpha 2\pi r(L-\sin\theta)^2 \tau_y(H)\mathrm{d}\theta = 2\pi r\tau_y\left[(2L^2+r^2)\alpha - \frac{r^2}{2}\sin(2\alpha)\right] \tag{3-58}$$

式中，α 为凸脊对应的圆心角。

磁流变液依靠黏度传递的转矩 M_η 可表示为

$$M_\eta = \int_0^\alpha 2\pi r(L-\sin\theta)^2\left[k\frac{\omega^m(L-r\sin\theta)^m}{h^m}\right]\mathrm{d}\theta \tag{3-59}$$

结合式(3-58)与式(3-59)，圆弧式磁流变液传动装置的转矩 M_a 可表示为

$$M_a = M_H + M_\eta$$

由式(3-59)可知，由于积分项中存在三角函数的 m 次未知项，因此不能求解出确定的积分表达式。仅当 Herschel-Bulkley 本构模型中流动特性参数 m 与黏度系数 k 为已知常数时，式(3-59)可得出确定的积分式。当 m=1，k=η 时，Herschel-Bulkley 本构模型可由 Bingham 本构模型替代表示，如图 3-9(a)所示的几何关系，圆弧角的几何关系式可表示为

$$\cos(\alpha) = \frac{x}{r},\quad x\in[0,r] \tag{3-60}$$

式中，x 为凸脊圆心距制动盘平面的距离。因此，圆弧间隙内磁流变液传递的转矩 M_a 为

$$\begin{aligned} M_a &= 2\pi r\tau_y(H)\left[(2L^2+r^2)\arccos\frac{x}{r} - \frac{r^2}{2}\sin\left(2\arccos\frac{x}{r}\right)\right] \\ &\quad + \frac{\pi r\eta\omega L}{h}\left[4L^2\arccos\frac{x}{r} + 6r^2\arccos\frac{x}{r} - 3r^2\sin\left(2\arccos\frac{x}{r}\right)\right], x\in[0,r] \end{aligned} \tag{3-61}$$

具有多个圆弧间隙的圆弧式磁流变液传动装置所传递的总转矩 M'_a 为

$$M'_a = \sum_{i=1}^{n} M_a(i) \tag{3-62}$$

式中，n 为凸脊的数量。

3.3.5　球形剪切传动

为了准确计算球形磁流变液传动装置的传动性能，在传动分析过程中采用 Herschel-Bulkley 本构模型描述磁流变液的流变特性。球形磁流变液传动装置结构示意图如图 3-10 所示。该球形磁流变液传动装置由球形主动轴和球形外壳组成，磁流变液填充在球形主动轴与球形外壳之间的间隙内。

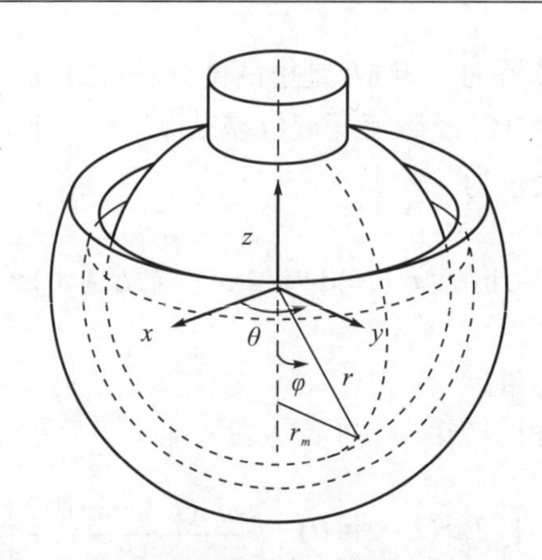

图 3-10　球形磁流变液传动装置结构示意图

球形磁流变液传动装置传递的转矩 M_b 由三部分组成：磁流变液在磁场作用下产生的剪切屈服应力所传递的转矩 M_H、磁流变液在零磁场状态时依靠黏度所传递的转矩 M_η 和机械摩擦扭矩 M_m，因此，

$$M_b = M_H + M_\eta + M_m \tag{3-63}$$

在实际应用中，由于机械摩擦产生的扭矩 M_m 主要由机械密封件与球形主动轴或球形外壳引起，与其他两个扭矩部件相比，M_m 相对较小，因此可以不作为重要因素予以考虑[11,20]。由于该分析涉及球形部件，笛卡儿 x 轴和 y 轴相同，因此，图 3-10 中所示的球形坐标系用于推导球形磁流变液传动装置所传递的转矩。

通过积分微元环的转矩计算整个球面区域磁流变液剪切屈服应力所传递的转矩 M_H，该微元环是传动装置球面上无穷小圆环区域 dA。当磁流变液的剪切屈服面半径为 r 时，磁流变液的剪切屈服应力所传递的转矩 M_H 可表示为[20]

$$M_H = \iint_M \tau_y(H) r_m \mathrm{d}A \tag{3-64}$$

式中，r_m 是力臂，如图 3-10 所示的结构示意图，力臂 r_m 可表示为

$$r_m = r\sin\varphi \tag{3-65}$$

微元环区域 dA 可由下式计算：

$$\mathrm{d}A = r^2 \sin\varphi \mathrm{d}\varphi \mathrm{d}\theta \tag{3-66}$$

联合式(3-64)、式(3-65)和式(3-66)可以得出：

$$M_H = \int_0^\varphi \int_0^{2\pi} \tau_y(H) r\cdot\sin\varphi\cdot r^2\cdot\sin\varphi \mathrm{d}\varphi \mathrm{d}\theta = \tau_y(H) r^3 \int_0^\varphi \int_0^{2\pi} \sin^2\varphi \mathrm{d}\varphi \mathrm{d}\theta \tag{3-67}$$

同理可得磁流变液黏度产生的转矩 M_η 为

$$M_\eta = \iint_A k\dot{\gamma} r_m \mathrm{d}A \tag{3-68}$$

剪切应变率 $\dot{\gamma}$ 可表示为

$$\dot{\gamma} = \frac{r_m \mathrm{d}(\omega)}{\mathrm{d}(r)} \tag{3-69}$$

结合式(3-68)与式(3-69)，零磁场作用下，磁流变液依靠黏度所传递的转矩 M_η 可表示为

$$M_\eta = \int_0^\varphi \int_0^{2\pi} k \frac{r_m^m \sin^m \varphi \Delta\omega^m}{h^m} r \sin\varphi r^2 \sin\varphi \mathrm{d}\varphi \mathrm{d}\theta = k \frac{r^{m+3}\Delta\omega^m}{h^m} \int_0^\varphi \int_0^{2\pi} \sin^{m+2}\varphi \mathrm{d}\varphi \mathrm{d}\theta \tag{3-70}$$

因此，结合公式(3-63)、式(3-67)和式(3-70)可以得到总转矩 M_b：

$$M_b = \tau_y(H) r^3 \int_0^\varphi \int_0^{2\pi} \sin^2\varphi \mathrm{d}\varphi \mathrm{d}\theta + k \frac{r^{m+3}\Delta\omega^m}{h^m} \int_0^\varphi \int_0^{2\pi} \sin^{m+2}\varphi \mathrm{d}\varphi \mathrm{d}\theta \tag{3-71}$$

式(3-71)中，积分项 $\sin^{m+2}\varphi$ 仅当 m 为常数时，积分式才有固定表达式。当 m=1 时，为 Herschel-Bulkley 本构模型不考虑剪切稀化或稠化时的情况，此时 Herschel-Bulkley 本构模型与 Bingham 本构模型一致，因此 $k=\eta$。当 m=1、$k=\eta$ 时，对等式(3-71)进行积分运算，球形磁流变液传动装置所传递的总转矩 M_b 为

$$M_b = \tau_y(H) r^3 (\varphi - \sin\varphi\cos\varphi) + \frac{8\eta r^4 \Delta\omega}{3h} \sin^4 \frac{\varphi}{2} + (\cos\varphi + 2)$$

3.4　磁流变液挤压传动

3.4.1　平行圆盘间挤压传动

1. 控制方程与边界条件

两圆盘间磁流变液挤压模型如图 3-11 所示。两圆盘间隙内充满磁流变液，下圆盘固定，上圆盘向下运动，两圆盘间隙为 h，两圆盘间的磁流变液受到挤压而沿半径 r 方向流动。假设磁场均匀分布于两圆盘间，忽略重力和惯性力的影响，在极坐标系(r,θ,z)下，沿 r 方向的运动微分方程可简化为[21]

$$\frac{\mathrm{d}\tau_{zr}}{\mathrm{d}z} = \frac{\mathrm{d}p}{\mathrm{d}r} \tag{3-72}$$

式中，τ_{zr} 为剪切屈服应力；p 为压力。

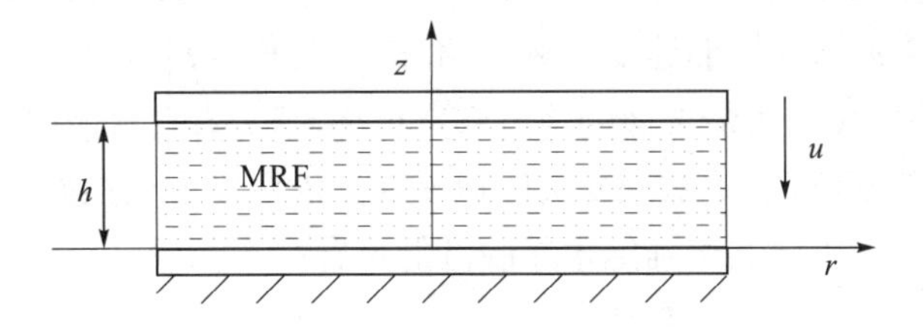

图 3-11　两圆盘间磁流变液挤压模型

假设磁流变液与两壁面间无滑移，则两个边界条件可表示为

$$u_r\big|_{z=0} = 0, \quad u_r\big|_{z=h} = 0 \tag{3-73}$$

2. 流动分析

为了规避 Bingham 本构模型的“挤压流动悖论”，以及为了方便分析，采用双黏度本构模型来描述磁流变液流动时的行为[22]。双黏度模型的本构方程可表示为[23]

$$\begin{cases}\tau_{zr}=\eta_1\dfrac{\mathrm{d}u_r}{\mathrm{d}z}, & |\tau|<\tau_y\\ \tau_{zr}=\eta_2\dfrac{\mathrm{d}u_r}{\mathrm{d}z}+\tau_0\,\mathrm{sgn}\left(\dfrac{\mathrm{d}u_r}{\mathrm{d}z}\right), & |\tau|\geqslant\tau_y\end{cases}\tag{3-74}$$

式中，τ_y 为磁流变液的表观屈服应力；$\tau_0=\tau_y(1-\eta_2/\eta_1)$ 为应力截距；η_1 和 η_2 分别为磁流变液在受到屈服应力以下和以上应力时的黏度；sgn 为符号函数；$\mathrm{d}u_r/\mathrm{d}z$ 为剪应变率。

沿厚度方向对式(3-72)进行积分，可得以下剪应力公式：

$$\tau_{zr}=Pz+A_0\tag{3-75}$$

式中，A_0 为积分常数；$P=\dfrac{\mathrm{d}p}{\mathrm{d}r}$。将式(3-74)代入式(3-75)，可得磁流变液在屈服区和未屈服区的流速微分方程：

$$\begin{cases}\dfrac{\mathrm{d}u_r}{\mathrm{d}z}=\dfrac{Pz}{\eta_2}+\dfrac{A_0}{\eta_2}-\dfrac{\tau_0}{\eta_2}\mathrm{sgn}\left(\dfrac{\mathrm{d}u_r}{\mathrm{d}z}\right), & |\tau_{zr}|\geqslant\tau_y\\ \dfrac{\mathrm{d}u_r}{\mathrm{d}z}=\dfrac{Pz}{\eta_1}+\dfrac{A_0}{\eta_1}, & |\tau_{zr}|<\tau_y\end{cases}\tag{3-76}$$

积分式(3-76)，可得流速公式：

$$u_p=\frac{P}{2\eta_2}z^2+\frac{A_0-\tau_0}{\eta_2}z+A_1;\ |\tau_{zr}|>\tau_y,\ \frac{\mathrm{d}u_r}{\mathrm{d}z}>0\tag{3-77a}$$

$$u_n=\frac{P}{2\eta_2}z^2+\frac{A_0+\tau_0}{\eta_2}z+A_3;\ |\tau_{zr}|>\tau_y,\ \frac{\mathrm{d}u_r}{\mathrm{d}z}<0\tag{3-77b}$$

$$u_c=\frac{P}{2\eta_1}z^2+\frac{A_0}{\eta_1}z+A_2;\ |\tau_{zr}|<\tau_y\tag{3-77c}$$

式中，u_p 和 u_n 分别表示流体在 $\mathrm{d}u_r/\mathrm{d}z>0$ 和 $\mathrm{d}u_r/\mathrm{d}z<0$ 时剪切流动屈服区域的速度；u_c 表示流体在成核流动未屈服区域的速度；A_1、A_2 和 A_3 为积分常数。

除了边界条件(3-73)，磁流变液的速度和速度梯度沿厚度方向在屈服区和非屈服区之间的界面满足连续性条件。满足磁流变液的速度梯度沿厚度方向在屈服区和非屈服区之间的界面连续的条件下，由下式可确定未屈服区的位置：

$$\begin{cases}h_1=\dfrac{\tau_y-A_0}{P}, & \dfrac{\mathrm{d}u_r}{\mathrm{d}z}\geqslant 0\\ h_2=\dfrac{-\tau_y-A_0}{P}=h_1-\dfrac{2\tau_y}{P}, & \dfrac{\mathrm{d}u_r}{\mathrm{d}z}<0\end{cases}\tag{3-78}$$

式中，h_1 和 h_2 分别表示未屈服区域边界在 $\mathrm{d}u_r/\mathrm{d}z>0$ 和 $\mathrm{d}u_r/\mathrm{d}z<0$ 时距离圆盘内径的位置。

满足磁流变液的速度沿厚度方向在屈服区和非屈服区之间的界面连续的条件下，由式(3-77a)、式(3-77b)以及式(3-77c)可得

$$\begin{cases}\dfrac{P}{2\eta_2}h_1^2+\dfrac{A_0-\tau_0}{\eta_2}h_1+A_1=\dfrac{P}{2\eta_1}h_1^2+\dfrac{A_0}{\eta_1}h_1+A_2, & \dfrac{\mathrm{d}u_r}{\mathrm{d}z}\geqslant 0\\ \dfrac{P}{2\eta_2}h_2^2+\dfrac{A_0+\tau_0}{\eta_2}h_2+A_3=\dfrac{P}{2\eta_1}h_2^2+\dfrac{A_0}{\eta_1}h_2+A_2, & \dfrac{\mathrm{d}u_r}{\mathrm{d}z}<0\end{cases}$$

整理得

$$\begin{cases}-\dfrac{(1-\eta_r)(\tau_y-A_0)^2}{2\eta_2 P}+A_1-A_2=0, & \dfrac{\mathrm{d}u_r}{\mathrm{d}z}\geqslant 0\\ -\dfrac{(1-\eta_r)(\tau_y+A_0)^2}{2\eta_2 P}+A_3-A_2=0, & \dfrac{\mathrm{d}u_r}{\mathrm{d}z}<0\end{cases} \tag{3-79}$$

式中，$\eta_r=\eta_2/\eta_1$。式(3-77)和式(3-78)中的 6 个未知量 A_0、A_1、A_2、A_3、h_1、h_2，可以由边界条件(3-73)及四个界面连续方程(3-78)和方程(3-79)确定。

当磁流变液在两圆盘间受挤压时，压力梯度 P 沿磁流变液运动方向为负，流动存在两种情形：①磁流变液流动分为与上下圆盘相接的屈服区和漂浮于流体中间的未屈服区，在屈服区磁流变液以黏度 η_2 流动，在未屈服区磁流变液以黏度 η_1 流动，如图 3-12(a)所示；②磁流变液以很高的黏度 η_1 在整个区域做未屈服流动，如图 3-12(b)所示。

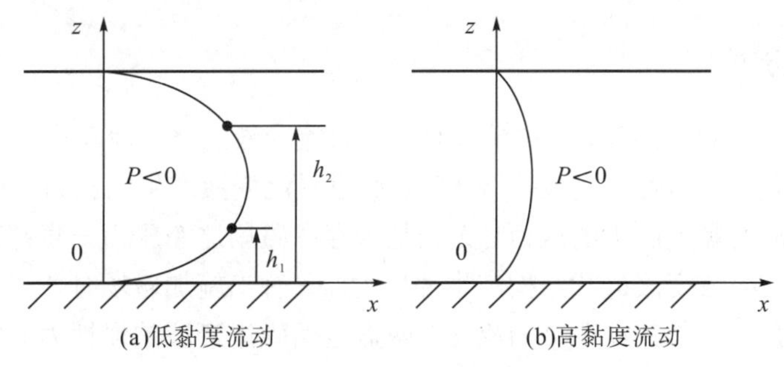

图 3-12　流体不同流动情形的速度剖面

在流动情形①中，磁流变液流动存在两个分别与上圆盘和下圆盘相接的屈服区($0<z<h_1$，$h_2<z<h$)以及中间的未屈服区($h_1<z<h_2$)。当 $P<0$ 时，与上圆盘相接的流体速度梯度为负，与下圆盘相接的流体速度梯度为正，此时 3 个独立的区域($0<z<h_1$，$h_1<z<h_2$，$h_2<z<h$)的流速分别为由式(3-77a)、式(3-77b)以及式(3-77c)给出的 u_p、u_n、u_c。

将边界条件(3-73)代入式(3-77a)得

$$A_1=0 \tag{3-80a}$$

将式(3-80a)代入式(3-79)得

$$A_2=-\frac{(1-\varepsilon)(\tau_y-A_0)^2}{2\eta_2 P} \tag{3-80b}$$

将边界条件(3-73)代入式(3-77b)得

$$A_3=-\frac{P}{2\eta_2}h^2-\frac{A_0+\tau_0}{\eta_2}h \tag{3-80c}$$

将式(3-80b)和(3-80c)代入式(3-79)，得

$$-\frac{(1-\varepsilon)(\tau_y+A_0)^2}{2\eta_2 P}-\frac{P}{2\eta_2}h^2-\frac{A_0+\tau_0}{\eta_2}h+\frac{(1-\varepsilon)(\tau_y-A_0)^2}{2\eta_2 P}=0 \tag{3-81}$$

由式(3-78)、式(3-80)可得流速表达式为

$$\begin{cases} u_1=\dfrac{P}{2\eta_2}z^2-\dfrac{Ph+2(1-\eta_r)\tau_y}{2\eta_2}z, & 0\leqslant z\leqslant h_1 \\ u_2=\dfrac{\eta_r P}{2\eta_2}z^2-\dfrac{\eta_r Ph}{2\eta_2}z-\dfrac{(1-\eta_r)(2\tau_y+Ph)^2}{8\eta_2 P}, & h_1< z\leqslant h_2 \\ u_3=\dfrac{P}{2\eta_2}(z^2-h^2)-\dfrac{Ph-2(1-\eta_r)\tau_y}{2\eta_2}(z-h), & h_2\leqslant z\leqslant h \end{cases} \tag{3-82}$$

在式(3-82)中，磁流变液以很高的黏度η_1流动，流速为u_c。利用边界条件(3-73)得

$$A_0=-\frac{Ph}{2},\ A_2=0 \tag{3-83}$$

于是，流速表达式为

$$u_4=\frac{\eta_r P}{2\eta_2}z^2-\frac{\eta_r Ph}{2\eta_2}z \tag{3-84}$$

3. 挤压力分析

虽然采用 Herschel-Bulkley 本构模型对分析磁流变液的挤压流动带来了方便，但是无法表达挤压强化现象。当磁流变液被挤压时，假设磁流变液产生的压力由以下三个方面组成：①由磁流变液的黏度产生的压力，无论是否存在磁场这个压力一直都存在；②磁流变效应产生的压力，磁流变液链状结构产生的压力，只有当施加磁场时才存在；③磁流变液的惯性所产生的压力，与其他两个力相比，两盘之间磁流变液的惯性力非常小，这个压力可以忽略。磁流变液在挤压中的流动模型如图 3-12 所示。在挤压模型中磁流变液将产生挤压强化效应。

1)由磁流变液的黏度产生的压力

在圆盘挤压模型中，流体的运动微分方程为

$$\frac{\mathrm{d}}{\mathrm{d}x}\left(\frac{r\mathrm{d}p_\eta}{\mathrm{d}r}\right)=\frac{12\eta r}{h^3}\frac{\mathrm{d}h}{\mathrm{d}t} \tag{3-85}$$

式中，p_η为由磁流变液的黏度所产生的压力；η为磁流变液的黏度；h为高度；r为半径。对式(3-85)进行积分，并利用边界条件，当$r=R_1$，$\mathrm{d}p_\eta/\mathrm{d}r=0$时，得

$$\frac{\mathrm{d}p_\eta}{\mathrm{d}r}=\frac{6\eta\left(r^2-R_1^2\right)}{rh^3}\frac{\mathrm{d}h}{\mathrm{d}t} \tag{3-86}$$

对式(3-86)的自变量r进行积分，得

$$p_\eta(r)=\frac{3\eta}{h^3}\left(r^2-2R_1^2\ln r\right)\frac{\mathrm{d}h}{\mathrm{d}t}+A \tag{3-87}$$

利用边界条件，当 $r=R_2$，$p_\eta=0$ 时，得由磁流变液的黏度所产生的压力为

$$p_\eta(r)=\frac{3\eta}{h^3}\left[r^2-R_2^2-2R_1^2\ln\left(\frac{r}{R_2}\right)\right]\frac{\mathrm{d}h}{\mathrm{d}t} \tag{3-88}$$

2) 磁流变效应产生的压力

磁流变效应产生的压力主要由磁流变液的屈服应力引起，磁流变液的屈服应力是材料参数和磁场强度的函数。假设在磁场作用下，未屈服部分类似固体运动，对于两圆盘间产生磁流变效应流体微元的受力情况如图 3-13 所示。微元只受压力梯度引起的正应力和剪应力。

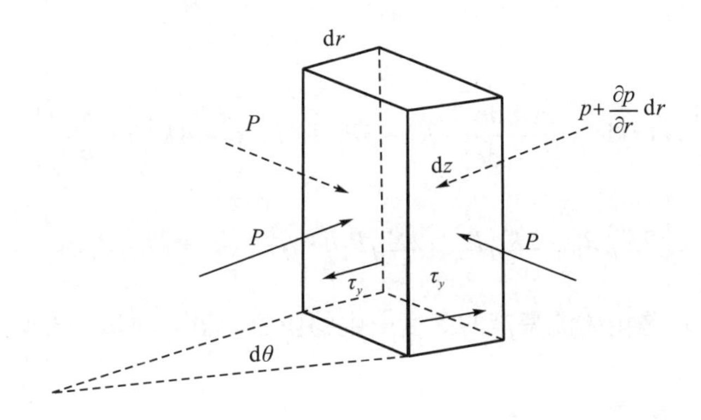

图 3-13　两圆盘间产生磁流变效应流体微元的受力情况

微元沿半径 r 方向的受力平衡方程为

$$pr\mathrm{d}\theta\mathrm{d}z-\left(p+\frac{\partial p}{\partial r}\mathrm{d}r\right)(r+\mathrm{d}r)\mathrm{d}\theta\mathrm{d}z+2p\mathrm{d}r\mathrm{d}z\sin\frac{\mathrm{d}\theta}{2}-2\tau_y\frac{\mathrm{d}\theta}{2}(2r+\mathrm{d}r)\mathrm{d}r=0 \tag{3-89}$$

式中，微元剪应力沿逆时针方向旋转表示为正。由于 $\mathrm{d}\theta$ 是一个微小量，令 $\sin\frac{\mathrm{d}\theta}{2}=\frac{\mathrm{d}\theta}{2}$，略去高阶无穷小量，得

$$\frac{\partial p}{\partial r}\mathrm{d}z+2\tau_y=0 \tag{3-90}$$

对于相距间隙为 h 的两圆盘，由式(3-90)可得

$$\frac{\partial p}{\partial r}h+2\tau_y=0 \tag{3-91}$$

磁流变液在挤压模式下出现屈服强化现象，屈服应力和挤压力经验公式可表示为[24]

$$\tau_y=\tau_{y0}+K_H p_m \tag{3-92}$$

式中，τ_{y0} 为未受挤压时的屈服应力；K_H 是一个参数。结合式(3-91)和式(3-92)得到

$$\frac{\partial p}{\partial r}=-\frac{2}{h}(\tau_{y0}+K_H p_m) \tag{3-93}$$

式中，p_m 是由于磁流变效应而产生的压力。对式(3-93)进行积分，假设屈服应力在 $r=R_2$ 处为 0，$p_m=0$，由磁流变效应所产生的压力可描述为

$$p_m(r)=\frac{\tau_{y0}}{K_H}\left[-1+\mathrm{e}^{\frac{2K_H(R_2-r)}{h}}\right] \tag{3-94}$$

3）总压力和总挤压力

如前所述，磁流变液惯性所产生的压力被忽略，因此总压力可表示为由磁流变液的黏度所产生的压力和磁流变效应所产生的压力之和：

$$p(r)=p_\eta(r)+p_m(r) \tag{3-95}$$

$$p(r)=\frac{3\eta}{h^3}\left[r^2-R_2^2-2R_1^2\ln\left(\frac{r}{R_2}\right)\right]\frac{\mathrm{d}h}{\mathrm{d}t}+\frac{\tau_{y0}}{K_H}\left[-1+\mathrm{e}^{\frac{2K_H(R_2-r)}{h}}\right] \tag{3-96}$$

假设上面的圆盘朝下移动，将压力 $p(r)$ 在上面圆盘的表面上进行积分，得到总挤压力公式为

$$\begin{aligned}F=2\pi\int_{R_1}^{R_2}rp(r)\mathrm{d}r&=\frac{3\pi\eta}{2h^3}\frac{\mathrm{d}h}{\mathrm{d}t}\left[-R_2^4-3R_1^4+4R_1^2R_2^2+4R_1^4\ln\left(\frac{R_1}{R_2}\right)\right]\\&+\frac{\pi\tau_{y0}}{2K_H{}^3}\left[2K_H^2R_1^2-2K_H^2R_2^2-2K_HR_2h-h^2+(h^2+2K_HR_1h)\mathrm{e}^{\frac{2K_H(R_2-R_1)}{h}}\right]\end{aligned} \tag{3-97}$$

式中，右边的第一项是由磁流变液的黏度产生的压力，第二项是磁流变效应产生的压力。

3.4.2 偏心挤压传动

1. 偏心挤压流动模型

磁流变液在两偏心圆筒间的流动如图 3-14 所示，其中，O_1 为内筒的中心；R_1 为内筒外表面半径；O_2 为外筒的中心；R_2 为外筒内表面半径。在圆柱坐标系（r,θ,z）中，两偏心圆筒的间隙可表示为

$$h=\Delta R(1+\varepsilon\cos\theta) \tag{3-98}$$

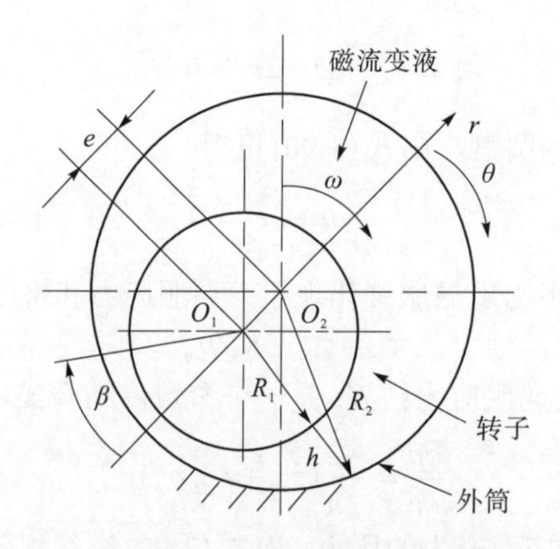

图 3-14 磁流变液在两偏心圆筒间的流动

式中，h 为两偏心圆筒的间隙；$\Delta R = R_2 - R_1$；ε 表示偏心率，$\varepsilon = e / \Delta R$；$e$ 为两偏心圆筒中心的距离，即偏心距。为了得到磁流变液在两偏心圆筒间的流动方程，假设磁流变液不可压缩，稳态流动，在轴向和径向没有流动，外筒固定，内筒以 $\omega(r)$ 转动，磁流变液在半径 r 处的速度分布为

$$u_r = 0, u_\theta = r\omega(r), u_z = 0 \tag{3-99}$$

式中，u_r、u_θ 和 u_z 分别表示磁流变液沿径向、周向和轴向的速度。由于 $h / R_1 \ll 1$，假设磁流变液在径向的压力梯度为零，流动的动量方程可表示为[25]

$$\frac{1}{r}\frac{\mathrm{d}\sigma_{\theta\theta}}{\mathrm{d}\theta} + \frac{\mathrm{d}\tau_{r\theta}}{\mathrm{d}r} + \frac{2\tau_{r\theta}}{r} = 0 \tag{3-100}$$

式中，$\sigma_{\theta\theta}$ 为压力；$\tau_{r\theta}$ 为剪切屈服应力。对方程(3-100)进行积分，得

$$\tau_{r\theta} = -\frac{\mathrm{d}\sigma_{\theta\theta}}{2\mathrm{d}\theta} + \frac{c_1}{r^2} \tag{3-101}$$

式中，c_1 为积分常数。假设磁流变液全部做屈服流动，在离合器中做剪切流动时，其本构方程为

$$\tau_{r\theta} = \tau_y(H) - \eta r \frac{\mathrm{d}\omega(r)}{\mathrm{d}r},\ \tau_{r\theta} \geqslant \tau_y(H) \tag{3-102}$$

式中，$\tau_y(H)$ 为剪切屈服应力；$-r\dfrac{\mathrm{d}\omega(r)}{\mathrm{d}r}$ 为剪切应变率。由方程(3-101)和方程(3-102)可得角速度为

$$\omega(r) = \frac{\tau_y(H)}{\eta}\ln r + \frac{1}{2\eta}\frac{\mathrm{d}p}{\mathrm{d}\theta}\ln r + \frac{c_1}{2\eta}\frac{1}{r^2} + c_2 \tag{3-103}$$

式中，c_2 为另一积分常数。因外筒固定，所以边界条件为

$$r = R_1,\ \omega(r) = \omega;\ r = R_1 + h,\ \omega(r) = 0 \tag{3-104}$$

应用边界条件(3-104)，可确定式(3-103)中的积分常数为

$$\begin{cases} c_1 = \dfrac{2\eta R_1^2 (R_1 + h)^2}{2R_1 h + h^2}\left[\omega_1 + \dfrac{\tau_y(H)}{\eta}\ln\left(1 + \dfrac{h}{R_1}\right) + \dfrac{1}{2\eta}\dfrac{\mathrm{d}p}{\mathrm{d}\theta}\ln\left(1 + \dfrac{h}{R_1}\right)\right] \\ c_2 = \left[\ln(R_1 + h) + \dfrac{R_1^2 \ln\left(1 + \dfrac{h}{R_1}\right)}{2R_1 h + h^2}\right]\left[-\dfrac{1}{2\eta}\dfrac{\mathrm{d}p}{\mathrm{d}\theta} - \dfrac{\tau_y(H)}{\eta}\right] - \dfrac{R_1^2 \omega}{2R_1 h + h^2} \end{cases} \tag{3-105}$$

因此，式(3-103)可表示为

$$\omega(r) = [1 - f(r)]\omega_1 - \left[f(r)\ln\left(1 + \frac{h}{R_1}\right) - \frac{\ln(r)}{R_1}\right]\left[\frac{\tau_y(H)}{\eta} + \frac{1}{2\eta}\frac{\mathrm{d}p}{\mathrm{d}\theta}\right] \tag{3-106}$$

式中，$f(r)$ 为计算中间变量。$f(r)$ 可表示为

$$f(r) = \frac{R_1^2 (R_1 + h)^2}{2R_1 h + h^2}\left(\frac{1}{R_1^2} - \frac{1}{r^2}\right)$$

把式(3-105)代入式(3-101)可得内筒外表面 $r = R_1$ 处的剪切屈服应力为

$$\tau_{R_1\theta} = \frac{2\tau_y(H)(R_1+h)^2 \ln\left(1+\frac{h}{R_1}\right)}{2R_1h+h^2} + \frac{2\eta\omega(R_1+h)^2}{2R_1h+h^2} + \frac{1}{2}\frac{\mathrm{d}\sigma_{\theta\theta}}{\mathrm{d}\theta}\left[\frac{2(R_1+h)^2\ln\left(1+\frac{h}{R_1}\right)-2R_1h-h^2}{2R_1h+h^2}\right] \tag{3-107}$$

当$h/R_1 \ll 1$时，方程(3-107)可近似表示为

$$\tau_{R_1\theta} = \tau_y(H) + \frac{\eta R_1\omega}{h} + \frac{h}{2R_1}\frac{\mathrm{d}\sigma_{\theta\theta}}{\mathrm{d}\theta} \tag{3-108}$$

由雷诺(Reynolds)方程可得，压力沿θ方向的分布可表示为

$$\frac{\mathrm{d}\sigma_{\theta\theta}}{\mathrm{d}\theta} = 6\eta R_1^2\omega\frac{h-h_0}{h^3} \tag{3-109}$$

式中，h_0表示p=$p_{\max}$处的间隙。对方程(3-109)积分，并根据式(3-98)得到压力：

$$\sigma_{\theta\theta} = \frac{6\eta R_1^2\omega}{\Delta R^2}\left[\int\frac{1}{(1+\varepsilon\cos\theta)^2}\mathrm{d}\theta - \frac{h_0}{\Delta R}\int\frac{1}{(1+\cos\theta)^3}\mathrm{d}\theta\right]+c_3 \tag{3-110}$$

式中，c_3为积分常数。雷诺边界条件为

$$\theta=0,\ \sigma_{\theta\theta}=0;\ \theta=\pi+\beta,\ \begin{cases}\sigma_{\theta\theta}=0\\ \dfrac{\mathrm{d}\sigma_{\theta\theta}}{\mathrm{d}\theta}=0\end{cases} \tag{3-111}$$

对式(3-110)进行积分运算，并应用边界条件(3-111)可得压力分布为

$$\sigma_{\theta\theta} = \frac{6\eta\omega R_1^2}{\Delta R^2(1-\varepsilon^2)^{\frac{3}{2}}}\left[\psi-\varepsilon\sin\psi-\frac{(2+\varepsilon^2)\psi-\psi\varepsilon\sin\psi+\varepsilon^2\sin\psi\cos\psi}{2(1+\varepsilon\cos\beta)}\right] \tag{3-112}$$

式中，ψ和β由下式计算：

$$\begin{cases}\cos\psi=\dfrac{\varepsilon+\cos\theta}{1+\varepsilon\cos\theta}, & 0\leqslant\psi\leqslant\pi\\ \psi=\pi+\beta, & \psi>\pi\\ \dfrac{2\sin\beta-2(\pi+\beta)\cos\beta}{\sin\beta\cos\beta-\pi-\beta}-\varepsilon=0\end{cases} \tag{3-113}$$

2. 偏心挤压转矩方程

偏心挤压磁流变离合器传递的转矩M_{bi}可表示为[25]

$$M_{bi} = L_H\eta R_1^2\int\tau_{R_1\theta}\mathrm{d}\theta = L_\mathrm{e}R_1^2\int_0^{2\pi}\tau_y(H)\mathrm{d}\theta + LR_1^3\omega\eta\int_0^{2\pi}\frac{1}{h}\mathrm{d}\theta + LR_1\int_0^{\pi+\beta}\frac{h}{2}\frac{\mathrm{d}\sigma_{\theta\theta}}{\mathrm{d}\theta}\mathrm{d}\theta \tag{3-114}$$

式中，L_H表示磁流变液工作间隙的轴向长度；L_e为磁流变液能产生磁流变液效应的当量轴向长度；L为磁流变液的实际轴向长度。

综上，偏心挤压磁流变离合器传递的转矩M_{bi}为

$$M_{bi} = 2\pi L_\mathrm{e}R_1^2\tau_y(H) + \frac{2\pi L\omega\eta R_1^3}{\Delta R(1-\varepsilon)^{1/2}} + \frac{3L\omega\eta R_1^3[(\pi+\beta)\cos\beta-\sin\beta]\varepsilon}{\Delta R(1-\varepsilon)^{1/2}(1+\varepsilon\cos\beta)}$$

3.4.3　椭圆挤压传动

1. 椭圆挤压流动模型

磁流变液在间隙内流动的过程中，由大间隙流入小间隙形成收敛的楔形间隙，因此磁流变液在流动过程中会受到挤压力。磁流变液在椭圆与圆筒之间的流动如图 3-15 所示[26]。圆筒几何中心 O 与椭圆弧中心之间的距离 d 为椭圆度，$d/C=\delta$ 为椭圆比，其中间隙 C 为圆筒半径与椭圆长轴半径的差值。

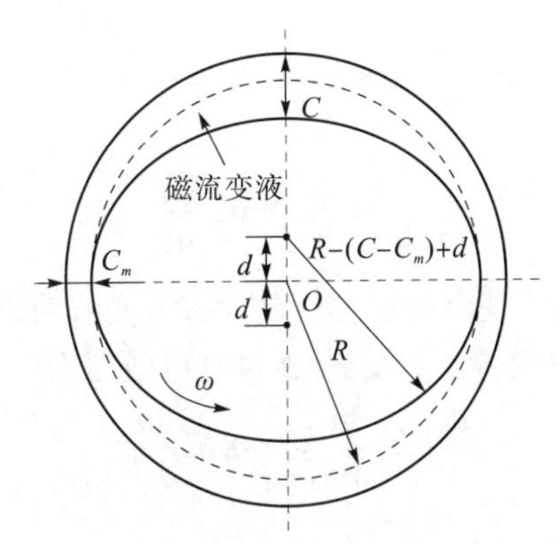

图 3-15　磁流变液在椭圆与圆筒之间的流动

由椭圆与圆筒构成的楔形间隙具有两个参考间隙：一个是由圆筒与椭圆外切圆所形成的小间隙，以 C_m 表示；另一个是由圆筒与椭圆内切圆所形成的大间隙，以 C 表示。同时，椭圆与圆筒之间的流动存在两种偏心率：①圆筒几何中心到椭圆旋转中心 O 的偏心率，由 $\epsilon=e/C$ 或 $\epsilon_m=e/C_m$ 表示；②上半椭圆弧或下半椭圆弧的曲率中心到椭圆旋转中心 O 的偏心率，由 $\epsilon_{1,2}=e_{1,2}/C$ 表示[27]。同样地，也存在两种偏位角：一个是圆筒的偏位角；另一个是椭圆的偏位角。

椭圆的三角关系如图 3-16 所示。以 1 表示椭圆弧的上半部分，2 表示椭圆弧的下半部分，因此椭圆弧的三角关系可表示为

$$\begin{cases}\epsilon_1=\sqrt{\epsilon^2+\delta^2+2\epsilon\delta\cos\phi}\\ \epsilon_2=\sqrt{\epsilon^2+\delta^2-2\epsilon\delta\sin\phi}\\ \phi_1=\sin^{-1}\dfrac{\epsilon\sin\phi}{\epsilon_1}\\ \phi_2=\sin^{-1}\dfrac{\epsilon\sin\phi}{\epsilon_2}\end{cases}\tag{3-115}$$

式中，$\epsilon=e/C$，$\epsilon_1=e_1/C$，$\epsilon_2=e_2/C$，$\delta=d/C$。结合式(3-115)所示的椭圆弧的三角关系，楔形间隙厚度 h 可表示为

$$h=C+e\cos\theta+R-\sqrt{R^2-e^2\sin^2\theta}\approx C(1+\epsilon\cos\theta)\tag{3-116}$$

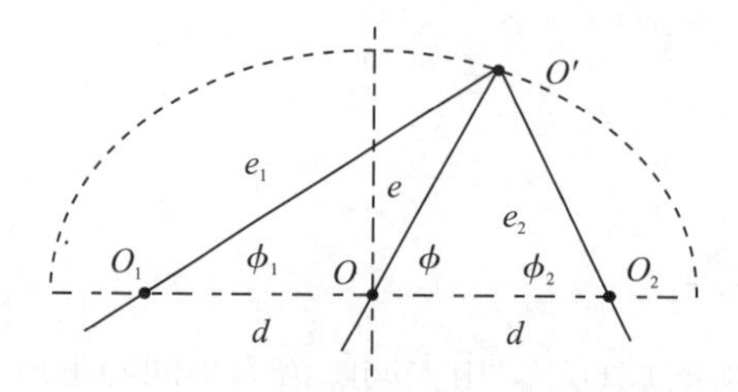

图 3-16 椭圆的三角关系

2. 椭圆间隙流动方程

假设椭圆与圆筒构成的楔形间隙在轴向方向无限长，因此在轴线方向压力无变化，即 $\mathrm{d}p/\mathrm{d}z=0$。于是雷诺方程可表示为[28]

$$\frac{\mathrm{d}}{\mathrm{d}x}\left(\frac{h^3}{\eta}\frac{\mathrm{d}p}{\mathrm{d}x}\right)=6U\frac{\mathrm{d}h}{\mathrm{d}x} \tag{3-117}$$

式中，h 为油楔厚度；η 为磁流变液的黏度；U 为磁流变液的流速，$U=\omega r$ 。在极坐标系统中时，雷诺方程中的 x 以 θ 代替，于是式(3-117)可改写为

$$\frac{\mathrm{d}}{\mathrm{d}\theta}\left(h^3\frac{\mathrm{d}p}{\mathrm{d}\theta}\right)=6\eta UR\frac{\mathrm{d}h}{\mathrm{d}\theta} \tag{3-118}$$

以 θ 为积分变量，对式(3-118)进行积分，得

$$\frac{\mathrm{d}p}{\mathrm{d}\theta}=6\eta UR\frac{(h+C_1)}{h^3} \tag{3-119}$$

在楔形间隙内存在某个 $h=h_0$ ，使得 $\mathrm{d}p/\mathrm{d}\theta=0$，因此 C_1 为 $-h_0$ ，C 可由式(3-115)计算得出。因此根据式(3-116)和式(3-119)，压力 p 可表示为

$$p=\frac{6\eta UR}{C^2}\left[\int\frac{\mathrm{d}\theta}{(1+\epsilon\cos\theta)^2}-\frac{h_0}{C}\int\frac{\mathrm{d}\theta}{(1+\epsilon\cos\theta)^3}\right]+C_2 \tag{3-120}$$

积分过程中令

$$1+\epsilon\cos\theta=\frac{1-\epsilon^2}{1-\epsilon\cos\psi}$$

于是将上式带入式(3-120)，压力 $p(\psi)$ 可积分得出

$$p(\psi)=\frac{6\eta UR}{C^2}\left[\frac{\psi-\epsilon\sin\psi}{(1-\epsilon^2)^{\frac{3}{2}}}-\frac{h_0}{C(1-\epsilon^2)^{\frac{5}{2}}}\times\left(\psi-2\epsilon\sin\psi+\frac{\epsilon^2\sin2\psi}{4}\right)\right]+C_2 \tag{3-121}$$

将边界条件 $\theta=0$ 以及 $\theta=2\pi$，转换至 ψ 坐标系内，因此边界条件为

$$\psi=0,\ p=p_0;\ p(0)=p(\pi) \tag{3-122}$$

将边界条件(3-122)带入式(3-121)中，积分常数可表示为

$$\begin{cases}C_2=p_a\\ C_1=-h_0=-2C\dfrac{(1-\epsilon^2)}{2+\epsilon^2}\end{cases} \tag{3-123}$$

回复到原始坐标后，压力 p 分布表达式为

$$p = p_a + \frac{6\eta UR\epsilon}{C^2}\frac{(2+\epsilon\cos\theta)\sin\theta}{(2+\epsilon^2)(1+\epsilon\cos\theta)^2} \tag{3-124}$$

式中，p_a 是在 θ=0 处的压力，当磁流变液进油区域处于 θ_1=0 处时，p_a 即为磁流变液进油处的压力值。

磁流变液与牛顿流体在剪应力与剪切率之间都会表现出一定的线性关系，但磁流变液剪切时存在屈服值，并且必须在剪切屈服应力大于屈服值时才能发生流动。因此，在楔形间隙内的磁流变液，一部分会在剪切屈服区域发生流动，另一部分会以类固体的形式停滞在未屈服区域。

以 h_a 与 h_b 表示未屈服区域的上下边界，流体平衡方程可表示为

$$\frac{\partial p}{\partial x}(h_a - h_b) = \pm\tau_y \tag{3-125}$$

将该平衡方程应用于楔形间隙内，其中椭圆表面速度为 ω，未屈服区域的磁流变液流动速度为某一个之间速度 ω_c，并对屈服区域和未屈服区域积分可得

$$\begin{cases} \omega_1 = -\dfrac{1}{2\eta}\dfrac{\partial p}{\partial x}(h_a r - r^2) + \dfrac{\omega-\omega_c}{h_a}r^2 - \omega r, & 0 \leqslant r \leqslant h_a \\ \omega_1 = -\omega_c, & h_a \leqslant r \leqslant h_b \\ \omega_1 = -\dfrac{1}{2\eta}\dfrac{\partial p}{\partial x}[(h+h_a)r^2 - r^3 - hh_b] - \dfrac{\omega_c(hr-r^2)}{h-h_a}, & h_b \leqslant r \leqslant h \end{cases}$$

3. 椭圆挤压转矩方程

对椭圆弧表面产生的压力进行积分，磁流变液黏度产生的垂直的载荷分量 F_v 可表示为

$$F_v = \int_0^{2\pi} LR\mathrm{d}\theta p\sin\theta \tag{3-126}$$

利用式(3-119)，式(3-126)可改写为

$$F_v = \frac{6\eta ULR^2}{C^2}\left[\frac{h_0}{C}\int_0^{2\pi} LR\mathrm{d}\theta p\sin\theta - \int_0^{2\pi}\frac{\cos\theta\mathrm{d}\theta}{(1+\epsilon\cos\theta)^2}\right] \tag{3-127}$$

对式(3-127)进行积分运算可得

$$F_v = \frac{12\eta UL\epsilon\left(\dfrac{R}{C}\right)^2}{(2+\epsilon^2)(1-\epsilon^2)^2} \tag{3-128}$$

式中，由于磁流变液在流动过程中产生的载荷均垂直于椭圆表面，因此载荷分量 F_v 为总载荷。

由于磁流变液在椭圆与圆筒间的流动方程是一个非线性偏微分方程，剪切速率受到两个方向的速度梯度影响，采用式(3-18)所示的 Herschel-Bulkley 本构模型求解困难，为简化计算过程，采用一维 Bingham 本构模型来描述：

$$\begin{cases}\tau_x=\tau_y+\eta\dot{\gamma}, & \tau_{r\theta}\geqslant\tau_y(H)\\ \dot{\gamma}=0, & \tau_{r\theta}<\tau_y(H)\end{cases} \tag{3-129}$$

磁流变液在楔形间隙中的流动是层流，纳维-斯托克斯方程可简化为

$$\eta\frac{\partial^2 u}{\partial y^2}=\frac{\partial p}{\partial x} \tag{3-130}$$

对式(3-130)积分两次，并应用边界条件 $y=0$ 时，$u=U_1$； $y=h$ 时，$u=U_2$：

$$u=\frac{1}{2\eta}\frac{\partial p}{\partial x}y(y-h)+\frac{h-y}{h}U_1+\frac{y}{h}U_2 \tag{3-131}$$

以 y 为变量，对式(3-131)求偏导

$$\frac{\partial u}{\partial y}=\frac{1}{2\eta}\frac{\partial p}{\partial x}(2y-h)+\frac{1}{h}(U_2-U_1) \tag{3-132}$$

因此，结合式(3-132)，式(3-129)可改写为

$$\tau_x=\tau_y+\frac{1}{2}\frac{\partial p}{\partial x}(2y-h)+\frac{\eta}{h}(U_2-U_1) \tag{3-133}$$

磁流变液在椭圆与圆筒之间流动，假设磁流变液屈服面为椭圆外切圆与圆筒之间的圆形截面，该圆形的半径为 r。当楔形间隙轴向长度为 L、椭圆转速为 ω_1、圆筒转速为 ω_2，与圆筒间的磁流变液产生的转矩类似，磁流变液在椭圆与圆筒之间产生的转矩由两个部分组成：一是磁流变液黏度产生的转矩 M_η；二是磁流变液在磁流变效应下产生的剪切屈服应力产生的转矩 M_H。将式(3-133)所示的剪切屈服应力 τ_x 转换为极坐标参考系，并对其积分可得

$$\begin{cases}M_\eta=\int_0^{2\pi}\eta\dot{\gamma}Lr^2\mathrm{d}\theta=\pi\eta(\omega_1-\omega_2)L\dfrac{(R_2+R_1)^2}{C}\dfrac{(1+2\epsilon^2)}{(2+\epsilon^2)(1-\epsilon^2)^{\frac{1}{2}}}\\ M_H=\int_0^{2\pi}\tau_y(H)Lr^2\mathrm{d}\theta=2\pi\tau_y(H)Lr^2=\dfrac{\pi}{2}\tau_y(H)L(R_2+R_1)^2\end{cases} \tag{3-134}$$

式中，R_2 为圆筒的半径；R_1 为椭圆外切圆的半径。综上，磁流变液在椭圆与圆筒之间产生的转矩 M_e 可表示为

$$M_e=\frac{\pi}{2}\tau_y(H)L(R_2+R_1)^2+\pi\eta(\omega_1-\omega_2)L\frac{(R_2+R_1)^2}{C}\frac{(1+2\epsilon^2)}{(2+\epsilon^2)(1-\epsilon^2)^{\frac{1}{2}}} \tag{3-135}$$

3.5 磁流变液压力驱动传动

3.5.1 圆筒内压力驱动传动

1. 工作原理

磁流变阀的基本工作原理是，利用通过磁流变阀中的磁流变液，其屈服应力可在外加磁场控制下在一定的条件和范围内实现无级调节；因而在恒流量时，可实现通过阀时进出

口间压力差的无级调节，或在恒压力差下，实现流量的无级调节。在磁流变阀中。一般采用两种常见的结构：利用两固定平板构成的平行平面间隙所形成的磁流变阀；利用两固定的同心圆筒构成的同心环状间隙形成的磁流变阀。磁流变阀的结构特点是间隙形状是固定的，构成间隙的平板和圆筒之间无相对运动。磁流变液在圆筒内的压力驱动传动原理如图 3-17 所示[29]。

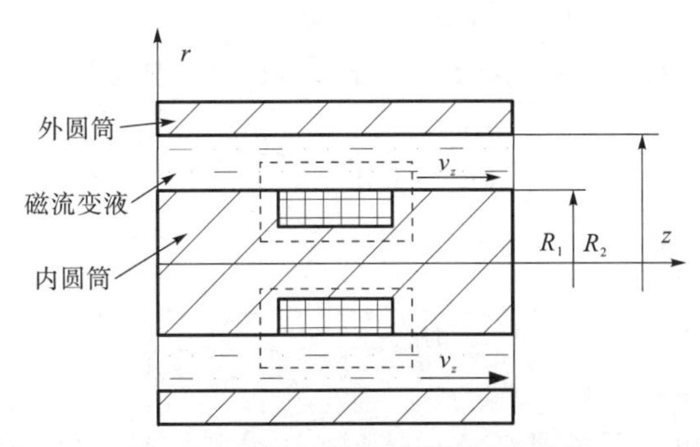

图 3-17　磁流变液在圆筒间的流动

2. 流动分析

磁流变液流动的纳维-斯托克斯方程的张量形式为[30]

$$\rho\left(\frac{\partial v_k}{\partial t}+v_j\frac{\partial v_k}{\partial x_j}\right)=\rho f_k-\frac{\partial p}{\partial x_k}+\eta\left(\frac{\partial^2 v_k}{\partial x_j\partial x_j}+\frac{1}{3}\frac{\partial^2 v_j}{\partial x_j\partial x_k}\right) \tag{3-136}$$

式中，ρ 为密度；v 为速度；f 为体力；η 为黏度。

为了得到磁流变液在阀中两圆筒之间的流动方程，假设磁流变液不可压缩，稳态流动，在径向和周向没有流动，采用圆柱坐标系(r,θ,z)，其流速分布为

$$v_r=0,\ v_\theta=0,\ v_z=v_z(r)$$

其中，v_r、v_θ 和 v_z 分别为磁流变液沿 r、θ 和 z 方向的速度。

磁流变液流动的连续方程为

$$\frac{\partial v_r}{\partial r}+\frac{v_r}{r}+\frac{1}{r}\frac{\partial v_\theta}{\partial \theta}+\frac{\partial v_z}{\partial z}=0 \tag{3-137}$$

根据流速的速度分布，式(3-137)变为

$$\frac{\partial v_z}{\partial z}=0 \tag{3-138}$$

根据上述假设，在圆柱坐标系中，式(3-136)转化为

$$\begin{cases}-\dfrac{1}{\rho}\dfrac{\partial p}{r\partial \theta}=0\\ -\dfrac{1}{\rho}\dfrac{\partial p}{\partial r}=0\\ -\dfrac{1}{\rho}\dfrac{\partial p}{\partial z}+\eta\dfrac{\partial^2 v_z}{\partial r^2}+\eta\dfrac{\partial v_z}{\partial r}=0\end{cases} \tag{3-139}$$

由式(3-139)可知，压力p与r、θ两坐标无关，只与z坐标有关，设

$$\frac{\mathrm{d}p}{\mathrm{d}z}=f_1(z) \tag{3-140}$$

由式(3-139)和式(3-140)得

$$\frac{\mathrm{d}p}{\mathrm{d}z}=\eta\left(\frac{\mathrm{d}^2 v_z}{\mathrm{d}r^2}+\frac{1}{r}\frac{\mathrm{d}v_z}{\mathrm{d}r}\right)=f(r) \tag{3-141}$$

可见$\mathrm{d}p/\mathrm{d}z$只能是一常数。令$\mathrm{d}p/\mathrm{d}z=-m$，式(3-141)改写为

$$\frac{\mathrm{d}^2 v_z}{\mathrm{d}r^2}+\frac{1}{r}\frac{\mathrm{d}v_z}{\mathrm{d}r}=-\frac{m}{\eta} \tag{3-142}$$

解微分方程(3-142)得

$$v_z=-\frac{m}{4\eta}r^2+c_1\ln r+c_2 \tag{3-143}$$

式中，c_1和c_2是积分常数。

由式(3-141)可知$\mathrm{d}p/\mathrm{d}z$只能是半径r的函数，为同时满足压强p仅为z的函数，$\mathrm{d}p/\mathrm{d}z$只能等于常数。对于稳态流动：

$$\frac{\mathrm{d}p}{\mathrm{d}z}=\frac{p_2-p_1}{L}=-\frac{\Delta p}{L} \tag{3-144}$$

式中，p_2和p_1为间隙出入口的压强。

采用 Herschel-Bulkley 本构模型来描述磁流变液的本构关系，本构模型中剪切应变率$\dot{\gamma}$可表示为

$$\dot{\gamma}=\frac{\mathrm{d}v_z}{\mathrm{d}r} \tag{3-145}$$

当无磁场作用时，磁流变液的屈服应力$\tau_y=0$，应力与应变率的关系为

$$\tau_{rz}=\kappa\left[\operatorname{sgn}\left(\frac{\mathrm{d}v_z}{\mathrm{d}r}\right)\frac{\mathrm{d}v_z}{\mathrm{d}r}\right]^m\operatorname{sgn}\left(\frac{\mathrm{d}v_z}{\mathrm{d}r}\right) \tag{3-146}$$

结合 Herschel-Bulkley 本构模型，式(3-146)可改写为

$$\frac{\mathrm{d}v_z}{\mathrm{d}r}=\operatorname{sgn}\left(\frac{\mathrm{d}v_z}{\mathrm{d}r}\right)\left[\operatorname{sgn}\left(\frac{\mathrm{d}v_z}{\mathrm{d}r}\right)\left(\frac{\mathrm{d}p}{\mathrm{d}z}\frac{r}{\kappa}+\frac{c_1}{\kappa}\right)\right]^{\frac{1}{m}} \tag{3-147}$$

积分式(3-147)，磁流变液的流速可表示为

$$v_z=\frac{\kappa}{\dfrac{\mathrm{d}p}{\mathrm{d}z}}\frac{m}{1+m}\left[\operatorname{sgn}\left(\frac{\mathrm{d}v_z}{\mathrm{d}r}\right)\left(\frac{\mathrm{d}p}{\mathrm{d}z}\frac{r}{\kappa}+\frac{c_1}{\kappa}\right)\right]^{\frac{1+m}{m}}+c_2 \tag{3-148}$$

应用边界条件当$r=R_1$时，$v_z=0$；当$r=(R_1+R_2)/2$时，$\mathrm{d}v_z/\mathrm{d}r=0$，确定积分常数，得无磁场作用时，磁流变液的流速方程为

$$v_{z0}=\frac{\kappa}{\dfrac{\mathrm{d}p}{\mathrm{d}z}}\frac{m}{1+m}\left\{\operatorname{sgn}\left(\frac{\mathrm{d}v_z}{\mathrm{d}r}\right)\left[\frac{\mathrm{d}p}{\mathrm{d}z}\frac{r}{\kappa}-\frac{\mathrm{d}p}{\mathrm{d}z}\frac{(R_1+R_2)}{2\kappa}\right]\right\}^{\frac{1+m}{m}}-\frac{\kappa}{\dfrac{\mathrm{d}p}{\mathrm{d}z}}\frac{m}{1+m}\left[\frac{\mathrm{d}p}{\mathrm{d}z}\frac{1}{\kappa}\left(\frac{R_1-R_2}{2}\right)\right]^{\frac{1+m}{m}} \tag{3-149}$$

在外加磁场作用下，如图 3-18 所示的磁流变液在圆筒间隙内的流动可分为三个区域，在屈服区域 A_1 和 A_2，磁流变液类似牛顿流体流动，流速分别为 v_{z_1} 和 v_{z_2}；而在未屈服区域 A_3，磁流变液类似固体运动，速度为 v_{z_3}。磁流变液屈服面位于剪切屈服应力等于屈服应力的位置（$\tau_{rz}=\tau_y$），屈服面位置的半径分别为 R_a、R_b。未屈服区域的流体微元受力情况如图 3-19 所示。微元只受压力梯度引起的正应力和剪应力。

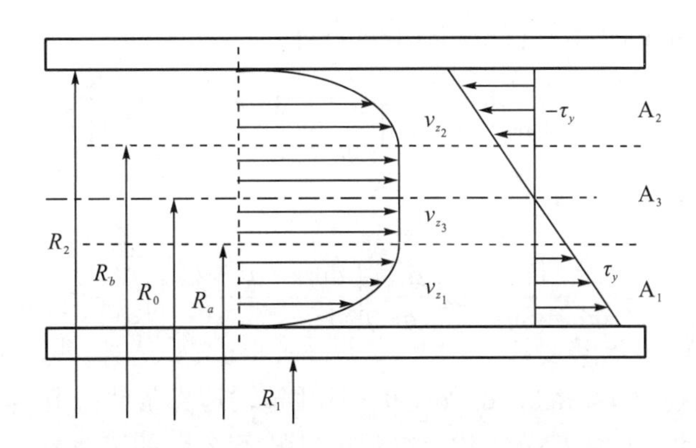

图 3-18　磁流变液在圆筒间隙内的流动区域

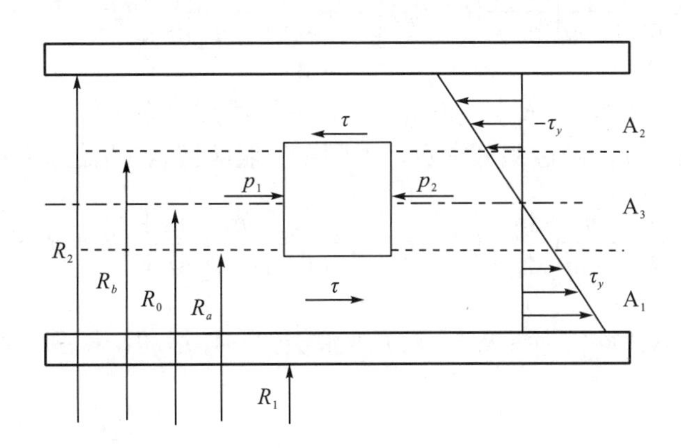

图 3-19　未屈服区域的流体微元受力情况

分界面 $r=R_a$ 和 $r=R_b$ 处，$\tau_{rz}=\tau_y$，由内外半径为 R_a 和 R_b、厚度为 dz 的磁流变液圆环的受力平衡（稳态流动）可得

$$\Delta p\pi\left(R_b^2-R_a^2\right)=2\pi(R_b+R_a)\mathrm{d}z\cdot\tau_y \tag{3-150}$$

由(3-150)式可得

$$\frac{\mathrm{d}p}{\mathrm{d}z}(R_b-R_a)=-2\tau_y \tag{3-151}$$

于是得

$$R_b-R_a=\frac{-2\tau_y\mathrm{d}z}{\mathrm{d}p} \tag{3-152}$$

由于流速对称稳态流动，所以

$$R_a = R_0 + \frac{\tau_y \mathrm{d}z}{\mathrm{d}p} \tag{3-153}$$

$$R_b = R_0 - \frac{\tau_y \mathrm{d}z}{\mathrm{d}p} \tag{3-154}$$

式中，$R_0=(R_2+R_1)/2$。

结合 Herschel-Bulkley 本构模型和式(3-145)得

$$\frac{\mathrm{d}v_z}{\mathrm{d}r} = \mathrm{sgn}\left(\frac{\mathrm{d}v_z}{\mathrm{d}r}\right)\left[\mathrm{sgn}\left(\frac{\mathrm{d}v_z}{\mathrm{d}r}\right)\left(\frac{\mathrm{d}p}{\mathrm{d}z}\frac{r}{\kappa}+\frac{c_1-\tau_y}{\kappa}\right)\right]^{\frac{1}{m}} \tag{3-155}$$

积分式(3-155)得

$$v_z = \frac{\kappa}{\frac{\mathrm{d}p}{\mathrm{d}z}}\frac{m}{1+m}\left[\mathrm{sgn}\left(\frac{\mathrm{d}v_z}{\mathrm{d}r}\right)\left(\frac{\mathrm{d}p}{\mathrm{d}z}\frac{r}{\kappa}+\frac{c_1-\tau_y}{\kappa}\right)\right]^{\frac{1+m}{m}} + c_2 \tag{3-156}$$

在屈服区域 A_1 ($R_1 \leqslant r \leqslant R_a$)，$\mathrm{d}v_z/\mathrm{d}r>0$，应用流动边界条件：当 $r=R_1$ 时，$v_z=0$；当 $r=R_a$ 时，$\mathrm{d}v_z/\mathrm{d}r=0$，确定积分常数，得到在屈服区域 A_1 的流速方程为

$$v_{z_1} = \frac{\kappa}{\frac{\mathrm{d}p}{\mathrm{d}z}}\frac{m}{1+m}\left[\frac{\mathrm{d}p}{\mathrm{d}z}\frac{1}{\kappa}(r-R_a)\right]^{\frac{1+m}{m}} - \frac{\kappa}{\frac{\mathrm{d}p}{\mathrm{d}z}}\frac{m}{1+m}\left[\frac{\mathrm{d}p}{\mathrm{d}z}\frac{1}{\kappa}(R_1-R_a)\right]^{\frac{1+m}{m}} \tag{3-157}$$

在屈服区域 A_2（$R_b \leqslant r \leqslant R_2$），$\mathrm{d}v_z/\mathrm{d}r<0$，应用流动边界条件：当 $r=R_2$ 时，$v_z=0$；当 $r=R_b$ 时，$\mathrm{d}v_z/\mathrm{d}r=0$，确定积分常数，得到在屈服区域 A_2 的流速方程为

$$v_{z_2} = \frac{\kappa}{\frac{\mathrm{d}p}{\mathrm{d}z}}\frac{m}{1+m}\left[\frac{\mathrm{d}p}{\mathrm{d}z}\frac{1}{\kappa}(R_b-r)\right]^{\frac{1+m}{m}} - \frac{\kappa}{\frac{\mathrm{d}p}{\mathrm{d}z}}\frac{m}{1+m}\left[\frac{\mathrm{d}p}{\mathrm{d}z}\frac{1}{\kappa}(R_b-R_2)\right]^{\frac{1+m}{m}} \tag{3-158}$$

在未屈服区域 A_3（$R_a \leqslant r \leqslant R_b$），磁流变液类似固体运动，未屈服区域 A_3 的流速方程为

$$v_{z_3} = v_{z_1}\left|r=R_a\right. = -\frac{\kappa}{\frac{\mathrm{d}p}{\mathrm{d}z}}\frac{m}{1+m}\left[\frac{\mathrm{d}p}{\mathrm{d}z}\frac{1}{\kappa}(R_1-R_a)\right]^{\frac{1+m}{m}} \tag{3-159}$$

流过环形截面的流量为

$$q_v = q_{v_{z_1}} + q_{v_{z_2}} + q_{v_{z_3}} \tag{3-160}$$

式中，$q_{v_{z_1}}$、$q_{v_{z_2}}$、$q_{v_{z_3}}$ 分别为

$$q_{v_{z_1}} = \int_{R_1}^{R_a} 2\pi r v_{z_1} \mathrm{d}r$$

$$q_{v_{z_2}} = \int_{R_b}^{R_2} 2\pi r v_{z_2} \mathrm{d}r$$

$$q_{v_{z_3}} = \int_{R_a}^{R_b} 2\pi r v_{z_3} \mathrm{d}r$$

3.5.2　矩形管内压力驱动传动

1. 传动模型

磁流变液在矩形截面内的压力驱动流动如图 3-20 所示。磁流变液工作在高度为 h、宽为 W、长为 L 的矩形截面间隙中。假设截面宽度 W 和间隙长度 L 远大于高度 h，矩形截面间隙内存在沿 y 方向的压力梯度 $\mathrm{d}p/\mathrm{d}y$。磁流变液在矩形截面间隙内的平行流动中，磁流变液沿 x 向和 z 向没有流动（$v_x=0$，$v_z=0$），磁流变液沿 y 向的速度 v_y 是 z 的函数，即 $v_y=v(z)$。

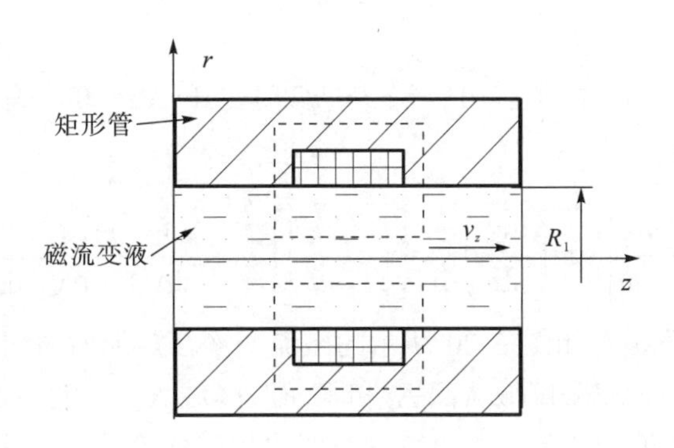

图 3-20　磁流变液在矩形截面内的压力驱动流动

2. 流动分析

对于如图 3-20 所示的磁流变液在矩形截面内的压力驱动流动，假设磁流变液为不可压缩流体，磁流变液对称稳态流动（$\mathrm{d}v_y/\mathrm{d}t=0$），压强 p 仅为 y 的函数，忽略质量力（$f_z=0$），磁流变液在矩形截面内流动的动量方程可表示为[6]

$$\frac{\mathrm{d}\tau_{zy}}{\mathrm{d}z}=\frac{\mathrm{d}p}{\mathrm{d}y} \tag{3-161}$$

式中，τ_{zy} 为剪切屈服应力；$\mathrm{d}p/\mathrm{d}y$ 为 y 方向的压力梯度。

对于稳态流动：

$$\frac{\mathrm{d}p}{\mathrm{d}y}=\frac{p_2-p_1}{L}=-\frac{\Delta p}{L} \tag{3-162}$$

式中，p_2 和 p_1 为间隙出入口的压强。

可用 Herschel-Bulkley 本构模型来描述磁流变液本构关系，其中剪切应变率 $\dot{\gamma}$ 为

$$\dot{\gamma}=\frac{\mathrm{d}v_y}{\mathrm{d}z} \tag{3-163}$$

积分式(3-161)可得

$$\tau_{zy}=\frac{\mathrm{d}p}{\mathrm{d}y}z+c_1 \tag{3-164}$$

当无磁场作用时，磁流变液的屈服应力$\tau_y=0$，应力与应变率的关系为

$$\tau_{zy}=\kappa\left[\operatorname{sgn}\left(\frac{\mathrm{d}v_y}{\mathrm{d}z}\right)\frac{\mathrm{d}v_y}{\mathrm{d}z}\right]^m\operatorname{sgn}\left(\frac{\mathrm{d}v_y}{\mathrm{d}z}\right) \tag{3-165}$$

根据假设，磁流变液的流速沿 $z=h/2$ 对称分布，将式(3-165)代入式(3-164)得

$$\frac{\mathrm{d}v_y}{\mathrm{d}z}=\operatorname{sgn}\left(\frac{\mathrm{d}v_y}{\mathrm{d}z}\right)\left[\operatorname{sgn}\left(\frac{\mathrm{d}v_y}{\mathrm{d}z}\right)\left(\frac{\mathrm{d}p}{\mathrm{d}y}\frac{z}{\kappa}+\frac{c_1}{\kappa}\right)\right]^{\frac{1}{m}} \tag{3-166}$$

积分式(3-166)得

$$v_y=\frac{\kappa}{\dfrac{\mathrm{d}p}{\mathrm{d}y}}\frac{m}{1+m}\left[\operatorname{sgn}\left(\frac{\mathrm{d}v_y}{\mathrm{d}z}\right)\left(\frac{\mathrm{d}p}{\mathrm{d}y}\frac{z}{\kappa}+\frac{c_1}{\kappa}\right)\right]^{\frac{1+m}{m}}+c_2 \tag{3-167}$$

应用边界条件当$z=0$时，$v_z=0$；当$z=h/2$时，$\mathrm{d}v_y/\mathrm{d}z=0$，确定积分常数，得无磁场作用时的流速方程为

$$v_{y0}=\frac{\kappa\mathrm{d}y}{\mathrm{d}p}\frac{m}{1+m}\left[\operatorname{sgn}\left(\frac{\mathrm{d}v_y}{\mathrm{d}z}\right)\frac{\mathrm{d}p}{\mathrm{d}y}\frac{1}{\kappa}\left(z-\frac{h}{2}\right)\right]^{\frac{1+m}{m}}-\frac{\kappa\mathrm{d}y}{\mathrm{d}p}\frac{m}{1+m}\left(-\frac{\mathrm{d}p}{\mathrm{d}z}\frac{h}{2\kappa}\right)^{\frac{1+m}{m}} \tag{3-168}$$

在外加磁场作用下，对如图 3-20 所示的磁流变液在矩形截面间隙内的压力驱动流动可分为三个区域，分别为屈服区域 A_1、A_2和未屈服区域 A_3，如图 3-21 所示。在屈服区域 A_1 和 A_2，存在较大的剪切速率，磁流变液类似牛顿流体流动，流速分别为v_{y_1}和v_{y_2}；而在未屈服区域 A_3，剪切屈服应力小于磁流变液的屈服应力，磁流变液未受剪切，类似固体运动，速度为v_{y_3}。定义磁流变液屈服面位于剪切屈服应力等于屈服应力的位置($\tau_{zy}=\tau_y$)。用h_a、h_b表示屈服面所在的位置。未屈服区域的流体微元受力情况如图 3-21 所示。微元只受压力梯度引起的正应力和剪应力。

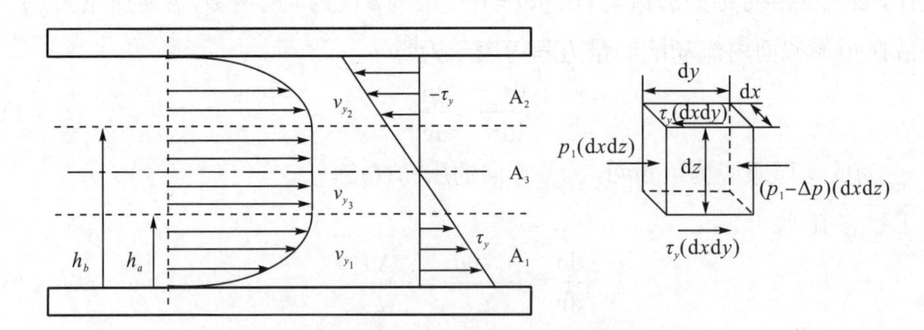

图 3-21 磁流变液在矩形截面间隙内的流动分析

$$\Delta p\mathrm{d}x\mathrm{d}z=2\tau_y\mathrm{d}x\mathrm{d}y \tag{3-169}$$

式中，微元剪应力沿逆时针方向旋转表示为正。对于矩形截面间隙中的流动，由式(3-169)可得

$$\frac{\mathrm{d}p}{\mathrm{d}y}(h_b-h_a)=-2\tau_y \tag{3-170}$$

于是得

$$h_b - h_a = \frac{-2\tau_y \mathrm{d}y}{\mathrm{d}p} \tag{3-171}$$

由于流速沿中心线对称，所以

$$h_a = \frac{h}{2} + \frac{\tau_y \mathrm{d}y}{\mathrm{d}p} \tag{3-172}$$

$$h_b = \frac{h}{2} - \frac{\tau_y \mathrm{d}y}{\mathrm{d}p} \tag{3-173}$$

将 Herschel-Bulkley 本构模型与式(3-163)代入式(3-164)得

$$\frac{\mathrm{d}v_y}{\mathrm{d}z} = \mathrm{sgn}\left(\frac{\mathrm{d}v_y}{\mathrm{d}z}\right)\left[\mathrm{sgn}\left(\frac{\mathrm{d}v_y}{\mathrm{d}z}\right)\left(\frac{\mathrm{d}p}{\mathrm{d}y}\frac{z}{\kappa} + \frac{c_1 - \tau_y}{\kappa}\right)\right]^{\frac{1}{m}} \tag{3-174}$$

对式(3-174)进行积分得

$$v_y = \frac{\kappa \mathrm{d}y}{\mathrm{d}p}\frac{m}{1+m}\left[\mathrm{sgn}\left(\frac{\mathrm{d}v_y}{\mathrm{d}z}\right)\left(\frac{\mathrm{d}p}{\mathrm{d}y}\frac{z}{\kappa} + \frac{c_1 - \tau_y}{\kappa}\right)\right]^{\frac{1+m}{m}} + c_2 \tag{3-175}$$

在屈服区域 A_1($0 \leqslant z \leqslant h_a$)，$\mathrm{d}v_y/\mathrm{d}z>0$，应用流动边界条件当 $z=0$ 时，$v_y=0$；当 $z=h_a$ 时，$\mathrm{d}v_y/\mathrm{d}z=0$，确定积分常数，得到屈服区域 A_1 的流速方程为

$$v_{y_1} = \frac{\kappa \mathrm{d}y}{\mathrm{d}p}\frac{m}{1+m}\left[\frac{\mathrm{d}p}{\mathrm{d}y}\frac{1}{\kappa}(z-h_a)\right]^{\frac{1+m}{m}} - \frac{\kappa \mathrm{d}y}{\mathrm{d}p}\frac{m}{1+m}\left(-\frac{\mathrm{d}p}{\mathrm{d}z}\frac{h_a}{\kappa}\right)^{\frac{1+m}{m}} \tag{3-176}$$

在屈服区域 A_2($h_b \leqslant z \leqslant h$)，$\mathrm{d}v_y/\mathrm{d}z<0$，应用流动边界条件当 $z=h$ 时，$v_y=0$；当 $z=h_b$ 时，$\mathrm{d}v_y/\mathrm{d}z=0$，确定积分常数，得到屈服区域 A_2 的流速方程为

$$v_{y_2} = \frac{\kappa \mathrm{d}y}{\mathrm{d}p}\frac{m}{1+m}\left[\frac{\mathrm{d}p}{\mathrm{d}y}\frac{1}{\kappa}(h_b-z)\right]^{\frac{1+m}{m}} - \frac{\kappa \mathrm{d}y}{\mathrm{d}p}\frac{m}{1+m}\left[\frac{\mathrm{d}p}{\mathrm{d}y}\frac{1}{\kappa}(h_b-h)\right]^{\frac{1+m}{m}} \tag{3-177}$$

在未屈服区域 A_3($h_a \leqslant z \leqslant h_b$)，磁流变液做类固体运动，因此未屈服区域流速为

$$v_{y_3} = v_{y_1}\big|z=h_a = -\frac{\kappa \mathrm{d}y}{\mathrm{d}p}\frac{m}{1+m}\left(-\frac{\mathrm{d}p}{\mathrm{d}y}\frac{h_a}{\kappa}\right)^{\frac{1+m}{m}} \tag{3-178}$$

流过宽度为 L 的矩形截面的流量为

$$q_v = q_{v_{y_1}} + q_{v_{y_2}} + q_{v_{y_3}} \tag{3-179}$$

式中，$q_{v_{y_1}}$、$q_{v_{y_2}}$、$q_{v_{y_3}}$ 分别为

$$\begin{cases} q_{v_{y_1}} = \int_0^{h_a} v_{y_1} L\mathrm{d}z \\ q_{v_{y_2}} = \int_{h_b}^{h} v_{y_2} L\mathrm{d}z \\ q_{v_{y_3}} = \int_{h_a}^{h_b} v_{y_3} L\mathrm{d}z \end{cases} \tag{3-180}$$

对式(3-180)进行积分运算，磁流变液流过宽度为 L 的矩形截面的流量分别为

$$\begin{cases} q_{v_{y_1}} = -\left(\dfrac{\kappa \mathrm{d}y}{\mathrm{d}p}\right)^2 \dfrac{m^2}{(1+m)(1+2m)}\left(-\dfrac{\mathrm{d}p}{\mathrm{d}y}\dfrac{h_a}{\kappa}\right)^{\frac{1+2m}{m}} - \dfrac{\kappa \mathrm{d}y}{\mathrm{d}p}\dfrac{m}{1+m}\left(-\dfrac{\mathrm{d}p}{\mathrm{d}z}\dfrac{h_a}{\kappa}\right)^{\frac{1+m}{m}} h_a \\ q_{v_{y_2}} = -\left(\dfrac{\kappa \mathrm{d}y}{\mathrm{d}p}\right)^2 \dfrac{m^2}{(1+m)(1+2m)}\left[\dfrac{\mathrm{d}p}{\mathrm{d}y}\dfrac{1}{\kappa}(h_b-h)\right]^{\frac{1+2m}{m}} + \dfrac{\kappa \mathrm{d}y}{\mathrm{d}p}\dfrac{m}{1+m}\left[\dfrac{\mathrm{d}p}{\mathrm{d}y}\dfrac{1}{\kappa}(h_b-h)\right]^{\frac{1+m}{m}}(h_b-h) \\ q_{v_{y_3}} = -\dfrac{\kappa \mathrm{d}y}{\mathrm{d}p}\dfrac{m}{1+m}\left(-\dfrac{\mathrm{d}p}{\mathrm{d}y}\dfrac{h_a}{\kappa}\right)^{\frac{1+m}{m}}(h_b-h_a) \end{cases}$$

3.6 磁流变液剪切挤压传动

3.6.1 两圆盘间流动

图 3-22 为半径为 R 的两个同轴圆盘，相距为 h，其中下盘固定，上盘以速度 V_z 沿 z 方向向下运动，两盘间的磁流变液被挤压。

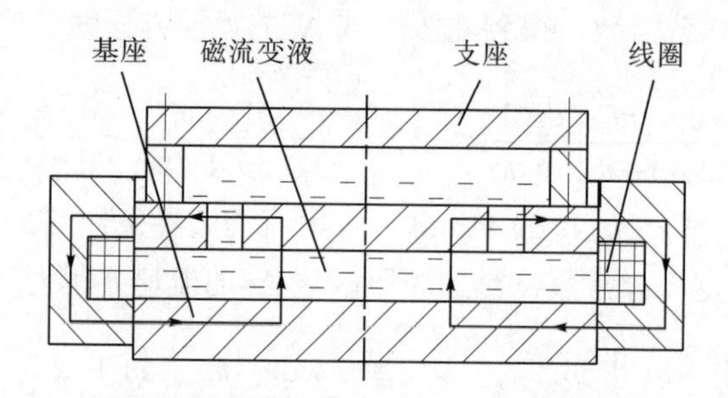

图 3-22 圆盘式剪切挤压传动示意图

磁流变液作用在下板上的力可表示为

$$\mathrm{d}F = 2\pi rp\mathrm{d}r \tag{3-181}$$

外加磁场时，如果磁流变液未屈服，这时使用 Bingham 本构模型来描述挤压流动，会导致两圆盘间无相对运动的非物理结果。所以对挤压流动，可用广义的双黏度模型来近似表达，在圆盘挤压流中可表示为

$$\begin{cases} \tau = \tau_y(H) + \eta\dfrac{\mathrm{d}u_r}{\mathrm{d}z}, & |\tau| \geqslant \tau_y(H) \\ \tau = \eta(H)\dfrac{\mathrm{d}u_r}{\mathrm{d}z}, & |\tau| < \tau_y(H) \end{cases} \tag{3-182}$$

式中，$|\tau|$ 为剪切屈服应力的绝对值；$\tau_y(H)$ 为动态屈服应力；$\eta(H)$ 为外加磁场时磁流变液未屈服时的黏度。$\tau_y(H)$ 和 $\eta(H)$ 都是磁场强度的函数。双黏度模型表明，外加磁场时在 $|\tau| \geqslant \tau_y(H)$ 的流场区域，磁流变液屈服，以黏度 η 流动。在 $|\tau| < \tau_y(H)$ 的流场区域，磁流变液未屈服，它以很大的黏度 $\eta(H)$ 做非常缓慢的流动。

在圆柱坐标系(r,θ,z)中，以下盘中心为原点 0，z 轴向上。假设下列条件：①磁流变液不可压缩；②磁流变液的流动是稳态的；③在轴向没有流动；④磁流变液的流动只是半径的函数；⑤不计体力；⑥磁场强度在工作间隙中的分布是均匀的；⑦磁流变液中的压力沿厚度方向不变。根据上述假设，纳维-斯托克斯方程可近似表达为[31]

$$\eta\frac{\mathrm{d}^2u_r}{\mathrm{d}z}-\frac{\mathrm{d}p}{\mathrm{d}r}=0 \tag{3-183}$$

式中，u_r 为磁流变液沿 r 方向的速度；η 为磁流变液零磁场时的黏度；$\mathrm{d}p/\mathrm{d}r$ 为压力 p 沿 r 方向的梯度。根据上述假设，$\mathrm{d}p/\mathrm{d}r$ 为常数，设为 m，即 $\mathrm{d}p/\mathrm{d}r=-m$，则控制方程(3-183)变为

$$\eta\frac{\mathrm{d}^2u_r}{\mathrm{d}z^2}=-m$$

解此微分方程得

$$u_r=-\frac{m}{2\eta}z^2+Dz+E \tag{3-184}$$

式中，D 和 E 为积分常数。

无磁场作用时，磁流变液表现为类似牛顿流体的流动特性，其边界条件为

$$z=0,\ z=h;\ u_r=0 \tag{3-185}$$

根据边界条件(3-185)确定式(3-184)的积分常数，可得两圆盘间磁流变液速度分布为

$$u_{r_1}=\frac{m}{2\eta}z(h-z) \tag{3-186}$$

将$|\tau|=\tau_y(H)$的界面定义为屈服和未屈服的分界面。磁流变液在狭缝挤压流的动量方程在半径 r 方向的投影可近似表示为

$$\frac{\mathrm{d}\tau_{zr}}{\mathrm{d}z}=\frac{\mathrm{d}p}{\mathrm{d}r} \tag{3-187}$$

积分方程(3-187)得

$$\tau_{zr}=m\left(\frac{h}{2}-z\right) \tag{3-188}$$

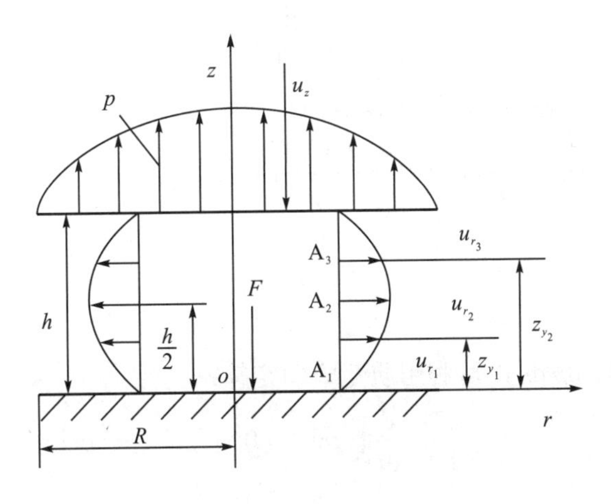

图 3-23　圆盘式剪切挤压模型

如图 3-23 所示，设 z_{y_1} 和 z_{y_2} 分别为屈服和未屈服的分界面的位置，根据磁流变液在狭缝挤压时的流动特点，可把流动分为三个区域：(1) 屈服区域 A_1，$0 \leqslant z \leqslant z_{y_1}$，磁流变液以黏度 η 流动；(2) 未屈服区域 A_2，$z_{y_1} \leqslant z \leqslant z_{y_2}$，磁流变液以黏度 $\eta(H)$ 做非常缓慢的流动；(3) 屈服区域 A_3，$z_{y_2} \leqslant z \leqslant h$，磁流变液以黏度 η 流动。

根据上述对屈服和未屈服的分界面的定义，当 $\tau_{zr} = \tau_y(H)$ 时，$z = z_{y_1}$，由式(3-188)得

$$z_{y_1} = \frac{h}{2} - \frac{\tau_y(H)}{m} \tag{3-189}$$

设在屈服区域 $0 \leqslant z \leqslant z_{y_1}$，磁流变液在 r 方向的流速为 u_{r_1}，其边界条件为

$$\begin{cases} z = 0, & u_{r_1} = 0 \\ z = z_{y_1}, & \dfrac{\mathrm{d}u_{r_1}}{\mathrm{d}z} = 0 \end{cases} \tag{3-190}$$

利用边界条件式(3-190)确定式(3-186)的积分常数后，得到

$$u_{r_1} = \frac{m}{2\eta}(hz - z^2) - \frac{\tau_y(H)}{\eta}z, \ 0 \leqslant z \leqslant z_{y_1} \tag{3-191}$$

设在未屈服区域 $z_{y_1} \leqslant z \leqslant z_{y_2}$，磁流变液在 r 方向的流速为 u_{r_2}，其边界条件为

$$\begin{cases} z = z_{y_1}, & u_{r_2} = u_{r_1} \\ z = \dfrac{h}{2}, & \dfrac{\mathrm{d}u_{r_2}}{\mathrm{d}z} = 0 \end{cases} \tag{3-192}$$

利用边界条件式(3-192)确定式(3-186)的积分常数后，得到

$$u_{r_2} = \frac{m}{2\eta(H)}(hz - z^2) + m\left[\frac{1}{2\eta} - \frac{1}{2\eta(H)}\right]\left(hz_{y_1} - z_{y_1}^2\right) - \frac{\tau_y(H)}{\eta}z_{y_1}, \ z_{y_1} \leqslant z \leqslant z_{y_2} \tag{3-193}$$

用同样的分析方法可得在 $z_{y_2} \leqslant z \leqslant h$ 的屈服区域，屈服和未屈服分界面的位置为

$$z_{y_2} = \frac{h}{2} + \frac{\tau_y(H)}{m} \tag{3-194}$$

设在 $z_{y_2} \leqslant z \leqslant h$ 的屈服区域，磁流变液在 r 方向的流速为 u_{r_3}，其边界条件为

$$\begin{cases} z = h, & u_{r_3} = 0 \\ z = z_{y_2}, & \dfrac{\mathrm{d}u_{r_3}}{\mathrm{d}z} = 0 \end{cases} \tag{3-195}$$

利用边界条件式(3-195)确定式(3-186)的积分常数后，得到

$$u_{r_3} = \frac{m}{2\eta}(hz - z^2) - \frac{\tau_y(H)}{\eta}(h - z), z_{y_2} \leqslant z \leqslant h \tag{3-196}$$

3.6.2 压力分布

为了确定压力梯度 $\mathrm{d}p/\mathrm{d}r$，可利用质量守恒定律：

$$\frac{\mathrm{d}}{\mathrm{d}t}\int_V \rho \mathrm{d}V = 0 \tag{3-197}$$

式中，ρ 为磁流变液的密度；V 为液体的体积；$\int_V \rho \mathrm{d}V$ 为质量。式(3-197)表明液体质量的物质导数为零，对物质导数进行运算能得到

$$\int_V \frac{\partial \rho}{\partial t} \mathrm{d}V + \int_S \rho u_j n_j \mathrm{d}s = 0 \tag{3-198}$$

式中，s 为区域边界的面积；u_j 为速度张量；n_j 为方向余弦。假设液体不可压缩，$\partial \rho / \partial t = 0$，式(3-198)变为

$$\pi r^2 u_z + 2\pi r \left(\int_0^{z_{y_1}} u_{r_1} \mathrm{d}z + \int_{z_{y_1}}^{z_{y_2}} u_{r_2} \mathrm{d}z + \int_{z_{y_2}}^{h} u_{r_3} \mathrm{d}z \right) = 0 \tag{3-199}$$

积分式(3-199)得

$$\int_0^{z_{y_1}} u_{r_1} \mathrm{d}z = \frac{mh}{4\eta} z_{y_1}^2 - \frac{m}{6\eta} z_{y_1}^3 - \frac{\tau_y(H)}{2\eta} z_{y_1}^2$$

$$\begin{aligned} \int_{z_{y_1}}^{z_{y_2}} u_{r_2} \mathrm{d}z = 2\int_{z_{y_1}}^{\frac{h}{2}} u_{r_2} \mathrm{d}z = \frac{mh}{2\eta(H)} \left(\frac{h^2}{4} - z_{y_1}^2 \right) - \frac{m}{3\eta(H)} \left(\frac{h^3}{8} - z_{y_1}^3 \right) + mhz_{y_1} \left[\frac{1}{\eta} - \frac{1}{\eta(H)} \right] \\ \left(\frac{h}{2} - z_{y_1} \right) - 2mz_{y_1} \left(\frac{h}{2} - z_{y_1} \right) - \frac{2\tau_y(H) z_{y_1}}{\eta} \left(\frac{h}{2} - z_{y_1} \right) \end{aligned} \tag{3-200}$$

$$\int_{z_{y_2}}^{h} u_{r_3} \mathrm{d}z = \int_0^{z_{y_1}} u_{r_1} \mathrm{d}z = \frac{h^3}{4\tau_y^3(H)} m^3 + \frac{3h^2 \tau_y(H)[\eta - \eta(H)] + 6u_z r \eta \eta(H)}{4\eta(H) \tau_y^3(H)} m^2 + \frac{\eta(H) - \eta}{\eta(H)}$$

3. 作用在下板上的力

将压力在整个圆盘上进行积分，可得到磁流变液作用在下板上的力：

$$F = \int \mathrm{d}F = \int_0^R 2\pi r p \mathrm{d}r \tag{3-201}$$

将式(3-201)分部积分得到

$$F = [2\pi p r^2]_0^R - \int_0^R \pi r^2 \frac{\mathrm{d}p}{\mathrm{d}r} \mathrm{d}r \tag{3-202}$$

压力边界条件为

$$\begin{cases} r = 0, & \dfrac{\mathrm{d}p}{\mathrm{d}r} = 0 \\ r = R, & p = 0 \end{cases} \tag{3-203}$$

把式(3-203)代入式(3-202)得到

$$F = -\pi \int_0^R r^2 m \mathrm{d}r \tag{3-204}$$

式中，负号表示力 F 的方向与 z 方向相反。

由数值求解方程(3-200)，可得到压力梯度，根据式(3-189)和式(3-194)可确定屈服和未屈服分界面的位置，再根据式(3-191)、式(3-193)和式(3-196)确定速度分布，最终根据式(3-204)确定磁流变液作用在下板上的力。

3.7 磁流变液摩擦传动

3.7.1 滑动摩擦机理

在没有润滑的固体表面间，产生摩擦的主要原因：①表面形貌不平整；②表面存在分子间的吸引力；③表面存在物理或化学的污染膜；④黏结点的结合与分离；⑤表面间的刻槽作用。修正的黏着理论比简单的黏着理论更接近实际情况，考虑摩擦的问题也更加深入。修正的黏着理论指出黏结点的结合、增长和分离，是凸峰间的弹性及其塑性变形的机械力影响的结果；黏结点的剪切及其污染膜对黏结点的影响，是因为凸峰间的分子吸引力所引起的；同时，材料表面的刻槽现象也会对摩擦产生影响[32]。

滑动摩擦可以认为是凸峰间微观结合与分离的过程，凸峰间摩擦过程模型如图 3-24 所示。在该摩擦模型中，宏观的摩擦力可以被认为是各个微观接触产生的摩擦力的总和。图 3-24(a)为摩擦的第一阶段，微观凸峰开始接触，在接触的尖端部分有塑性变形的产生，同时也有刻槽作用的产生。在离接触点较远的区域，有弹性变形的产生。图 3-24(b)为摩擦的第二阶段，接触点产生了黏着，形成了黏着点，黏着点的形成包括塑性变形的机械力和分子间吸引力两部分。图 3-24(c)为摩擦的第三阶段，黏着点产生剪切，是凸峰分离，同时凸峰的弹性变形恢复，完成了全部的滑动过程。若凸峰尖端处没有材料的脱落，则此时只有摩擦没有磨损。

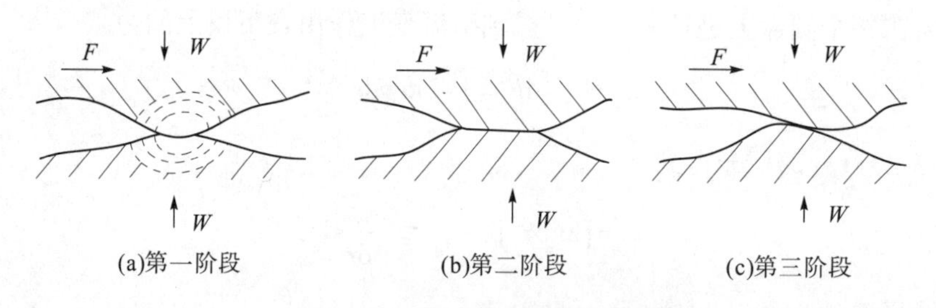

图 3-24　单凸峰的摩擦过程

根据上述过程，一个微观接触黏着点的形成和分离由以下部分组成：①凸峰的弹性变形；②凸峰的塑性变形；③刻槽；④黏结点的剪切。上述每个部分都能使物体在相对运动时产生切向阻力。因此微观滑动摩擦力的表达式为

$$F=\sum F_E+\sum F_P+\sum F_{p_1}+\sum F_\tau \tag{3-205}$$

式中，$\sum F_E$ 为材料的弹性变形所产生的阻力；$\sum F_P$ 为塑性变形所产生的阻力；$\sum F_{p_1}$ 为材料刻槽所产生的阻力；$\sum F_\tau$ 为黏结点的剪切所产生的阻力。上述表达式为分子-机械理论具体化的表示方法，即摩擦阻力由两大类原因产生：机械阻力，变形及刻槽；分子吸引力，凸峰的黏着及分离。式(3-205)中，各项摩擦力均可分别计算得出，但大多会在一些

简化条件下进行，因此，计算所得的摩擦系数是一个近似值。

3.7.2　刚性体在弹性体上滑动

在无润滑条件下，滑动摩擦阻力主要来源于黏着阻力。当滑动速度较小时，弹性和塑性变形所产生的阻力与黏着阻力相比较小，因此可忽略不计。同时，刚性体在弹性体上滑动，无刻槽作用。因此，只有刚性体在刚性体上滑动时，才考虑刻槽作用所产生的阻力。对于一个凸峰而言，摩擦总阻力可近似表示为

$$F = F_\tau = A_\tau \tau \tag{3-206}$$

式中，A_τ 为实际接触面积；τ 为滑动摩擦过程中，一个凸峰产生的剪切屈服应力。通过简单黏着理论，能够有效分析出刚性体在弹性体上滑动的情况。

1. 刚性球在弹性体上滑动

刚性球在弹性体上滑动的简化理论模型如图 3-25(a)所示。根据弹性理论，实际接触面积 A_τ 可表示为

$$A_\tau = \pi a^2 = K_1 W^{\frac{2}{3}} \tag{3-207}$$

式中，K_1 为该摩擦系统的常数项；W 为系统的总载荷。

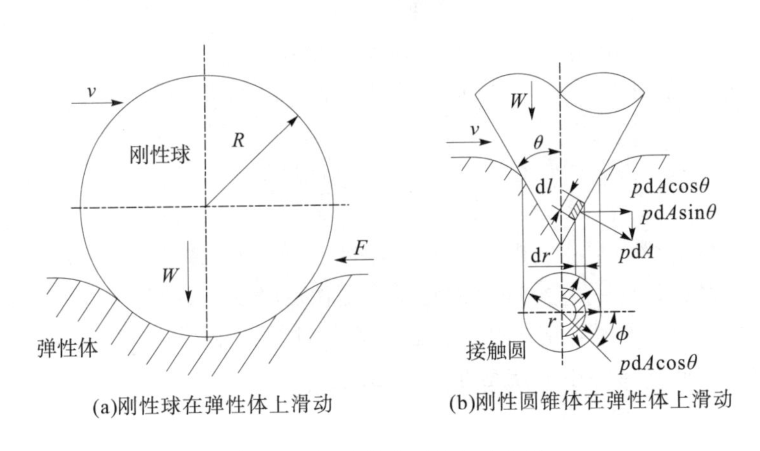

(a)刚性球在弹性体上滑动　　(b)刚性圆锥体在弹性体上滑动

图 3-25　刚性体在弹性体上滑动

因此，滑动摩擦系数 f_s 可表示为

$$f_s = \frac{F}{W} = \frac{K_1 W^{\frac{2}{3}} \tau}{W} = K_2 W^{-\frac{1}{3}} \tag{3-208}$$

式中，$K_2 = K_1 \tau$。当表面粗糙度的凸峰为球形模型时，实际接触面积 A_τ 可表示为

$$A_\tau = K_3 W^{\frac{44}{45}} \tag{3-209}$$

因此，表面粗糙度的凸峰为球形模型时，滑动摩擦系数 f_s 可表示为

$$f_s = \frac{K_3 W^{\frac{44}{45}} \tau}{W} = K_4 W^{-\frac{1}{45}} \tag{3-210}$$

式中，$K_4 = K_3 \tau$；K_3是表面凸峰球形模型的半径及材料弹性模量的函数。

2. 刚性圆锥体在弹性体上滑动

刚性圆锥体在弹性体上滑动的简化理论模型如图 3-25(b)所示。锥面与弹性体接触面的微面积为$\mathrm{d}A = r\mathrm{d}\phi \cdot \mathrm{d}l$，且$\mathrm{d}l = \mathrm{cosec}\theta \cdot \mathrm{d}r$。因此，在$\phi$处的水平分力为

$$\mathrm{d}F = (p\mathrm{d}A\cos\theta)\cos\phi \tag{3-211}$$

式中，p为接触面的平均压力。将 $\mathrm{d}A$ 代入上式，全部的水平分力可由积分表达式得出

$$F = 2\cot\theta\int_0^{\frac{\pi}{2}}\cos\phi\mathrm{d}\phi\int_0^{\alpha} p_r\mathrm{d}r = 2\cot\theta\int_0^{\alpha} p_r\mathrm{d}r \tag{3-212}$$

式中，F为界面压力在运动方向所产生的阻力。

若载荷 W全部由圆锥体接触面所承担，则载荷 W的表达式为

$$W = \int p\sin\theta\mathrm{d}A = \int_0^{2\pi}\mathrm{d}\phi\int_0^{\alpha} p_r\mathrm{d}r = 2\pi\int_0^{\alpha} p_r\mathrm{d}r \tag{3-213}$$

结合式(3-212)与式(3-213)和式，消去积分式。因此，刚性圆锥体在弹性体上滑动时的摩擦系数可表示为

$$f_s = \frac{F}{W} = \frac{\cot\theta}{\pi} \tag{3-214}$$

由式(3-214)可知，滑动摩擦系数只与圆锥半角θ有关，而与压力分布 p 无关。考虑实际情况和理论情况之间的差别，可引用实验数据a_2修正式(3-214)，则式(3-214)可改写为[28]

$$f_s = \frac{F}{W} = a_2\frac{\cot\theta}{\pi}$$

上述两种模型的滑动摩擦分析方法是不同的。刚性球在弹性体上滑动，采用弹性理论中的变形公式，摩擦阻力采用式(3-208)或式(3-210)计算，这种处理方法是比较合理的。而刚性圆锥在弹性体上滑动，采用平均压强p作为计算根据。实际情况下，压力分布应该是非均匀分布。因此，该分析方法是非常粗略的。

3.7.3 刚性体在刚性体上滑动

假设两个物体都是刚性的，但其中一个较硬。假定硬物体在软物体上滑动，软物体产生变形，有刻槽现象产生，这时摩擦阻力应是刻槽阻力及黏结点分离时阻力之和。

1. 硬球在软物体上滑动

硬球在软物体上滑动的简化理论模型如图 3-26(a)所示。球承受载荷后，刻槽的面积分别为A_1及A_2。A_1为支撑载荷 W的接触面积，A_2为刻槽的断面面积。

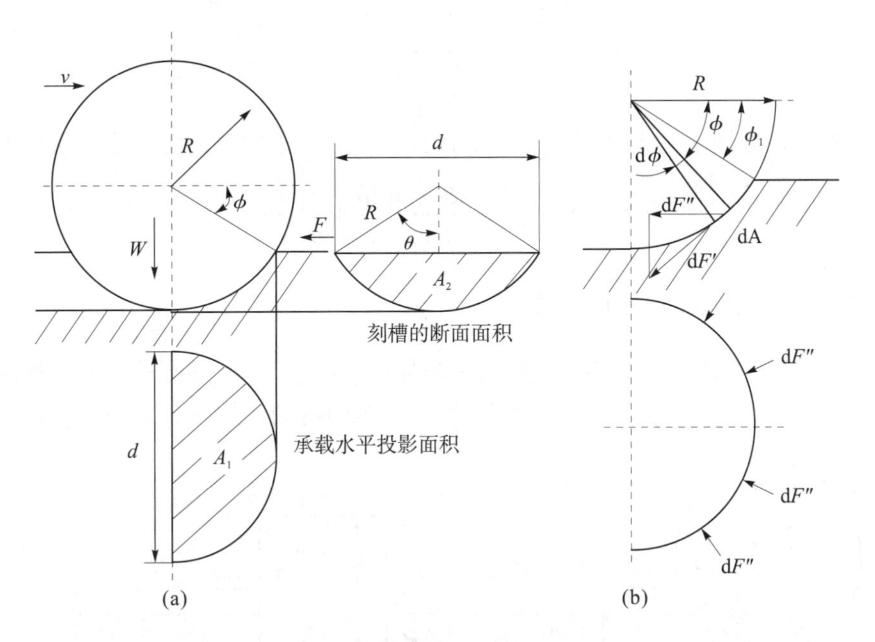

图 3-26　刚性球在软物体上滑动

结合图 3-26(a)所示的几何结构，A_1 及 A_2 可分别表示为

$$A_1 = \frac{1}{8}\pi d^2, A_2 = \frac{1}{2}R^2(2\theta - \sin 2\theta) \tag{3-215}$$

假设较软物体的屈服应力为 p_y，则摩擦阻力 F 与载荷 W 可分别表示为

$$F = p_y A_2,\ W = p_y A_1 \tag{3-216}$$

因此，结合式(3-215)与式(3-216)，刻槽时所产生的摩擦系数为

$$f_{pl} = \frac{F}{W} = \frac{A_2}{A_1} = \frac{4R^2}{\pi d^2}(2\theta - \sin 2\theta) = \frac{2\theta - \sin 2\theta}{\pi \sin^2 \theta} \tag{3-217}$$

上述分析忽略了表面黏着所产生的摩擦阻力。如果界面间有黏着存在，则可用图 3-26(b)所示的理论模型进行分析。半圆形条带的微面积 dA 为

$$\mathrm{d}A = \pi R\cos\phi \cdot R\mathrm{d}\phi$$

因此，黏着力 dF'=τ_fdA。τ_f 为界面间黏结点的剪切强度。dF' 的方向切于黏结表面。dF' 的水平分力 dF'' 为阻力，而 dF'' 又垂直于黏结表面，它们的水平分力之和才是有效阻力。因此可得

$$\mathrm{d}F'' = \mathrm{d}F'\sin\phi = \pi R^2 \tau_f \cos\phi \sin\phi \mathrm{d}\phi \tag{3-218}$$

对式(3-218)进行积分，可得总有效阻力 F 为

$$F = \frac{2}{\pi}\int_{\phi_1}^{\frac{\pi}{2}} d\mathrm{d}F'' = \frac{1}{2}R^2\tau_f(\cos 2\phi_1 + 1) \tag{3-219}$$

载荷 W=$p_y A_1$，并且 $d/2$=$R\cos\phi_1$，因此载荷 W 可表示为

$$W = \frac{\pi}{8}p_y(2R\cos\phi_1)^2 = \frac{\pi}{2}R^2\cos^2\phi_1 p_y \tag{3-220}$$

结合式(3-219)与式(3-220)，黏着的滑动摩擦系数 f_τ 为

$$f_{\tau}=\frac{2}{\pi}\left(\frac{\tau_f}{p_y}\right) \tag{3-221}$$

由式(3-221)可知，f_{τ} 与 ϕ_1 的值无关。因此，最后得出的总的滑动摩擦系数为

$$f_s=f_{pl}+f_{\tau}=\frac{2\theta-\sin 2\theta}{\pi\sin^2\theta}+\frac{2}{\pi}\left(\frac{\tau_f}{p_y}\right)$$

2. 硬圆柱体在软物体上滑动

硬圆柱体在软物体上滑动的理论简化模型如图 3-27 所示。硬圆柱体在软物体上滑动主要有两种类型：横向滑动，如图 3-27(a)所示；纵向滑动，如图 3-27(b)所示。

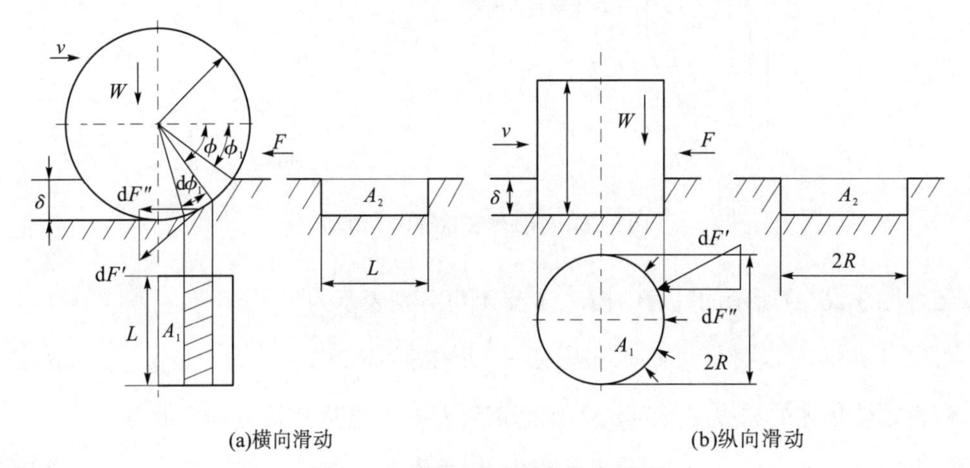

(a)横向滑动 (b)纵向滑动

图 3-27 硬圆柱体在软物体上滑动

横向移动时，$A_2=L\delta$，$A_1=L\sqrt{(2R-\delta)\delta}$。刻槽时的摩擦系数为

$$f_{pl}=\frac{A_2}{A_1}=\sqrt{\frac{1}{\frac{2R}{\delta}-1}} \tag{3-222}$$

假设界面间有黏着存在，黏着区域的微元面积为 $dA=RLd\phi$。并且，黏着力 $dF'=\tau_f dA$，方向垂直于半径。水平分量 $dF''=LR\tau_f\sin\phi d\phi$。因此，沿着滑动方向产生的黏着阻力分别为

$$F=\int_{\phi_1}^{\frac{\pi}{2}}dF''=LR\tau_f\cos\phi_1, W=p_yA_1=p_yL\sqrt{(2R-\delta)\delta}$$

由式(3-222)可得出，黏着的滑动摩擦系数 f_{τ} 为

$$f_{\tau}=\frac{F}{W}=\frac{\tau_f}{p_y} \tag{3-223}$$

结合式(3-222)与式(3-223)，总的滑动摩擦系数 f_s 为

$$f_s=f_{pl}+f_{\tau}=\sqrt{\frac{1}{\frac{2R}{\delta}-1}}+\frac{\tau_f}{p_y} \tag{3-224}$$

3. 硬圆锥在软物体上滑动

硬圆锥在软物体上滑动的理论简化模型如图 3-28 所示。

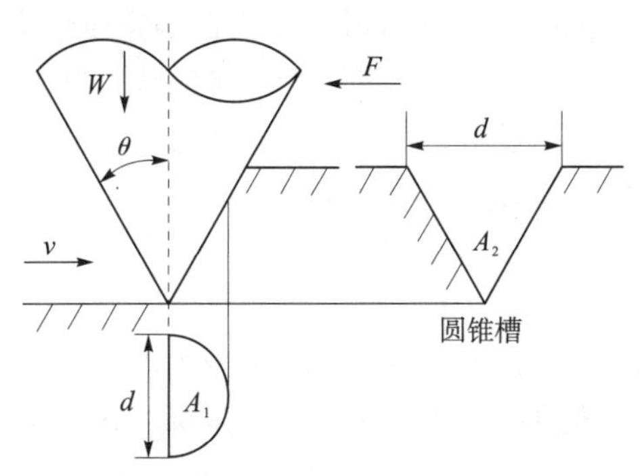

图 3-28 硬圆锥在软物体上滑动

横向移动时，$A_2 = \pi d^2/8$，$A_1 = d^2 \cot\theta/4$。刻槽时的摩擦系数 f_{pl} 为

$$f_{pl} = \frac{A_2}{A_1} = \frac{2\cot\theta}{\pi} \tag{3-225}$$

考虑有黏着的情况，利用式(3-222)，将式中 p 改为 τ_f，黏着阻力为

$$\begin{cases} F = 2\cot\theta\int_0^{\frac{\pi}{2}}\cos\phi \mathrm{d}\phi\int_0^{\alpha}\tau_f r\mathrm{d}r = \dfrac{1}{4}\tau_f d^2\cot\theta \\ W = p_y A_1 = \dfrac{p_y}{8}\pi d^2 \end{cases} \tag{3-226}$$

由式(3-226)可得出，黏着的滑动摩擦系数 f_τ 为

$$f_\tau = \frac{F}{W} = \frac{2\cot\theta}{\pi}\frac{\tau_f}{p_y} \tag{3-227}$$

结合式(3-226)与式(3-227)，总的滑动摩擦系数 f_s 为

$$f_s = f_{pl} + f_\tau = \frac{2\cot\theta}{\pi}\left(1 + \frac{\tau_f}{p_y}\right)$$

3.7.4 接触摩擦传动

1. 接触问题的简化

类似点、线接触这一类接触问题，接触区域的尺寸远比接触体的尺寸小。根据局部影响原理，认为载荷在物体内部所引起的应力局限于接触部分的附近区域。随着离开接触区，应力将很快减小。在接触区数毫米以外的区域，几乎没有应力产生。所以可把局部接触的受载物体看作无限深的物体。从物理观点，则将这种受载物体视为半无限体或半无限空间。这样就能集中研究表面接触的细节问题，而不去考虑它们总的几何形状，从而在数学处理上得到很大的简化。

2. 线接触

当圆柱与圆柱，或圆柱与平面接触时，受力前，两者为线接触；受力后，接触区因弹性变形而变为一宽度很狭窄的长条形面接触。因为接触宽度远小于其长度，为简化起见，仍假定受力后为线接触。在这种情况下，可认为沿接触线长度方向不产生位移(形变)和应力，而且另外两方向的位移也与长度方向的坐标位置无关，即线接触的固体处于平面应变状态，线接触问题就简化为半无限体的平面问题。

1)线载荷

设在 xy 平面内有一单位长度的法向线载荷 W 作用在半无限体 y=0 的边界上，取力作用点为坐标原点时 xy 平面内的弹性应力场，直角坐标和极坐标可分别用应力函数 ϕ 表示如下：

$$\begin{cases}\sigma_x = \dfrac{\partial^2\phi}{\partial y^2}\\ \sigma_r = \dfrac{\partial^2\phi}{\partial x^2}\\ \tau_{xy} = -\dfrac{\partial^2\phi}{\partial x\partial y}\end{cases},\begin{cases}\sigma_r = \dfrac{1}{r}\dfrac{\partial\phi}{\partial r}+\dfrac{1}{r^2}\dfrac{\partial^2\phi}{\partial\theta^2}\\ \sigma_\theta = \dfrac{\partial^2\phi}{\partial r^2}\\ \tau_{r\theta} = -\dfrac{\partial}{\partial r}\left(\dfrac{1}{r}\dfrac{\partial\phi}{\partial\theta}\right)\end{cases} \tag{3-228}$$

另外，还要附加一个用应力函数 ϕ 表示的变形连续方程，即双调和方程：

$$\nabla^2\nabla^2\phi = 0$$

式中，∇^2 为拉普拉斯算子，$\nabla^2 = \dfrac{\partial^2}{\partial x^2}+\dfrac{\partial^2}{\partial y^2}$ 或 $\nabla^2 = \dfrac{\partial^2}{\partial r^2}+\dfrac{1}{r}\dfrac{\partial}{\partial r}+\dfrac{1}{r^2}\dfrac{\partial^2}{\partial\theta^2}$。

为了求出各应力分量，需先确定同时满足边界条件、平衡条件和双调和方程的应力函数 ϕ。由于边界上只有法向载荷，因此边界上的 $\sigma_\theta = \tau_{r\theta} = 0$。由式(3-228)可知，满足边界条件的应力函数如下：

$$\phi = rf(\theta) \tag{3-229}$$

根据局部影响原理和边界条件，径向应力 σ_r 随 r 和 θ 值的减小而减小，即有

$$\sigma_r = \frac{C\cos\theta}{r} \tag{3-230}$$

式中，C 为比例常数。将式(3-229)带入式(3-228)得

$$\sigma_r = \frac{1}{r}[f(\theta)+f''(\theta)] \tag{3-231}$$

式(3-230)的解为

$$f(\theta) = \frac{C}{2}\theta\sin\theta + A\cos\theta + B\sin\theta \tag{3-232}$$

因此应力函数可表示为

$$\phi = rf(\theta) = \frac{Cr}{2}\theta\sin\theta + Ar\cos\theta + Br\sin\theta = \frac{Cr}{2}\theta\sin\theta + Ay + Bx \tag{3-233}$$

式中，$Ay+Bx$ 为坐标 y 和 x 的线性项，不产生应力，因此可以删去，于是

$$\phi=\frac{Cr}{2}\theta\sin\theta \tag{3-234}$$

将 ϕ 代入式(3-228)，可以证明它满足双调和方程。为了确定常数 C，可以使用平衡方程：

$$\int_{-\frac{\pi}{2}}^{\frac{\pi}{2}}\sigma_r\cos\theta r\mathrm{d}\theta=\int_{-\frac{\pi}{2}}^{\frac{\pi}{2}}C\cos^2\theta r\mathrm{d}\theta=\frac{C\pi}{2}=-W \tag{3-235}$$

将它带入式(3-234)得

$$\begin{cases}\phi=-\dfrac{Wr}{\pi}\theta\sin\theta=\dfrac{W}{\pi}x\tan^{-1}\dfrac{x}{y}\\ \sigma_r=-\dfrac{2}{\pi}\dfrac{\cos\theta}{r}\\ \sigma_\theta=\tau_{r\theta}=0\end{cases} \tag{3-236}$$

当 θ=0 时(即水平面上)，$\sigma_r=-2W/\pi r$；当 $r\to\infty$时，$\sigma_r\to 0$；当 r=0(即边界上)时，σ_r=∞。最后一种情况显然是不允许的，这是由于假设载荷作用于一点，即接触面积为零所致。在实际情况下，如前所述，接触面积是不会为零的，因而 σ_r 也不会无限大。

当用直角坐标表示各应力时，可通过应力函数 ϕ 的式(3-236)代入式(3-228)求得，此时应力表达式可改写为

$$\begin{cases}\sigma_x=-\dfrac{2W}{\pi}\dfrac{yx^2}{(x^2+y^2)^2}\\ \sigma_y=-\dfrac{2W}{\pi}\dfrac{y^3}{(x^2+y^2)^2}\\ \tau_{xy}=-\dfrac{2W}{\pi}\dfrac{y^2x}{(x^2+y^2)^2}\end{cases} \tag{3-237}$$

对线载荷情况，表面位移由下式给出：

$$v(x,0)=-\int_0^d\frac{\partial v}{\partial y}\mathrm{d}y=\delta(x)W \tag{3-238}$$

式中，$\delta(x)$ 表示单位线载荷在 h 处引起的位移，称为挠度。根据半无限体，在距离表面某一深度如 d 处，形变为零。所以积分区间为 0→d，积分号前面的负号表示形变随 y 增加而减小。

2)分布载荷

设在平面 xy 内有一法向分布载荷 $p(\xi)$，作用在半无限体边界上的 −∞ 到 +∞ 的长度上，如图 3-29 所示。

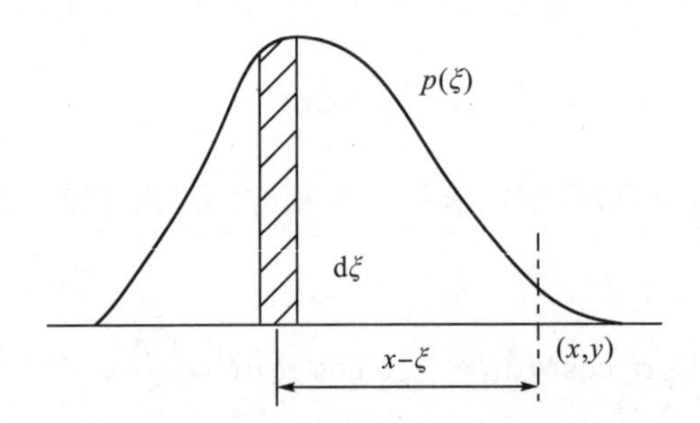

图 3-29　平面内法向分布载荷

利用弹性方程的线性，可将这些分布载荷叠加为集中载荷 $W=\int_{-\infty}^{\infty}p(\xi)\mathrm{d}\xi$ 。于是就可按式(3-237)求得由分布载荷引起的应力：

$$\begin{cases}\sigma_x=-\dfrac{2}{\pi}\displaystyle\int_{-\infty}^{\infty}\dfrac{y(x-\xi)^2p(\xi)}{[(x-\xi)^2+y^2]^2}\mathrm{d}\xi\\ \sigma_y=-\dfrac{2}{\pi}\displaystyle\int_{-\infty}^{\infty}\dfrac{y^3p(\xi)}{[(x-\xi)^2+y^2]^2}\mathrm{d}\xi\\ \tau_{x,y}=-\dfrac{2}{\pi}\displaystyle\int_{-\infty}^{\infty}\dfrac{y^2(x-\xi)p(\xi)}{[(x-\xi)^2+y^2]^2}\mathrm{d}\xi\end{cases} \tag{3-239}$$

由分布载荷引起的垂直位移为

$$v(x)=\int_{-\infty}^{\infty}p(\xi)\delta(x-\xi)\mathrm{d}\xi \tag{3-240}$$

3)椭圆压力分布

设在平面 xy 内有一椭圆压力分布载荷 p，作用在半无限体边界 $2b$ 的长度上，椭圆压力分布如图 3-30 所示。

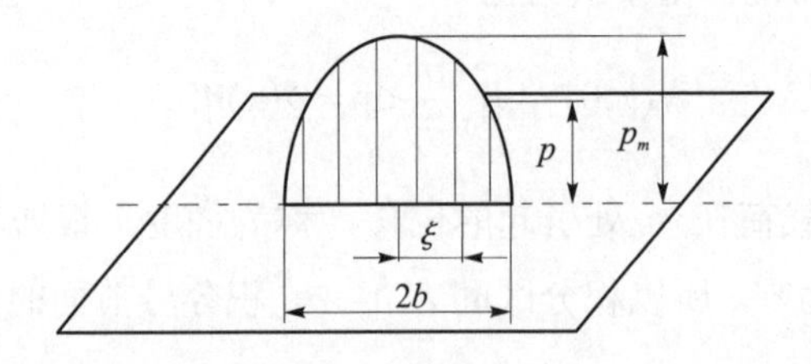

图 3-30　椭圆压力分布

设椭圆中心离坐标原点为 ξ ，长半轴为最大压力 p_m ，短半轴为 b。由椭圆方程：

$$\left(\frac{p_m}{p}\right)^2+\left(\frac{b}{\xi}\right)^2=1$$

得受载长度 $2b$ 内任一点的压力：

$$p = p_m \sqrt{1-\left(\frac{\xi}{b}\right)^2} \tag{3-241a}$$

挠度 $\delta(x)$ 可表示为

$$\delta(x) = -\frac{2(1-v^2)}{\pi E}\left[\ln\frac{x}{b} - \ln\frac{d}{b} + \frac{1}{2(1-v)}\right] = -\frac{2(1-v^2)}{\pi E}\left(\ln\frac{x}{b}+k\right) \tag{3-241b}$$

式中，d 由位移(或挠度)等于零的条件确定。所以 k 是常数，$k = -\left[\ln\frac{d}{b}+\frac{1}{2(1-v)}\right]$。

由式(3-240)、式(3-241a)和式(3-241b)即可求得由椭圆压力分布载荷，在 x 处引起的位移。因此椭圆分布载荷引起的位移可表示为

$$v(x) = \int_{-b}^{b} p\mathrm{d}\xi\delta(x) = -\frac{2(1-v^2)p_m}{\pi E}\int_{-b}^{b}\left[\sqrt{1-\left(\frac{\xi}{b}\right)^2}\ln\left(\frac{x-\xi}{b}\right)+k\right]\mathrm{d}\xi$$

4) 赫兹接触

假设有两个圆柱体用力压紧，如果这两个圆柱体均为绝对刚性的，即受力后没有任何变形，则在接触线上将产生无限大的压力。但实际上材料是有弹性的，圆柱受力后将被压平而形成一个接触区域。赫兹理论就是在材料弹性和载荷一定的情况下，确定两物体接触区域的几何尺寸和压力分布。本节所述的赫兹公式，是载荷通过刚性平面加到圆柱体上得到的[33]。由此可以推广到不同尺寸、不同弹性的两个圆柱的接触情况。刚性平面与弹性圆柱的接触如图 3-31 所示。

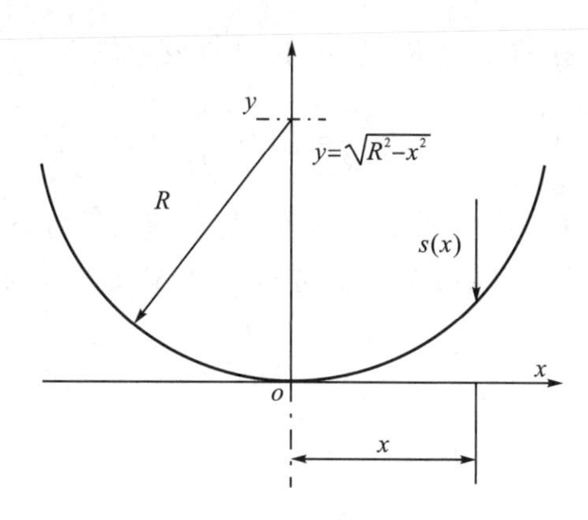

图 3-31　平面与弹性圆柱的接触

受力前平面和圆柱于一点接触，离接触点 y 处两表面间的法向距离为

$$s(x) = R - \sqrt{R^2 - x^2} = R\left[1-\sqrt{1-\left(\frac{x}{R}\right)^2}\right] \tag{3-242}$$

因为 $x/R \ll 1$，故取式(3-242)的二次近似已相当准确，即

$$s(x) \approx \frac{x^2}{2R} \tag{3-243}$$

受力后，平面把弹性圆柱推回距离为 $v(0)$，并将其压平使其与平面在接触区吻合，如图 3-32 所示。

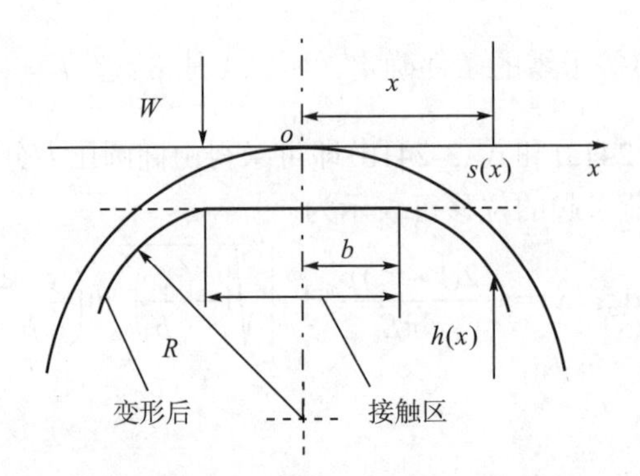

图 3-32 刚性平面与弹性圆柱体的接触

这时圆柱表面上的 x 点，除接触区退回距离为 $v(0)$ 外，还有由于载荷引起的向前位移 $v(x)$。所以平面与圆柱在 x 处的间隙就变为

$$h(x) = \frac{x^2}{2R} - v(0) + v(x) \tag{3-244}$$

在接触区 $(x < b)$，$h(x) = 0$，于是接触区的弹性变形位移为

$$v(x) = v(0) - \frac{x^2}{2R} = v(0) - \frac{b^2}{2R}\overline{x}^2, \overline{x} < 1 \tag{3-245}$$

式(3-245)表示表面位移为抛物线分布，这正好与椭圆压力分布引起的位移分布一样。所以赫兹接触区的压力分布为椭圆分布。于是式(3-245)可改写为

$$\frac{(1-v^2)}{E} = \frac{b}{2R} \tag{3-246a}$$

因为，接触区任一点的压力为

$$p = p_m\sqrt{1-\overline{\xi}^2} \tag{3-246b}$$

及

$$W = \int_{-b}^{b} p\mathrm{d}x = p_m b\int_{-1}^{1}\sqrt{1-\overline{\xi}^2}\,\mathrm{d}\overline{\xi} = \frac{p_m b\pi}{2} \tag{3-246c}$$

$$p_m = \frac{2W}{b\pi} \tag{3-246d}$$

将式(3-246b)代入式(3-246a)，得

$$\begin{cases} p_m = \left[\dfrac{E}{(1-v^2)}\dfrac{W}{\pi R}\right]^{\frac{1}{2}} \\ b = 2\left[\dfrac{WR(1-v^2)}{\pi E}\right]^{\frac{1}{2}} \end{cases} \tag{3-247}$$

式中，p_m 为最大赫兹压力，用 p_{H} 表示。

当弹性圆柱体发生转动或有转动趋势时，由载荷 W 产生的摩擦力会使弹性圆柱体产生摩擦转矩。$-b$ 与 b 之间的接触微元体可表示为 $\mathrm{d}x$，微元体产生的摩擦力 $\mathrm{d}F=\mu W\mathrm{d}x$，因此微元体产生的摩擦转矩 $\mathrm{d}M=\mu WR\mathrm{d}x$。刚性平面与弹性圆柱体的接触产生的摩擦转矩表示为

$$M_f = \int_{-b}^{b} \mu WR\mathrm{d}x = 2\mu bWR = p_m b^2 R\pi \tag{3-248}$$

式中，μ 为刚性平面与弹性圆柱体之间的摩擦系数；R 为弹性圆柱体的半径。结合式(3-247)，式(3-248)进一步可表示为

$$M_f = \left[\frac{E}{(1-v^2)}\frac{W}{\pi R}\right]^{\frac{1}{2}} b^2 R\pi$$

两个无限长圆柱体的接触如图 3-33 所示。

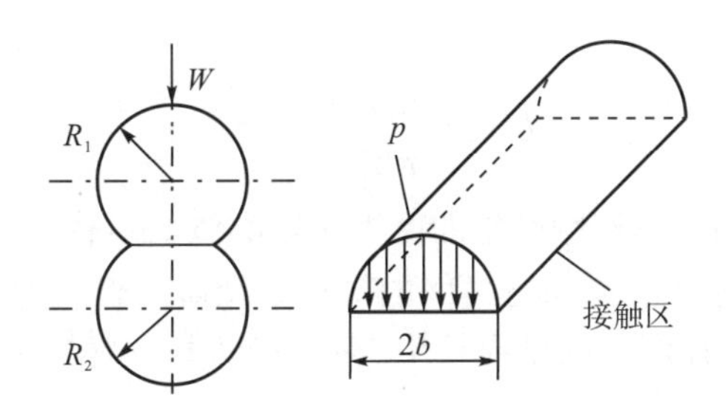

图 3-33　两个无限长圆柱体的接触

受力前，两圆柱在 0 点接触，距离 0 点 x 处，两圆柱表面间的法向间隙为

$$s(x) = s(x)_1 + s(x)_2 \approx \frac{x^2}{2}\left(\frac{1}{R_1} + \frac{1}{R_2}\right) = \frac{x^2}{2R} \tag{3-249}$$

式中，$1/R = 1/R_1 + 1/R_2$，R 为当量圆柱的半径。当量圆柱指的是将两弹性圆柱的接触，转化为一个相当的弹性圆柱和一个刚性平面的接触，称半径 R 为当量半径。如果是共形接触，$1/R$ 等式右边的正号改为负号。

受力后，接触点因弹性变形变成接触区。假定在 0 点的切平面不因局部压缩而移动，那么连心线上远离 0 点的任意两点将靠近一距离：

$$v(0) = v(0)_1 + v(0)_2 \tag{3-250}$$

式中，$v(0)_1$、$v(0)_2$ 分别为圆柱 1 和圆柱 2 的法向接近量。

两圆柱在 x 处的表面弹性位移可表示为

$$v(x)_1 = \frac{-\left(1-v_1^2\right)p_{\mathrm{H}}b}{E_1}[\overline{x}^2 + k' - \Phi(\overline{x})]$$

$$v(x)_2 = \frac{-\left(1-v_2^2\right)p_{\mathrm{H}}b}{E_2}[\overline{x}^2 + k' - \Phi(\overline{x})]$$

两圆柱表面的位移可表示为

$$\begin{aligned} v(x) = v(x)_1 + v(x)_2 &= -\left[\frac{\left(1-v_1^2\right)}{E_1} + \frac{\left(1-v_2^2\right)}{E_2}\right]p_{\mathrm{H}}b[\overline{x}^2 - k' - \Phi(\overline{x})] \\ &= -\frac{2p_{\mathrm{H}}b}{E'}[\overline{x}^2 + k' - \Phi(\overline{x})] \end{aligned} \tag{3-251}$$

式中，$1/E' = 1/2\left[\left(1-v_1^2\right)/E_1 + \left(1-v_2^2\right)/E_2\right]$ 为当量圆柱的弹性系数，简称为当量弹性模量。

当量圆柱与刚性平面接触区的压力分布是椭圆分布。故可由式(3-246a)～式(3-246d)得接触区的压力和尺寸如下：

$$\begin{cases} \dfrac{p_{\mathrm{H}}}{E'} = \dfrac{b}{4R} \\ p = p_{\mathrm{H}}\sqrt{1-\overline{x}^2} \\ p_{\mathrm{H}} = \dfrac{2W}{\pi b} = \left(\dfrac{WE'}{2\pi b}\right)^{\frac{1}{2}} \\ b = 2\left(\dfrac{2WR}{\pi E'}\right)^{\frac{1}{2}} \end{cases} \tag{3-252}$$

与刚性平面与弹性圆柱体接触产生的摩擦转矩类似，由载荷 W 产生的摩擦力会使两个弹性圆柱体产生摩擦转矩。$-b$ 与 b 之间的接触微元体可表示为 $\mathrm{d}x$，微元体产生的摩擦力 $\mathrm{d}F = \mu W\mathrm{d}x$，因此微元体产生的摩擦转矩 $\mathrm{d}M = \mu WR\mathrm{d}x$。弹性圆柱体与弹性圆柱体接触产生的摩擦转矩表示为

$$M_f = \int_{-b}^{b} \mu WR\mathrm{d}x = 2\mu bWR = p_{\mathrm{H}}b^2R\pi \tag{3-253}$$

式中，μ 为刚性平面与弹性圆柱体之间的摩擦系数；R 为弹性圆柱体的半径。结合式(3-247)，式(3-253)进一步可表示为

$$M_f = \left\{\frac{2W}{\pi b}\left[\frac{E_1}{\left(1-v_1^2\right)} + \frac{E_2}{\left(1-v_2^2\right)}\right]\right\}^2 b^2R\pi$$

3. 点接触

点接触的一般情况是椭圆接触，即接触面为椭圆[32]。两个任意形状的弹性物体在 o 点相接触，如图 3-34 所示。设两物体的接触点处在各自的两个正交主平面上的曲率半径分别为 R_{1x}、R_{1y} 和 R_{2x}、R_{2y}。正交主平面与公切面的交线为坐标轴 X_1、Y_1 和 X_2、Y_2，两组坐标轴相互夹角为 γ。

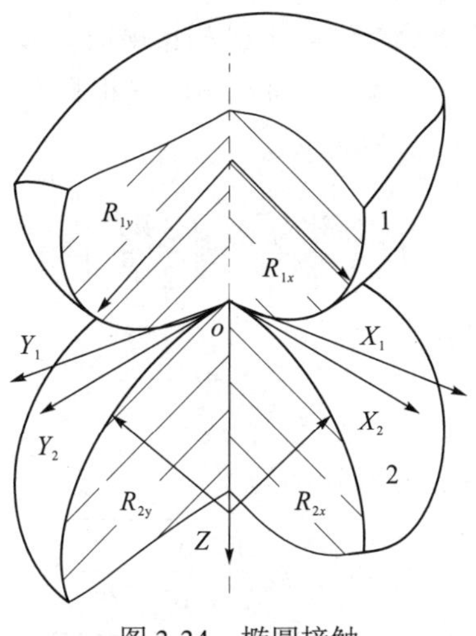

图 3-34　椭圆接触

令 R_0 为综合曲率半径，则曲率半径方程可表示为

$$\frac{1}{R_0}=\left(\frac{1}{R_{1x}}+\frac{1}{R_{1y}}\right)+\left(\frac{1}{R_{2x}}+\frac{1}{R_{2y}}\right)$$

接触面为椭圆，设 a 为椭圆长半轴，而 b 为椭圆短半轴，它们的数值由下列公式计算：

$$\begin{cases} a=k_1\left(\dfrac{3WR_0}{E'}\right)^{\frac{1}{3}} \\ b=k_2\left(\dfrac{3WR_0}{E'}\right)^{\frac{1}{3}} \end{cases}$$

其中，k_1 和 k_2 是根据几何参数 k_0 所确定的常数，其中 k_0 可表示为

$$k_0=R_0\left[\left(\frac{1}{R_{1x}}+\frac{1}{R_{1y}}\right)^2+\left(\frac{1}{R_{2x}}+\frac{1}{R_{2y}}\right)^2+2\left(\frac{1}{R_{1x}}+\frac{1}{R_{1y}}\right)\left(\frac{1}{R_{2x}}+\frac{1}{R_{2y}}\right)\cos 2\gamma\right] \tag{3-254}$$

如图 3-35 所示，在接触椭圆表面上接触应力按椭圆体分布，其最大接触应力 p_0 作用在接触椭圆中心，且

$$p_0=\frac{3}{2}\frac{W}{\pi ab} \tag{3-255}$$

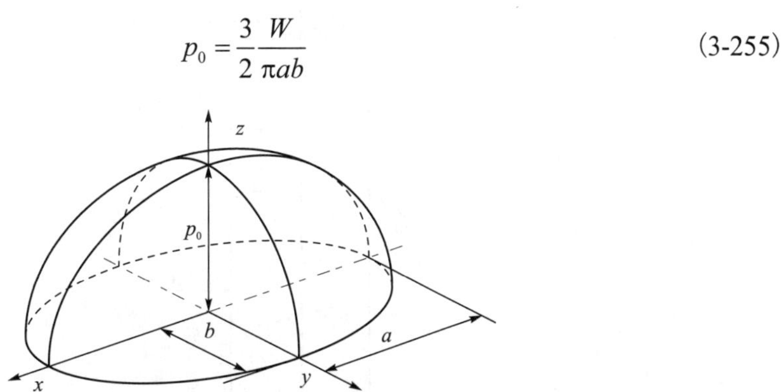

图 3-35　接触应力分布

当两个球体相互接触或者一个球体与平面相接触时，$R_{1x}=R_{1y}=R_1$，$R_{2x}=R_{2y}=R_2$ 或者为无限大，或者 R_{2x}、R_{2y} 为无限大，因而 k_0=0，又根据 k_1、k_2 数据表可得出 $k_1=k_2=1$。这表明接触面为圆形，若以 a 表示它的半径，则有

$$a=\left(\frac{3WR_0}{E'}\right)^{\frac{1}{3}}=\left(\frac{3}{2}\frac{WR}{E'}\right)^{\frac{1}{3}}$$

此时，最大赫兹接触应力 p_0 为

$$p_0=\frac{3}{2}\frac{W}{\pi a^2} \tag{3-256}$$

接触区任意一点的压力 $p(x,y)$ 可表示为

$$p(x,y)=p_0\sqrt{1-\frac{x^2}{a^2}-\frac{y^2}{b^2}} \tag{3-257}$$

对式(3-257)所示的压力 $p(x,y)$ 进行积分，载荷 W 可表示为

$$W=\iint p(x,y)\mathrm{d}x\mathrm{d}y=p_0\int_{-a}^{a}\int_{-b}^{b}\sqrt{1-\frac{x^2}{a^2}-\frac{y^2}{b^2}}\mathrm{d}x\mathrm{d}y \tag{3-258}$$

由载荷 W 产生的摩擦力会使两个椭球体产生摩擦转矩。微元体产生的摩擦力 $\mathrm{d}F=\mu W\mathrm{d}x\mathrm{d}y$，因此微元体产生的摩擦转矩 $\mathrm{d}M=\mu WR\mathrm{d}x\mathrm{d}y$。椭球体与椭球体的接触所产生的摩擦转矩表示为

$$M_f=\mu\int_{-a}^{a}\int_{-b}^{b}WR\mathrm{d}x\mathrm{d}y \tag{3-259}$$

式中，μ 为椭球体与椭球体之间的摩擦系数；R 为椭球体的半轴。

4. 面接触

1) 圆盘摩擦传动

圆盘面与圆环面接触示意图如图 3-36 所示。假设载荷 W 为均匀载荷，因此圆盘与圆环接触面的接触应力处处相等。通过接触面所产生的摩擦力，圆环的动力和运动传递至圆盘。

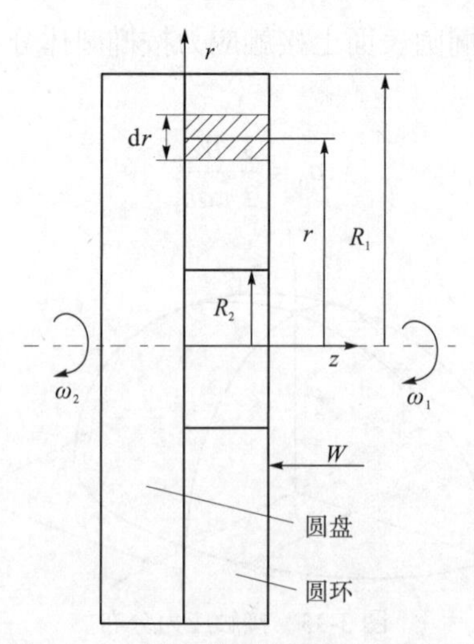

图 3-36　圆盘面与圆环面接触示意图

当圆环外径为 R_2、内径为 R_1 时，结合圆环面几何结构，圆环面所受挤压力 $F=W\left(R_2^2-R_1^2\right)$。由于载荷 W 为均匀载荷，因此圆环与圆盘接触面的应力 σ 与载荷 W 数值一致，摩擦盘上的应力 σ 可表示为

$$\sigma=\frac{F}{\pi\left(R_2^2-R_1^2\right)} \tag{3-260}$$

取距离圆环面的圆心距离为 r 的微元环，微圆环的宽度为 $\mathrm{d}r$，则微元环的面积 $\mathrm{d}S$ 为

$$\mathrm{d}S=2\pi r\mathrm{d}r=\pi\mathrm{d}r^2 \tag{3-261}$$

进一步地，该微元环所产生的摩擦转矩为

$$\mathrm{d}M_f=\mu r\sigma\mathrm{d}S=\frac{\mu rF}{\left(R_2^2-R_1^2\right)}\mathrm{d}r^2 \tag{3-262}$$

对式(3-262)进行积分，积分限为内径 R_1 到外径 R_2，可得出圆环与圆盘接触所产生的摩擦力矩 M_f 为

$$M_f=\int_{R_1}^{R_2}\mu r\sigma\mathrm{d}S=\frac{2\mu F\left(R_2^2+R_1R_2+R_1^2\right)}{3(R_1+R_2)} \tag{3-263}$$

式中，μ 为接触面的摩擦系数。

2)圆筒摩擦传动

圆柱与圆筒接触示意图如图 3-37 所示。假设载荷 W 沿着 r 方向竖直向上，圆柱与圆筒的接触面应力 σ 为均匀分布，并且应力沿着 r 方向竖直向上。载荷 W 推动圆柱部分，使其圆柱面与圆筒接触并产生挤压力，由于圆柱以角速度 ω_1 转动，转动过程中圆柱与圆筒之间产生的摩擦力带动圆筒以角速度 ω_2 转动。此时通过摩擦力将圆柱的动力和运动传递至圆盘。

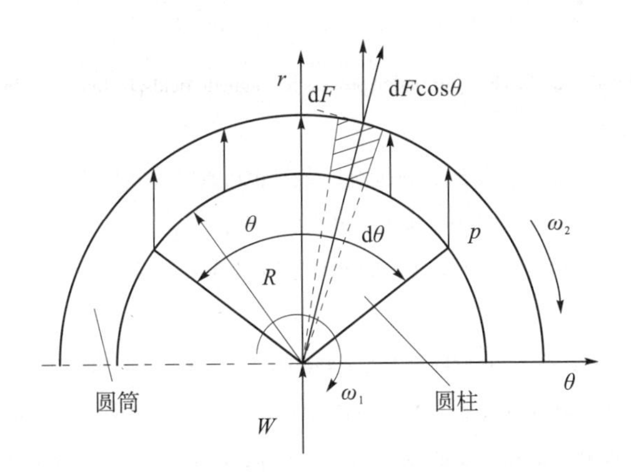

图 3-37　圆柱与圆筒接触示意图

当圆柱的外径为 R，结合圆环面几何结构，圆柱与圆筒接触面所受的挤压力 $F=WR\theta$。由于载荷 W 产生的接触应力为均匀分布，因此圆柱与圆筒接触面的应力 σ 可表示为

$$\sigma = \frac{W}{R\theta} \tag{3-264}$$

取距离圆柱面宽度为 $\mathrm{d}\theta$ 的微元环，则在载荷 W 的作用下，微元环受到的力为

$$\mathrm{d}F = \sigma R^2 \mathrm{d}\phi = \frac{W}{\theta} R\mathrm{d}\phi \tag{3-265}$$

进一步地，该微元环所产生的摩擦转矩为

$$\mathrm{d}M_f = \mu R^2 \frac{W}{\theta} \cos\phi \mathrm{d}\phi \tag{3-266}$$

对式(3-266)进行积分，积分限为内径 R_1 到外径 R_2，可得出圆环与圆盘接触所产生的摩擦力矩 M_f 为

$$M_f = \int_{R_1}^{R_2} \mu R^2 \frac{W}{\theta} \cos\phi \mathrm{d}\phi = 2\mu \frac{R^2 W}{\theta} \sin\theta \tag{3-267}$$

参 考 文 献

[1] 余声明. 智能磁性材料及其应用[J]. 磁性材料及器件, 2004, 35(5): 1-4, 35.

[2] Spaggiari A, Castagnetti D, Golinelli N, et al. Smart materials: Properties, design and mechatronic applications[J]. Proceedings of the Institution of Mechanical Engineers Part L-Journal of Materials-Design and Applications, 2019, 233(4): 734-762.

[3] 张义民. 机械动态与渐变可靠性理论与技术评述[J]. 机械工程学报, 2013, 49(20): 101-114.

[4] 麻建坐, 魏书华, 钟莉蓉. 形状记忆合金控制的圆筒式磁流变液无级传动[J]. 中国机械工程, 2013, 24(5): 599-603.

[5] 陈松, 蹇开林, 黄金, 等. 磁流变液与形状记忆合金复合传动分析[J]. 机械传动, 2015, 39(5): 128-132.

[6] 麻建坐. 形状记忆合金驱动的磁流变液传动及应用研究[D]. 重庆: 重庆大学, 2013.

[7] Ma J Z, Huang H L, Huang J. Characteristics analysis and testing of SMA spring actuator[J]. Advances in Materials Science and Engineering, 2013, 2013(1): 1-8.

[8] Li H, Peng X, Chen W. Simulation of the chain-formation process in magnetic fields[J]. Journal of Intelligent Material Systems and Structures, 2005, 16(7-8): 653-658.

[9] 陈松. 热效应下磁流变液与形状记忆合金复合传动理论分析及应用[D]. 重庆: 重庆大学, 2014.

[10] 黄金. 磁流变液与磁流变器件的分析与设计[D]. 重庆: 重庆大学, 2006.

[11] 华德正, 刘新华, 赵欣, 等. 基于磁流变液的球形磁控机器人设计及实验[J]. 华南理工大学学报(自然科学版), 2021, 49(2): 151-160.

[12] 王贡献, 张隆, 孙晖. 摆线波纹状磁流变联轴器机理模型及特征[J]. 华中科技大学学报(自然科学版), 2017, 45(5): 67-71.

[13] Vicente J D, Klingenberg D J, Hidalgo-Alvarez R. Magnetorheological fluids: A review[J]. Soft Matter, 2011, 7(8): 3701-3710.

[14] Blanchard D, Ligrani P, Gale B. Miniature single-disk viscous pump(single-DVP), performance characterization[J]. Journal of Fluids Engineering, 2006, 128(3): 602-610.

[15] Oertel H. Prandtl-essentials of fluid mechanics[M]. 3rd ed. New York, NY: Springer, 2010.

[16] Farjoud A, Vahdati N, Fah Y F. MR-fluid yield surface determination in disc-type MR rotary brakes[J]. Smart Materials and Structures, 2008, 17(3): 1-8.

[17] 王西, 黄金, 谢勇. 圆锥式磁流变与形状记忆合金复合传动性能研究[J]. 机械传动, 2019, 43(8): 36-40.

[18] Sun H, Zhao Z Y, Wang G X, et al. Study on torque density enhancement mechanism of elliptic arc multi-disk MRF coupling[J]. International Journal of Applied Electromagnetics and Mechanics, 2021, 66(4): 599-618.

[19] 袁金福, 王建文. 圆槽盘式磁流变液制动器的设计研究[J]. 机械科学与技术, 2018, 37(2): 226-231.

[20] El Wahed A K, Balkhoyor L B, Wang H C. The design and performance of a smart ball-and-socket actuator[J]. International Journal of Applied Electromagnetics and Mechanics, 2019, 60(4): 529-544.

[21] 廖昌荣, 骆静, 李锐, 等. 基于圆盘挤压模式的磁流变液阻尼器特性分析[J]. 中国公路学报, 2010, 23(4): 107-112.

[22] Wilson S D R. Squeezing flow of a Bingham material[J]. Journal of Non-Newtonian Fluid Mechanics, 1993, 47: 211-219.

[23] 李德才. 磁性液体理论及应用[M]. 北京: 科学出版社, 2003.

[24] Tao R. Super-strong magnetorheological fluids[J]. Journal of Physics: Condensed Matter, 2001, 13(50): 979-999.

[25] 黄金, 王西. 偏心对磁流变制动器性能的影响[J]. 重庆理工大学学报(自然科学), 2018, 32(6): 47-51.

[26] 杨勇, 孙保群, 翟华, 汪韶杰. 液压式离合器油楔和叶片的受力分析[J]. 煤矿机械, 2013, 34(3): 97-99.

[27] 杨金福. 流体动力润滑及轴承转子系统的稳定性研究[D]. 北京: 华北电力大学, 2006.

[28] 余俊. 摩擦学[M]. 长沙: 湖南科学技术出版社, 1984.

[29] 黄金, 陈松, 麻建坐. 磁流变液在圆管内的压力驱动流动[J]. 重庆大学学报(自然科学版), 2012, 35(9): 152-156.

[30] Zolfagharian M M, Kayhani M H, Norouzi M, et al. Parametric investigation of twin tube magnetorheological dampers using a new unsteady theoretical analysis[J]. Journal of Intelligent Material Systems and Structures, 2019, 30(6): 878-895.

[31] Huang J, Wang P, Wang G C. Squeezing force of the magnetorheological fluid isolating damper for centrifugal fan in nuclear power plant[J]. Science and Technology of Nuclear Installations, 2012, 2012(2): 289-294.

[32] 温诗铸, 黄平. 摩擦学原理[M]. 3 版. 北京: 清华大学出版社, 2008.

[33] 瓦伦丁 L. 波波夫. 接触力学与摩擦学的原理及其应用[M]. 李强, 雒建斌, 译. 北京: 清华大学出版社, 2011.

第 4 章　电磁热智能材料传动分析与设计

电磁热智能材料传动因具有温度场、电场以及磁场等多物理场感知能力，使得电磁热传动装置或传动系统设计和分析过程中需考虑其复杂的多物理场耦合过程和机理。本章结合电磁热智能材料传动的一般分析和设计过程，介绍电磁场基本公式和分析过程，基于磁路安培定律对圆筒式、圆盘式磁流变液传动装置的磁路进行理论分析；介绍热场的基本公式和分析过程，并基于有限单元法对圆筒式、圆盘式磁流变液传动装置的热传导过程进行数值计算和分析；结合磁流变器件的失效形式、设计准则以及磁流变材料性能，总结磁流变传动器件的设计方法，以圆筒式磁流变液离合器为例介绍磁流变传动器件的设计过程；介绍不同构型的形状记忆合金驱动器及其设计和分析方法，并基于有限单元法对形状记忆合金螺旋弹簧的形状记忆过程进行完整的数值模拟和分析。

4.1　电磁场基本公式与分析

4.1.1　毕奥-萨伐尔定律

恒定磁场的源可能是一块永磁铁，也可能是一个随时间线性变化的电场或直流电流。不考虑时变磁场和永磁铁产生的恒定磁场，假设直流电流元为某一载流细导线的一小段，这里细导线是导体圆柱半径趋于零时的极限情况。假设电流 I 沿矢量微元 $\mathrm{d}\boldsymbol{L}$ 的方向流动，毕奥-萨伐尔定律表明，电流元在空间一点 P 产生的磁场强度大小与电流 I 的大小、微元 $\mathrm{d}\boldsymbol{L}$ 的长度以及微元 $\mathrm{d}\boldsymbol{L}$ 出发点到 P 点的位置矢量 $\boldsymbol{a}_{R_{12}}$ 与微元 $\mathrm{d}\boldsymbol{L}$ 夹角的正弦值均成正比，而与微元 $\mathrm{d}\boldsymbol{L}$ 和 P 点间距离的平方成反比。磁场的方向垂直于电流元与 $\mathrm{d}\boldsymbol{L}$ 和位置矢量 $\boldsymbol{a}_{R_{12}}$ 所在的平面。可以由右手螺旋定则在两个可能的法向方向中选取其中一个作为磁场的方向，即让右手四指指向电流元的方向，旋转较小的角度后到达位置矢量 $\boldsymbol{a}_{R_{12}}$ 的方向，那么大拇指所指的方向就是磁场的方向。

毕奥-萨伐尔定律可以用向量形式简洁地表示为[1]

$$\mathrm{d}\boldsymbol{H}=\frac{I\mathrm{d}\boldsymbol{L}\times\boldsymbol{a}_{R_{12}}}{4\pi R^2}=\frac{I\mathrm{d}\boldsymbol{L}\times\boldsymbol{R}}{4\pi R^3} \tag{4-1}$$

显然，磁场强度 $\boldsymbol{H}$ 的单位为 A/m，几何表示如图 4-1 所示。可使用下标来表明式(4-1)中每一个量所在的点。如果电流元位于点 1，并把需要确定磁场的点 P 记为点 2，则 P 点的磁场为

$$\mathrm{d}\boldsymbol{H}_2 = \frac{I_1 \mathrm{d}\boldsymbol{L}_1 \times \boldsymbol{a}_{R_{12}}}{4\pi R_{12}^2} \tag{4-2}$$

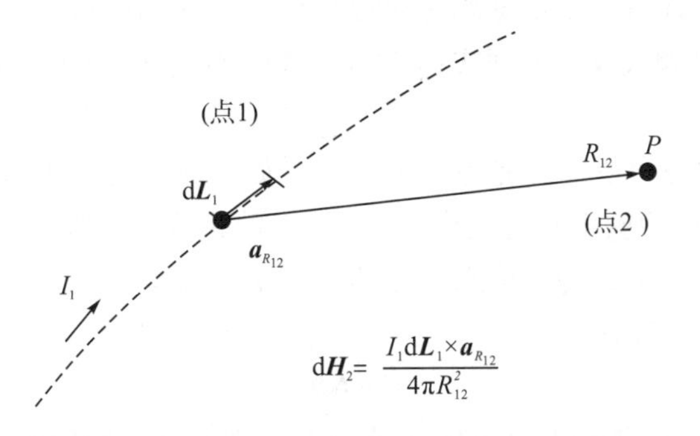

图 4-1　电流元 $I_1\mathrm{d}\boldsymbol{L}_1$ 产生的磁场强度 $\mathrm{d}\boldsymbol{H}_2$

对于电流元来说，毕奥-萨伐尔定律有时也称为电流元安培定律，在某些方面，毕奥-萨伐尔定律与元电荷的库仑定律类似，元电荷的库仑定律如下：

$$\mathrm{d}\boldsymbol{E}_2 = \frac{I_1 \mathrm{d}Q_1 \times \boldsymbol{a}_{R_{12}}}{4\pi\varepsilon_0 R_{12}^2} \tag{4-3}$$

式中，Q_1 为两个元电荷中一个元电荷的电荷量；$\boldsymbol{\varepsilon}_0$ 为真空中的介电常数。

它们都表明一个与距离平方成反比的定律，场与源都存在线性关系，主要差别是场方向的确定。

由于无法从电流中分离出独立的电流元，用实验方法来检验毕奥-萨伐尔定律式(4-1)或式(4-2)是不可能的。在只考虑直流电流的情况下，电荷密度不会随着时间发生变化。

建立电流连续性方程的偏微分形式如下：

$$\nabla \cdot \boldsymbol{J} = -\frac{\partial \rho_v}{\partial t} \tag{4-4}$$

式中，$\boldsymbol{J}$ 为电流密度；ρ_v 为电荷密度。

式(4-4)表明在某一点处，从单位体积流出的电流等于单位体积内电荷随时间的减少率。当电流为直流电时，电荷密度不变，即

$$\nabla \cdot \boldsymbol{J} = 0 \tag{4-5}$$

或者利用散度定理，有

$$\oint_s \boldsymbol{J} \cdot \mathrm{d}\boldsymbol{S} = 0 \tag{4-6}$$

式(4-6)表明，穿过任一闭合曲面的总电流为零，只要假设电流是沿闭合路径流动，则这个条件就能得到满足。沿闭合路径流动的电流必须通过激励电源，而不是仅流过微元。

由上述分析可知，只有毕奥-萨伐尔定律的积分形式才能够被实验所证明，如下所示：

$$\boldsymbol{H} = \oint \frac{I\mathrm{d}\boldsymbol{L} \times \boldsymbol{a}_R}{4\pi R^2} \tag{4-7}$$

当然，由式(4-1)或式(4-2)可以直接导出积分形式，如式(4-7)所示，也可以由其他不同的表达式得到相同的积分公式[沿闭合路径积分为零的任意项加到式(4-1)中不改变公式取值]。也就是说，任意一个保守场都可以加到式(4-1)中。例如，任意一个标量场的梯度总是一个保守场，因此把∇G加到式(4-1)中，其中G为一般的标量场，并没有对式(4-7)引起任何微小的变化。

毕奥-萨伐尔定律也可以由分布电流来表示，如电流密度$\boldsymbol{J}$和面电流密度$\boldsymbol{K}$。由于面电流是指在厚度为零的薄板上流过的电流，所以电流密度$\boldsymbol{J}$无限大(以$\mathrm{A/m^2}$为单位测定)。然而，面电流密度是以 A/m 为单位来测定的，用$\boldsymbol{K}$表示。若面电流密度是均匀的，则流过任意宽度b的总电流I为

$$I = \boldsymbol{K}b \tag{4-8}$$

式中，宽度b与电流方向是相互垂直的。若面电流密度是非均匀的，则总电流I为

$$I = \int \boldsymbol{K}\mathrm{d}N \tag{4-9}$$

式中，$\mathrm{d}N$是与电流方向相垂直的微元段。

电流元$I\mathrm{d}\boldsymbol{L}$可以用面电流密度$\boldsymbol{K}$或电流密度$\boldsymbol{J}$表示成如下形式：

$$I\mathrm{d}\boldsymbol{L} = \boldsymbol{K}\mathrm{d}S = \boldsymbol{J}\mathrm{d}v \tag{4-10}$$

式中，$\mathrm{d}\boldsymbol{L}$的方向与电流方向一致。

于是，毕奥-萨伐尔定律的其他形式可表示为

$$\begin{cases} \boldsymbol{H} = \int_s \dfrac{\boldsymbol{K} \times \boldsymbol{a}_R \mathrm{d}S}{4\pi R^2} \\ \boldsymbol{H} = \int_{\mathrm{vol}} \dfrac{\boldsymbol{J} \times \mathrm{d}v}{4\pi R^2} \end{cases} \tag{4-11}$$

以载有电流I的无限长直细导线为例来说明毕奥-萨伐尔定律的应用。如图 4-2 所示，磁场具有一定的对称性，磁场与变量z和ϕ无关。为方便计算点 2 处的磁场，将点 2 选取在$z=0$平面内，场点$\boldsymbol{r} = \rho \boldsymbol{a}_\rho$。而源点$\boldsymbol{r}' = z'\boldsymbol{a}_z$，因此有

$$R_{12} = r - r' = \rho \boldsymbol{a}_\rho - z'\boldsymbol{a}_z \tag{4-12}$$

由式(4-12)可知，位置矢量$\boldsymbol{a}_z$可表示为

$$\boldsymbol{a}_{R_{12}} = \frac{\rho \boldsymbol{a}_\rho - z'\boldsymbol{a}_z}{\sqrt{\rho^2 + z'^2}} \tag{4-13}$$

将$\mathrm{d}\boldsymbol{L}$替换为$\mathrm{d}z'\boldsymbol{a}_z$，则式(4-2)变为

$$\mathrm{d}\boldsymbol{H}_2 = \frac{I\mathrm{d}z'\boldsymbol{a}_z(\rho \boldsymbol{a}_\rho - z'\boldsymbol{a}_z)}{4\pi(\rho^2 + z'^2)^{\frac{3}{2}}} \tag{4-14}$$

由于电流沿着z'增加的方向流动，故积分的上下限分别为$-\infty$和$+\infty$，对式(4-14)积分得

$$\boldsymbol{H}_2 = \int_{-\infty}^{\infty} \frac{I\mathrm{d}z'\boldsymbol{a}_z(\rho \boldsymbol{a}_\rho - z'\boldsymbol{a}_z)}{4\pi(\rho^2 + z'^2)^{\frac{3}{2}}} = \frac{I}{4\pi}\int_{-\infty}^{\infty} \frac{\rho \mathrm{d}z'\boldsymbol{a}_\phi}{(\rho^2 + z'^2)^{\frac{3}{2}}} \tag{4-15}$$

式中，位置矢量$\boldsymbol{a}_\phi$不是一个常数。

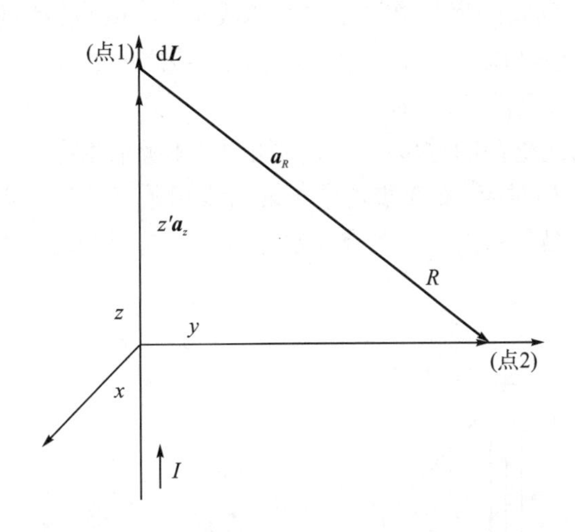

图 4-2　一载有电流 I 的无限长直线导线

与直角坐标系中的单位矢量不同，位置矢量 $\boldsymbol{a}_\phi$ 的方向随坐标 ϕ 变化，但是大小为常数，与 ρ 和 z 无关。由于磁场强度 $\boldsymbol{H}$ 仅对 z' 进行积分，所以 $\boldsymbol{a}_\phi$ 是一个常数并且可以提到积分号之外，即

$$\boldsymbol{H}_2 = \frac{I\rho\boldsymbol{a}_\phi}{4\pi}\int_{-\infty}^{\infty}\frac{\mathrm{d}z'}{(\rho^2+z'^2)^{\frac{3}{2}}} = \frac{I\rho\boldsymbol{a}_\phi}{4\pi}\left.\frac{z'}{\rho^2\sqrt{\rho^2+z'^2}}\right|_{-\infty}^{\infty}$$

进行积分运算得

$$\boldsymbol{H}_2 = \frac{I}{2\pi\rho}\boldsymbol{a}_\phi \tag{4-16}$$

磁场强度的大小与 ϕ 和 z 都无关，而与离开导线的距离 ρ 成反比。磁场强度矢量沿圆周方向，磁力线是中心在导线上而与导线相垂直的一系列同心圆，图 4-3 中显示出了在横截面上的磁力线分布。

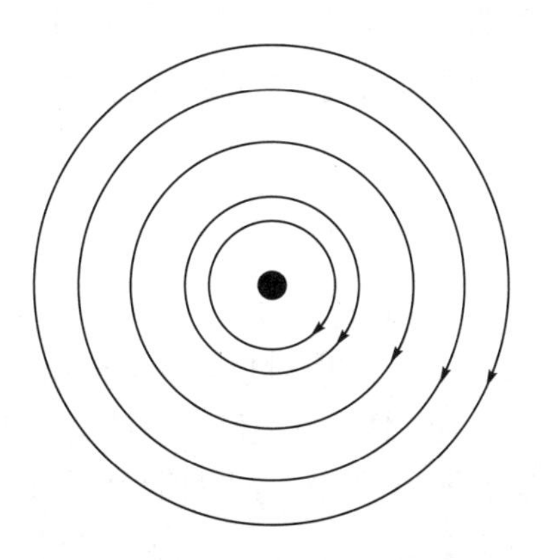

图 4-3　通有电流 I 的无限长直导线附近的磁力线分布

这些磁力线之间的间隔距离与离导线的距离成正比，或与磁场强度 $\boldsymbol{H}$ 的大小成反比。为了明确起见，使用图解法画出上述磁力线，对磁力线之间的间隔进行调整并作为矢量坐标，就可以形成一个同心圆阵列图形。

把图 4-3 与有限长线电荷的等位线分布图如图 4-4 所示相比，可以看出磁场的磁力线与电场的等位线的形状相对应，而在磁场中与磁力线相垂直的矢量坐标则与电场中的电力线相对应。这种对应不是偶然的，为更全面地分析电场与磁场之间的相似性，给出如下定量计算方法。

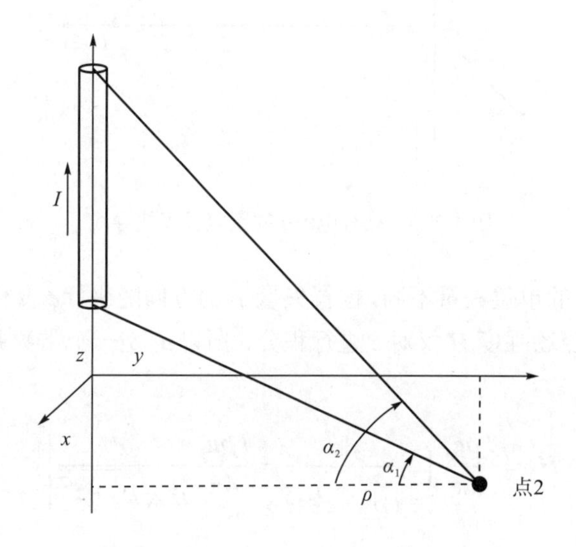

图 4-4　有限长电流元产生的磁场强度

以应用毕奥-萨伐尔定律求解有限长电流元的磁场强度为例，如图 4-4 所示。磁场强度 $\boldsymbol{H}$ 很容易由图 4-4 中示出的两个角度 α_1 和 α_2 来表示，结果为

$$\boldsymbol{H} = \frac{I}{4\pi\rho}(\sin\alpha_2 - \sin\alpha_1)\boldsymbol{a}_\phi \tag{4-17}$$

式中，如果有一个或两个端点在点 2 的下方，则 α_1 取负或 α_1 和 α_2 都取负。式(4-17)可以用来计算由长直细导线段组成的电流系统产生的磁场强度。

4.1.2　安培环路定律

利用库仑定律可以求解许多简单的静电场问题。同理，在磁场中也存在类似的方法，即安培环路定律(Ampère's circuital law)，有时也叫安培计算定律[2]。与应用高斯定律一样，安培环路定律也需要考虑问题的对称性，以便确定系统变量和分量。

安培环路定律说明，磁场强度 $\boldsymbol{H}$ 沿任一闭合路径的线积分等于该闭合路径所包围的电流的大小，即

$$\oint \boldsymbol{H}\cdot \mathrm{d}\boldsymbol{L} = I \tag{4-18}$$

式中，若电流 I 方向与积分回路的绕行方向满足右手螺旋定则，则电流取值为正，反之为负。

如图 4-5 所示，一圆柱导体通有直流电流 I，磁场强度 $\boldsymbol{H}$ 沿闭合路径 a 和 b 的线积分值都等于 I；而沿穿过导体的闭合路径 c 的积分值小于 I，则这个积分值等于闭合路径 c 所包围的部分导体中流过的电流。虽然沿路径 a 和 b 的积分值一样，但被积函数却不同。若把闭合路径上每一点磁场强度对应的切向分量与该点的路径长度微元相乘并积分，可求得该线积分的值。由于磁场强度 $\boldsymbol{H}$ 在各点均会发生变化，且积分路径 a 和 b 也不相同，所以每一段路径对积分的贡献是完全不同的，仅最后得到的积分值相同。

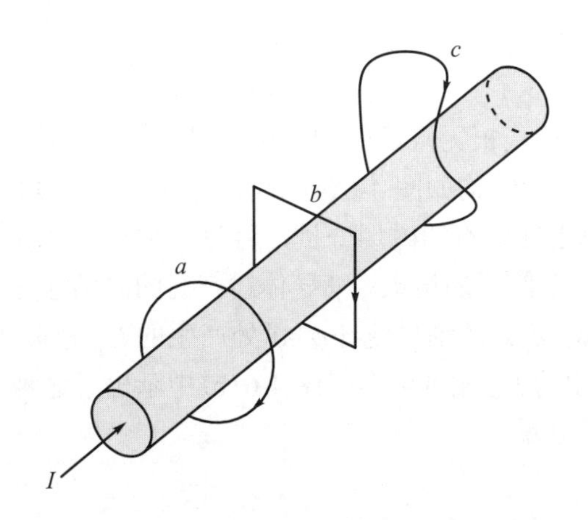

图 4-5　一根通有直流电流为 I 的导体

下面针对“由闭合路径所包围的电流”这一表述的含义进行说明，一根载流导体穿过任意形状的闭合路径一次，这也就是由闭合路径所包围的电流的真实测量值。若让导体从前方向后方穿过闭合路径一次，再从后方向前方穿过闭合路径一次，则由这个闭合路径所包围的总电流代数和为零。

若给定一个闭合路径，则可以把它看成无数个曲面(非闭合曲面)的边界线。被闭合路径所包围的任何载流导体一定要通过每一个这样的曲面一次。当然，可以选取某些曲面，使得导体两次穿过它们，即从一个方向穿过一次而从另一个相反方向又穿过一次，但是电流的代数和仍然相同。

闭合路径的种类通常是极其简单的，且能够被画在一个平面上。因此，部分被闭合路径所包围的平面就是最简单的曲面。应用高斯定律的关键是要求出闭合面内所包围的总电荷；而应用安培环路定律的关键是要求出闭合路径所包围的总电流。下面以三个关于安培环路定律应用的例子进行说明。

第一个例子，利用安培环路定律求解无限长直细线电流 I 产生的磁场强度 $\boldsymbol{H}$。在自由空间中，长直细线沿 z 轴(如图 4-2 所示)放置，电流沿 $\boldsymbol{a}_z$ 的方向流动。首先，根据磁场的对称性可知磁场强度大小与 z 和 ϕ 都无关。其次，根据毕奥-萨伐尔定律确定磁场强度 $\boldsymbol{H}$ 存在哪些分量。不失一般性，由叉乘定义可知 $\mathrm{d}\boldsymbol{H}$ 垂直于 $\mathrm{d}\boldsymbol{L}$ 和 $\boldsymbol{L}$ 所在的平面，即 $\mathrm{d}\boldsymbol{H}$ 与 $\boldsymbol{a}_\phi$ 方向一致。因此，$\boldsymbol{H}$ 只有一个分量 H_ϕ，且仅是 ρ 的函数。

根据上述分析设定一个闭合路径，使得 $\boldsymbol{H}$ 与该路径相垂直或相切，并且磁场强度 $\boldsymbol{H}$ 在路径上为一常数。第一个条件(垂直或相切)可用标量乘积代替在安培环路定律中不与磁场强度相垂直的路径上的点积；第二个条件(磁场强度不变化)可将磁场强度 $\boldsymbol{H}$ 提取到积分号外。要求的积分通常都比较简单，只需要计算出与磁场强度 $\boldsymbol{H}$ 平行的那部分路径的长度。

当积分路径为半径等于 ρ 的圆时，由安培环路定律可得

$$\oint \boldsymbol{H}\cdot \mathrm{d}L=\int_0^{2\pi} H_{\phi\rho}\mathrm{d}\phi = H_\phi \rho \int_0^{2\pi}\mathrm{d}\phi = H_\phi 2\pi\rho = I \tag{4-19}$$

或

$$H_\phi = \frac{I}{2\pi\rho} \tag{4-20}$$

第二个例子，首先考虑一根无限长的同轴传输线，其内导体均匀流过电流 I，外导体均匀流过电流 $-I$ 。传输线的结构如图 4-6(a)所示。由对称性可知，磁场强度 $\boldsymbol{H}$ 的大小与 z 和 ϕ 均无关。为了计算出任意点的磁场分量，将整个实心导体看作由许多根细导体线组成，这样便可以利用第一个例子的结果。细导体线产生的磁场强度 $\boldsymbol{H}$ 没有 z 分量。进一步分析可知，位于 $\rho=\rho_1$，$\phi=\phi_1$ 处的细导线在 ϕ=0°处产生的 H_ρ 分量被对称地放置在 $\rho=\rho_1$，$\phi=-\phi_1$ 处的细导线所产生的 H_ρ 相抵消。在图 4-6(b)中示出了这种对称性，由图可知磁场强度只有随 ρ 变化的 H_ρ 分量。

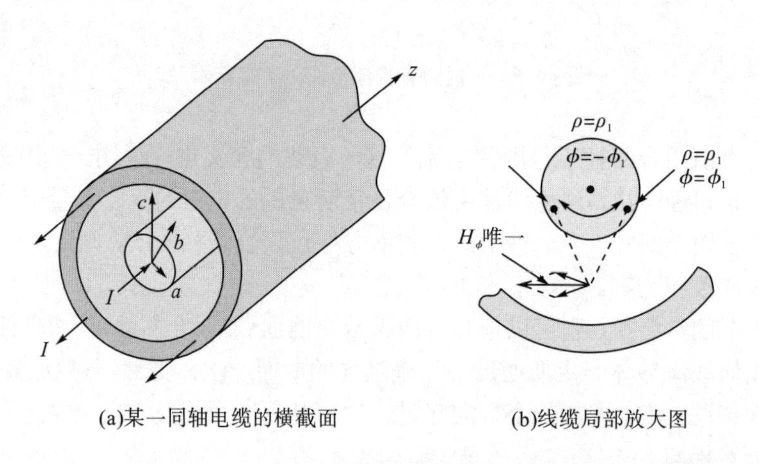

(a)某一同轴电缆的横截面　　(b)线缆局部放大图

图 4-6　线缆示意图

图 4-6(a)中，在任一圆环路径上应用安培环路定律很容易计算出任意点的磁场强度。图 4-6(b)中，分别位于 $\rho=\rho_1$，$\phi=\pm\phi_1$ 处的两根线电流所产生的磁场强度分量相互抵消。对总磁场来说，有 $\boldsymbol{H}=H_\phi \boldsymbol{a}_\phi$ 。

取一个半径为 ρ 的圆环路径，$a<\rho<b$ ，容易得到

$$H_\phi = \frac{1}{2\pi\rho}, a<\rho<b \tag{4-21}$$

若 $\rho<a$ ，则闭合路径包围的电流为

$$I_{\text{encl}} = I\frac{\rho^2}{a^2}$$

和

$$2\pi\rho H_\phi = I\frac{\rho^2}{a^2}$$

或

$$H_\phi = \frac{I\rho}{2\pi a^2}, \rho < a \tag{4-22}$$

若 $\rho > c$(c 为外导体外径)，闭合路径所包围的电流的代数和为零，则

$$H_\phi = 0, \rho > c \tag{4-23}$$

如果将闭合回路取在外导体的内部，可知外导体内部的磁场强度为

$$\begin{cases} 2\pi\rho H_\phi = I - I\left(\dfrac{\rho^2 - b^2}{c^2 - b^2}\right) \\ H_\phi = \dfrac{I}{2\pi\rho}\dfrac{c^2-\rho^2}{c^2-b^2}, b < \rho < c \end{cases} \tag{4-24}$$

下面给出第三个例子说明如何应用安培环路定律计算一个通有均匀面电流密度 $K_a\boldsymbol{a}_z$ 和半径为 a 的无限长螺线管的磁场问题，如图 4-7(a)所示。螺线管内外的磁场强度如下：

$$\begin{cases} \boldsymbol{H} = K_a\boldsymbol{a}_z, & \rho < a \\ \boldsymbol{H} = 0, & \rho > a \end{cases} \tag{4-25}$$

其中，螺线管长度为 d，且外围绕制 N 匝细导线，导线内通有电流 I[图 4-7(b)]。则在螺线管内部任一点的磁场强度为

$$\boldsymbol{H} = \frac{NI}{d}\boldsymbol{a}_z \tag{4-26}$$

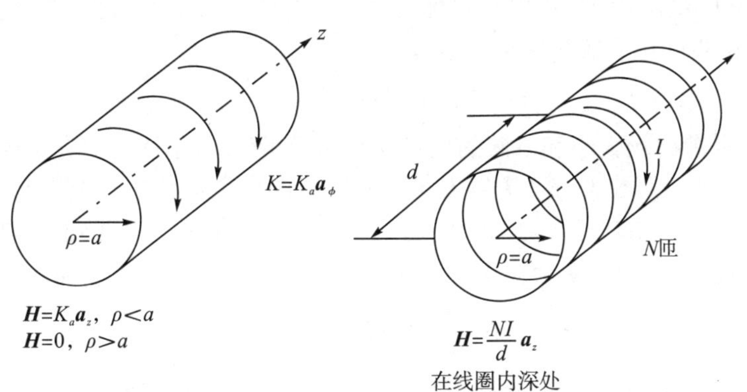

图 4-7　螺线管磁场强度示意图

对于图 4-8 所示的铜环形线圈来说，线圈通有面电流 K，可以证明线圈内部和线圈外部的磁场强度分别为

$$\begin{cases} \boldsymbol{H} = K_a\dfrac{\rho_0 - a}{\rho}\boldsymbol{a}_\phi \\ \boldsymbol{H} = 0 \end{cases} \tag{4-27}$$

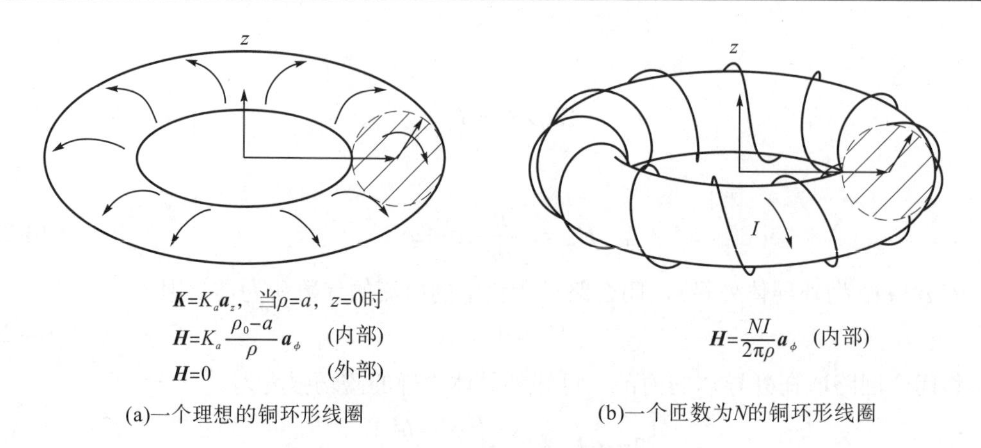

(a)一个理想的铜环形线圈 (b)一个匝数为N的铜环形线圈

图 4-8 铜环形线圈磁场强度示意图

而对于图 4-8(b)中的 N 匝铜环形线圈，线圈内部和线圈外部的磁场强度为

$$\begin{cases} \boldsymbol{H} = \dfrac{NI}{2\pi\rho}\boldsymbol{a}_\phi & (内部) \\ \boldsymbol{H} = 0 & (外部) \end{cases} \tag{4-28}$$

4.1.3 磁通量和磁感应强度

在自由空间中，定义磁感应强度 $\boldsymbol{B}$(又叫磁通密度)为[3]

$$\boldsymbol{B} = \mu_0 \boldsymbol{H} \tag{4-29}$$

式中，$\boldsymbol{B}$ 的单位是 Wb/m^2，在国际单位制中称为 T；μ_0 为真空磁导率，是一个有量纲的量，单位是 H/m，在自由空间中有确定的值，μ_0 为

$$\mu_0 = 4\pi \times 10^{-7}\ \text{H/m} \tag{4-30}$$

磁通密度 $\boldsymbol{B}$ 是反映磁场大小和方向的矢量，将毕奥-萨伐尔定律与库仑定律相比，可以看出磁场与电场之间具有相似性，$\boldsymbol{H}$ 与 $\boldsymbol{E}$ 是一对对应的场量。同时，由关系式 $\boldsymbol{B} = \mu_0 \boldsymbol{H}$ 和 $\boldsymbol{D} = \varepsilon_0 \boldsymbol{E}$，可以得到 $\boldsymbol{B}$ 与 $\boldsymbol{D}$ 是一对对应的场量。如果 $\boldsymbol{B}$ 的单位是 Wb/m^2 或 T，那么磁通的单位就应该是 Wb。若用 Φ 表示磁通量，则穿过指定面积上的磁通量可表示为

$$\Phi = \int_S \boldsymbol{B} \cdot \mathrm{d}\boldsymbol{S} \tag{4-31}$$

在载有直流电流 I 的无限长直细导线例子中，磁场强度分布曲线是中心在细导线上而与其相垂直的一些同心圆。由于 $\boldsymbol{B} = \mu_0 \boldsymbol{H}$，所以磁通密度 $\boldsymbol{B}$ 也与 $\boldsymbol{H}$ 一样有着相似的分布。但是磁通量分布曲线却是闭合的，它不会终止于“磁荷”上。由于这个原因，在磁场中的高斯定律应该为[4]

$$\oint_S \boldsymbol{B} \cdot \mathrm{d}\boldsymbol{S} = 0 \tag{4-32}$$

根据散度定理，式(4-32)可表示为

$$\nabla \cdot \boldsymbol{B} = 0 \tag{4-33}$$

式(4-33)是把麦克斯韦方程组应用于静电场和恒定磁场中的最后一个方程。此时，对于静电场和恒定磁场来说，麦克斯韦方程组为[5]

$$\begin{cases}\nabla\cdot\boldsymbol{D}=\rho_v\\ \nabla\cdot\boldsymbol{E}=0\\ \nabla\cdot\boldsymbol{H}=\boldsymbol{J}\\ \nabla\cdot\boldsymbol{B}=0\end{cases}\tag{4-34}$$

再加上联系自由空间中 $\boldsymbol{D}$ 与 $\boldsymbol{E}$ 和 $\boldsymbol{H}$ 与 $\boldsymbol{B}$ 的两个本构关系式：

$$\boldsymbol{D}=\varepsilon_0\boldsymbol{E};\boldsymbol{B}=u_0\boldsymbol{H}\tag{4-35}$$

式(4-34)中的 4 个方程确定了电场和磁场的散度和旋度。对于静电场和恒定磁场来说，这 4 个方程相应的积分形式为

$$\begin{cases}\oint_S\boldsymbol{D}\cdot\mathrm{d}\boldsymbol{S}=Q=\int_{\mathrm{vol}}\rho_v\mathrm{d}v\\ \oint\boldsymbol{E}\cdot\mathrm{d}\boldsymbol{L}=0\\ \oint\boldsymbol{H}\cdot\mathrm{d}\boldsymbol{L}=I=\int_S\boldsymbol{J}\cdot\mathrm{d}\boldsymbol{S}\\ \oint_S\boldsymbol{B}\cdot\mathrm{d}\boldsymbol{S}=0\end{cases}\tag{4-36}$$

作为通量和通量密度在磁场中应用的一个例子，对图 4-6(a)所示同轴线中两导体之间的磁通进行求解。根据 4.1.2 节中的分析，导体之间的磁场强度为

$$H_\phi=\frac{I}{2\pi\rho},a<\rho<b$$

因此，

$$\boldsymbol{B}=\mu_0\boldsymbol{H}=\frac{\mu_0 I}{2\pi\rho}\boldsymbol{a}_\phi\tag{4-37}$$

在轴线方向长度为 d 的两导体之间穿过的磁通等于穿过从 $\rho=a$ 到 $\rho=b$ 任一径向平面(在轴线方向从 $z=0$ 到 $z=d$)的磁通，总磁通量可表示为

$$\varPhi=\int_S\boldsymbol{B}\cdot\mathrm{d}\boldsymbol{S}=\int_0^d\int_a^b\frac{\mu_0 I}{2\pi\rho}\boldsymbol{a}_\phi\cdot\mathrm{d}\rho\mathrm{d}z\boldsymbol{a}_\phi$$

或

$$\varPhi=\frac{\mu_0 Id}{2\pi}\ln\frac{b}{a}\tag{4-38}$$

4.1.4　磁化和磁导率

电流是由束缚电荷(轨道运动电子、电子自旋和原子核自旋)运动的结果，它所产生的场叫作磁化强度 $\boldsymbol{M}$，其单位与磁场强度 $\boldsymbol{H}$ 相同。把束缚电荷运动所产生的电流叫作束缚电流或安培电流。

将回路的矢量面积元与回路电流的乘积定义为元磁偶极矩 $\mathrm{d}\boldsymbol{m}$，可表示为[6]

$$\mathrm{d}\boldsymbol{m}=I\mathrm{d}\boldsymbol{S}\tag{4-39}$$

式中，磁偶极矩的单位是 $\mathrm{A\cdot m^2}$。

由于束缚电流 I_b 沿着包围面元 $\mathrm{d}\boldsymbol{S}$ 的一个闭合回路流动，所以它构成了一个磁偶极矩，即

$$\boldsymbol{m} = I_b \mathrm{d}\boldsymbol{S} \tag{4-40}$$

若在每单位体积中有 n 个磁偶极子，则在体积Δv 内的总磁偶极矩可表示为

$$\boldsymbol{m}_{\text{total}} = \sum_{i=1}^{n\Delta v} \boldsymbol{m}_i \tag{4-41}$$

式中，每个 $\boldsymbol{m}_i$ 可能是不相同的。

将磁化强度 $\boldsymbol{M}$ 定义为在每单位体积内的磁偶极矩，则磁化强度可表示为

$$\boldsymbol{M} = \lim_{\Delta v \to 0} \frac{1}{\Delta v} \sum_{i=1}^{n\Delta v} \boldsymbol{m}_i \tag{4-42}$$

可以看到它的单位与磁场强度 $\boldsymbol{H}$ 是相同的，即 A/m。

如图 4-9 所示，考虑磁偶极子沿闭合路径上某一小段的排列。在图中给出了几个磁偶极矩 $\boldsymbol{m}$ 与元长度段 $\mathrm{d}\boldsymbol{L}$ 之间的夹角 θ，其中的每一个磁偶极矩都是由沿包围面积 $\mathrm{d}\boldsymbol{S}$ 的闭合回路流动的束缚电流 I_b 所构成。因此，在一个小体积元 $\mathrm{d}S\cos\theta \mathrm{d}L$ 或 $\mathrm{d}\boldsymbol{S}\mathrm{d}\boldsymbol{L}$ 中有 n 个磁偶极子。那么在从随机取向分布到部分整齐有序排列的变化过程中，对于所有的 n 个磁偶极子来说，它们穿过闭合路径所包围面积(当沿图 4-9 所示的 $\boldsymbol{a}_L$ 方向绕行时，该面积位于左手一侧)的束缚电流都增加一个值 I_b。这样有

$$\mathrm{d}I_b = nI_b \mathrm{d}\boldsymbol{S} \cdot \mathrm{d}\boldsymbol{L} = \boldsymbol{M} \cdot \mathrm{d}\boldsymbol{L} \tag{4-43}$$

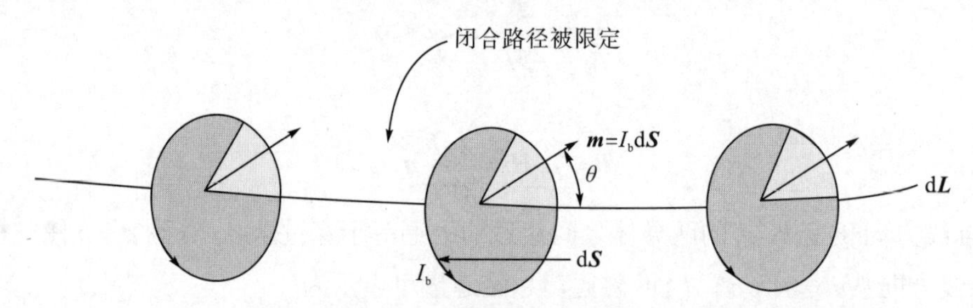

图 4-9　在某一外磁场作用下的磁偶极子

图 4-9 所示为磁偶极子沿闭合路径的部分有序排列，以单个闭合面积为例，有限面积内的束缚电流增加了 $nI_b \mathrm{d}\boldsymbol{S} \cdot \mathrm{d}\boldsymbol{L}$，对于一个闭合曲线，电流为

$$I_b = \oint \boldsymbol{M} \cdot \mathrm{d}\boldsymbol{L} \tag{4-44}$$

式(4-44)说明，当沿某一闭合路径绕行和求磁偶极矩时，将会有一个相应的电流存在，如穿过内部表面的轨道电子。

由于式(4-44)与安培环路定律形式相近，所以可归纳出 $\boldsymbol{B}$ 和 $\boldsymbol{H}$ 之间的一般关系式，它不仅适用于自由空间，也适用于其他介质。由于现在的讨论是基于元电流回路在磁场 $\boldsymbol{B}$ 中所受到的力和力矩，因此将 $\boldsymbol{B}$ 看作一个基本的场量。为此，把安培环路定律表示为

$$\oint \frac{\boldsymbol{B}}{\mu_0} \cdot \mathrm{d}\boldsymbol{L} = I_{\mathrm{T}} \tag{4-45}$$

式中，$I_{\mathrm{T}} = I_b + I$，其中 I 是被闭合路径所包围的全部自由电流。

结合式(4-44)、式(4-45)，得出与自由电流有关的表达式：

$$I = I_{\mathrm{T}} - I_b = \oint\left(\frac{\boldsymbol{B}}{\mu_0} - \boldsymbol{M}\right)\cdot \mathrm{d}\boldsymbol{L} \tag{4-46}$$

根据上述分析，用 $\boldsymbol{B}$ 和 $\boldsymbol{M}$ 改进磁场强度 $\boldsymbol{H}$ 的定义可表示为

$$\boldsymbol{H} = \frac{\boldsymbol{B}}{\mu_0} - \boldsymbol{M} \tag{4-47}$$

由于在自由空间中磁化强度 $\boldsymbol{M}$ 为零，所以有 $\boldsymbol{B} = \mu_0\boldsymbol{H}$，则式(4-47)可表示为

$$\boldsymbol{B} = \mu_0(\boldsymbol{H} + \boldsymbol{M}) \tag{4-48}$$

将式(4-47)代入式(4-46)可得由自由电流表示的安培环路定律为

$$I = \oint \boldsymbol{H}\cdot \mathrm{d}\boldsymbol{L} \tag{4-49}$$

对于线性且各向同性的介质来说，式(4-48)所表示的 $\boldsymbol{B}$、$\boldsymbol{H}$ 和 $\boldsymbol{M}$ 之间的关系可以被进一步简化。

若定义介质的磁化率为 χ_{m}，则相关介质的磁化强度可表示为

$$\boldsymbol{M} = \chi_{\mathrm{m}}\boldsymbol{H} \tag{4-50}$$

将式(4-50)代入式(4-48)可得

$$\boldsymbol{B} = \mu_0(\boldsymbol{H} + \chi_{\mathrm{m}}\boldsymbol{H}) = \mu_0\mu_{\mathrm{r}}\boldsymbol{H} \tag{4-51}$$

其中

$$\mu_{\mathrm{r}} = 1 + \chi_{\mathrm{m}} \tag{4-52}$$

式中，μ_{r} 称为相对磁导率。而绝对磁导率 μ 则定义为

$$\mu = \mu_0\mu_{\mathrm{r}} \tag{4-53}$$

这样，可得出 $\boldsymbol{B}$ 和 $\boldsymbol{H}$ 的关系式：

$$\boldsymbol{B} = \mu\boldsymbol{H} \tag{4-54}$$

4.1.5　磁场边界条件

图 4-10 所示为两种各向同性的均匀线性磁性材料的边界，它们的磁导率分别为 μ_1 和 μ_2。按照图中所示做一个很小的圆柱形高斯面，可以确定磁场的边界条件。由磁场中的高斯定律可知[2]：

$$\oint_s \boldsymbol{B}\cdot \mathrm{d}\boldsymbol{S} = 0 \tag{4-55}$$

由式(4-55)可知，穿过磁性材料边界的法向磁场是连续的，即

$$B_{\mathrm{N1}}\Delta\boldsymbol{S} - B_{\mathrm{N2}}\Delta\boldsymbol{S} = 0$$

或

$$B_{\mathrm{N2}} = B_{\mathrm{N1}} \tag{4-56}$$

将式(4-54)代入得

$$H_{\mathrm{N2}} = \frac{\mu_1}{\mu_2}H_{\mathrm{N1}} \tag{4-57}$$

式中，$\boldsymbol{B}$ 为连续的法向分量；$\boldsymbol{H}$ 为不连续的法向分量，且有比例关系 μ_1/μ_2。

当然，一旦已知 $\boldsymbol{H}$ 的法向分量之间的关系，那么磁化强度 $\boldsymbol{M}$ 的法向分量之间的关系也就得到了确定。对于线性的磁性材料，其结果为[7]

$$M_{\mathrm{N2}}=\chi_{\mathrm{m2}}\frac{\mu_1}{\mu_2}H_{\mathrm{N1}}=\frac{\chi_{\mathrm{m2}}\mu_1}{\chi_{\mathrm{m1}}\mu_2}M_{\mathrm{N1}} \tag{4-58}$$

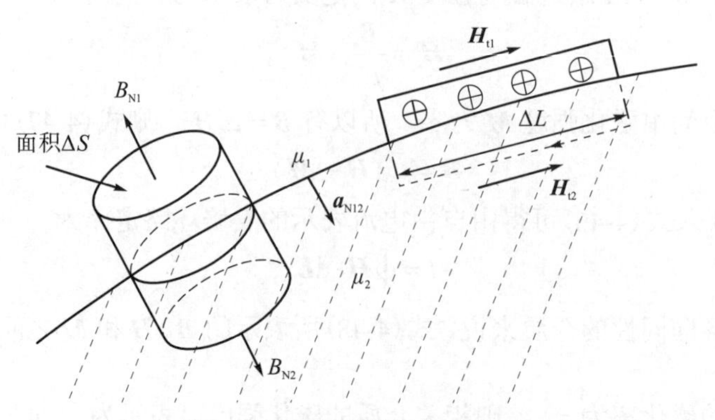

图 4-10 磁场边界条件示意图

图 4-10 中包含位于介质 1 与介质 2 边界上的一条闭合路径和一个高斯面，两种介质的磁导率分别为 μ_1 和 μ_2。由此，可以确定边界条件 $B_{\mathrm{N1}}=B_{\mathrm{N2}}$ 和 $H_{\mathrm{t1}}-H_{\mathrm{t2}}=K$，电流密度的方向指向纸面内，现在将安培环路定律：

$$\oint \boldsymbol{H}\cdot \mathrm{d}\boldsymbol{L}=I$$

应用于如图 4-10 所示的闭合路径中。沿顺时针方向积分，可得

$$H_{\mathrm{t1}}\Delta L-H_{\mathrm{t2}}\Delta L=K\Delta L$$

假设在边界上有一个面电流 $\boldsymbol{K}$，它在垂直于闭合路径所在平面方向的分量为 K。因此，有

$$H_{\mathrm{t1}}-H_{\mathrm{t2}}=K \tag{4-59}$$

将式(4-59)中各个量的方向用矢量叉乘的切向分量形式表示，可得

$$(\boldsymbol{H}_1-\boldsymbol{H}_2)\times \boldsymbol{a}_{\mathrm{N12}}=\boldsymbol{K}$$

式中，$\boldsymbol{a}_{\mathrm{N12}}$ 是在边界上从区域 1 指向区域 2 的单位法向矢量。

对于磁场强度 $\boldsymbol{H}$，根据矢量的切向分量写出的等价表达式为

$$\boldsymbol{H}_{\mathrm{t1}}-\boldsymbol{H}_{\mathrm{t2}}=\boldsymbol{a}_{\mathrm{N12}}\times \boldsymbol{K}$$

对于切向的磁感应强度 $\boldsymbol{B}$ 可表示为

$$\frac{B_{\mathrm{t1}}}{\mu_1}-\frac{B_{\mathrm{t2}}}{\mu_2}=K \tag{4-60}$$

因此，对于线性磁性材料，磁化强度切向分量的边界条件为

$$M_{\mathrm{t2}}=\frac{\chi_{\mathrm{m2}}}{\chi_{\mathrm{m1}}}M_{\mathrm{t1}}-\chi_{\mathrm{m2}}K \tag{4-61}$$

4.1.6 磁路分析

基于电磁场原理的相似性，首先给出静电场中的电位和电场强度之间的关系：

$$\boldsymbol{E} = -\nabla V \tag{4-62}$$

为方便分析，引入标量磁位作为中间变量。其中，标量磁位与磁场强度的关系与式(4-62)类似，它与磁场强度的关系为

$$\boldsymbol{H} = -\nabla V_{\mathrm{m}} \tag{4-63}$$

式中，V_{m} 代表磁路的磁动势，A。

考虑到线圈一般由多匝导线绕制而成，实际应用中常把电流与匝数的乘积作为磁动势的单位，称为“安・匝”，且在定义 V_{m} 的区域中无电流流过。

磁动势和磁场强度之间的关系为

$$V_{\mathrm{m},AB} = \int_A^B \boldsymbol{H} \cdot \mathrm{d}\boldsymbol{L} \tag{4-64}$$

式中，积分路径不能穿过设置的磁屏障面。

在电路中，欧姆定律的点形式为

$$\boldsymbol{J} = \sigma \boldsymbol{E} \tag{4-65}$$

在磁场中，欧姆定律依然适用，根据磁路欧姆定律可得

$$\boldsymbol{B} = \mu \boldsymbol{H}$$

则流过一个磁路横截面的总磁通为

$$\phi = \int_S \boldsymbol{J} \cdot \mathrm{d}\boldsymbol{S} \tag{4-66}$$

与电阻类似，定义磁动势与磁通的比值为磁路中的磁阻，可表示为

$$R = \frac{V_{\mathrm{m}}}{\varPhi} \tag{4-67}$$

式中，磁阻的单位是 A/Wb。

对于一个横截面积为 S、长度为 d 的线性各向同性均匀磁性材料，它的总磁阻为

$$R = \frac{d}{\mu S} \tag{4-68}$$

由基尔霍夫电压定律可知，一个电路中的电压上升值应等于下降值，电场强度 $\boldsymbol{E}$ 的闭合路径积分为零。与电场的表达式相似，在磁场中的表达式为

$$\oint \boldsymbol{H} \cdot \mathrm{d}\boldsymbol{L} = I_{\mathrm{total}} \tag{4-69}$$

即 $\boldsymbol{H}$ 的闭合路径积分不为零。闭合路径的总电流通常为流过 N 匝线圈的电流 L，则磁路又可以表示为

$$\oint \boldsymbol{H} \cdot \mathrm{d}\boldsymbol{L} = NI \tag{4-70}$$

下面分别以圆盘式和圆筒式磁流变液传动装置为例，简述等效磁路的分析过程。

1. 圆盘式磁流变传动装置磁路分析

结合磁场基本原理，基于磁场等效电阻法，可分析得出一般磁传动装置的磁场分布情况。以圆盘式磁流变传动装置为例，对各部分的磁阻进行等效处理，为进一步详细设计提供理论参考。磁路分析的主要目的是优化 MRF 工作间隙的磁场强度，并且尽可能保证 MRF 链化方向与 MRF 剪切平面垂直。圆盘式 MR 传动器主要的零部件是由回转件组成，

将圆盘式 MR 传动器简化为二维轴对称模型，圆盘式 MR 传动器简化磁路模型如图 4-11 所示。图中的磁路可以大致分为 6 个部分。

通过磁场欧姆定律可得出磁路各个部分的等效磁阻 R，如图 4-12 所示。为简化计算，假设从动部分、输入轴和磁流变液的相对磁导率为常数，各部分的磁阻 R 可表示为[8]

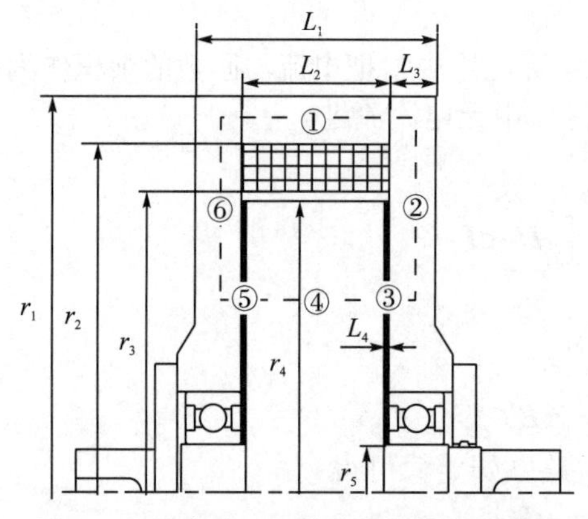

图 4-11 圆盘式 MR 传动器简化磁路模型

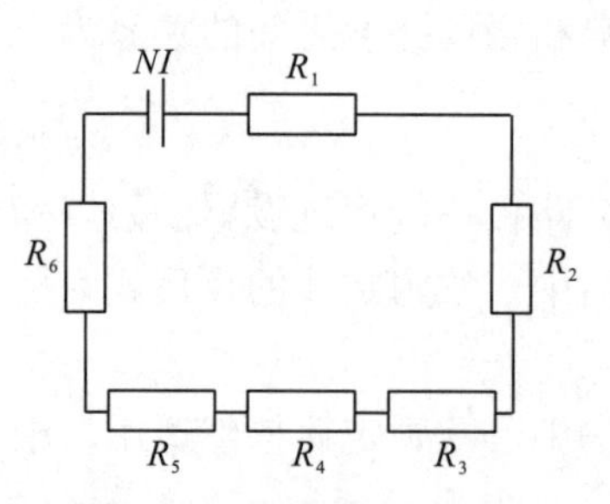

图 4-12 等效磁阻示意图

$$R_1 = \frac{L_2}{\pi\mu_1\left(r_1^2 - r_2^2\right)},\ R_2 = \frac{\ln\frac{r_1}{r_5}}{2\pi\mu_1 L_3},\ R_3 = \frac{L_4}{\pi\mu_2\left(r_4^2 - r_5^2\right)},\ R_4 = \frac{L_2 - 2L_4}{\pi\mu_3\left(r_4^2 - r_5^2\right)},\ R_2 = R_6,\ R_3 = R_5 \tag{4-71}$$

式中，μ_1、μ_2 和 μ_3 分别为从动部分、MRF 和主动轴的绝对磁导率；L_1、L_2、L_3 和 L_4 分别为圆盘式 MR 传动器各零部件的轴向长度；r_1、r_2、r_3、r_4、r_5 分别为圆盘式 MR 传动器各零部件的径向长度①。

图 4-12 中分别为隔磁环和励磁线圈产生的磁阻，由于隔磁环和励磁线圈的材料为铜，与其他部分的等效磁阻相比数值较大，在计算过程中可以忽略。

将磁路各部分的磁阻叠加，圆盘式 MR 传动器的总磁阻 R_{m} 可表示为

$$R_{\mathrm{m}} = \sum_{i=1}^{6} R_i \tag{4-72}$$

同时，圆盘式 MR 传动器的磁路的磁通量 Φ 可表示为

$$\Phi = \frac{NI}{R_{\mathrm{m}}} \tag{4-73}$$

式中，N 为线圈的匝数；I 为线圈加载的电流。

最后，圆盘式 MR 传动器 MRF 工作间隙的单侧磁通密度可表示为

$$B_3 = B_5 = \frac{\Phi}{\pi\left(r_4^2 - r_5^2\right)} \tag{4-74}$$

由式(4-71)～式(4-74)，以及表 4-1 中的圆盘式 MR 传动器结构尺寸参数，可计算得

① r_3 表示装置尺寸，设计装置尺寸时需要考虑，磁阻计算时并不需要使用。

出圆盘式 MR 传动器的磁场特性，并为圆盘式 MR 传动器磁路提供设计参考。假设圆盘式 MR 传动器各零部件不会出现磁饱和现象，传动部分和主动轴材料为 10#钢，磁流变液型号为 MRF-J01T，传动部分、磁流变液、主动轴的相对磁导率分别为 909、5.80、909[9]。计算得出圆盘式 MR 传动器的总磁阻为 $9.11\times10^4\text{H}^{-1}$，为了使 MRF 工作间隙内的磁通密度 B 大于 0.5T，线圈参数 NI 设计值为 520，电流与磁通密度的关系如图 4-13 所示。

表 4-1　圆盘式 MR 传动器尺寸结构参数　　单位：mm

r_1	r_2	r_3	r_4	r_5	l_1	l_2	l_3	l_4
83	73	63	61	10	52	32	10	1

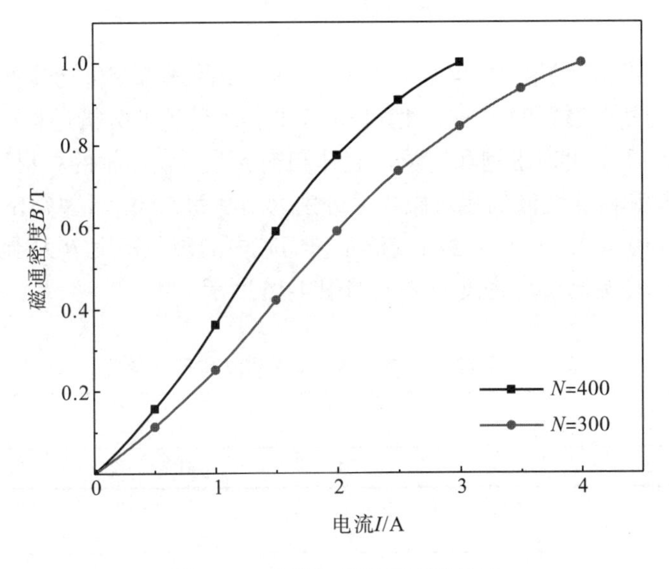

图 4-13　电流与磁通密度的关系

2. 圆筒式磁流变传动装置磁路分析

将磁流变传动装置简化为二维轴对称模型，单侧截面构成的简化磁路模型如图 4-14 所示，等效磁阻示意图如图 4-15。磁路由 6 个部分组成，并且各磁路沿着顺时针依次编号。

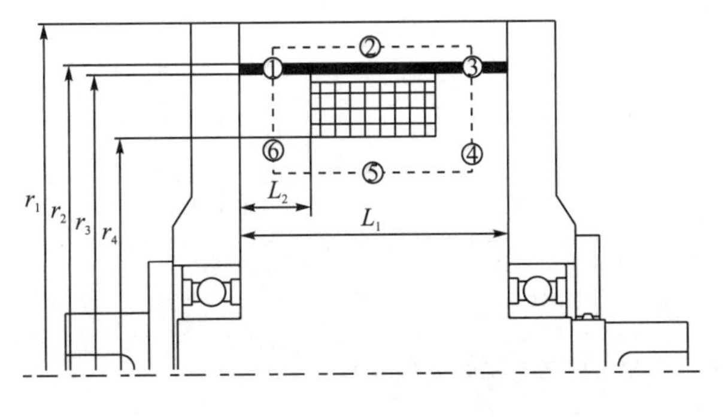

图 4-14　简化磁路模型

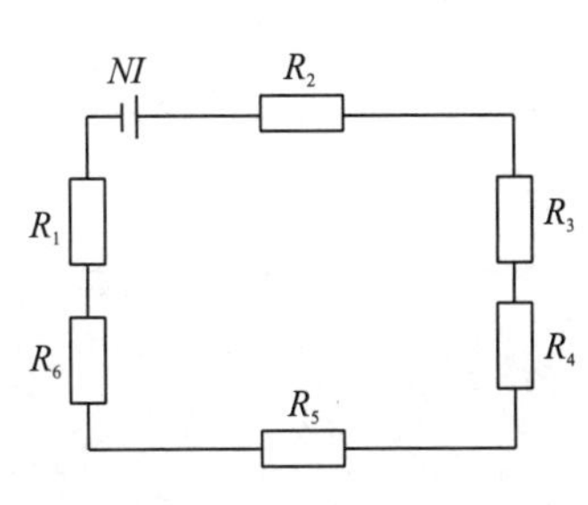

图 4-15　等效磁阻示意图

与圆盘式传动装置相同，通过磁场欧姆定律可得出磁路各个部分的磁阻 R，为简化计算假设挤压盘、输入轴和磁流变液的相对磁导率为常数，各部分的磁阻 R 可表示为

$$R_1=\frac{\ln\left(\frac{r_2}{r_3}\right)}{2\pi\mu_1 L_2},\ R_2=\frac{L_1}{\pi\mu_2\left(r_1^2-r_2^2\right)},\ R_4=\frac{\ln\left(\frac{r_3}{r_4}\right)}{2\pi\mu_2 L_2},\ R_5=\frac{L_1}{\pi\mu_2 r_4^2},\ R_1=R_3,\ R_4=R_6 \tag{4-75}$$

式中，μ_1、μ_2 分别为磁流变液、壳体的相对磁导率，由于壳体和输入轴、输出轴采用同一种材料，因此相对磁导率一致；L_1、L_2 分别为磁流变液传动装置各零部件的轴向长度；r_1、r_2、r_3 和 r_4 分别为磁流变液传动装置各零部件的径向长度。

磁流变传动装置中磁流变液工作间隙的单侧磁通密度可表示为

$$B_1=B_3=\frac{\phi}{2\pi r_2 L_2} \tag{4-76}$$

由式(4-72)、式(4-73)和式(4-76)，以及表 4-2 中的磁流变传动装置结构尺寸参数，可计算得出磁流变传动装置的磁场特性。与圆盘式传动装置的分析过程一致，假设磁流变传动装置各零部件不会出现磁饱和现象，壳体和输入轴、输出轴的材料为 10#钢，10#钢与输入轴、输出轴和磁流变液的相对磁导率分别为 909 和 5.80。计算得出磁流变液传动装置的磁阻为 $1.49\times10^5\text{H}^{-1}$，为了使磁流变液工作间隙内的磁通密度 B 大于 0.5T，线圈参数 NI 设计值为 380。电流与磁通密度的关系如图 4-16 所示。

表 4-2 圆筒式磁流变液传动装置结构尺寸参数 （单位：mm）

r_1	r_2	r_3	r_4	r_5	L_1	L_2
70.5	62	60	47	41	46.5	11.6

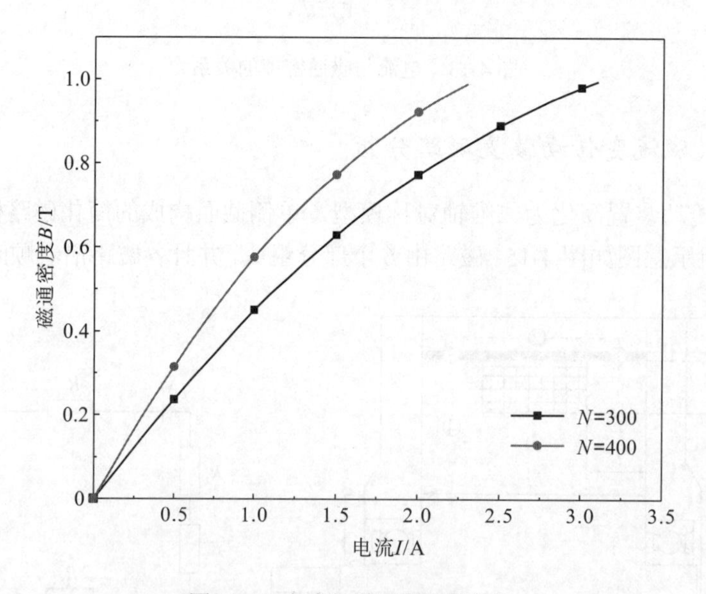

图 4-16 电流与磁通密度的关系

4.2　热场基本原理与分析

4.2.1　热传导

物体各部分之间不发生相对位移时，依靠分子、原子及自由电子等微观粒子的热运动而产生的热能传递称为热传导，简称导热[10]。例如，固体内部热量从温度较高的部分传递到温度较低的部分，以及温度较高的固体把热量传递给与之接触的温度较低的另一固体都是导热现象。

通过对大量实际导热问题的经验提炼，导热现象的规律已经被总结为傅里叶定律。

图 4-17 所示的两个表面均维持均匀温度的平板的导热，是个一维导热问题，即温度仅在 x 方向发生变化。对于 x 方向任意一个厚度为 $\mathrm{d}x$ 的微元层来说，根据傅里叶定律，单位时间内通过该层的导热量与当地的温度变化率及平板面积 A 成正比，即[11]

$$\Phi = -\lambda A\frac{\mathrm{d}t}{\mathrm{d}x} \tag{4-77}$$

式中，λ为比例系数，称为热导率，又称导热系数；负号表示热量传递方向与温度升高的方向相反。式(4-77)是计算通过平板导热量的速率方程。

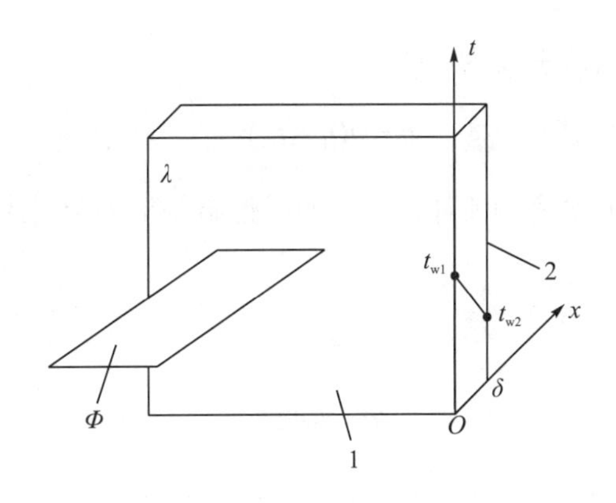

图 4-17　通过平板的一维导热

单位时间内通过某一给定面积的热量称为热流量，记为 Φ，单位为 W。单位时间内通过单位面积的热流量称为热流密度(或称面积热流量)，当物体的温度仅在 x 方向发生变化时，按照傅里叶定律，热流密度的表达式为

$$q = \frac{\Phi}{A} = -\lambda\frac{\mathrm{d}t}{\mathrm{d}x} \tag{4-78}$$

傅里叶定律又称导热基本定律。式(4-77)和式(4-78)是一维稳态导热时傅里叶定律的数学表达式。由式(4-78)可见，当温度 t 沿 x 方向增加时，$\mathrm{d}t/\mathrm{d}x>0$ 而 $q<0$，说明此时热

量沿 x 减小的方向传递；反之，当 $dt/dx<0$ 时，$q>0$，说明此时热量沿 x 增加的方向传递。

导热系数是表征材料导热性能的参数，即是一种热物性参数[12]。不同材料的导热系数值不同，即使是同一种材料，其导热系数值还与温度等因素有关。一般，金属材料的导热系数最高，是电的良导体(如银和铜)，也是热的良导体；液体次之；气体最小。

4.2.2 热对流

热对流是指流体的宏观运动引起流体各部分之间发生相对位移，冷、热流体相互掺混所导致的热量传递过程[13]。热对流仅能发生在流体中，而且流体中的分子同时在进行着不规则的热运动，因而热对流必然伴随有热传导现象。工程上特别关注流体流过一个物体表面时与物体表面间的热量传递过程，称为对流传热，本书只讨论对流传热。

就引起流动的原因而论，对流传热可区分为自然对流与强制对流两大类。自然对流是由于流体冷、热各部分的密度不同而引起的。如果流体的流动是水泵、风机或其他压差作用造成的，则称为强制对流。冷油器、冷凝器等管内冷却水的流动都由水泵驱动，它们都属于强制对流。另外，工程上还常遇到液体在热表面上沸腾及蒸汽在冷表面上凝结的对流传热问题，分别简称为沸腾传热及凝结传热，它们是伴随有相变的对流传热。

对流传热的基本计算式是牛顿冷却公式[14]。流体被加热时，热流密度为

$$q = h(t_w - t_f) \tag{4-79}$$

流体被冷却时，相应的热流密度为

$$q = h(t_f - t_w)v \tag{4-80}$$

式中，t_w 和 t_f 分别为壁面温度和流体温度。如果把温差记为 Δt，并约定永远取正值，则牛顿冷却公式可表示为

$$q = h\Delta t \tag{4-81}$$

$$\Phi = hA\Delta t \tag{4-82}$$

式中，h 称为表面传热系数。式(4-81)是计算对流传热的速率方程。

表面传热系数的大小与对流传热过程中的许多因素有关。它不仅取决于流体的物性以及传热表面的形状、大小与布置，而且还与流速有密切的关系。式(4-81)、式(4-82)并不是揭示影响表面传热系数的种种复杂因素的具体关系式，而仅给出了表面传热系数的定义。研究对流传热的基本任务，就在于用理论分析或实验方法具体给出各种场合下 h 的计算关系式。

表 4-3 给出了几种对流传热过程表面传热系数的数值范围。由表 4-3 可见，就介质而言，水的对流传热比空气强烈；就对流传热方式而言，有相变的优于无相变的，强制对流高于自然对流。

表 4-3　对流传热表面传热系数的数值范围

类型	过程	h/[W/(m^2·K)]
自然对流	空气	1～10
	水	200～1000
强制对流	气体	20～100
	高压水蒸气	500～35000
	水	1000～1500
水的相对换热	沸腾	2500～35000
	蒸汽凝结	500～25000

4.2.3　热辐射

物体通过电磁波来传递能量的方式称为辐射。物体会因各种原因发出辐射能，其中因热而发出辐射能的现象称为热辐射。

自然界中各个物体都不停地向空间发出热辐射，同时又不断地吸收其他物体发出的热辐射。辐射与吸收过程的综合结果就造成了以辐射方式进行的物体间的热量传递——辐射传热(radiative heat transfer)，也常称为辐射换热[15]。当物体与周围环境处于热平衡时，辐射传热量等于零，但这是动态平衡，辐射与吸收过程仍在不停地进行。

导热、对流两种热量传递方式只在有物质存在的条件下才能实现，而热辐射可以在真空中传递，而且实际上在真空中辐射能的传递最有效。这是热辐射区别于导热、对流传热的基本特点。当两个物体被真空隔开时，如地球与太阳之间，导热与对流传热都不会发生，只能进行辐射传热。辐射传热区别于导热、对流传热的另一个特点是，它不仅产生能量的转移，而且还伴随着能量形式的转换，即发射时从热能转换为辐射能，而被吸收时又从辐射能转换为热能。

实验表明物体的辐射能力与温度有关，同一温度下不同物体的辐射与吸收能力也大不一样。在探索热辐射规律的过程中，有学者提出了一种绝对黑体[简称黑体(black body)]的概念。所谓黑体，是指能吸收投入到其表面的所有热辐射能量的物体。黑体的吸收能力和辐射能力在同温度的物体中是最强的。

黑体在单位时间内发出的热辐射热量由斯特藩-玻耳兹曼定律揭示：

$$\Phi = A\sigma T^4 \tag{4-83}$$

式中，T 为黑体的热力学温度；σ为斯特藩-玻耳兹曼常量；A 为辐射表面积。

一切实际物体的辐射能力都小于同温度下的黑体。实际物体辐射热流量的计算可以采用斯特藩-玻耳兹曼定律的经验修正形式：

$$\Phi = \varepsilon A\sigma T^4 \tag{4-84}$$

式中，ε 为物体的发射率，它与物体的种类及表面状态有关；其余符号的意义同式(4-83)。

斯特藩-玻耳兹曼定律又称四次方定律，是辐射传热计算的基础。应当指出，式(4-83)、式(4-84)中的Φ是物体自身向外辐射的热流量，而不是辐射传热量。要计算辐射传热量还必须考虑投射到物体上的辐射热量的吸收过程。另一种简单的辐射传热情形是，一个表面积为A_1、表面温度为T_1、发射率为ε_1的物体被包容在一个很大的表面温度为T_2的空腔内，此时该物体与空腔表面间的辐射换热量按下式计算：

$$\Phi = \varepsilon_1 A_1 \sigma \left(T_1^4 - T_2^4\right) \tag{4-85}$$

以上分别讨论了三种传递热量的基本方式：导热、对流和热辐射。在实际问题中，这些方式往往不是单独出现的。这不仅表现在互相串联的几个传热环节中，而且同一环节的传热也常是如此。

4.2.4 传热过程和传热系数

室内外温度不同时，室内外空气通过墙壁进行热量交换，在许多工业换热设备中，进行热量交换的冷、热流体也常分别处于固体壁面的两侧。例如，锅炉的省煤器及冰箱的冷凝器中的热量交换过程就是如此。这种热量由壁面一侧的流体通过壁面传到另一侧流体中去的过程称为传热过程。传热过程是工程技术中经常遇到的一种典型热量传递过程，在深入讨论导热、对流传热及辐射传热之前，对传热过程有个概略的了解是很必要的。

1. 传热方程式

一般来说，传热过程包括串联着的三个环节：①从热流体到壁面高温侧的热量传递；②从壁面高温侧到壁面低温侧的热量传递，即穿过固体壁的导热；③从壁面低温侧到冷流体的热量传递。由于是稳态过程，通过串联着的每个环节的热流量Φ应该是相同的。

设平壁表面积为A，参照图 4-18 中的符号，可以分别写出上述三个环节热流量的表达式：

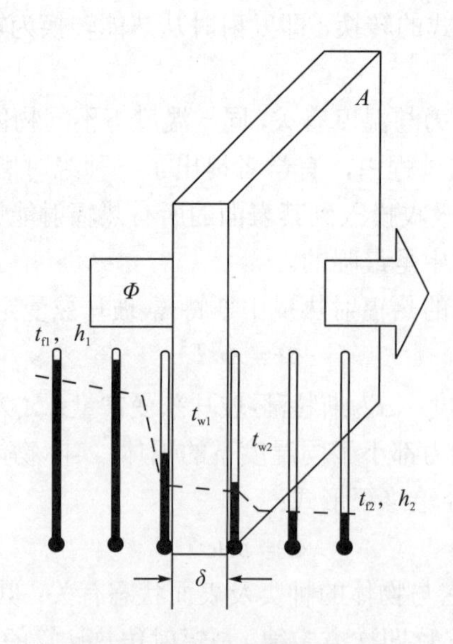

图 4-18 平壁的传热过程

$$\begin{cases} \Phi = Ah_1(t_{f1} - t_{w1}) \\ \Phi = \dfrac{A\lambda}{\delta}(t_{w1} - t_{w2}) \\ \Phi = Ah_2(t_{w2} - t_{f2}) \end{cases} \tag{4-86}$$

将式(4-86)改写成温压的形式为

$$\begin{cases} t_{f1} - t_{w1} = \dfrac{\Phi}{Ah_1} \\ t_{w1} - t_{w2} = \dfrac{\Phi}{\dfrac{A\lambda}{\delta}} \\ t_{w2} - t_{f2} = \dfrac{\Phi}{Ah_2} \end{cases} \tag{4-87}$$

将式(4-87)中的三式相加，消去温度t_{w1}、t_{w2}，整理后得

$$\Phi = \frac{A(t_{f1} - t_{f2})}{\dfrac{1}{h_1} + \dfrac{\delta}{\lambda} + \dfrac{1}{h_2}} \tag{4-88}$$

也可以表示为

$$\Phi = Ak(t_{f1} - t_{f2}) \tag{4-89}$$

式中，k为传热系数(overall heat transfer coefficient)，$W/(m^2 \cdot K)$。数值上，它等于冷热流体间的温差Δt=1℃、传热面积A=1m^2时的热流量的值，是表征传热过程强烈程度的标尺。传热过程越强烈，传热系数越大，反之则越小。传热系数的大小不仅取决于参与传热过程的两种流体的种类，还与过程本身有关(如流速的大小、有无相变等)。值得指出的是，如果需要计及流体与壁面间的辐射传热，则式(4-88)中的表面传热系数h_1、h_2可取为复合传热表面传热系数。表4-4列出了通常情况下传热系数的数值范围。

表4-4　传热系数的数值范围

过程	$K/[W/(m^2 \cdot K)]$
从气体到气体(常压)	10～30
从气体到高压水蒸气或水	10～100
从油到水	100～600
从凝结有机物蒸气到水	500～1000
从水到水	1000～2500
从凝结水蒸气到水	2000～6000

式(4-89)称为传热方程式，是换热器热工计算的基本公式。在此把传热方程式(4-88)中的k称为总传热系数，以区别于其他两个组成环节的表面传热系数。

2. 传热热阻

由式(4-88)、式(4-89)可得到传热系数k的表达式，即

$$k = \frac{1}{\dfrac{1}{h_1} + \dfrac{\delta}{\lambda} + \dfrac{1}{h_2}} \tag{4-90}$$

将式(4-88)写成$\Phi = \Delta t / [1/(Ak)]$的形式并与电学中的欧姆定律$I = U/R$相对比，不难看出$1/(Ak)$具有类似于电阻的作用。把$1/(Ak)$称为传热过程热阻[16]。由类似的方法可知，传热过程热阻的组成$1/(Ah_1)$、$\delta/(A\lambda)$及$1/(Ah_2)$分别是各构成环节的热阻。图4-19是传热过程中热阻分析图。串联热阻叠加原则与电学中串联电阻叠加原则相对应，在一个串联的热量传递过程中，如果通过各个环节的热流量相同，则各串联环节的总热阻等于各串联环节热阻的总和。

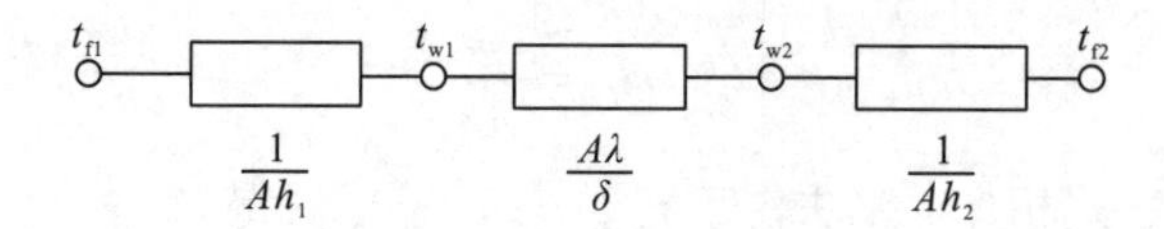

图4-19 传热过程中的热阻分析

4.2.5 导热问题的数学描写

为了获得导热物体温度场的数学表达式，必须根据能量守恒定律和傅里叶定律来建立物体的温度场应当满足的变化关系式。导热微分方程是所有导热物体的温度场都应该满足的通用方程，对于各个具体的问题，还必须规定相应的时间与边界条件，称为定解条件。导热微分方程及相应的定解条件构成了一个导热问题完整的理论模型。

1. 导热微分方程

下面从导热物体中任意取出一个微元平行六面体来做该微元体能量收支平衡的分析，如图4-20所示。设物体中有内热源，其值为Φ，表示时间内单位体积中产生或消耗的热能，单位是W/m^3。假定导热物体的热物理性质是温度的函数。

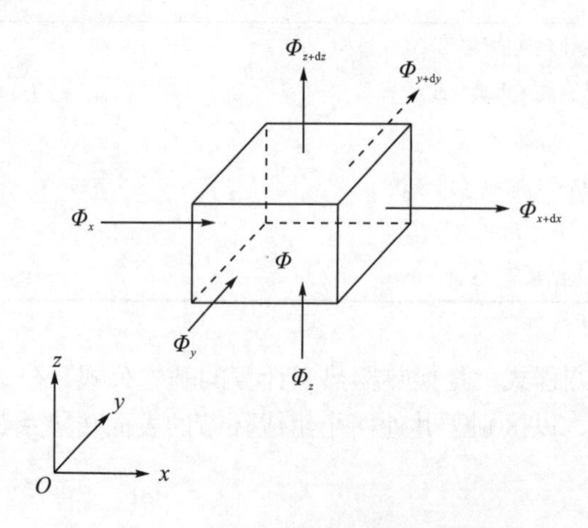

图4-20 微元体的导热热平衡示意图

与空间任一点的热流密度矢量可以分解为三个坐标方向的分量一样，任一方向的热流量也可以分解成如 x、y、z 坐标轴方向的分热流量，如图 4-20 中 Φ_x 、Φ_y 及 Φ_z 所示。通过 $x=x$ 、 $y=y$ 、 $z=z$ 三个微元表面而导入微元体的热流量可根据傅里叶定律写出：

$$
\begin{cases}
(\Phi_x)_x = -\lambda\left(\dfrac{\partial t}{\partial x}\right)_x \mathrm{d}y\mathrm{d}z \\
(\Phi_y)_y = -\lambda\left(\dfrac{\partial t}{\partial y}\right)_y \mathrm{d}x\mathrm{d}z \\
(\Phi_z)_z = -\lambda\left(\dfrac{\partial t}{\partial z}\right)_z \mathrm{d}x\mathrm{d}y
\end{cases}
\tag{4-91}
$$

式中，$(\Phi_x)_x$ 表示热流量在 x 方向的分量 Φ_x 在 x 点的值，其余类推。通过 $x=x+\mathrm{d}x$ 、 $y=y+\mathrm{d}y$ 、 $z=z+\mathrm{d}z$ 三个微元表面而导出微元体的热流量也可按傅里叶定律写出：

$$
\begin{cases}
(\Phi_x)_{\tau+\mathrm{d}x} = (\Phi_x)_x + \dfrac{\partial \Phi_x}{\partial x}\mathrm{d}x = (\Phi_x)_x + \dfrac{\partial}{\partial x}\left[-\lambda\left(\dfrac{\partial t}{\partial x}\right)_x \mathrm{d}y\mathrm{d}z\right]\mathrm{d}x \\
(\Phi_y)_{\tau+\mathrm{d}y} = (\Phi_y)_y + \dfrac{\partial \Phi_y}{\partial y}\mathrm{d}y = (\Phi_y)_y + \dfrac{\partial}{\partial y}\left[-\lambda\left(\dfrac{\partial t}{\partial y}\right)_y \mathrm{d}x\mathrm{d}z\right]\mathrm{d}y \\
(\Phi_z)_{\tau+\mathrm{d}z} = (\Phi_z)_z + \dfrac{\partial \Phi_z}{\partial z}\mathrm{d}z = (\Phi_z)_z + \dfrac{\partial}{\partial z}\left[-\lambda\left(\dfrac{\partial t}{\partial z}\right)_z \mathrm{d}x\mathrm{d}y\right]\mathrm{d}z
\end{cases}
\tag{4-92}
$$

对于微元体，按照能量守恒定律，在任一时间间隔内有以下热平衡关系：导入微元体的总热流量+微元体内热源的生成热=导出微元体的总热流量+微元体热力学能（即内能）的增量。其中，

$$
\text{微元体热力学能（即内能）的增量} = \rho c\frac{\partial t}{\partial \tau}\mathrm{d}x\mathrm{d}y\mathrm{d}z
$$

$$
\text{微元体内热源的生成热} = \dot{\Phi}\mathrm{d}x\mathrm{d}y\mathrm{d}z
$$

式中，ρ 、c、$\dot{\Phi}$ 及 τ 分别为微元体的密度、比热容、单位时间内单位体积内热源的生成热及时间。

将以上公式进行整理得

$$
\rho c\frac{\partial t}{\partial \tau} = \frac{\partial}{\partial x}\left(\lambda\frac{\partial t}{\partial x}\right) + \frac{\partial}{\partial y}\left(\lambda\frac{\partial t}{\partial y}\right) + \frac{\partial}{\partial z}\left(\lambda\frac{\partial t}{\partial z}\right) + \dot{\Phi}
\tag{4-93}
$$

这是笛卡儿坐标（Cartesian coordinate）中三维非稳态导热微分方程的一般形式，其中 ρ 、c、λ 及 $\dot{\Phi}$ 均可以是变量。现在针对一系列具体情形来导出式（4-93）相应的简化形式。

（1）导热系数为常数。此时式（4-93）化为

$$
\frac{\partial t}{\partial \tau} = a\left(\frac{\partial^2 t}{\partial x^2} + \frac{\partial^2 t}{\partial y^2} + \frac{\partial^2 t}{\partial z^2}\right) + \frac{\dot{\Phi}}{\rho c}
\tag{4-94}
$$

式中，$a = \lambda/\rho c$ ，称为热扩散率或热扩散系数（thermal diffusivity）。

(2) 物体的内热源为常数。此时式(4-94)化为

$$\frac{\partial t}{\partial \tau}=a\left(\frac{\partial^2 t}{\partial x^2}+\frac{\partial^2 t}{\partial y^2}+\frac{\partial^2 t}{\partial z^2}\right) \tag{4-95}$$

这就是常物性、无内热源的三维非稳态导热偏微分方程。

(3) 常物性、稳态。此时式(4-94)可改写为

$$\frac{\partial^2 t}{\partial x^2}+\frac{\partial^2 t}{\partial y^2}+\frac{\partial^2 t}{\partial z^2}=\frac{\dot{\Phi}}{\lambda} \tag{4-96}$$

数学上，式(4-96)称为泊松方程，是常物性、稳态、三维且有内热源问题的温度场控制方程式。

(4) 常物性、无内热源、稳态。这时式(4-93)简化为以下拉普拉斯方程：

$$\frac{\partial^2 t}{\partial x^2}+\frac{\partial^2 t}{\partial y^2}+\frac{\partial^2 t}{\partial z^2}=0 \tag{4-97}$$

对于圆柱坐标系及球坐标系中的导热问题，采用类似的分析方法也可导出相应坐标系中的导热微分方程。

圆柱坐标系如图 4-21(a)所示，导热偏微分方程可表示为

$$\rho c\frac{\partial t}{\partial \tau}=\frac{1}{r}\frac{\partial}{\partial r}\left(\lambda r\frac{\partial t}{\partial r}\right)+\frac{1}{r^2}\frac{\partial}{\partial \varphi}\left(\lambda\frac{\partial t}{\partial \varphi}\right)+\frac{\partial}{\partial z}\left(\lambda\frac{\partial t}{\partial z}\right)+\dot{\Phi} \tag{4-98}$$

球坐标系如图 4-21(b)所示，导热偏微分方程可表示为

$$\rho c\frac{\partial t}{\partial \tau}=\frac{1}{r^2}\frac{\partial}{\partial r}\left(\lambda r^2\frac{\partial t}{\partial r}\right)+\frac{1}{r^2\sin\theta}\frac{\partial}{\partial \varphi}\left(\lambda\frac{\partial t}{\partial \varphi}\right)+\frac{1}{r^2\sin\theta}\frac{\partial}{\partial \theta}\left(\lambda\frac{\partial t}{\partial \theta}\right)+\dot{\Phi} \tag{4-99}$$

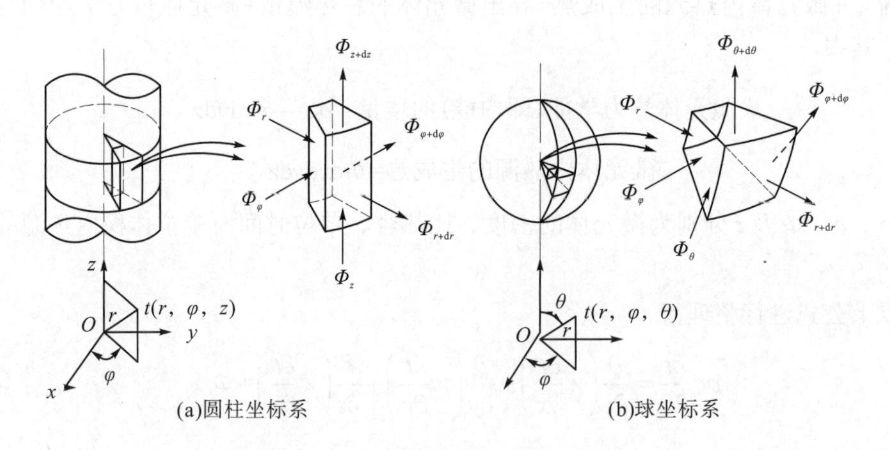

图 4-21 圆柱坐标系与球坐标系中的微元体

这里要再次指出，式(4-93)、式(4-98)、式(4-99)都是能量守恒定律应用于导热问题的表现形式。三式中等号左边是单位时间内微元体热力学能的增量，等号右边的前三项之和是通过界面的导热而使微元体在单位时间内增加的能量，最后一项是源项。如果在某一坐标方向上温度不发生变化，则该方向的净导热量为零，相应的扩散项即从导热偏微分方程中消失。对常物性、无内热源的一维稳态导热问题，式(4-93)最终简化为

$$\frac{d^2t}{dx^2}=0 \tag{4-100}$$

2. 分解条件

导热偏微分方程式是描写导热过程共性的数学表达式。求解导热问题，实质上归结为对导热偏微分方程式的求解。为了获得满足某一具体导热问题的温度分布，还必须给出用以表征该特定问题的一些附加条件。这些使偏微分方程获得适合某一特定问题的解的附加条件，称为定解条件。对非稳态导热问题，定解条件有两个方面，即给出初始时刻温度分布的初始条件以及给出导热物体边界上温度或换热情况的边界条件。导热偏微分方程及定解条件构成了一个具体导热问题完整的数学描写。对于稳态导热问题，定解条件中没有初始条件，仅有边界条件。

导热问题的常见边界条件可归纳为以下三类。

(1) 规定了边界上的温度值，称为第一类边界条件。此类边界条件最简单的典型例子就是规定边界温度保持常数，即 t_w =常量。对于非稳态导热，这类边界条件要求给出以下关系式：

$$t_w=f_1(\tau),\quad \tau>0 \tag{4-101}$$

(2) 规定了边界上的热流密度值，称为第二类边界条件。此类边界条件最简单的典型例子就是规定边界上的热流密度保持定值，即 q_w =常数。对于非稳态导热，这类边界条件要求给出以下关系式：

$$-\lambda\left(\frac{\partial t}{\partial n}\right)_w=f_2(\tau),\quad \tau>0 \tag{4-102}$$

式中，n 为表面的法线方向。

(3) 规定了边界上物体与周围流体间的表面传热系数 h 及周围流体的温度 t_f，称为第三类边界条件。以物体被冷却的场合为例，第三类边界条件可表示为

$$-\lambda\left(\frac{\partial t}{\partial n}\right)_w=h(t_w-t_f) \tag{4-103}$$

对非稳态导热，式中 h 及 t_f 均为时间的已知函数。式(4-103)中 n 为换热表面的外法线方向，t_w 及 $\left(\frac{\partial t}{\partial n}\right)_w$ 都是未知的，但是它们之间的联系由式(4-103)所规定。该式无论对固体被加热还是被冷却都适用。

以上三种边界条件与数学物理方程理论中的三类边界条件相对应，又分别称为狄利克雷(Dirichlet)条件、诺依曼(Neumann)条件与洛平(Robin)条件。在处理复杂的实际工程问题时，还会遇到下列两种情形。

(1) 辐射边界条件。如果导热物体表面与温度为 T_e 的外界环境只发生辐射换热，则应有

$$-\lambda\frac{\partial T}{\partial n}=\varepsilon\sigma\left(T_w^4-T_e^4\right)$$

式中，n 是壁面的外法线方向；ε 为导热物体表面的发射率。当航天器在太空中飞行时，航天器上的发热元件向太空的散热就属于这类边界条件。

(2)界面连续条件。对于发生在不均匀材料中的导热问题，不同材料的区域分别满足导热微分方程。由于导热系数阶跃式地变化，无论是分析求解还是数值计算，都常常采取分区进行的方式，假定两种材料接触良好，这时在两种材料的分界面上应该满足以下温度与热流密度连续的条件，如图 4-22 所示。

$$t_{\mathrm{I}} = t_{\mathrm{II}},\ \ \lambda\left(\frac{\partial T}{\partial n}\right)_{\mathrm{I}} = \lambda\left(\frac{\partial T}{\partial n}\right)_{\mathrm{II}}$$

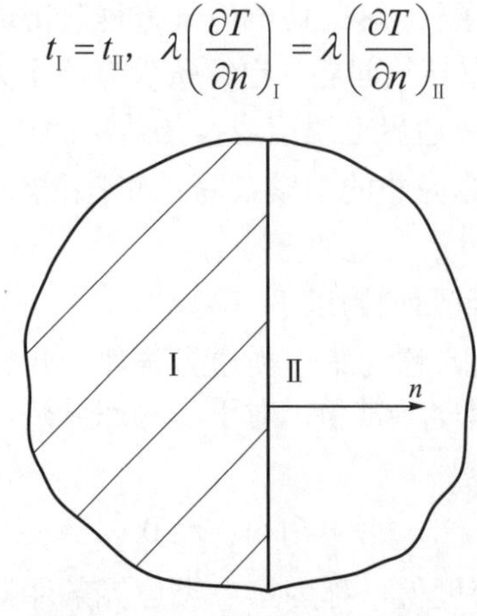

图 4-22 不均匀材料的界面条件

4.2.6 热场有限元分析

考虑磁流变液工作间隙和线圈的相对位置，励磁线圈通电发热对磁流变液性能的影响较大，下面对传动装置进行热场有限元分析。假设传动装置的净热流率为 0，即流入系统的热量加上系统自身产生的热量等于流出系统的热量，则系统处于稳态热。

1. 热物理参数

磁流变传动装置材料的基本特性见表 4-5。低碳钢、铜和铝的热物理参数均从热工手册中查询得到，磁流变液的热物理参数由实验得到。

表 4-5 磁流变液传动装置材料的基本特性

材料	密度/(kg/m^3)	比热容/[J/(kg·℃)]	导热系数/[W/(m·℃)]
低碳钢	7850	480	48
磁流变液	3090	1000	1
铜	8900	390	393
铝	2700	880	237

基于传动装置的特性，采用直接耦合法对电-热物理场耦合作用下的传动装置进行热分析，选用四面体网格单元，划分方式为自由网格划分。设定环境温度为 22℃，施加的

热载荷包括线圈区域的热流密度以及传动装置各个区域内的对流换热和热辐射。

线圈区域的热流密度 Φ_c 可表示为

$$\Phi_c = \frac{P_c}{V_c} \tag{4-104}$$

式中，P_c 为线圈的发热功率；V_c 为线圈体积，$V_c = \pi b_c \left(r_{c2}^2 - r_{c1}^2\right)$，其中 r_{c1}、r_{c2} 分别为线圈内、外半径，b_c 为线圈高度。

静止壳体外表面与周围空气之间存在自然对流和辐射换热，其复合换热系数可表示为

$$\partial_s = \partial_c + \partial_r \tag{4-105}$$

式中，∂_c 为自然对流系数；∂_r 为辐射换热系数。通常情况下，复合换热系数 $\partial_s = 10\text{W/(m}^2\cdot℃)$。

2. 仿真结果与分析

根据上述物理量参数计算的圆筒式磁流变传动装置的温度分布云图如图 4-23(a) 所示。由图可知，传动装置温度最高的区域集中在线圈处，热量以线圈为中心向外辐射递减；根据图 4-23(b) 所示的热通量分布可知，由于材料导热系数以及换热条件的不同，从动壳体两侧和磁流变液处的温度普遍在 53.5℃以上，而从动壳体中心处的温度较低，与环境温度基本保持一致。主动轴回转部分由于被磁流变液包覆，热阻过大，导致其温度远高于其他部位。

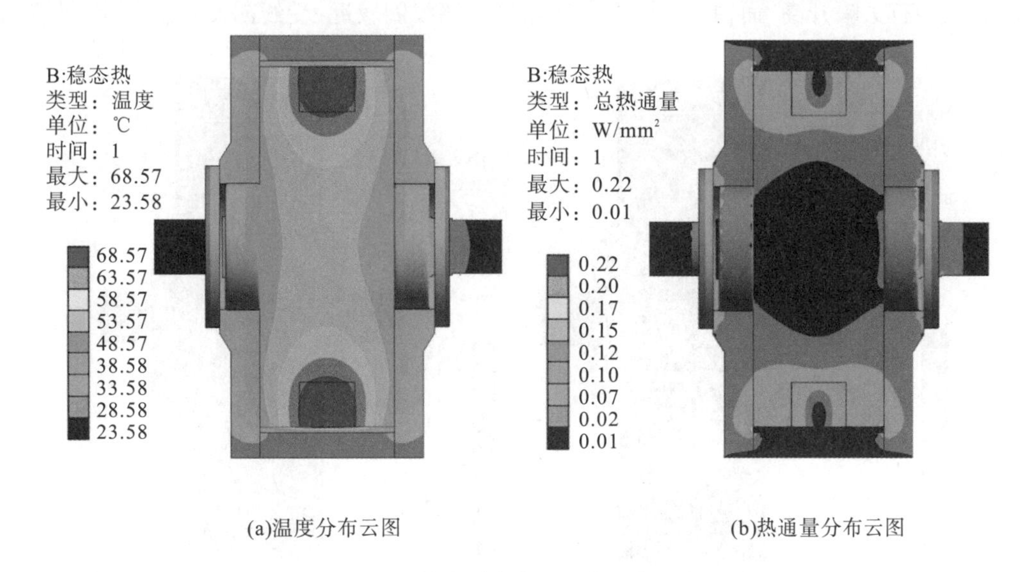

(a)温度分布云图　(b)热通量分布云图

图 4-23　圆筒式磁流变传动装置热分布云图

截取工作间隙内的磁流变液温度分布，如图 4-24 所示。由图中数据可知，磁流变液的温度随间隙长度变化呈正态分布，在靠近线圈处达到峰值，最高温度为 67.8℃，工作间隙两端的磁流变液温度与从动壳体接近，为 42.2℃，温度浮动区间为 25.6℃。磁流变液主要通过与其接触的从动壳体散热。

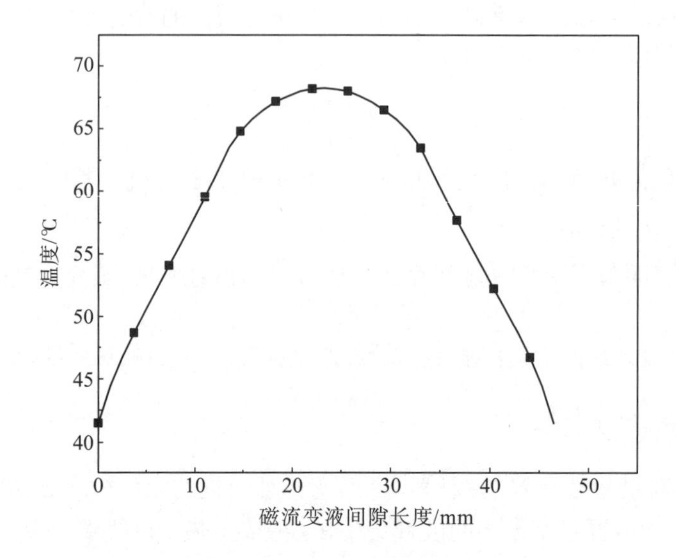

图 4-24 磁流变液间隙温度分布

作为对比，圆盘式磁流变传动装置热分布云图如图 4-25 所示。与圆筒式传动装置相同，热量以线圈为中心向外辐射递减，但由于线圈外置，线圈附近的主动轴回转部分和从动轴温度均有大幅升高，而由于磁流变液工作间隙离线圈较远，受线圈发热影响相对较小。

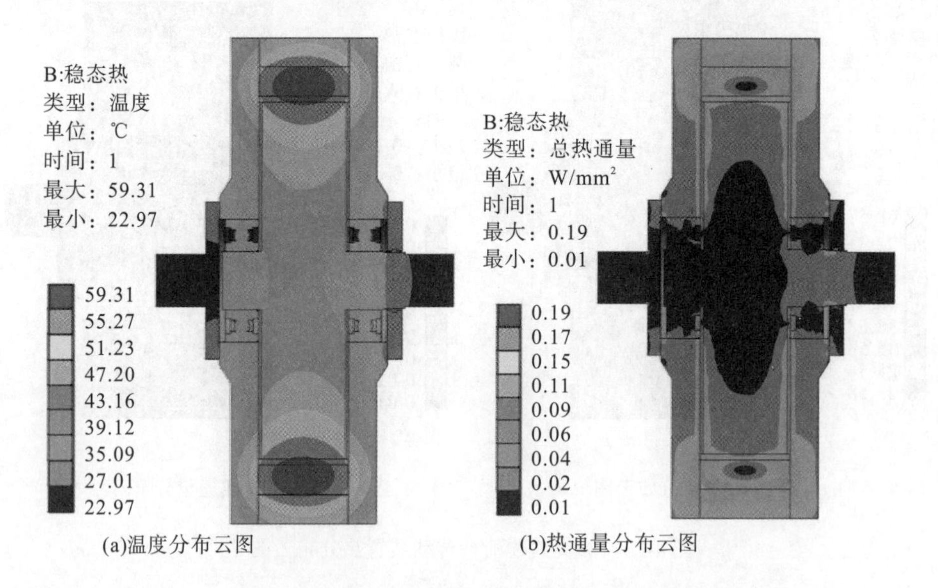

(a)温度分布云图 (b)热通量分布云图

图 4-25 圆盘式磁流变传动装置热分布云图

由图 4-26 中的数据可知，圆盘式传动装置的磁流变液整体温度较低，且工作间隙内的温度分布随工作半径变化呈对数函数递减，由 51.2℃迅速下降至 38.0℃，差值为 13.2℃，磁流变液主要依靠从动壳体两侧进行散热，散热效果较为显著。

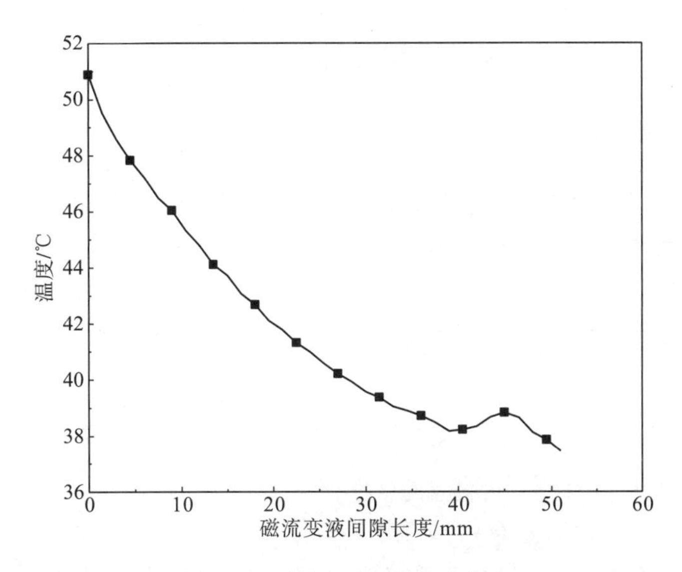

图 4-26　磁流变液间隙温度分布

通过对比分析可知，两种传动装置工作间隙内的磁流变液温度均受线圈发热影响，有一定程度上的升温。但圆筒式传动装置由于磁流变液与线圈距离较近，导致其平均温度相对较高，且一定程度影响了传动装置内部的整体散热；相比圆筒式传动装置，圆盘式传动装置的散热条件更好，工作间隙内的磁流变液温度整体变化幅度不大，但从动壳体表面温度过高，不利于整体装置的安装布局。

综上所述，在传动装置的设计过程中如何合理布置线圈和磁流变液工作间隙的相对位置，是控制传动装置温度的重要因素。在分析传动装置转矩性能时，线圈发热对磁流变液温度的影响不可忽略。

4.3　磁流变液分析与设计

磁流变器件的设计是在充分考虑磁流变液特性的基础上，将其与机械设计方法结合，用以设计和开发新器件和新装置。为了使磁流变器件在工程中得到应用，必须建立磁流变器件的设计方法，特别是要建立器件中两相对运动件之间的间隙和长度的计算方法。目前，国内外对磁流变器件的关键几何尺寸进行了一些研究，但对圆筒式和圆盘式磁流变器件中两相对运动件之间的间隙和长度的计算方法没有进行研究，并且他们的研究没有考虑磁流变液的实际长度和在外加磁场作用下的有效长度对磁流变器件性能的影响。本节首先分析磁流变器件的失效形式和设计准则，提出圆筒式和圆盘式磁流变离合器、圆筒式磁流变阀和圆筒式磁流变减振器的关键几何尺寸设计方法，然后建立器件中两相对运动件之间的间隙和长度方程，为圆筒式和圆盘式磁流变器件的设计提供理论基础。

4.3.1 磁流变液器件的失效形式和设计准则

1. 最大有效转矩

以磁流变离合器为例来说明磁流变器件的失效形式和设计准则。磁流变离合器是由磁流变液的屈服应力传递转矩的器件，在其他条件不变的情况下，磁流变液的屈服应力增大，磁流变液传递的转矩增大，磁流变液达到磁饱和时，屈服应力达到极限值，这个极限值限制着磁流变液传递转矩的能力。圆筒式磁流变传动装置传递的转矩最大值为[17]

$$T_{\max} = \frac{4\pi L R_1^2 R_2^2 \ln \dfrac{R_2}{R_1}}{R_2^2 - R_1^2} \tau_{H\max} + \frac{4\pi L R_1^2 R_2^2 (\omega_1 - \omega_2)}{R_2^2 - R_1^2} \eta \tag{4-106}$$

式中，$\tau_{H\max}$ 为磁饱和时的最大屈服应力。

最大有效转矩与下列因素有关。

(1) 最大屈服应力 $\tau_{H\max}$：最大有效转矩与 $\tau_{H\max}$ 成正比。这是因为 $\tau_{H\max}$ 越大，则转矩越大，传递能力也就越强。然而，最大屈服应力 $\tau_{H\max}$ 与磁流变液材料性能有关。最大屈服应力 $\tau_{H\max}$ 对转矩的贡献最大。

(2) 零磁场时的黏度 η：最大有效转矩随黏度 η 的增大而增大。这是因为 η 越大，则转矩越大，传递能力也就越强。零磁场时的黏度也与磁流变液材料性能有关。与最大屈服应力 $\tau_{H\max}$ 相比，黏度对转矩的贡献很小。

(3) 相对运动件之间的间隙 h：$h = R_2 - R_1$，最大有效转矩与间隙成反比，间隙越大则磁流变液传递的转矩就越小。间隙取决于离合器设计的几何尺寸。

2. 黏塑性滑动和打滑

在外加磁场作用下，磁流变液表现出黏塑性体，离合器在结合的工作过程中，磁流变液与主动圆筒和被动圆筒之间都存在滑动，这是磁流变液传动正常工作时的固有物理特性。由于黏塑性滑动的影响，将使从动轴的角速度低于主动轴的角速度，其降低量可用滑动率来表示：

$$\varepsilon = \frac{\omega_1 - \omega_2}{\omega_1} \times 100\% \tag{4-107}$$

如果工作载荷超过磁流变液传递的最大有效转矩，则磁流变液与圆筒之间就产生打滑。打滑将使从动圆筒的角速度急剧降低，甚至使离合器工作失效，这种情况应当避免。

3. 失效形式

磁流变离合器的主要失效形式如下。

(1) 磁流变液材料失效。磁流变液主要由磁性颗粒、基础液和添加剂组成。磁性颗粒经长期使用后，外表面被磨损，性能会逐步退化，当性能退化达到一定程度时，磁流变液就无法正常工作，甚至失效。在高磁场强度和高工作温度范围内，长期使用和存放时，基础液会分解和氧化变质，使基础液的性能下降。

(2)主从动圆筒材料失效。当离合器温升过高时，油膜破裂，基础液失去润滑性能，颗粒对圆筒表面产生微切削作用，在离合器启动和制动时，会加剧表面的磨损，使间隙增大，影响转矩传递能力。

4. 设计准则

没有外加磁场作用时，离合器传递的转矩主要是由磁流变液的黏性传递，这时离合器可靠的工作条件是基础液所形成的油膜不破裂，而影响油膜破裂的主要因素是工作温度，主动圆筒表面的发热量与其单位表面上的摩擦功耗 fpv(f 为摩擦系数、p 为平均压力、v 为主动圆筒表面速度)成正比，限制 pv 就是限制温升。

$$pv \leqslant [pv] \tag{4-108}$$

式中，$[pv]$ 为主、从动圆筒材料的许用值。

在外加磁场作用时，离合器传递的转矩主要是由磁流变液的屈服应力传递，这时离合器可靠的工作条件是在保证磁流变液与圆筒之间不打滑的条件下，具有一定的寿命。保证磁流变液与圆筒之间不打滑的条件为

$$T_{\max} \leqslant [T] \tag{4-109}$$

式中，$[T]$ 为离合器传递的许用转矩。

4.3.2　磁流变器件的关键几何尺寸

1. 圆筒式磁流变离合器

磁流变离合器的关键尺寸是能产生磁流变效应的主动圆筒与被动圆筒之间的最小间隙和磁流变液的有效长度。为简化分析过程，取流动系数 m=1，此时 Herschel-Bulkey 本构模型退化为 Bingham 本构模型，由式(3-49)可得，圆筒式磁流变离合器传递的转矩可表示为

$$T = \frac{4\pi L_e R_1^2 R_2^2 \ln\dfrac{R_2}{R_1}}{R_2^2 - R_1^2}\tau_H + \frac{4\pi L R_1^2 R_2^2 \omega_1}{R_2^2 - R_1^2}\eta \tag{4-110}$$

方程(4-109)表明，磁流变液传递的最大转矩 $T_{\max}$ 由两部分组成，即最大屈服应力传递的转矩 $T_{H\max}$ 和黏性力传递的最大转矩 $T_{\eta\max}$，大小分别为

$$\begin{cases} T_{H\max} = \dfrac{4\pi L_e R_1^2 R_2^2 \ln\dfrac{R_2}{R_1}}{R_2^2 - R_1^2}\tau_{H\max} \\ T_{\eta\max} = \dfrac{4\pi L R_1^2 R_2^2 \omega_1}{R_2^2 - R_1^2}\eta \end{cases} \tag{4-111}$$

设所期望的可控转矩比 λ 为

$$\lambda = \frac{T_{H\max}}{T_{\eta\max}} \tag{4-112}$$

设 $h = R_2 - R_1$，间隙 h 越小则磁流变液传递的转矩就越大。然而，间隙是不能无限小

的，所以引入磁流变液能产生磁流变效应的有效激活间隙的概念。在其他条件不变的情况下，λ为常数。由方程(4-111)可得在两圆筒间磁流变液能产生磁流变效应的有效厚度h_e为

$$h_e = R_1\left[e^{(m\lambda l\omega_1)} - 1\right] \tag{4-113}$$

式中，m为磁流变液零磁场时的黏度与磁饱和时的屈服应力之比，$m = \eta / \tau_{H\max}$；l为长度系数，它等于磁流变液的实际轴向长度与能产生磁流变效应的有效轴向长度之比，$l = L / L_e$；e为自然对数的底。在两圆筒之间磁流变液的实际体积为

$$V = 2\pi L\int_r r\mathrm{d}r = \pi L\left(R_2^2 - R_1^2\right) \tag{4-114}$$

磁流变液能产生磁流变效应的有效体积为

$$V_e = \pi L_e\left(R_2^2 - R_1^2\right) \tag{4-115}$$

由式(4-111)和式(4-115)可得有效体积为

$$V_e = k\left(\frac{\eta}{\tau_{H\max}^2}\right)\left(\frac{\lambda^2}{1+\lambda}\right)P_M \tag{4-116}$$

式中，$k = \dfrac{l h_e^2 (2R_1 + h_e)^2}{4R_1^2 (R_1 + h_e)^2 \ln^2\left(1 + \dfrac{h_e}{R_1}\right)}$；$P_M$为离合器传递的功率，$P_M = T_{\max}\omega_1$。

由方程(4-115)可得在两圆筒间磁流变液能产生磁流变效应的有效长度L_e为

$$L_e = \frac{V_e}{\pi h_e (2R_1 + h_e)} \tag{4-117}$$

式(4-113)和式(4-117)表明，当已知传递功率和转速时，设计人员可根据所期望的可控转矩比，选择磁流变液材料参数、内筒半径和长度系数，计算出h_e、L_e和L。

分析计算中，假设圆筒式磁流变离合器的结构参数：内径 R_1=49mm，主、从动轴转速ω_1=100rad/s，$\omega_2 = 0$，长度系数$l = 4$，磁流变液材料用美国洛德公司生产的MRF-1和MRF-J01T。

图4-27是由式(4-113)计算出的圆筒式磁流变离合器用不同磁流变液材料时两圆筒间的有效间隙值，MRF-1的主要参数：$\eta = 0.09563\text{Pa·s}$，$\tau_{H\max} = 44.1121\text{kPa}$；MRF-J01T的

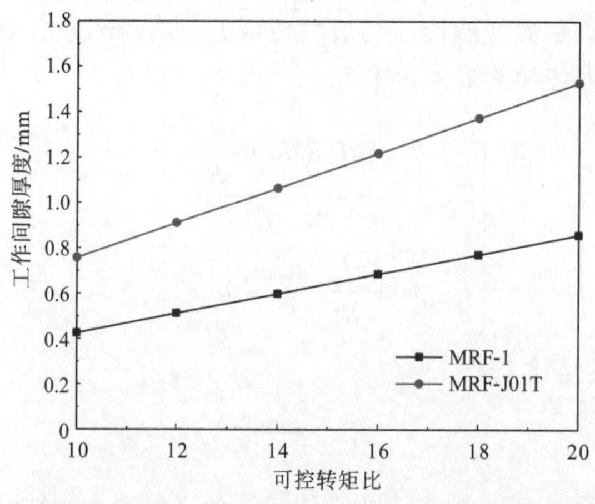

图4-27　圆筒式磁流变离合器可控转矩比与工作间隙厚度的关系

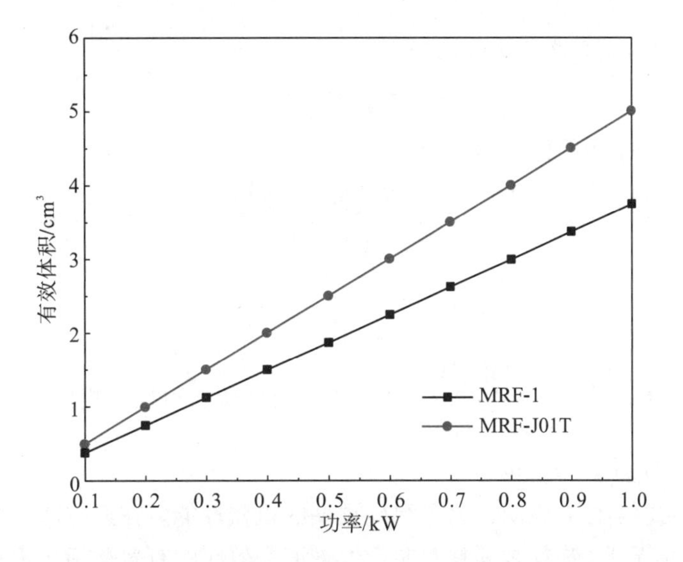

图 4-28　圆筒式磁流变离合器功率与磁流变液有效体积的关系

主要参数：$\eta = 0.225\text{Pa·s}$，$\tau_{H\max} = 58.5\text{kPa}$。当可控转矩比为 20 时，若用 MRF-1，则其间隙值 $h_e = 0.857\text{mm}$，若用 MRF-J01T，则其间隙值 $h_e = 1.531\text{mm}$。为了减小装置尺寸，选用 MRF-1 比 MRF-J01T 好。

图 4-28 是由式(4-118)计算出的圆筒式磁流变离合器用不同磁流变液材料时的有效激活体积值，当可控转矩比为 20，功率为 1000W 时，若用 MRF-1，则离合器所需磁流变液的体积为 3.744cm^3，若用 MRF-J01T，则离合器所需磁流变液的体积为 5.011cm^3，表明在相同可控转矩比下，传递同样功率时用 MRF-1 材料体积比用 MRF-J01T 材料小。

2. 圆盘式磁流变离合器

与圆筒式磁流变离合器类似，当磁流变液的本构模型退化为 Bingham 本构模型时，圆盘式磁流变离合器的转矩可表示为[18]

$$T = \frac{2\pi}{3}\tau_H\left(R_{e2}^3 - R_{e1}^3\right) + \frac{\pi}{2h}\omega_1\eta\left(R_2^4 - R_1^4\right) \tag{4-118}$$

则圆盘式磁流变离合器由磁流变液传递的最大转矩 T 由如下两部分组成：

$$\begin{cases} T_{H\max} = \dfrac{2\pi}{3}\tau_{H\max}\left(R_{e2}^3 - R_{e1}^3\right) \\ T_{\eta\max} = \dfrac{\pi}{2h}\omega_1\eta\left(R_2^4 - R_1^4\right) \end{cases} \tag{4-119}$$

式中，$\tau_{H\max}$ 为磁饱和时磁流变液的屈服应力；$T_{H\max}$ 为 $\tau_{H\max}$ 传递的最大转矩；$T_{\eta\max}$ 为黏性力传递的最大转矩。

由式(4-119)可得在两圆盘间的磁流变液能产生磁流变效应的有效厚度 h_e 为

$$h_e = \frac{3}{4}\left(\frac{\eta}{\tau_{H\max}}\right)\left(\frac{R_2^4 - R_1^4}{R_{e2}^3 - R_{e1}^3}\right)\lambda\omega_1 \tag{4-120}$$

在两圆盘之间磁流变液的实际体积为

$$V = \pi h_e \left(R_2^2 - R_1^2 \right) \tag{4-121}$$

磁流变液能产生磁流变效应的有效体积为

$$V_e = \pi h_e \left(R_{e2}^2 - R_{e1}^2 \right) \tag{4-122}$$

由式(4-117)～式(4-119)可得有效激活体积为

$$V_e = k \left(\frac{\eta}{\tau_{H\max}^2} \right) \left(\frac{\lambda^2}{1+\lambda} \right) P_M \tag{4-123}$$

式中，k 是常数，$k = \dfrac{9\left(R_2^4 - R_1^4\right)\left(R_2^2 - R_1^2\right)}{8(R_{e2}^3 - R_{e1}^3)^2}$；$\lambda$ 为所期望的可控转矩比，$\lambda = \dfrac{T_{H\max}}{T_{\eta\max}}$；$P_M$ 为离合器传递的功率，$P_M = T_{\max}\omega_1$。

式(4-119)和式(4-123)表明，为了得到预期的机械性能，在给定离合器所传递的功率和可控转矩比的情况下，装置必须具有能产生磁流变效应的有效激活体积和激活流体间隙 h_e。这为基于磁流变液材料特性(η 和 $\tau_{H\max}$)、所期望的转矩控制比λ、离合器传递功率、角速度以及圆盘半径而设计磁流变离合器提供了几何设计方法。

分析计算中，假设圆盘式磁流变离合器的结构参数为：离合器圆盘的内半径 $R_1 = 30\text{mm}$、外半径 $R_2 = 60\text{mm}$，磁流变液在两圆盘之间能产生磁流变效应的有效内半径 $R_{e1} = 40\text{mm}$、外半径 $R_{e2} = 50\text{mm}$，角速度 $\omega_1 = 100\text{rad/s}$。磁流变液材料用美国洛德公司生产的 MRF-1 和 MRF-J01T。

图 4-29 是由式(4-120)计算出的圆盘式磁流变离合器用不同磁流变液材料时两圆盘间的间隙值，MRF-1 的主要参数为η=0.09563Pa·s，$\tau_{H\max}$=44.1121kPa；MRF-J01T 的主要参数为η=0.225Pa·s，$\tau_{H\max}$=58.5kPa。当可控转矩比为 20 时，若用 MRF-1，则其间隙值为 h_e = 0.584mm，若用 MRF-J01T，则其间隙值为 h_e=1.149mm。为了减小装置尺寸，选用 MRF-1 比 MRF-J01T 好。

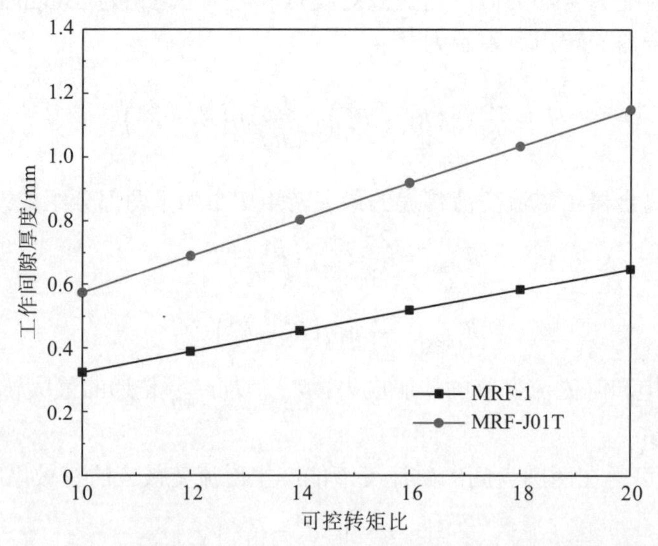

图 4-29 圆盘磁流变离合器可控转矩比与工作间隙厚度的关系

图 4-30 是由式(4-123)计算出的圆盘式磁流变离合器用不同磁流变液材料时的有效激活体积值，当可控转矩比为 20，功率为 1000W 时，若用 MRF-1，则离合器所需磁流变液的有效激活体积为 9.284cm^3，若用 MRF-J01T，则离合器所需磁流变液的体积为 12.421cm^3。表明在相同可控转矩比下，传递同样功率时用 MRF-1 材料体积比用 MRF-J01T 材料小。

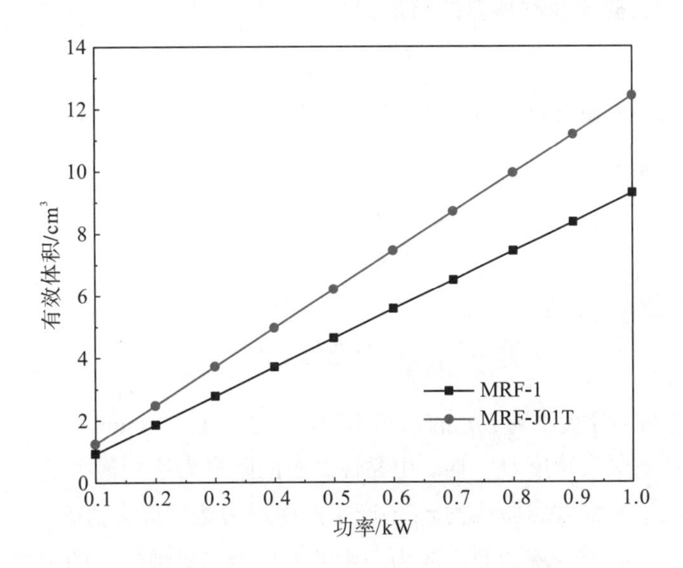

图 4-30　圆盘式磁流变离合器功率与磁流变液有效体积的关系

3. 磁流变减振器

磁流变减振器是以来自监测车身和车轮运动传感器的输入信息为基础，利用电磁反应，对路况和驾驶环境做出实时响应的一种可控阻尼器。磁流变减振器的原理是利用磁流变液在外加磁场作用下，随机分布的磁化微粒的磁化运动方向大致平行于磁场方向，磁化运动使微粒首尾相连，形成链状结构或复杂的网状结构，从而使磁流变液的流变特性发生变化来实现减振器阻尼力控制[19]。

当磁流变液在两圆筒间做轴向流动时，由式(4-124)可知流过环形间隙的流量为

$$Q = \frac{\pi \Delta p}{8\eta L}\left[R_2^4 - R_1^4 - \frac{\left(R_2^2 - R_1^2\right)^2}{\ln\dfrac{R_2}{R_1}}\right] - \frac{\pi\left(R_2^2 - R_1^2 - 2R_1^2\ln\dfrac{R_2}{R_1}\right)}{2\ln\dfrac{R_2}{R_1}}U \tag{4-124}$$

式中，U 表示磁流变液沿轴向流动的速度；Δp 表示减振器工作间隙两端的压力差。

由式(4-124)可知，由磁流变液黏性产生的压力差 Δp_η 可表示为

$$\Delta p_\eta = \frac{4LU}{\left[\left(R_2^2 + R_1^2\right)\ln\dfrac{R_2}{R_1} + R_1^2 - R_2^2\right]}\eta \tag{4-125}$$

式中，L 表示能产生磁流变液的间隙长度。

由剪切屈服应力产生的压力差为

$$\Delta p_H = \frac{cL_e}{h}\tau_H \tag{4-126}$$

式中，c 为常数，当 $\Delta p_\eta/\Delta p_H<1$ 时，$c=2$，当 $\Delta p_\eta/\Delta p_H>1$ 时，$c=3$；L_e 为磁流变液间隙的有效轴向长度。

在压缩行程中，磁流变减振器的阻尼力为

$$F = \pi R_1^2(\Delta p_\eta + \Delta p_H) \tag{4-127}$$

设 h 为活塞与活塞缸之间的实际间隙，$h = R_2 - R_1$，当 $\frac{R_2 - R_1}{R_1} \ll 1$ 时，式(4-124)中的 $\ln(R_2/R_1)$ 可以近似表示为

$$\ln\frac{R_2}{R_1} \approx \frac{h}{R_1} - \frac{h^2}{2R_1^2} + \frac{h^3}{3R_1^3}$$

则式(4-125)可以近似表示为

$$\Delta p_\eta = \frac{12R_1LU}{\zeta h^3}\eta \tag{4-128}$$

式中，ζ 为考虑活塞半径大小对 Δp_η 的修正系数，当 $R_1 = 0\sim10\text{mm}$ 时，$\zeta = 0.955\sim0.995$。在减振器的活塞达到最大速度 $U_{\max}$ 时，由黏性产生的阻尼力达到最大值 $F_{\eta\max}$，而在磁流变液被磁饱和的情况下，最大屈服应力 $\tau_{H\max}$ 产生的阻尼力达到最大值 $F_{H\max}$，由式(4-127)可得，在压缩行程中，磁流变液的屈服应力产生的阻尼力和黏性产生的阻尼力最大值分别为

$$\begin{cases} F_{H\max} = \dfrac{c\pi R_1^2 L_e}{h}\tau_{H\max} \\ F_{\eta\max} = \dfrac{12\pi R_1^3 LU_{\max}}{\zeta h^3}\eta \end{cases} \tag{4-129}$$

由式(4-129)得到磁流变液在外筒与活塞之间能产生磁流变效应的有效间隙为

$$h_e = \sqrt{\left(\frac{12R_1}{\zeta c}\right)\left(\frac{\eta}{\tau_{H\max}}\right)l\lambda U_{\max}} \tag{4-130}$$

式中，λ 表示所期望的可控阻尼力之比，$\lambda = \frac{F_{H\max}}{F_{\eta\max}}$；$l$ 为长度系数，$l = \frac{L}{L_e}$。

磁流变液在外筒与活塞之间能产生磁流变效应的有效体积为

$$V_e = k\left(\frac{\eta}{\tau_{H\max}^2}\right)\left(\frac{\lambda^2}{1+\lambda}\right)(F_{\max}U_{\max}) \tag{4-131}$$

式中，$k = \frac{12l(2R_1 + h_e)}{\zeta c^2 R_1}$；$F_{\max}$ 为所要求的最大阻尼力，$F_{\max} = F_{\eta\max} + F_{H\max}$。

磁流变液在外筒与活塞之间能产生磁流变效应的有效长度为

$$L_e = \frac{V_e}{\pi h_e(2R_1 + h_e)} \tag{4-132}$$

分析计算中，假设磁流变减振器的参数为：R_1=16.5mm，最大速度 $U_{\max} = 0.4\text{m/s}$，$c = 2.7$，$l = 1.5$，$\zeta = 0.97$；磁流变液材料用美国洛德公司生产的 MRF-1 和 MRF-J01T。

图 4-31 是由式(4-130)计算出的磁流变减振器用不同磁流变液材料时活塞与活塞缸之

间的间隙值，MRF-1 的主要参数：η=0.09563Pa·s，$\tau_{H\max}=44.1121\text{kPa}$；MRF-J01T 的主要参数：$\eta=0.225\text{Pa·s}$，$\tau_{H\max}=58.5\text{kPa}$。当所期望的可控阻尼力之比为 10 时，若用 MRF-1，则其间隙值为 0.99mm，若用 MRF-J01T，则其间隙值为 1.32mm。为了减小活塞与活塞缸之间的间隙尺寸，选用 MRF-1 比 MRF-J01T 好。

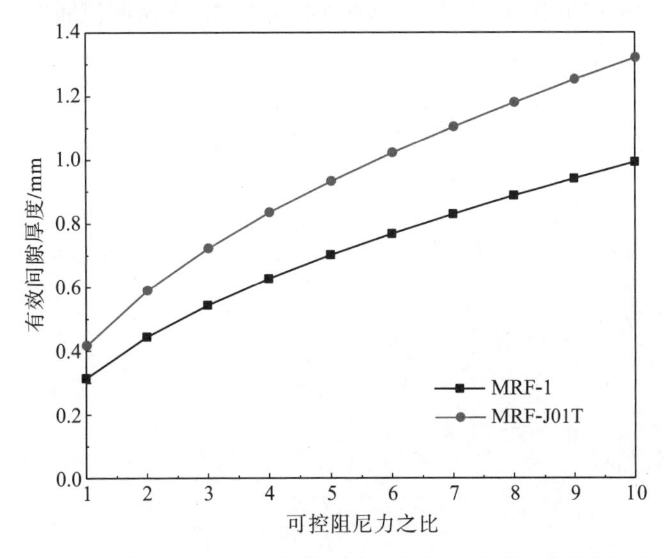

图 4-31　磁流变减振器可控阻尼力之比与有效间隙厚度的关系

图 4-32 是由式(4-132)计算出的磁流变减振器用不同磁流变液材料时能产生磁流变效应的有效轴向长度值，当可控转矩比为 10，最大阻尼力为 2000N 时，若用 MRF-1，则产生磁流变液效应的长度为 17.738mm，若用 MRF-J01T，则产生磁流变液效应的长度为 17.798mm。表明 MRF-J01T 材料和 MRF-1 材料，产生磁流变效应的有效轴向长度几乎没有差别。

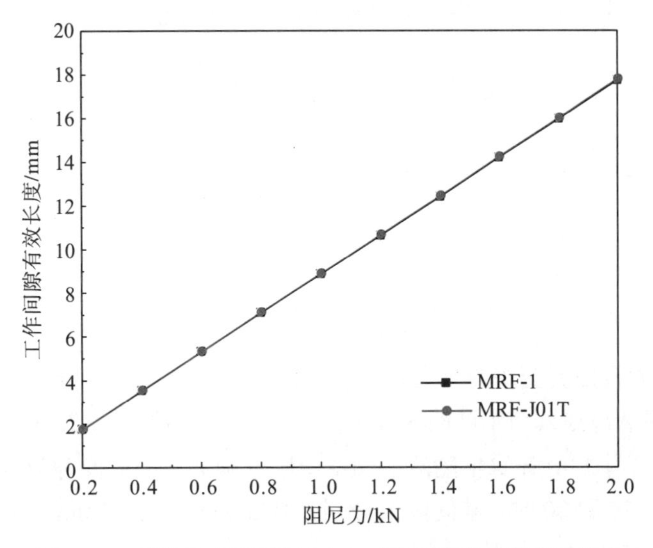

图 4-32　磁流变减振器阻尼力与工作间隙有效长度的关系

4. 磁流变阀

磁流变控制阀是一种通过控制磁流变阀内励磁线圈电流的大小对通过阀的磁流变液实现连续控制的阀，其工作介质为磁流变液[20]。

在没有外加磁场作用时，磁流变体表现为牛顿流体，在两圆筒间做轴向流动时，得磁流变液流过环形间隙的流量为

$$Q=\frac{\pi\Delta p_{\eta}}{8\eta L}\left[R_2^4-R_1^4-\frac{(R_2^2-R_1^2)^2}{\ln\dfrac{R_2}{R_1}}\right] \tag{4-133}$$

设 h 为两固定圆筒之间的实际间隙，$h=R_2-R_1$，当 $\dfrac{R_2-R_1}{R_1}\ll 1$ 时，由式(4-133)可得黏性力产生的压力差为

$$\Delta p_{\eta}=\frac{6\eta LQ}{\pi R_1 h^3} \tag{4-134}$$

屈服应力产生的压力为

$$\Delta p_H=\frac{cL_{\mathrm{e}}}{h}\tau_H \tag{4-135}$$

由式(4-134)和式(4-135)得到磁流变液在两圆筒间之间能产生磁流变效应的有效间隙为

$$h_{\mathrm{e}}=\sqrt{\left(\frac{6}{\pi cR_1}\right)\left(\frac{\eta}{\tau_{H\max}}\right)l\lambda Q} \tag{4-136}$$

式中，λ 表示所期望的可控压力差之比，$\lambda=\dfrac{\Delta p_H}{\Delta p_{\eta}}$；$l$ 为长度系数，$l=\dfrac{L}{L_{\mathrm{e}}}$。

磁流变液在两圆筒间之间能产生磁流变效应的有效体积为

$$V_{\mathrm{e}}=k\left(\frac{\eta}{\tau_{H\max}^2}\right)\left(\frac{\lambda^2}{1+\lambda}\right)(\Delta p_{\max}Q) \tag{4-137}$$

式中，$k=\dfrac{6l(2R_1+h_{\mathrm{e}})}{c^2R_1}$；$\Delta p_{\max}$ 为所要求的最大压力差，$\Delta p_{\max}=\Delta p_{\eta\max}+\Delta p_{H\max}$。

磁流变液在两圆筒间能产生磁流变效应的有效长度为

$$L_{\mathrm{e}}=\frac{V_{\mathrm{e}}}{\pi h_{\mathrm{e}}(2R_1+h_{\mathrm{e}})} \tag{4-138}$$

分析计算中，假设磁流变阀的参数为：$R_1=12.5\mathrm{mm}$，最大流量 Q=15cm^3，$c=2.5$，$l=2$。磁流变液材料用美国洛德公司生产的 MRF-J01T，其主要参数 $\eta=0.225\mathrm{Pa\cdot s}$，$\tau_{H\max}=8.5\mathrm{kPa}$。

图 4-33 是由式(4-136)计算出磁流变阀中两固定圆筒之间的间隙值，当所期望的可控压力差之比为 10、20 和 30 时，其间隙值分别为 0.266mm、0.376mm 和 0.460mm。表明随着可控压力差之比的增大，间隙值增大。

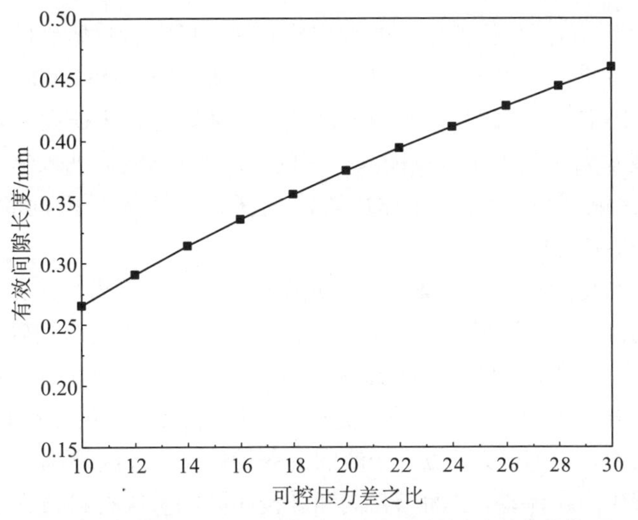

图 4-33　磁流变阀可控压力差之比与有效间隙长度的关系

图 4-34 是由式(4-138)计算出的磁流变阀中两固定圆筒间隙能产生磁流变效应的有效轴向长度值，当可控转矩比为 20，压力差分别为 1MPa、2MPa 和 3MPa 时，磁流变液产生磁流变效应的长度分别为 2.45mm、5.02mm 和 7.34mm。表明随着可控压力差的增大，能产生磁流变效应的有效轴向长度变长。

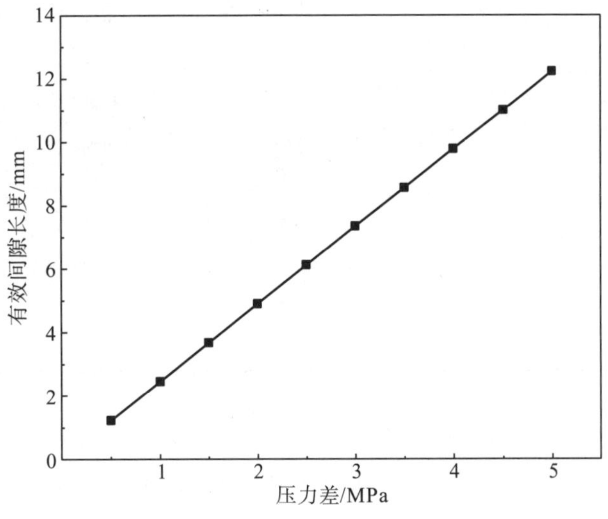

图 4-34　磁流变阀压力差与有效间隙长度的关系

4.3.3　磁流变器件用磁流变液的主要性能

磁流变液是发展磁流变技术的基础，没有性能良好的磁流变液体，就难以开发出工程应用所需要的性能优良的磁流变器件和装置，所以开发、研制和生产性能良好的、能满足工程要求的磁流变液体已成为当前十分紧迫的问题之一。目前，可作为商品向科研工作者和工程应用研究者提供的磁流变液材料种类较少。除洛德、BASF 等国外公司生产的磁流变液外，我国目前已公布商品化的磁流变液主要有深圳博海新材研制的高性能磁流变流体系列、重庆材料研究所研制的 MRF-J01T、华西科创研制的 LM61-MRF2035、宁波杉工研制的 SG-MRF2035 等[21,22]。此外，国内各高校研究团队也自主研发了若干种类的磁流变液，如中国科学技术大学龚兴龙教授团队研制的 Fe_3O_4/PMMA 纳米复合材料、中国矿业大学刘新华教授团队研制的纳米 Fe_3O_4 磁流变液、重庆大学彭向和教授团队研制的 MRF-1～MRF-10 等磁流变液[23-25]。

上述磁流变液均可用在多种装置中，如减振器、制动器、离合器、阀及弹性支座。在没有外加磁场的情况下，磁流变液表现为牛顿流体。当磁流变液受到磁场影响后，内部的磁性颗粒磁极化，这些磁极化的粒子沿磁场方向排成一列形成粒子链结构，这种链结构能阻碍磁流变液在缝隙中流动，并可承受一定剪切力作用。通过改变所加磁场的强度，可以改变粒子间的吸引力，从而可以对磁流变液的流变特性进行连续控制。当所加磁场取消后，该液体可以在装置中自由流动。下面以彭向和教授团队和重庆材料研究所研制的磁流变液为例进行说明，其参数见表 4-6。

表 4-6　磁流变液参数

MRF 型号	磁性颗粒体积分数/%	添加剂比例/%	基础液种类	零场黏度/(mPa·s)
MRF-1	5	1.4	机油	100
MRF-2	15	1.4	机油	200
MRF-3	25	1.4	机油	900
MRF-4	35	1.4	机油	1100
MRF-5	45	1.4	机油	2900
MRF-6	25	0.84	机油	200
MRF-7	25	1.1	机油	300
MRF-8	25	1.7	机油	800
MRF-9	25	1.4	硅油	1000
MRF-10	25	1.4	合成油	200
MRF-J01T	25	1.4	硅油	800

在外加磁场作用下，这几种磁流变液能产生明显的磁流变效应，具有以下优点：①响应时间快；②具有高的动态屈服应力；③低的塑性黏度；④具有宽的工作温度范围；⑤环境适应性强。

磁流变液作为一种铁磁质材料，其磁化强度和磁场强度的关系呈现出较强的非线性。以图 4-35 所示的 MRF-J01T 的 *B-H* 曲线为例，在磁性曲线的开始阶段，磁流变液表现出较强的顺磁性，伴随着磁场强度的增强，磁流变液的磁感应强度提升迅速。但当磁场增大到临近磁流变液饱和值时，磁流变液的磁导率较大，表现出抗磁质材料的特性，磁感应强度无法随磁场强度增大得到显著的提升效果。故一般使用磁流变液时，应尽量避免让磁流变液出现过度磁饱和的现象。

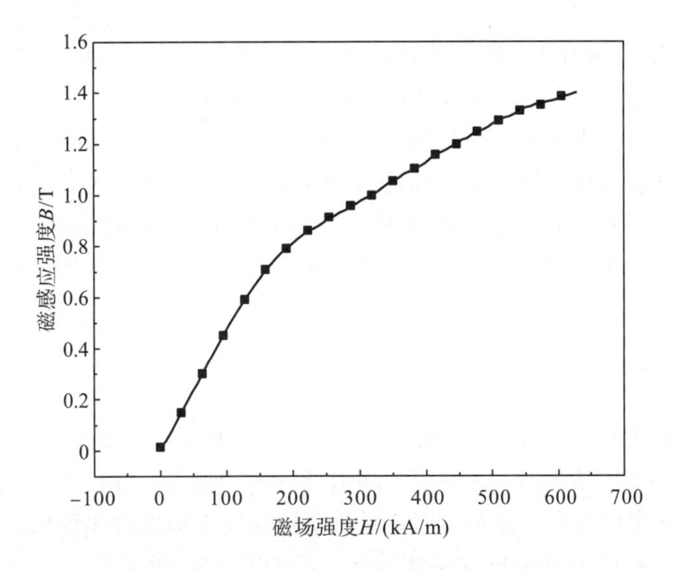

图 4-35　MRF-J01T 的 *B-H* 磁性曲线

此外，磁流变液在不同磁感应强度下表现出的力学性质差异巨大。从微观结构上解释，当磁感应强度较小时，磁流变液中的磁性颗粒未达到磁饱和状态，此时，磁流变液的剪切屈服应力随着磁感应强度的增大而迅速增大，剪切屈服应力与磁感应强度呈线性关系。但随着磁感应强度增大，由于磁化率随着磁感应强度变化而变化，因此剪切屈服应力的斜率逐渐减小。当磁性颗粒完全磁化，并且磁感应强度足够大，磁链的形成和断裂重新达到平衡时，剪切屈服应力达到极限值，磁流变液出现磁饱和。

图 4-36 展示了几种磁流变液的流变特性曲线。由图中数据可以看出，添加剂比例和基础液类型不同的磁流变液，其最大剪切屈服应力数据差距较大。

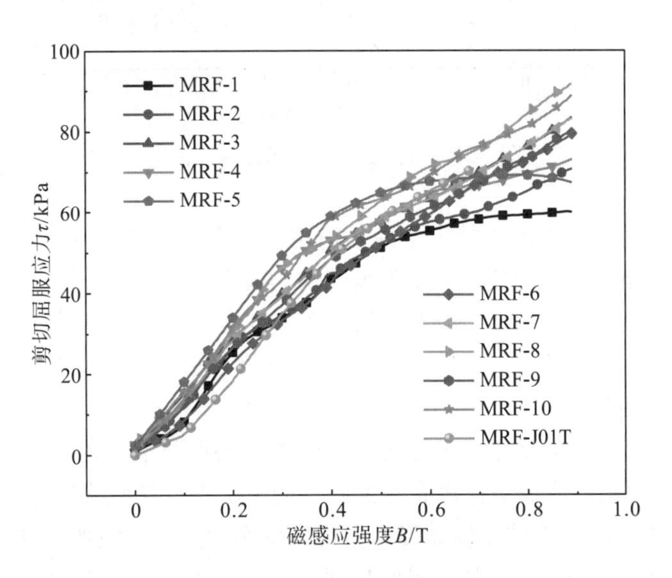

图 4-36　磁流变液流变特性曲线

以 MRF-3、MRF-9 和 MRF-10 为例，虽然硅油基磁流变液(如 MRF-9)最为常见，但分别以机油和合成油制作的磁流变液 MRF-3、MRF-10 效果更好。造成这种现象的原因为在三种碱性溶液中，合成油的密度与磁性颗粒密度最为相近，而硅油的密度与磁性颗粒的密度差别最大，油膜密度差异过大容易导致颗粒悬浮，分散不均匀。此外，基础液的黏度和添加剂也是决定颗粒混合程度的重要因素，如 MRF-6、MRF-7。

除基础液和添加剂等材料因素外，还有若干因素对磁流变液的影响较大，下面分别进行介绍。

1. 剪切应变速率

大多数学者认为在磁场作用下的磁流变液可视为 Bingham 流体，即当磁流变液的剪应力大于磁致剪切屈服应力时，其剪应力随剪切速率的增大而线性增加。但通过实验研究表明，当剪切应变率增大到一定程度时，磁流变液易发生剪切稀化现象，即磁流变液的剪切屈服应力减小，有悖于 Bingham 流体的定义，如图 4-37 所示。

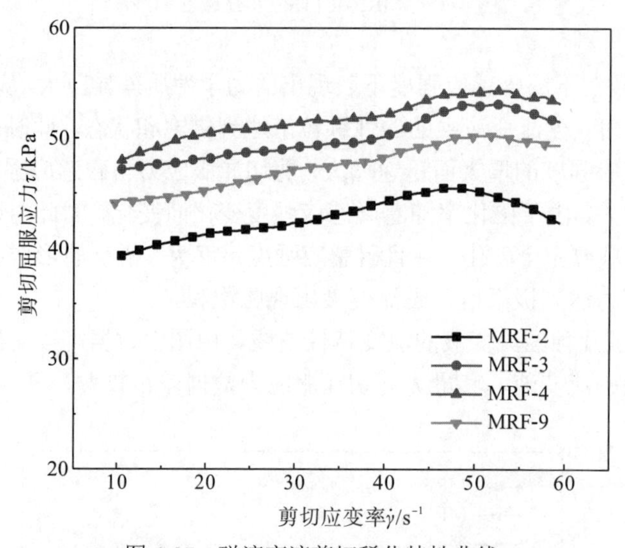

图 4-37　磁流变液剪切稀化特性曲线

定义磁流变液的表观黏度为特定条件下剪切屈服应力与剪切应变率的比值，在一定的磁感应强度和温度下，磁流变液的表观黏度随剪切应变率的增大而减少(增大)，即剪切稀化(稠化)现象。如图 4-38 所示的 MRF-3 磁流变液，当剪切速率较低时，其表观黏度随剪切应变速率的增加而迅速降低，并在高剪切速率下趋于平稳。磁流变液的磁化程度越高，其剪切稀化现象越明显。

除表观黏度外，零场黏度作为衡量磁流变液性能的重要指标之一，在实际应用中具有重要意义。通常，要求磁流变液在没有外部磁场的情况下流动性能良好，即具有较低的零场黏度值。MRF-1～MRF-5 的零场黏度与剪切应变率的关系曲线如图 4-39 所示。从图中可以看出，随着剪切应变率的增加，零场黏度降低，直到趋于稳定，磁流变液表现出非牛顿流体行为。

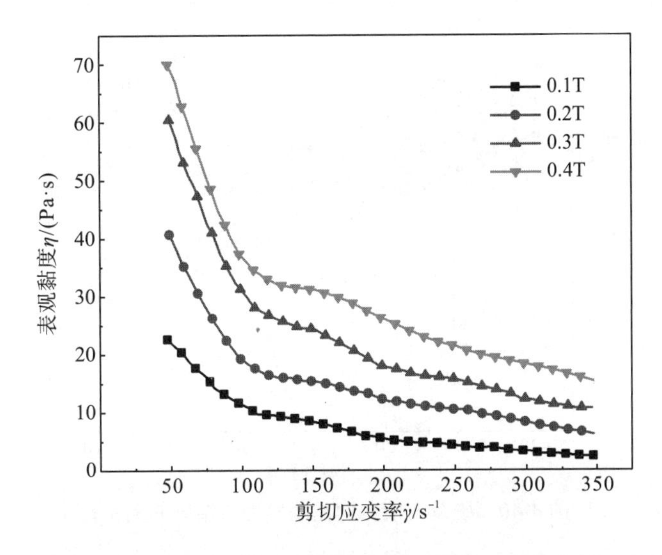

图 4-38　不同磁感应强度下 MRF-3 的剪切稀化特性

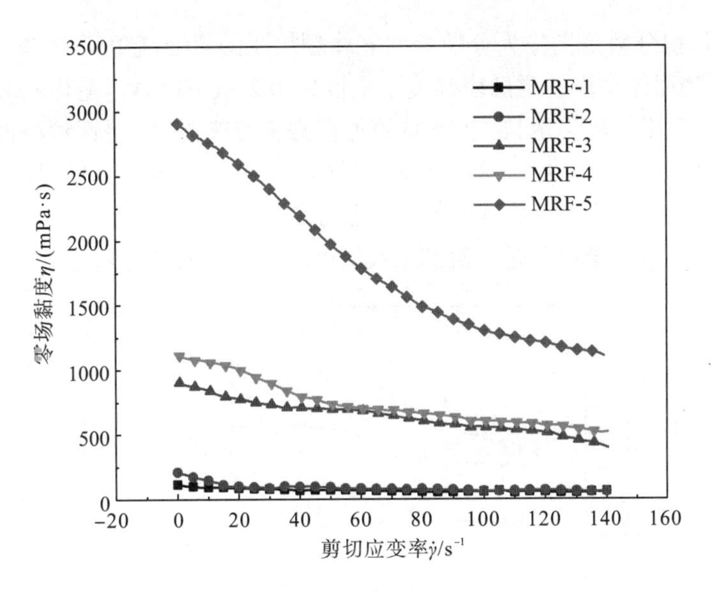

图 4-39　不同型号磁流变液的剪切稀化特性

2. 温度

温度是影响大多数材料力学性能和磁学性能最重要的因素之一。作为衡量磁流变液性能优劣最重要的因素，磁流变液的剪切屈服应力随温度变化较为显著。MRF-1～MRF-5 和 MRF-7～MRF-9 的剪切屈服应力与温度的变化情况如图 4-40 所示。一方面，随着温度升高磁性颗粒之间的布朗运动加剧，导致磁性颗粒之间的无序性增强，磁链破坏。另一方面，温度升高改变了基础液和添加剂的黏温特性，导致基础液的黏性下降。因此磁流变液产生的剪切屈服应力随着温度的升高几乎呈线性下降趋势。

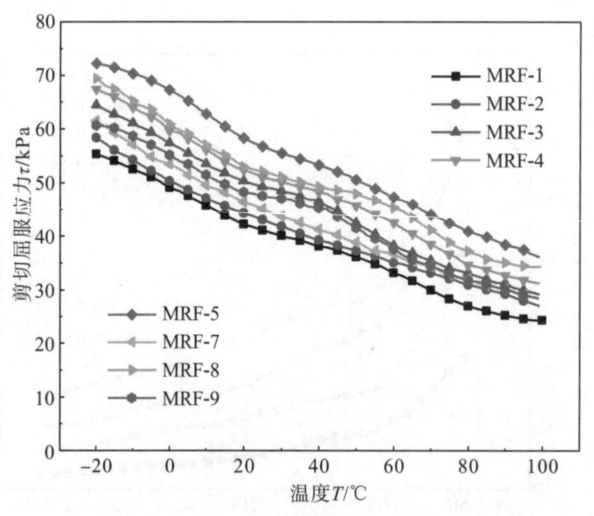

图 4-40 磁流变液剪切屈服应力与温度的关系

3. 磁性颗粒体积分数

磁性颗粒体积分数是指作为分散相的固体颗粒在磁流变液中所占的体积百分比。如图 4-41 所示，当磁流变液的磁感应强度不是很高(0.2～0.6T)时，剪切屈服应力随着颗粒体积分数的增加几乎呈线性增长。当磁场施加在磁流变液上时，磁性颗粒被磁化为磁偶极子，由于它们之间的相互作用，这些磁偶极子倾向于在磁通方向上排列，形成链状结构。当体积分数较小时，磁性颗粒数目有限，在磁场作用下形成的磁链数目少，剪切屈服应力较低；但当磁性颗粒含量较多时，磁链条数增多，剪切屈服应力随之增大。

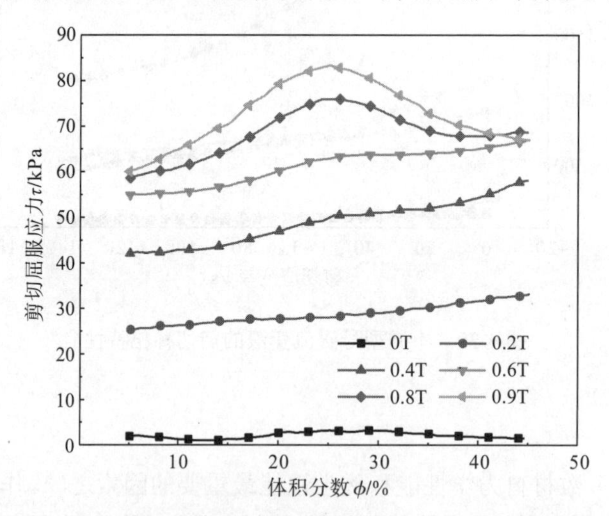

图 4-41 剪切屈服应力与磁性颗粒体积分数之间的关系

所以合理增加磁性颗粒体积分数是提高剪切屈服应力的途径之一，如对磁流变液沿磁场方向加压。但是磁流变液的体积分数应维持在一个合理的范围内，当体积分数较小时，磁链之间的平均间距较大，链与链之间的相互作用不明显；当磁性颗粒的体积分数较大时，磁链的数量增加，磁链之间的间距缩短，链与链之间的相互作用明显，在这种情况下，可能会形成链柱状或网状的微观结构，这两种结构会降低磁链的抗剪切变形能力。同时，体积百分数过大，磁流变液易出现严重的沉降和板结，这将影响磁流变液的工作效率。

4.3.4　圆筒式磁流变离合器的设计方法

1. 原始数据及设计内容

设计磁流变液离合器给定的原始数据为传递的功率 P、速度、预期的转矩可控转矩比、长度系数、传动位置要求及工作条件等。

设计主要内容包括磁流变液材料的选择、最高与最低转速的确定、主要参数的选择及计算等。

2. 设计方法

设计的最主要任务是通过有关参数的选择与计算，来保证预期工作目标的实现。在磁流变离合器的设计过程中，预期工作目标的实现，主要取决于下列参数的正确选择与计算。

1) 主动圆筒的半径 R_1 的选择

由式(4-106)可知，半径 R_1 的增大或减小都能引起转矩较大的变化。但是，R_1 的最大值受允许的径向尺寸限制，R_1 的最小值则受内部结构尺寸和强度要求的限制。所以，半径 R_1 的选择方法是，在满足主动轴强度要求和嵌电磁线圈的径向尺寸空间的前提下，尽量取最小值。

2) 选择磁流变液材料

从式(4-113)和式(4-114)可以看出，磁流变液离合器中主动圆筒与被动圆筒间的间隙 h 和充填于整个装置间隙中的磁流变液的体积 V 都与磁流变液材料在零磁场下的动力黏度 η 及磁饱和时的屈服应力 $\tau_{H\max}$ 有关。在满足传递功率的情况下，为了使设计的磁流变无级变速器的尺寸小而紧凑，应使这两个参数的值越小越好，这样可以使 V 值小，同时也可以使间隙 h 值小。为了达到这一目的，应尽可能降低零磁场下的动力黏度 η 和尽可能提高外加磁场下磁饱和时的屈服应力 $\tau_{H\max}$ 值。下面介绍美国洛德公司生产的四种商用磁流变液的这两个参数值[26]。

(1) 磁流变液 MRF-1，$\dot{\gamma}=500\text{s}^{-1}$ 时，零场黏度 $\eta=0.09563\text{Pa·s}$，外加磁场 H=275kA/m 时，磁饱和时的屈服应力 $\tau_{H\max}=44.1121\text{kPa}$。

(2) 磁流变液 MRF-J01T，$\dot{\gamma}=1000\text{s}^{-1}$ 时，零场黏度 $\eta=0.323\text{Pa·s}$，外加磁场 H=200kA/m 时，磁饱和时的屈服应力 $\tau_{H\max}=58.5\text{kPa}$。

(3) 磁流变液 MRF-241ES，$\dot{\gamma}=1000\text{s}^{-1}$ 时，零场黏度 $\eta=0.103\text{Pa·s}$，外加磁场 H=225kA/m 时，磁饱和时的屈服应力 $\tau_{H\max}=68.1553\text{kPa}$。

(4) 磁流变液 MRF-336AG，$\dot{\gamma}=700\text{s}^{-1}$ 时，零场黏度 $\eta=0.352\text{Pa·s}$，外加磁场 H=350kA/m 时，磁饱和时的屈服应力 $\tau_{H\max}=51.8382\text{kPa}$。

3) 计算主动圆筒与从动圆筒之间的间隙 h

当磁流变液零场时黏度η、动态屈服应力最大值$\tau_{H\max}$、预期的转矩控制比λ、主动圆筒角速度ω_1和主动圆筒的半径R_1确定后，根据式(4-113)可计算出能产生磁流变效应的有效长度h_e，从而可确定主动圆筒与被动圆筒之间的实际间隙h。

4) 计算磁流变液的体积 V

由式(4-116)可计算出离合器中磁流变液能产生磁流变效应的有效体积V_e，磁流变液的实际体积$V=V_e$。

5) 计算实际轴向长度

由式(4-117)可计算出能产生磁流变液效应的有效长度L_e，实际轴向长度$L=L_e$。

6) 绘出所期望的功能图

计算在最大磁场强度$H_{\max}$下动态屈服应力$\tau_{H\max}$传递的转矩$T_{H\max}$和零磁场 H=0 下黏度η传递的转矩T_η，绘出所期望的功能图。

4.4 形状记忆合金驱动器件

相对于弹簧的自由长度，形状记忆合金弹簧能提供更大的动作行程。但是，与线性形状记忆合金丝制成的驱动器相比，形状记忆合金弹簧要牺牲很多输出力和功率来达到较大的动作行程。与相同材料体积和直径的线性形状记忆合金丝相比，一个典型的形状记忆合金弹簧只能提供小于10%的力和20%～40%的功率。由于弹簧的应力随形状记忆合金弹簧丝的粗细变化，形状记忆合金弹簧丝的某些区域可能不能有效利用，与轴向加载时应力分布均匀的形状记忆合金丝相比，其能量密度相对较低。且与形状记忆合金丝相比，由于弹簧需要额外的加工过程，使其成本较高；然而，成本通常不是其在工程中应用的阻碍。形状记忆合金弹簧相较于形状记忆合金丝最主要的优势之一是简单、紧凑。加工成螺旋的形状记忆合金弹簧，在狭小的空间可以提供更大的位移。

弹簧作为最常用的形状记忆合金驱动器元件，它能提供足够大的动作行程。虽然形状记忆合金的剪切弹性模量不是常数，但仍然可以利用传统弹簧的设计方法设计形状记忆合金弹簧。

4.4.1 圆柱螺旋弹簧分析与设计

1. 超弹性

假设构成螺旋弹簧的 Ni-Ti 合金材料是均质且各向同性的。建立的 Ni-Ti 形状记忆合金螺旋弹簧热力学理论模型的丝径为 r、弹簧直径为 D，R 为弹簧半径($R=D/2$)，L_0 为弹簧的初始长度，α为弹簧的螺旋倾角，如图 4-42 所示。

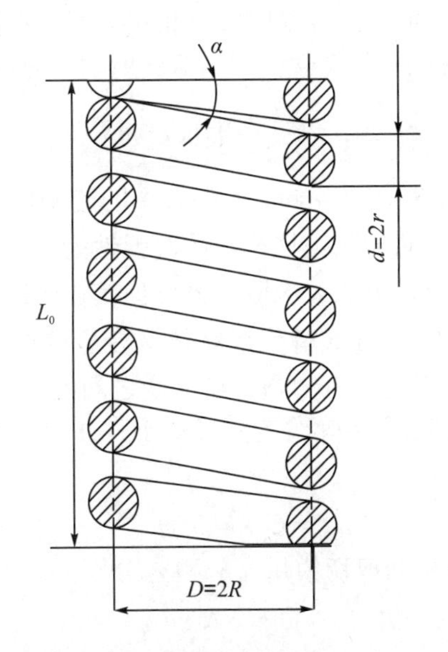

图 4-42　螺旋弹簧结构尺寸

外部载荷 F 都是沿着弹簧轴线施加的。考虑到外部载荷和螺旋弹簧的结构变形，因此 Ni-Ti 形状记忆合金螺旋弹簧的弹簧丝主要受纯剪切载荷。

x为圆形横截面中心O到横截面外缘之间的径向距离（图 4-43），局部剪切应变$\gamma(M)$可以表示为[27]

$$\gamma(M)=\theta x, 0<x<r \tag{4-139}$$

式中，θ为单位扭转角。

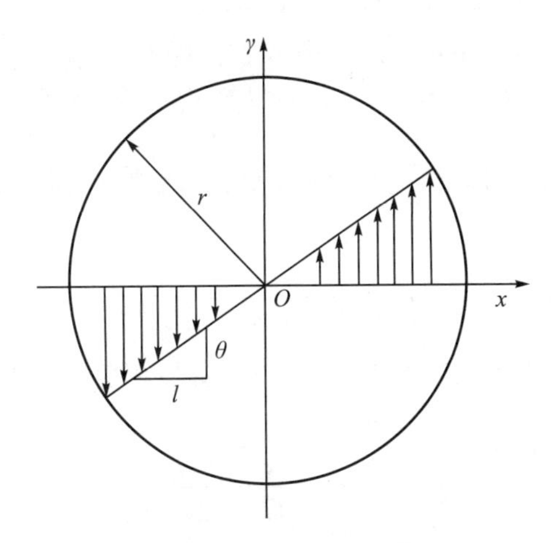

图 4-43　螺旋弹簧丝截面的剪切屈服应力分布

基于普通螺旋弹簧的理论方程，Ni-Ti 形状记忆合金螺旋弹簧的变形f可表示为

$$f = L - L_0 = 2\pi n\theta R^2 \tag{4-140}$$

式中，L为承受载荷F后弹簧的长度；n为弹簧线圈的数量。根据施加在螺旋弹簧截面上的力矩所受到的静力平衡约束条件，外部载荷F与截面所承受的扭矩M_t之间的关系可表示为

$$M_t = F\frac{D}{2} = \int \tau(M)x\mathrm{d}S \tag{4-141}$$

在机械载荷下，产生了宏观应变；卸载后，残留的应变仍然存在，在加热后因为形状记忆效应，宏观变形会恢复，而形状记忆合金的超弹性为应力诱发相变的等温机械行为，因此超弹性效应不直接用于形状记忆效应驱动器，但其在驱动器的预拉伸阶段非常重要。

为简化模型，通过多段线的方式替代形状记忆合金的高度非线性(如双旗形本构模型)，在纯剪切载荷作用下剪切屈服应力与剪切应变之间的关系示意图如图 4-44 所示。由图可知，当$\tau \leqslant \tau_{\mathrm{c}}$时，形状记忆合金弹簧的变形处于弹性变形范围内，剪切屈服应力与剪切应变之间的关系可表示为

$$\tau = G_o\gamma = G_o\gamma_{\mathrm{e}} \tag{4-142}$$

式中，G_{o}为形状记忆合金母相的剪切模量；γ和γ_{e}分别为总剪切应变和弹性剪切应变。

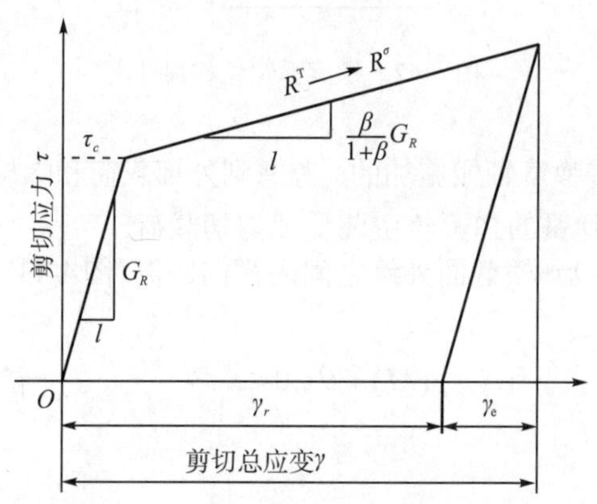

图 4-44 纯剪切模式下应力-应变曲线

注：R^{T}表示温度诱发马氏体；R^{σ}表示应力诱发马氏体。

当$\tau > \tau_c$时，母相奥氏体或孪晶马氏体向非孪晶马氏体的转变过程就会开始，该过程中产生的剪切应变可表示为

$$\gamma = \gamma_{\mathrm{e}} + \gamma_r = \frac{\tau}{G_o} + \gamma_r \tag{4-143}$$

考虑到形状记忆合金的屈服应力与应变演变过程，相变过程中的剪切应变可进一步表示为

$$\gamma = \gamma_{\mathrm{e}} + \gamma_r = \frac{\tau}{G_o} + \frac{\tau - \tau_c}{\beta G_o} \tag{4-144}$$

其中

$$\tau = \frac{\beta G_o}{(1+\beta)}\gamma + \frac{\tau_c}{1+\beta}$$

式中，β为材料参数；βG_o为纯剪切载荷下形状记忆合金的剪切模量。

因此，在纯剪切载荷下，形状记忆合金在超弹性效应下的力学行为可表示为[28]

$$\begin{cases} \tau = G_o\gamma = G_o\gamma_e \\ \tau = \dfrac{\beta G_o}{(1+\beta)}\gamma + \dfrac{\tau_c}{1+\beta} \end{cases} \tag{4-145}$$

形状记忆合金螺旋弹簧横截面中的剪切应变和剪切屈服应力分布如图 4-45 所示。结合式(4-145)所示的形状记忆合金在超弹性效应下的力学行为，螺旋弹簧横截面所受的扭矩 M_t 与扭转角 θ 之间的关系可表示为

$$\begin{cases} M_t = F\dfrac{D}{2} = \int \tau(x)\cdot x\cdot 2\pi x\mathrm{d}x = 2\pi\int_0^r G_o\theta x^3\mathrm{d}x, \quad F\leqslant\dfrac{\tau_c\pi r^3}{D} \\ M_t = F\dfrac{D}{2} = \int \tau(x)\cdot x\cdot 2\pi x\mathrm{d}x \\ \quad = 2\pi\int_0^{r_c} G_o\theta x^3\mathrm{d}x + 2\pi\int_{r_c}^{r}\dfrac{\tau_c+\beta G_o\theta x}{1+\beta}x^2\mathrm{d}x, \quad F>\dfrac{\tau_c\pi r^3}{D} \end{cases} \tag{4-146}$$

式中，r_c 为剪切屈服应力达到屈服强度时的剪切半径，如图 4-45(c)所示。r_c 可表示为

$$r_c = \frac{\tau_c}{G_o\theta} \tag{4-147}$$

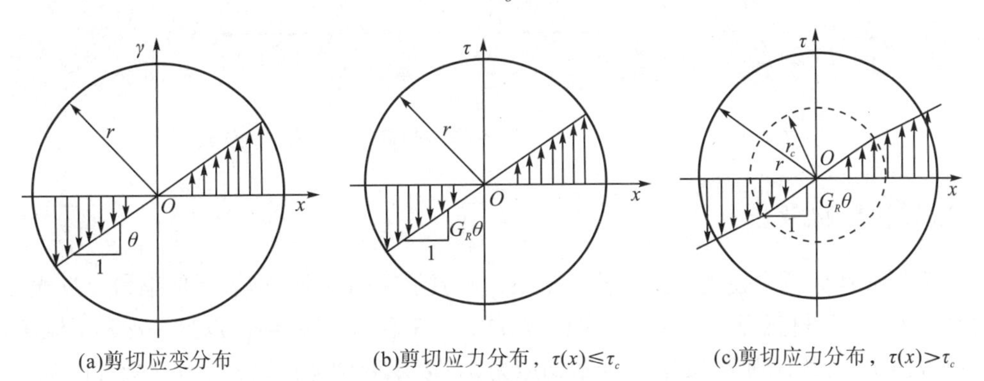

(a)剪切应变分布　(b)剪切应力分布，$\tau(x)\leqslant\tau_c$　(c)剪切应力分布，$\tau(x)>\tau_c$

图 4-45　螺旋弹簧截面剪切屈服应力与应变分布

因此，结合式(4-146)与式(4-147)，螺旋弹簧截面承受的扭矩 M_t 可进一步表示为

$$\begin{cases} M_t = \dfrac{\pi G_o\theta r^4}{2}, & F\leqslant\dfrac{\tau_c\pi r^3}{D} \\ M_t = \dfrac{\pi G_o\theta r_c^4}{2} + \dfrac{2\pi}{3}\tau_c\left(r^3 - R_c^3\right) + \dfrac{2\pi\beta}{1+\beta}G_o\theta\left(\dfrac{r^4}{4} - \dfrac{r_c r^3}{3} + \dfrac{r_c^4}{12}\right), & F>\dfrac{\tau_c\pi r^3}{D} \end{cases} \tag{4-148}$$

最后，结合式(4-140)、式(4-147)与式(4-148)，形状记忆合金螺旋弹簧所受轴向力与轴向变形的关系可表示为

$$\begin{cases} F = \dfrac{G_o d^4}{8nD^3}f, & F\leqslant\dfrac{\tau_c\pi r^3}{D} \\ F = \dfrac{\pi\tau_c d^3}{6D(1+\beta)}\left[1 - \dfrac{1}{4}\left(\dfrac{n\pi\tau_c D^2}{dG_o f}\right)\right]^3 + \dfrac{\beta}{1+\beta}\dfrac{G_o d^4}{8nD^3}f, & F>\dfrac{\tau_c\pi r^3}{D} \end{cases} \tag{4-149}$$

通过式(4-149)所示的形状记忆合金螺旋弹簧在超弹性效应下的轴向力解析表达式，可得出几何和材料参数(即 D、d、n、G_o、τ_c 和 β)对弹簧力学特性的影响。当 D=6.3mm、d=0.75mm、n=24、G_o=20GPa、τ_c=26.6MPa 和 β=0.01 时，外部载荷 F 与形状记忆合金弹簧轴向位移 f 的关系如图 4-46 所示。

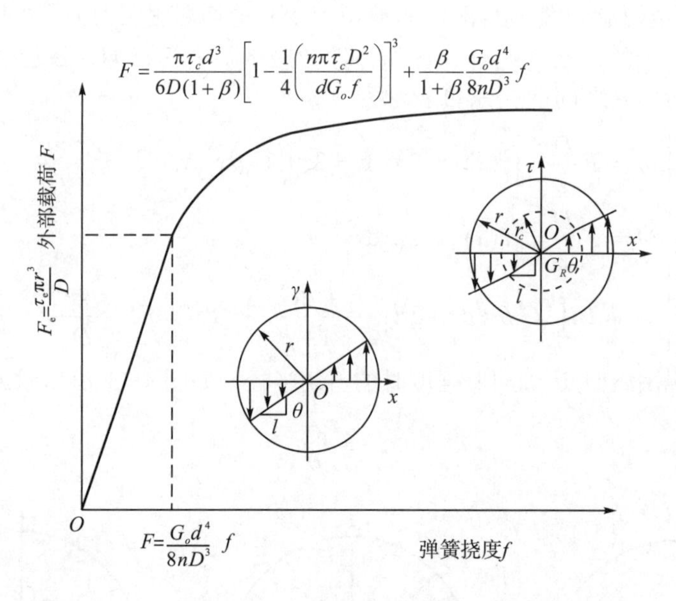

图 4-46 外部载荷 F 与形状记忆合金弹簧轴向位移 f 的关系

2. 形状记忆效应

在螺旋弹簧分析中使用的主要符号如下：F 表示轴向载荷，δ 表示伸缩量，D 表示弹簧直径，d 表示丝材直径，C 表示弹簧指数(D/d)，R 表示弹簧半径($D/2$)，α 表示倾角，n 表示有效匝数，L 表示弹簧长度，τ 表示切应力，G 表示剪切弹性模量。考察受轴向载荷 F、倾角为 α 的压缩螺旋弹簧的受力情况，如图 4-42 所示。弹簧展开图如图 4-47 所示，AB 是长度为 πnD 的弹簧有效部分，AA' 和 BB' 是载荷 F 的力臂，其长度为 R。将轴向载荷 F 分解成平行于 AB 的分量 $F_1=F\sin\alpha$ 和垂直于面 $AA'B'B$ 的分量 $F_2=F\cos\alpha$，由图 4-47 可知，弹簧丝材受扭矩 $FR\cos\alpha$、弯矩 $FR\sin\alpha$、切变力 $F\cos\alpha$ 和压缩力 $F\sin\alpha$ 等。

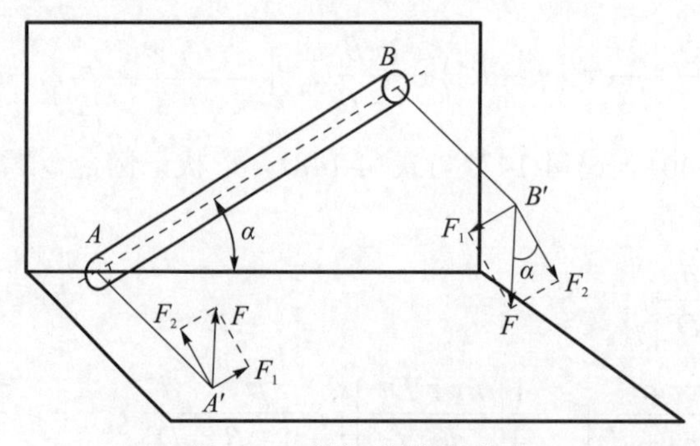

图 4-47 螺旋弹簧展开图

由于α很小，近似地假设弹簧只受均匀扭矩$FR\cos\alpha \approx FR$，则切应力沿丝材半径呈直线变化。图 4-48 为丝材截面，丝材表面上的切应力最大，设为τ，则半径r处的切应力为$2r\tau/d$，宽为 dr 的微圆环的扭矩对r积分得到总扭矩为FR，即

$$FR = \int_0^{\frac{d}{2}} \frac{2r\tau}{d} \mathrm{d}r \tag{4-150}$$

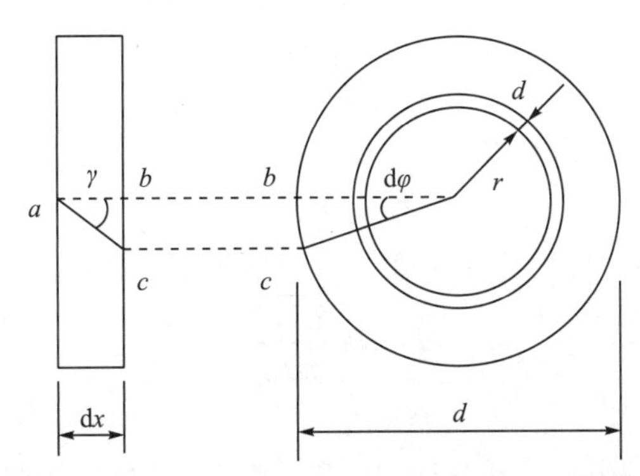

图 4-48　螺旋弹簧丝材截面上的应力分布和扭转变形

于是由式(4-150)可求得τ：

$$\tau = \frac{16FR}{\pi d^3} = \frac{8FC}{\pi d^2} \tag{4-151}$$

切应力τ与切应变γ的关系为

$$\tau = G\gamma \tag{4-152}$$

图 4-48 中平行于轴线的表面线段ab受力，产生扭转形变γ后轴线与ac重合。微量转动 dφ 等于 $2\gamma \mathrm{d}x/d$，$\gamma=\tau/G=16FR/(\pi d^3 G)$，故$\pi nD$长度的丝材扭转角$\phi$为

$$\phi = \int_0^{\pi nD} \frac{2\gamma}{d} \mathrm{d}x = \int_0^{\pi nD} \frac{16FD}{\pi d^4 G} \mathrm{d}x = \frac{16FD^2 n}{d^4 G} \tag{4-153}$$

因力矩的力臂长度为R，故载荷F所引起的弹簧伸缩量为

$$\delta = R\phi = \frac{64FR^3 n}{d^4 G} = \frac{8FD^3 n}{d^4 G} \tag{4-154}$$

应力修正系数κ用 Wahl 公式计算：

$$\kappa = \frac{4C-1}{4C-4} + \frac{0.615}{C} \tag{4-155}$$

切应变γ与弹簧伸缩量δ的关系为

$$\gamma = \frac{\delta d}{\pi D^2 n} \tag{4-156}$$

假设形状记忆合金弹簧在高温奥氏体相时，工作在弹性变形阶段，高温奥氏体相时的剪切弹性模量G_A和低温马氏体相时的剪切弹性模量G_M为常数，形状记忆合金弹簧在高、低温下的载荷分别为F_H和F_L，取最大剪切应变$\gamma = L_{\max}$。γ_L为低温马氏体相时的剪切应变。

由式(4-154)可知，弹簧伸缩量δ与载荷F成正比，与剪切弹性模量G成反比，于是有

$$\frac{F_H}{\delta_H G_A}=\frac{F_L}{\delta_L G_M} \tag{4-157}$$

由式(4-156)可知，弹簧的切应变γ正比于弹簧伸缩量δ，于是有

$$\frac{\gamma_L}{\gamma_H}=\frac{\delta_L}{\delta_H} \tag{4-158}$$

由式(4-157)和式(4-158)可得，高温奥氏体相时的剪应变γ_H为

$$\gamma_H=\frac{G_M F_H}{G_A F_L}\gamma_L \tag{4-159}$$

高温奥氏体相时的剪应力τ_H为

$$\tau_H=G_A\gamma_H \tag{4-160}$$

由式(4-151)、式(4-155)和式(4-160)可得形状记忆合金螺旋弹簧的丝材直径为

$$\begin{aligned} d&=\sqrt{\kappa\frac{8F_H C}{\pi\tau_H}} \\ D&=Cd \end{aligned} \tag{4-161}$$

弹簧输出应变为$\Delta\gamma=\gamma_L-\gamma_H$，行程为$\Delta\delta$，由式(4-156)得到弹簧圈数为

$$n=\frac{\Delta\delta d}{\pi\Delta\gamma D^2} \tag{4-162}$$

4.4.2 平面蜗卷弹簧分析与设计

平面蜗卷弹簧是一种将等截面的细长材料，在一平面上卷成蜗旋状的弹簧。其工作状态是在弹簧的一端施加扭矩，在承载后，线材各截面承受弯矩作用，产生弯曲弹性变形，对应于施加的扭矩，蜗卷产生一定的角位移，利用扭矩-角位移之间的对应关系来实现弹簧的作用。

非接触型蜗卷弹簧结构形式如图 4-49 所示。外端 B 相对于中心 O，位于 $OB=R_2$ 的位置固定不变，内端 A 与中心 O 相距 R_1，当对 OA 以 O 为中心施加扭矩 M 时，这一扭矩将使弹簧各截面承受相等的弯矩，在弯矩的作用下，OA 以 O 为中心产生角位移。

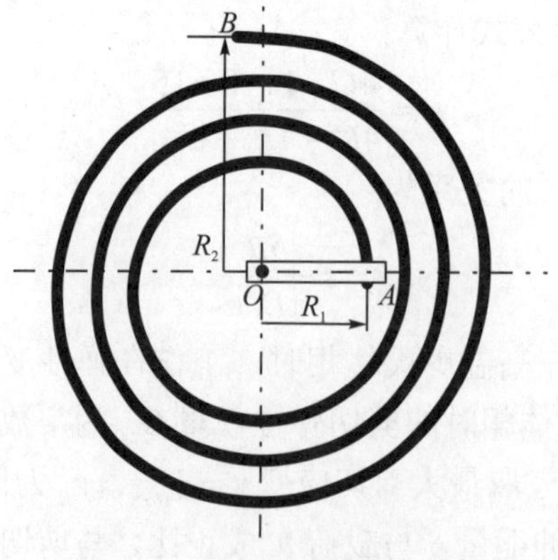

图 4-49 非接触型蜗卷弹簧

弹簧应力σ与转矩 M的关系为

$$\sigma=\frac{K_1M}{Z} \tag{4-163}$$

式中，Z为截面系数；K_1为应力修正系数，外端固定时$K_1=1$，外端回转时$K_1=2$。

弹簧应变ε与转矩 M的关系为

$$\varepsilon=\frac{K_1M}{EZ} \tag{4-164}$$

式中，E为弹性模量。

变形角θ与转矩 M的关系为

$$\theta=\frac{K_2Ml}{EJ} \tag{4-165}$$

式中，l为弹簧长度；J为截面惯性矩；K_2为角变形修正系数，外端固定时$K_2=1$，外端回转时$K_2=1.25$。

由式(4-164)和式(4-165)可得

$$\theta=\frac{K_2\varepsilon lZ}{K_1J} \tag{4-166}$$

式中，ε为蜗卷弹簧的应变；Z为截面极惯性矩。

对于宽度为b、厚度为h的长方形截面，其截面极惯性矩和惯性矩可分别表示为

$$Z=\frac{bh^2}{6},\quad J=\frac{bh^3}{12} \tag{4-167}$$

对于直径为d的圆形截面，其截面极惯性矩和惯性矩可分别表示为

$$Z=\frac{\pi d^3}{32},\quad J=\frac{\pi d^4}{64} \tag{4-168}$$

假设形状记忆合金蜗卷弹簧在高温奥氏体相时，工作在弹性变形阶段，高温奥氏体相时的弹性模量E_A和低温马氏体相时的弹性模量E_M为常数，形状记忆合金蜗卷弹簧在高、低温下的负载转矩分别为M_H和M_L，取最大应变$\varepsilon_{L\max}$。ε_L为低温马氏体相时的应变。

由式(4-164)可知，蜗卷弹簧的应变ε与负载转矩 M成正比，与弹性模量E成反比，于是有

$$\frac{M_H}{\varepsilon_HE_A}=\frac{M_L}{\varepsilon_LE_M} \tag{4-169}$$

由式(4-169)可得，高温奥氏体相时的应变ε_H为

$$\varepsilon_H=\frac{M_HE_M}{E_AM_L}\varepsilon_L \tag{4-170}$$

高温奥氏体相时的应力σ_H为

$$\sigma_H=E_A\varepsilon_H \tag{4-171}$$

当形状记忆合金蜗卷弹簧的丝材截面为长方形时，一般先根据安装空间的要求选取宽度b值，由式(4-163)、式(4-167)和式(4-171)可得，长方形截面形状记忆合金蜗卷弹簧的丝材厚度为

$$h=\sqrt{\frac{6K_1M_H}{bE_A\varepsilon_H}} \tag{4-172}$$

当形状记忆合金蜗卷弹簧的丝材截面为圆形时，由式(4-163)、式(4-168)和式(4-171)可得圆形截面形状记忆合金蜗卷弹簧的丝材直径为

$$d=\sqrt[3]{\frac{32K_1M_H}{\pi E_A\varepsilon_H}} \tag{4-173}$$

蜗卷弹簧输出应变为$\Delta\varepsilon=\varepsilon_L-\varepsilon_H$，输出变形角为$\Delta\theta$，由式(4-166)得到蜗卷弹簧有效长度为

$$l=\frac{K_1J\Delta\theta}{K_2Z\Delta\varepsilon} \tag{4-174}$$

4.4.3 电热形状记忆合金弹簧分析与设计

电热形状记忆合金螺旋弹簧试样如图4-50(a)所示。形状记忆合金螺旋弹簧丝上螺旋缠绕了铜芯聚氨酯漆包线，通过铜芯漆包线可以避免电器短路影响测试设备[29]。电热形状记忆合金弹簧制造过程中，首先将铜线缠绕在与形状记忆合金丝的直径一致的杆上，然后加热形状记忆合金弹簧使其伸长，最后将形成螺线管的铜线套在形状记忆合金丝上。同时，为了使漆包线产生明显的焦耳热并且能够与形状记忆合金丝迅速地热交换，漆包线各螺线圈间以及漆包线与形状记忆合金丝间均为紧密贴合。电热形状记忆合金螺旋弹簧上下两端为了承载的稳定性均做了并紧磨平处理，因此上下两端的形状记忆合金丝上未缠绕铜芯漆包线。

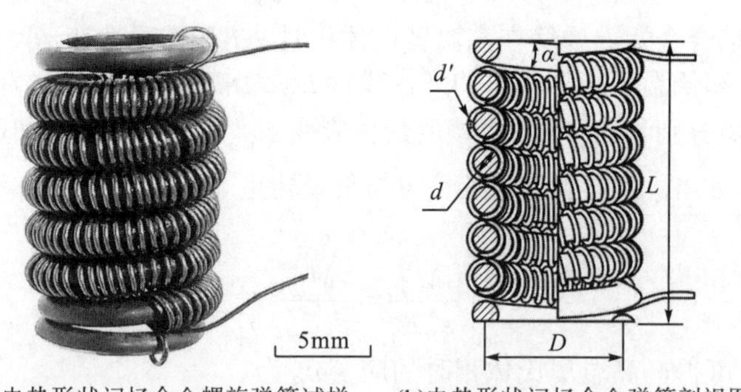

(a)电热形状记忆合金螺旋弹簧试样　(b)电热形状记忆合金弹簧剖视图

图4-50　电热形状记忆合金螺旋弹簧示意图

由图4-50(a)所示的电热形状记忆合金螺旋弹簧试样建立的简化模型如图4-50(b)所示，电热形状记忆合金螺旋弹簧简化模型中，形状记忆合金丝的丝径d=1.95mm，弹簧螺旋线的螺旋角α=6°，弹簧的直径D=12.5mm($D=2R$)，自由高度L=19mm，有效螺旋圈数n_e=6，弹簧上下两端并紧磨平；螺旋缠绕在形状记忆合金丝上的铜芯聚氨酯漆包线的丝径d'=0.4mm，漆包线的匝数N=300。

1. 工作原理

初始状态时，电热形状记忆合金螺旋弹簧的温度 T=25℃（$T<M_f$），形状记忆合金加载前处于孪晶马氏体相；在对形状记忆合金加载的过程中，应力逐渐增大到马氏体开始转变应力，形状记忆合金由孪晶马氏体相开始转变为非孪晶马氏体相，此时形状记忆合金中马氏体的体积分数和形状记忆因子均逐渐增大；在结束对形状记忆合金的加载后，由于此时的电热形状记忆合金螺旋弹簧的温度 T =25℃（$T<A_s$），卸载期间形状记忆合金非孪晶马氏体不会有相变发生，卸载结束后，形状记忆合金的可恢复非线性应变转变为残余应变；在加热阶段，通过对电热形状记忆合金螺旋弹簧加热，使其温度上升到 T =100℃（$T>A_f$），在这个过程中孪晶马氏体逐渐转变为奥氏体，形状记忆因子和残余应变逐渐减小，电热形状记忆合金螺旋弹簧恢复为初始形态。电热形状记忆合金螺旋弹簧的加载和卸载阶段已在制备期间完成，在实际使用中仅需对电热形状记忆合金螺旋弹簧中的铜芯漆包线通电流产生焦耳热激活形状记忆合金的形状记忆效应，通过对电热形状记忆合金螺旋弹簧施加约束即可产生期望的位移或回复力，同时通过控制铜芯漆包线通入电流的大小和时间可以实现对电热形状记忆合金螺旋弹簧产生的回复力或位移的连续可控。

形状记忆合金在无应力的状态下临界温度分别为马氏体相变开始温度 M_s、马氏体相变结束温度 M_f、奥氏体相变开始温度 A_s 以及奥氏体相变结束温度 A_f。通过形状记忆因子 $\eta[\eta\in(0,1)]$ 可以准确描述形状记忆合金形状记忆效应的热力学过程，在对形状记忆合金加载过程中，形状记忆合金开始产生可恢复非线性应变，随着载荷的逐渐增大形状记忆因子 η 由 0 增大到 1，此时形状记忆合金产生的可恢复非线性应变达到最大值；在形状记忆合金卸载过程中，形状记忆因子与可恢复非线性应变不发生改变；卸载后对形状记忆合金加热，当形状记忆合金达到临界温度时，形状记忆合金由非孪晶马氏体向奥氏体转变，形状记忆因子随温度逐渐减小，并且形状记忆合金可恢复非线性应变逐渐恢复[25-27]。结合形状记忆合金的微观机理，形状记忆因子 η 与马氏体体积分数 ξ 的关系可表示为

$$\xi=\xi_0+(1-\xi_0)\eta \tag{4-175}$$

假设形状记忆因子 η 与剪切屈服应力以及温度之间为线性关系，根据相变临界应力与温度的关系，可以得出纯剪切状态下形状记忆合金在卸载过程中，形状记忆因子 η 与剪切屈服应力 τ 以及温度之间的关系为

$$\eta=\eta_{u0}\frac{\tau-\tau_{A_f}}{\tau_{A_s}-\tau_{A_f}} \tag{4-176}$$

式中，τ_{A_s} 和 τ_{A_f} 分别为奥氏体开始的剪切屈服应力和奥氏体结束的剪切屈服应力。τ_{A_s} 和 τ_{A_f} 可表示为

$$\begin{cases}\tau_{A_s}=\dfrac{\sqrt{6}}{2}C_A(T-A_s),T>T_{A_s}\\[2mm]\tau_{A_f}=\dfrac{\sqrt{6}}{2}C_A(T-A_f),T>T_{A_f}\end{cases} \tag{4-177}$$

形状记忆合金的应变由三部分组成：弹性应变、形状记忆应变以及热膨胀应变。将形状记忆合金应变 ε_{ij} 表示为关于应力 σ_{ij} 和温度 T 的函数[30-32]。

$$\varepsilon_{ij} = S_{ijkl}\sigma_{ij} + \frac{3}{2}\varepsilon_L \frac{\sigma'_{ij}}{\sigma_e}\eta + \alpha_{ij}(T - T_0) \tag{4-178}$$

式中，ε_{ij}为应变张量；σ_{ij}为应力张量；S_{ijkl}为柔度系数(i、j、k、l表示坐标轴不同的方向)；ε_L为最大残余应变；T_0为温度T的初始值。其中等效应力σ_e和偏应力张量σ'_{ij}可表示为

$$\begin{cases} \sigma_e = \sqrt{\dfrac{3\sigma_{ij}\sigma_{ij}}{2}} \\ \sigma'_{ij} = \sigma_{ij} - \dfrac{1}{3}\sigma_{kk} \end{cases} \tag{4-179}$$

假设形状记忆合金为各向同性材料，$\gamma_{12} = 2\varepsilon_{ij}$为剪应变，$\tau_{12} = 2\sigma_{ij}$为剪应力，当形状记忆合金处于纯剪切状态时，$\tau_{12} = \tau$。因此，对于纯剪切模式下形状记忆合金三维细观力学本构方程可简化为

$$\gamma = \frac{\tau}{G(\xi)} + \frac{\sqrt{6}}{2}\varepsilon_L \eta \tag{4-180}$$

式中，不同马氏体的体积分数下，形状记忆合金剪切模量$G(\xi)$可表示为

$$G(\xi) = \frac{E}{2(1+\nu)} = G_A + (G_M - G_A)\xi \tag{4-181}$$

式中，E和ν分别为形状记忆合金的弹性模量和泊松比。

根据式(4-180)可以得出对应于某一初始状态，纯剪切模式下形状记忆合金三维细观本构方程：

$$\gamma = \frac{\tau}{G(\xi)} + \frac{\tau_0}{G(\xi_0)} + \frac{\sqrt{6}}{2}\varepsilon_L(\eta - \eta_0) + \gamma_0 \tag{4-182}$$

2. 电热形状记忆合金热力学模型

铜芯漆包线作为激活形状记忆合金形状记忆效应的热源，其焦耳热一部分传递至形状记忆合金，另一部分传递到电热形状记忆合金弹簧内圈与外圈的环境空气中，电热形状记忆合金弹簧热交换示意图如图 4-51 所示。为避免漆包线的热量传递到环境空气中造成电

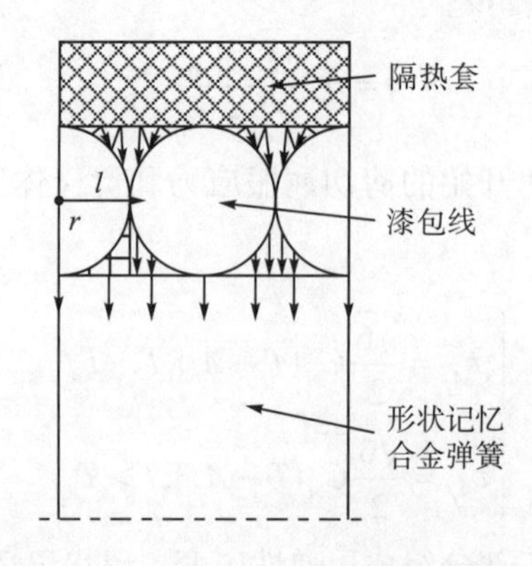

图 4-51 电热形状记忆合金弹簧热交换示意图

热性能下降，测试电热形状记忆合金螺旋弹簧时在外圈套有隔热效果较好的聚氨酯隔热套，为了简化分析模型的复杂性假设隔热套完全绝热；同时为保持电热形状记忆合金螺旋弹簧的结构稳定性，在测试时弹簧内圈套设在一个圆柱体上，并且为避免热量损失，该圆柱体也做了绝热处理。

漆包线的焦耳热传递至形状记忆合金的过程中，包含了热辐射、热传导和热对流三种形式。漆包线与形状记忆合金之间的热交换较为复杂，并且电热形状记忆合金螺旋弹簧是一个复杂空间螺旋结构，但是由理论分析可简化电热形状记忆合金螺旋弹簧的热传递过程，普通漆包线的极限工作温度低于 180℃，同时形状记忆合金的奥氏体结束转变温度 T_{A_f} 也远低于此温度，因此在非高温的情况下热辐射所传递的热量较少，故可认为漆包线与形状记忆合金之间的热交换主要是依靠漆包线与形状记忆合金接触面的热传导，以及漆包线与形状记忆合金之间间隙的对流传热。漆包线与形状记忆合金丝轴线法向垂直，接触区域可视为线面接触，只有少量热量是通过漆包线与形状记忆合金接触进行热传导，因此漆包线产生的热量主要是通过热对流实现热交换。将漆包线与形状记忆合金丝之间的热对流过程等效为以空气为介质的热传导过程，从而将漆包线与形状记忆合金丝之间的传热性能通过热阻等效表示。漆包线与形状记忆合金丝之间形成的空气间隙热阻 R_λ 可表示为

$$R_\lambda = \int_0^r \frac{r - \sqrt{r^2 - l^2}}{\lambda r} \mathrm{d}l \tag{4-183}$$

式中，r 为铜芯漆包线的半径（$d' = 2r$）；l 为积分半径；λ 为空气导热率。

考虑形状记忆合金相变潜热的影响，电热形状记忆合金弹簧的热力学平衡方程为[33]

$$\begin{cases} m_s c_s \dfrac{\mathrm{d}T_s}{\mathrm{d}t} + \dfrac{S_s}{R_\lambda}(T_s - T_c) = H\dfrac{\mathrm{d}\xi}{\mathrm{d}t} \\ m_c c_c \dfrac{\mathrm{d}T_c}{\mathrm{d}t} + \dfrac{S_c}{R_\lambda}(T_c - T_s) + S_c h_{ca}(T_c - T_a) = I^2 R_c \end{cases} \tag{4-184}$$

式中，m_s 和 m_c 分别为形状记忆合金和漆包线的质量；c_s 和 c_c 分别为形状记忆合金和漆包线的比热容；T_s 和 T_c 分别为形状记忆合金和漆包线的温度；S_s 和 S_c 分别为形状记忆合金和漆包线的传热表面积；H 为形状记忆合金的相变潜热；h_{ca} 为漆包线与空气之间的对流传热系数；I 为通入漆包线的电流；R_c 为漆包线的电阻；ξ 为形状记忆合金中马氏体的体积分数。

通过描述在有限区域内含的无限小的热动力学过程来构造相变过程的自由能，能够有效描述马氏体相变过程。在马氏体逆相变过程中，马氏体体积分数 ξ 的变化率可以表示为

$$\frac{\mathrm{d}\xi}{\mathrm{d}t} = -\frac{\pi \dfrac{\mathrm{d}T_s}{\mathrm{d}t}}{2(A_f - A_s)} \sin\left(\pi \frac{T_s - A_s}{A_f - A_s}\right) \tag{4-185}$$

铜芯漆包线在通入电流后温度逐渐升高，其电阻与温度之间的关系可近似表示为

$$R_c = \frac{\rho_0(1 + \alpha T_c) l_c}{S} \tag{4-186}$$

式中，ρ_0 为漆包线在 0℃时的电阻率；α 为温度系数；l_c 为漆包线的总长度；S 为漆包线的横截面积。

3. 电热形状记忆合金弹簧热机械性能

由于电热形状记忆合金螺旋弹簧在加载过程中的受力方向始终沿着弹簧的几何轴线，因此形状记忆合金丝始终受到纯剪切载荷。当 x 为形状记忆合金丝截面中心到截面外缘的距离，形状记忆合金丝截面的线性剪切应变可表示为

$$\gamma = \theta x, \quad x \in (0, r) \tag{4-187}$$

式中，θ 为形状记忆合金丝的扭转角；r 为形状记忆合金丝的半径。

弹簧的变形可表示为

$$f = l - l_0 = 2\pi n\theta R^2 = \frac{\pi n\theta D^2}{2} \tag{4-188}$$

联立式(4-187)所示的弹簧几何方程以及式(4-182)所示的形状记忆合金纯剪切本构方程，得出形状记忆合金丝扭转角与截面剪切屈服应力的关系为[34]

$$\gamma_s = \theta\frac{d}{2} = \frac{\tau}{G(\xi)} + \frac{\tau_0}{G(\xi_0)} + \frac{\sqrt{6}}{2}\varepsilon_L(\eta - \eta_0) + \gamma_0 \tag{4-189}$$

联立式(4-188)与式(4-189)，得出电热形状记忆合金螺旋弹簧轴向变形 f 为

$$f = \frac{\pi n D^2}{d}\left[\frac{\tau}{G(\xi)} + \frac{\tau_0}{G(\xi_0)} + \frac{\sqrt{6}}{2}\varepsilon_L(\eta - \eta_0) + \gamma_0\right] \tag{4-190}$$

式中，τ 为形状记忆合金丝截面的剪切屈服应力。螺旋弹簧的剪切屈服应力可表示为

$$\tau = k\frac{8FD}{\pi d^3} \tag{4-191}$$

式中，F 为螺旋弹簧的轴向载荷；k 为应力修正系数。应力修正系数 k 可表示为

$$k = \frac{4C - 1}{4C - 4} + \frac{0.615}{C} \tag{4-192}$$

式中，C 为螺旋弹簧的旋绕比（$C = D/d$）。

结合式(4-189)和式(4-190)，得出电热形状记忆合金螺旋弹簧在轴向载荷 F 的作用下产生的轴向位移 f 为

$$f = k\frac{8nFD^3}{d^4 G(\xi)} - \frac{\pi n D^2}{d}\beta \tag{4-193}$$

式中，中间变量 β 为

$$\beta = \frac{\tau_0}{G(\xi_0)} + \frac{\sqrt{6}}{2}\varepsilon_L(\eta - \eta_0) + \gamma_0$$

整理式(4-193)得出电热形状记忆合金螺旋弹簧在轴向位移 f 的情况下产生的回复力 F_r 为

$$F_r = \frac{d^4 G(\xi)}{8knD^3} f + \frac{\pi d^3 G(\xi)}{8kD}\beta \tag{4-194}$$

对式(4-194)中轴向位移 f 求导得出电热形状记忆合金螺旋弹簧的刚度系数 k_s 为

$$k_s = \frac{\mathrm{d}F_r}{\mathrm{d}f} = \frac{d^4 G(\xi)}{8knD^3} \tag{4-195}$$

式中，刚度系数 k_s 是关于剪切模量 $G(\xi)$ 的非线性函数，并且剪切模量 $G(\xi)$ 是以温度为自变量的函数。因此在不同温度下，电热形状记忆合金螺旋弹簧具有不同的刚度系数 k_s。

4.4.4　形状记忆合金有限元分析

上一节系统介绍了电热形状记忆合金弹簧的热机械性能，在实际工程应用中，常借助形状记忆合金的形状记忆效应实现双程输出或自适应自动控制的目的。下面将采用有限单元法对形状记忆合金弹簧致动器的工作特性做进一步的分析和介绍。

1. 工作过程

根据形状记忆合金的超弹性和形状记忆效应，定义弹簧致动器的双向工作过程，如图 4-52 所示。

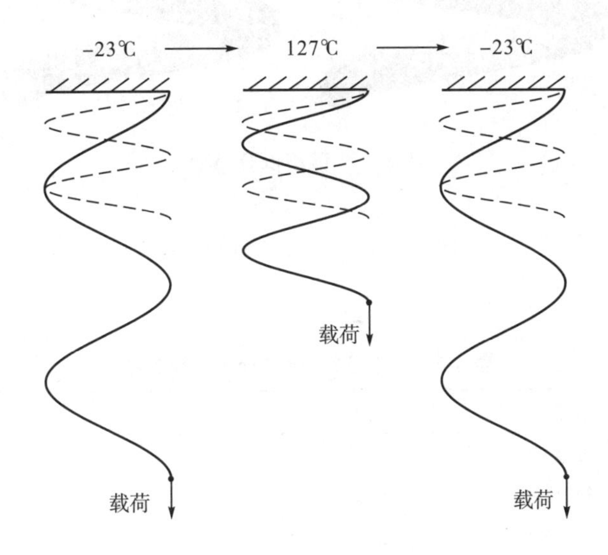

图 4-52　形状记忆合金弹簧致动器的工作过程

(1) 将形状记忆合金弹簧的一端固定，在低温条件下，对形状记忆合金弹簧缓慢施加轴向力，形状记忆合金内部的孪晶马氏体向非孪晶马氏体转化，弹簧拉伸变形至一定长度。

(2) 在保持载荷条件不变的情况下，加热形状记忆合金弹簧。此时弹簧温度升高，由于形状记忆合金特有的形状记忆效应，合金内部的非孪晶马氏体开始向奥氏体转变，马氏体含量降低，弹簧致动器开始恢复至原有形状。

(3) 当弹簧形变稳定后，在保证载荷不变的情况下再次降温，将温度恢复至初始条件。最终在载荷作用下，弹簧的变形量与步骤(1)的相同。

2. 有限元前处理

首先针对形状记忆合金弹簧致动器的三维模型进行建模，形状记忆合金丝的丝径 d=4mm，弹簧的直径 D=24mm（$D=2R$），自由高度 L=28mm，有效螺旋圈数 n_e=2。

由于仿真过程中弹簧致动器有较大的剪切变形，空间螺旋线结构复杂，采用实体单元不易对致动器进行网格剖分[35]，且容易造成计算结果不收敛，故采用考虑剪切变形的Timoshenko梁单元BEAM188对制动器进行等效处理。网格剖分模型如图4-53所示。

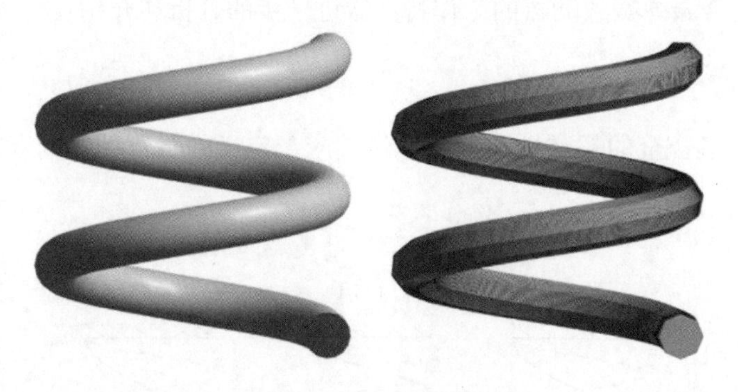

图4-53　网格剖分模型

采用实际工程中常用的Ni-Ti形状记忆合金模拟弹簧致动器的工作过程，其材料参数见表4-7。

表4-7　Ni-Ti形状记忆合金材料参数

参数	数值
杨氏模量/GPa	70
泊松比	0.3
体积模量/GPa	58.3
剪切模量/GPa	26.9
硬化参数/GPa	0.5
相变参考温度/℃	37.9
屈服强度/MPa	120
温度尺度参数/(MPa·℃)	8.3
最大转变应变	0.07
马氏体模量/GPa	70

在建模和材料定义结束后，开始对模型添加边界条件和载荷。在弹簧致动器顶部添加固定约束，然后限制弹簧在 X 和 Y 方向的位移。根据前述拟定的工作过程，添加若干子步，并施加相应的力载荷和温度阶跃载荷，具体流程如图4-54所示。

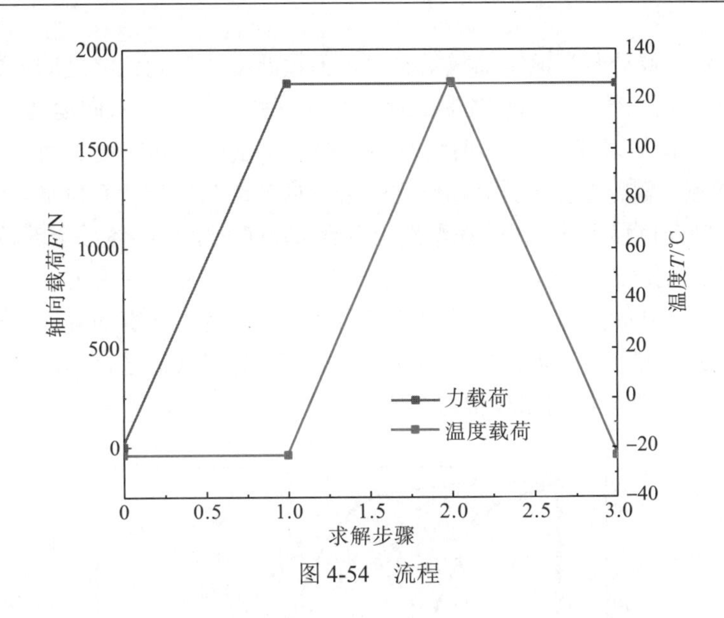

图 4-54　流程

3. 仿真结果和分析

由于仿真过程属于非线性分析，在执行非线性静态分析时致动器有较大剪切应变，挠度变化大，采用非对称的牛顿-拉夫森(Newton-Raphson)算法进行迭代计算。根据上述前处理结果进行有限元仿真。

由图 4-55 可知，在低温条件下对弹簧施加 1830N 的轴向载荷时，弹簧致动器由原长 28mm 迅速伸长，最大轴向位移为 43mm，此时若温度迅速上升至 127℃，形状记忆合金内部的马氏体开始相变转化，弹簧长度开始恢复，致动器的最大轴向位移缩减到 10mm 内。当温度再次降低至−23℃时，形状记忆效应消失，弹簧致动器的最大轴向位移又恢复到 43mm。对形状记忆合金弹簧进行动态分析，并截取弹簧的温度-轴向位移数据，结果如图 4-56 所示。

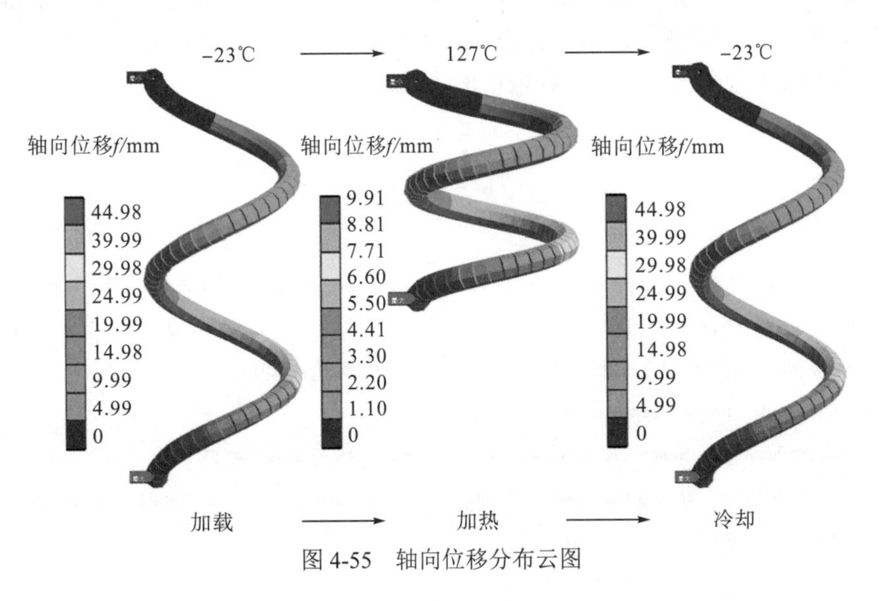

图 4-55　轴向位移分布云图

图 4-56 展示了致动器在恒定加载状态下，弹簧温度和轴向位移之间的关系，借助形状记忆合金的形状记忆效应，通过控制温度，可实现弹簧的重复双向运动。由图 4-56 可知，加热和冷却时的温度-轴向位移曲线对称分布，温度和轴向应变之间呈高度非线性关系，且有明显拐点。随着温度上升，形状记忆合金内部的马氏体含量降低，弹簧回复力增大，导致弹簧的轴向位移迅速减小，在温度上升至 67.9℃时，马氏体已全部转变为奥氏体，回复力与轴向力达到动态平衡，此时温度进一步上升至 127℃，弹簧的回复力不会发生变化；当温度由 127℃开始降温时，奥氏体开始向马氏体转变，弹簧回复力减小并在外载荷作用下轴向位移迅速增大，当温度降低至 37.9℃以下时，形状记忆合金内部马氏体含量达到极值，轴向位移恢复至初始加载状态。

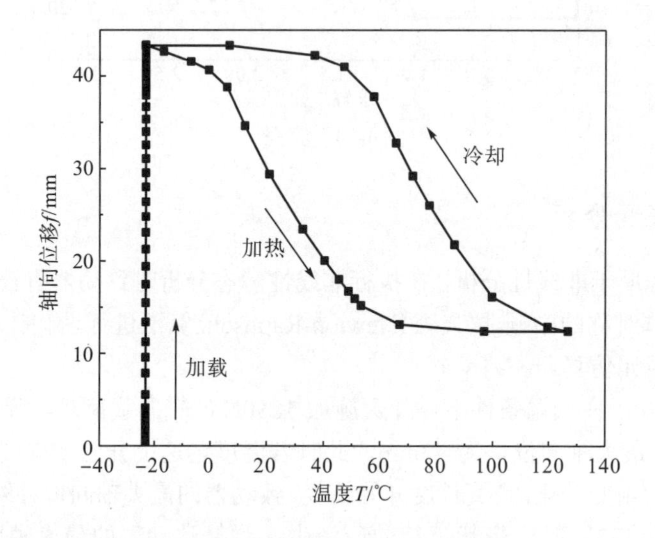

图 4-56 致动器温度-轴向位移曲线

通过分析有限元仿真结果，发现形状记忆合金弹簧的热机械特性满足致动器响应迅速、转变可逆、应力/应变可控等设计需求，通过合理设计电热形状记忆合金弹簧的结构尺寸，可以在狭小空间内达到大行程输出的目的。

参 考 文 献

[1] Bezerra M, Kort-Kamp W M, Cougo-Pinto M V, et al. How to introduce the magnetic dipole moment[J]. European Journal of Physics, 2012, 33(5): 1313-1320.

[2] Hayt W H, Buck J A. 工程电磁场[M]. 8 版. 袁建生, 选译. 北京: 清华大学出版社, 2014.

[3] Brauer J R. Magnetic Actuators and Sensors[M]. Wiley-IEEE Press, 2006.

[4] Werely N. Magnetorheology: Advances and Applications[M]. Cambridge: RSC Publishing, 2013.

[5] Ly H V, Reitich F, Jolly M R, et al. Simulations of particle dynamics in magnetorheological fluids[J]. Journal of Computational Physics, 1999, 155(1): 160-177.

[6] Arbab A I. Complex Maxwell's equations[J]. Chinese Physics B, 2013, 22(3): 030301.

[7] 吴其芬, 李桦. 磁流体力学[M]. 长沙: 国防科技大学出版社, 2007.

[8] Song W L, Li D H, Tao Y, et al. Simulation and experimentation of a magnetorheological brake with adjustable gap[J]. Journal of Intelligent Material Systems and Structures, 2017, 28(12): 1614-1626.

[9] 兵器工业无损检测人员技术资格鉴定考核委员会. 常用钢材磁特性曲线速查手册[M]. 北京: 机械工业出版社, 2003.

[10] 杨世铭, 陶文铨. 传热学[M]. 4版. 北京: 高等教育出版社, 2006.

[11] Ruelle D. A mechanical model for fourier's law of heat conduction[J]. Communications in Mathematical Physics, 2011, 311(3): 755-768.

[12] Tang H G, Zhao Y, Zhai X G, et al. Phonon boundary scattering effect on thermal conductivity of thin films[J]. Journal of Applied Physics, 2011, 110(4): 046102.

[13] Incropera F P. 传热和传质基本原理[M]. 葛新石, 叶宏, 译. 北京: 化学工业出版社, 2007.

[14] Xiong H, Luo Y P, Ji D S, et al. Analysis and evaluation of temperature field and experiment for magnetorheological fluid testing devices[J]. Advances in Mechanical Engineering, 2021, 13(4): 255-266.

[15] Río F D, Selva S M T D L. Reversible and irreversible heat transfer by radiation[J]. European Journal of Physics, 2015, 36(3): 035001.

[16] 陈则韶, 钱军, 叶一火. 复合材料等效导热系数的理论推算[J]. 中国科学技术大学学报, 1992, 22(4): 416-424.

[17] Huang J, Zhang J Q, Yang Y, et al. Analysis and design of a cylindrical magneto-rheological fluid brake[J]. Journal of Materials Processing Technology, 2002, 129(1-3): 559-562.

[18] Xiong Y, Huang J, Shu R Z. Combined braking performance of shape memory alloy and magnetorheological fluid[J]. Journal of Theoretical and Applied Mechanics, 2021, 59(3): 355-368.

[19] Zhu X C, Jing X J, Cheng L. Magnetorheological fluid dampers: A review on structure design and analysis[J]. Journal of Intelligent Material Systems and Structures, 2012, 23(8): 839-873.

[20] Sahin H, Gordaninejad F, Wang X J, et al. Response time of magnetorheological fluids and magnetorheological valves under various flow conditions[J]. Journal of Intelligent Material Systems and Structures, 2012, 23(9): 949-957.

[21] 姚巨坤, 江宏亮, 田欣利, 等. 磁流变液研究进展及其在军事领域的应用[J]. 兵器材料科学与工程, 2018, 41(2): 103-108.

[22] 李凯权, 代俊, 常辉, 等. 磁流变材料的应用综述[J]. 探测与控制学报, 2019, 41(1): 6-14.

[23] 曹真, 江万权, 龚兴龙, 等. Fe_3O_4/PMMA纳米复合材料的制备及其磁流变性能[C]. 第六届中国功能材料及其应用学术会议, 2007: 281-283.

[24] Sun T, Peng X H, Li J Z, et al. Testing device and experimental investigation to influencing factors of magnetorheological fluid[J]. International Journal of Applied Electromagnetics and Mechanics, 2013, 43(3): 283-292.

[25] Liu X H, Wang L F, Lu H, et al. A study of the effect of nanometer Fe_3O_4 addition on the properties of silicone oil-based magnetorheological fluids[J]. Materials and Manufacturing Processes, 2015, 30(2): 204-209.

[26] 黄金. 磁流变液与磁流变器件的分析与设计[D]. 重庆: 重庆大学, 2006.

[27] 麻建坐. 智能汽车风扇离合器的分析与设计[D]. 重庆: 重庆理工大学, 2009.

[28] 周博, 王志勇, 薛世峰. 形状记忆合金超弹性螺旋弹簧的力学模型[J]. 机械工程学报, 2019, 55(8): 56-64.

[29] Xiong Y, Huang J, Shu R Z. Thermomechanical performance analysis and experiment of electrothermal shape memory alloy helical spring actuator[J]. Advances in Mechanical Engineering, 2021, 13(10): 734-762.

[30] Zhou B, Liu Y J, Leng J S, et al. A macro-mechanical constitutive model of shape memory alloys[J]. Science in China Series G: Physics, Mechanics and Astronomy, 2009, 52(9): 1382-1391.

[31] Jafarzadeh S, Kadkhodaei M. Finite element simulation of ferromagnetic shape memory alloys using a revised constitutive model[J]. Journal of Intelligent Material Systems and Structures, 2017, 28(19): 2853-2871.

[32] Xu L, Solomou A, Baxevanis T, et al. Finite strain constitutive modeling for shape memory alloys considering transformation-induced plasticity and two-way shape memory effect[J]. International Journal of Solids and Structures, 2021, 221(9): 42-59.

[33] 董二宝, 许旻, 李永新, 等. 形状记忆合金丝致动器新型电热方法及其建模与实验研究[J]. 中国机械工程, 2010, 21(23): 2857-2861.

[34] Ma J Z, Huang H L, Huang J. Characteristics analysis and testing of SMA spring actuator[J]. Advances in Materials Science and Engineering, 2013(1), 2013: 1-7.

[35] 李卫国, 彭向和, 方岱宁, 等. 计及相变微结构演化的形状记忆合金本构描述[J]. 固体力学学报, 2007, 28(3): 255-260.

第5章　电磁热智能材料复合传动装置

电磁热智能材料传动装置属于电磁热固体力学、新型智能传动的交叉研究领域。传统机械传动系统极易发生冲击和振动，特别是传动系统满载或启动过程中的冲击和振动更加严重，影响传动系统使用寿命。磁流变液与形状记忆合金这类典型的新型智能材料，因其力学特性能解决在传统机械传动系统中难以解决的问题，特别是由磁流变液与形状记忆合金构成的电磁热智能材料复合传动，能够获得单一智能材料无法实现的性能和功能。因此，其不仅具有重要的科学研究意义，并且具有广泛的应用价值。基于智能材料力学理论、磁流变电磁效应机理、传动理论、设计方法、形状记忆合金热效应机理以及复合应用理论，作者建立了以磁流变液以及形状记忆合金为基础的电磁热智能材料传动理论和设计方法，得到电场、磁场、热场以及结构场等物理场对磁流变液与形状记忆合金特性的影响因素，为电磁热智能材料复合应用提供了理论基础。

本章基于磁流变液与形状记忆合金这两个典型智能材料，介绍不同构型的电磁热智能材料传动装置，以形状记忆合金为传动元件的磁流变复合传动装置；以形状记忆合金为控制元件的磁流变间隙传动装置；以形状记忆合金为压力驱动元件的剪切-挤压磁流变传动装置；以及以形状记忆合金为驱动元件的异性间隙磁流变复合传动装置。通过结构设计、磁路设计、有限元分析以及传动性能理论分析为电磁热智能材料传动装置设计和理论分析提供参考。

5.1　磁流变液与电热形状记忆合金弹簧滑块摩擦复合传动装置

5.1.1　复合传动装置工作原理

磁流变液与电热形状记忆合金弹簧滑块摩擦复合传动装置[1]如图5-1所示，其主要零部件包括 1—隔磁铜环、2—励磁线圈、3—磁流变液、4—电刷滑环、5—主动轴、6—密封圈、7—离心滑块、8—电热形状记忆合金弹簧、9—从动轴、10—绝缘套。电热形状记忆合金弹簧装在导向柱上，导柱与摩擦滑块用螺钉连接，导线通过主动圆盘轴上的中心孔把励磁线圈和形状记忆合金弹簧连接起来。从动部分主要包括从动轴、从动圆筒等；磁流变液通过注油孔，注入主动轴与从动圆筒之间的工作间隙中，磁流变液的工作间隙通常为1.0～1.5mm。复合传动装置的工作原理如下。

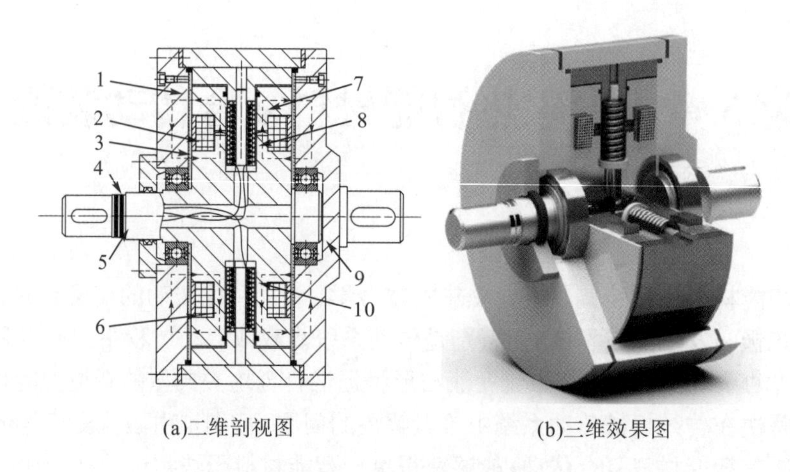

(a)二维剖视图 (b)三维效果图

图 5-1 复合传动装置工作原理图

(1)主动轴在外源动力带动下转动，励磁线圈未通电时，磁流变液为牛顿流体状态。摩擦滑块在离心力作用下，克服形状记忆合金弹簧拉力沿径向移动，与从动圆筒内壁的间隙为 0.1mm，不与从动圆筒内壁接触，因此不产生摩擦转矩。此时仅依靠磁流变液零磁场下较小的黏性转矩不能带动从动轴转动，传动装置处于分离状态。

(2)同时给电热形状记忆合金弹簧和励磁线圈通电，励磁线圈产生的磁场垂直穿过磁流变液的工作间隙，磁流变液中的磁性颗粒沿磁通方向排列成链状结构，磁链能产生剪切屈服应力，依靠磁流变液的剪切屈服应力传递的转矩能带动从动壳体转动。当电流小于 1A 时，电热形状记忆合金弹簧的温度未达到马氏体转变温度，所以此时只由磁流变液传递转矩。

(3)当电流大于 1A 时，电热形状记忆合金弹簧的温度进一步升高，驱动滑块压紧从动壳体并产生摩擦力，此时装置由磁流变液和摩擦共同传递转矩。

(4)断电后，磁流变液恢复牛顿流体，磁流变液不再传递转矩，装置分离。

该复合传动装置是根据作者所在团队申报的国家发明专利[1,2]进行改进设计，设计思路主要为在双盘式磁流变传动装置的基础上，增加了离心滑块，借助电热形状记忆合金的回复力和滑块离心力附加额外摩擦转矩，达到提高传动装置转矩的目的。

5.1.2 传动装置转矩性能分析

1. 磁流变液转矩分析

为分析工作状态下复合传动装置整体的磁场，将图 5-1 所示的传动装置简化为二维轴对称模型，并采用有限单元法对磁通分布进行仿真，其简化模型如图 5-2 所示，结构参数见表 5-1。

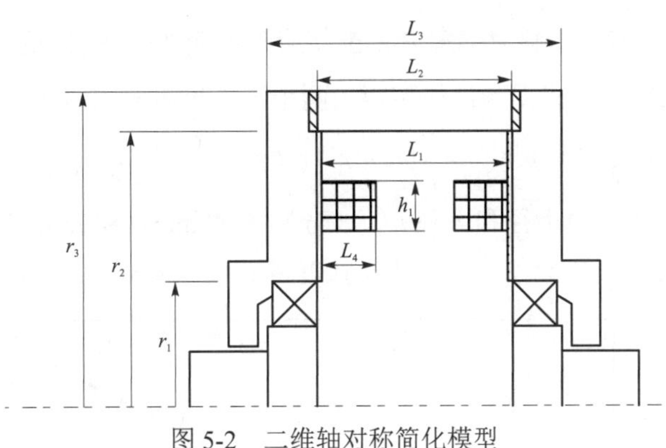

图 5-2　二维轴对称简化模型

表 5-1　结构参数　（单位：mm）

参数	数值	参数	数值
r_1	25	L_2	40
r_2	55	L_3	60
r_3	63	L_4	11
L_1	38	h_1	10

当励磁线圈匝数 $N_1 = 80$，电流 I=0～3A 时，通过有限元分析得到磁流变液工作间隙内的平均磁感应强度与电流的关系，见表 5-2。电流为 3A 时的有限元仿真云图如图 5-3 所示。

表 5-2　磁流变液间隙内的平均磁感应强度

电流/A	磁感应强度/T	电流/A	磁感应强度/T
0.5	0.072	2.0	0.290
1.0	0.145	2.5	0.358
1.5	0.218	3.0	0.424

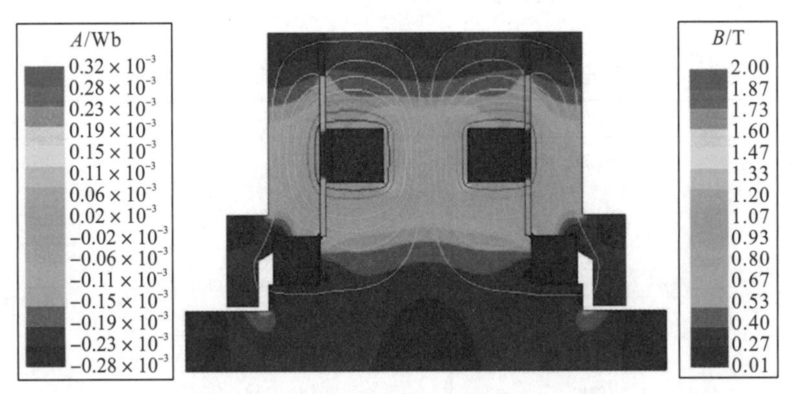

图 5-3　电流为 3A 时的有限元仿真云图

通过不同电流 I 对应的磁感应强度 B 得出相应磁流变液的剪切屈服应力 $\tau_y(B)$，带入盘式磁流变传动装置的转矩公式得到最终转矩。两个工作盘对应的磁流变液转矩方程[3]为

$$M_{\mathrm{MRF}} = 2\int_{r_1}^{r_2} 2\pi\tau r^2 \mathrm{d}r = \frac{4\pi}{3}\left(r_2^3 - r_1^3\right)\tau_y(B) + \frac{\pi}{h}\left(r_2^4 - r_1^4\right)(\omega_1 - \omega_2)\eta \tag{5-1}$$

式中，磁流变液工作间隙的小径和大径 r_1、r_2 分别为 25mm、50mm；h 为磁流变液的工作间隙厚度；主、从动轴转速 ω_1、ω_2 分别为 100rad/s、90rad/s；零场黏度 η 为 2.8Pa·s。

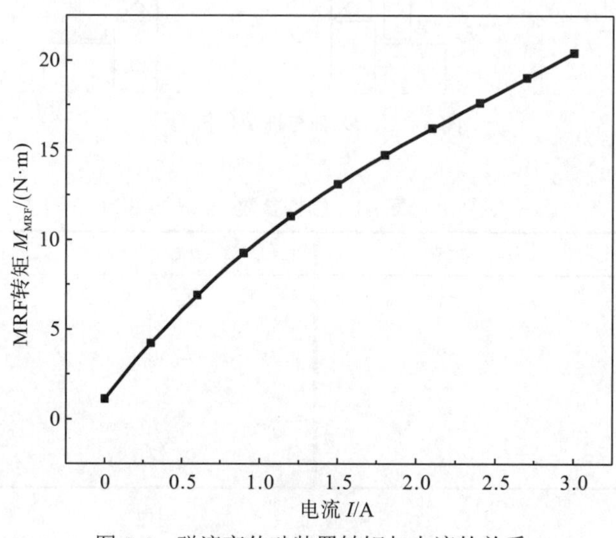

图 5-4 磁流变传动装置转矩与电流的关系

磁流变传动装置转矩与电流的关系如图 5-4 所示。当 I=0A 时，磁流变液零场黏度产生的转矩为 0.77N·m；当 I=1A 时，磁流变液的剪切转矩为 9.95N·m；当 I=2A 时，转矩为 15.71N·m，转矩提升 57.9%；当 I=2A 时，转矩为 20.43N·m，提升 30.04%。

2. 电热形状记忆合金弹簧附加转矩分析

电热形状记忆合金弹簧中径 D=12.6mm（D=2R），弹簧丝的直径 $d_1 = 2.8$mm，弹簧螺旋角 α=6°，自由高度 L=19mm，弹簧有效圈数 $n_e = 7$，聚氨酯铜芯漆包线的丝径 d'=0.4mm，漆包线的匝数 N_2=300，其余参数见表 5-3。

表 5-3 电热形状记忆合金［$Ni_{51}Ti_{49}$（原子百分比）］弹簧结构参数

参数	数值	参数	数值
A_s /℃	63.28	G_a /GPa	13.2
A_p /℃	83.53	G_m /GPa	8
A_f /℃	92.91	ρ_0 /(Ω·m²/m)	1.678×10^{-8}
M_s /℃	36.21	β /℃	0.00393
M_p /℃	43.81	m_c /kg	1.3
M_f /℃	49.47	c_c /［J/(kg·℃)］	470～620

考虑形状记忆合金相变潜热的影响，建立电热形状记忆合金弹簧的热力学平衡方程[4]为

$$\begin{cases} m_s c_s \dfrac{\mathrm{d}T_s}{\mathrm{d}t} + \dfrac{S_{\mathrm{SMA}}}{R_\lambda}(T_s - T_c) = H\dfrac{\mathrm{d}\xi}{\mathrm{d}t} \\ m_c c_c \dfrac{\mathrm{d}T_c}{\mathrm{d}t} + \dfrac{S_c}{R_\lambda}(T_c - T_s) + S_c h_{ca}(T_c - T_a) = I^2 R_c \end{cases} \tag{5-2}$$

式中，m_s 和 m_c 分别为形状记忆合金和漆包线的质量；c_s 和 c_c 分别为形状记忆合金和漆包线的比热容；T_s、T_a 和 T_c 分别为形状记忆合金、空气和漆包线的温度；S_{SMA} 和 S_c 分别为形状记忆合金和漆包线的传热表面积；H 为形状记忆合金的相变潜热；h_{ca} 为漆包线与空气间的对流传热系数；I 为通入漆包线的电流；R_c 为漆包线电阻；ξ 为形状记忆合金中马氏体的体积分数；R_λ 为漆包线与形状记忆合金之间形成的空气间隙热阻。

根据傅里叶定律简化式(5-2)，通过表面热通量等效替代缠绕在形状记忆合金丝上漆包线产生的焦耳热，形状记忆合金丝的表面热通量 ϕ_q 可表示为

$$\phi_q = I^2 \frac{\rho_0(1+\beta T_c)l_c}{SS_{\mathrm{SMA}}} \tag{5-3}$$

式中，ρ_0 为 20℃时铜芯的电阻率；β 为电阻率温度系数；S_{SMA} 为形状记忆合金丝的有效对流传热表面积(形状记忆合金丝缠绕有漆包线的部分)，可近似表示为螺旋线展开为直线后的表面积，因此 S_{SMA} 可表示为

$$S_{\mathrm{SMA}} = \pi d \frac{\theta D}{2\cos\alpha} \tag{5-4}$$

式中，θ 为弹簧的极角。根据式(5-2)～式(5-4)可得到形状记忆合金弹簧温升 τ 与电流 I 的关系：

$$\tau = I^2 \frac{\rho_0(1+\alpha T_c)l_c}{Sc_s m_s} t \tag{5-5}$$

下面计算不同温度下形状记忆合金弹簧产生的压紧力 F_r，其与温度 T 之间的关系可表示为

$$F_r = \frac{d_1^4 G(T)}{8nD^3}\delta_L \tag{5-6}$$

式中，n 为弹簧有效圈数；D 为弹簧中径；δ_L 为弹簧初始压缩量；$G(T)$ 为形状记忆合金弹簧剪切模量，其取值与温度有关。当温度处于马氏体相变结束温度和奥氏体相变结束温度区间时，形状记忆合金弹簧的剪切模量可表示为

$$G(T) = G_m + \frac{G_a + G_m}{2}[1 + \sin\psi(T - T_m)] \tag{5-7}$$

其中，温度上升过程中 $T_m = (A_s + A_f)/2$，$\psi = \pi/(A_f - A_s)$；式中 G_a 为奥氏体的剪切模量；G_m 为马氏体的剪切模量。

当形状记忆合金弹簧的温度由 30℃升高到 100℃时，由式(5-6)可得温度与弹簧输出压紧力之间的关系，如图 5-5 所示。

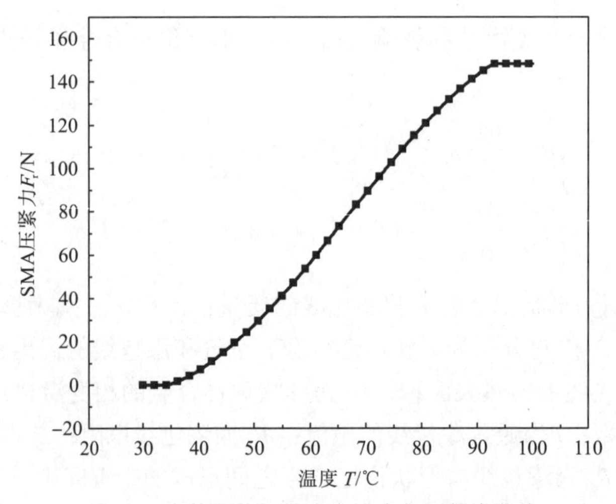

图 5-5 电热形状记忆合金温度与压紧力曲线

由图 5-5 可知，当电热形状记忆合金弹簧的温度从 30℃升到 37℃时，产生的压紧力缓慢地从 0N 增大到 0.88N，由于弹簧温度接近马氏体开始相变温度，弹簧提供的压紧力较小，可忽略不计；当电热形状记忆合金弹簧温度从 37℃升到 92.91℃时，产生的压紧力迅速从 0.88N 增大到 153.01N；在 92.91℃时达到最大值，此后随温度增长，弹簧压紧力保持恒定。

由式(5-5)～式(5-7)可得，线圈电流、形状记忆合金弹簧温度与滑块摩擦转矩之间的关系为

$$M_r = \mu N r \left[\frac{\delta_L d_1^4}{8nD^3} \left(G_m + \frac{G_a - G_m}{2} \left\{ 1 + \sin\psi \left[\frac{I^2 t \rho_0 l_c (1 + \alpha T_c)}{S c_m m_s} + T_0 - T_m \right] \right\} \right) \right] \tag{5-8}$$

式中，r 为轴瓦的有效半径；T_0 为初始工作温度，取值为 25℃。当轴瓦半径 r=57mm、摩擦系数 μ 为 0.27、轴瓦个数 N=4 时，滑块摩擦转矩与线圈电流之间的关系如图 5-6 所示。

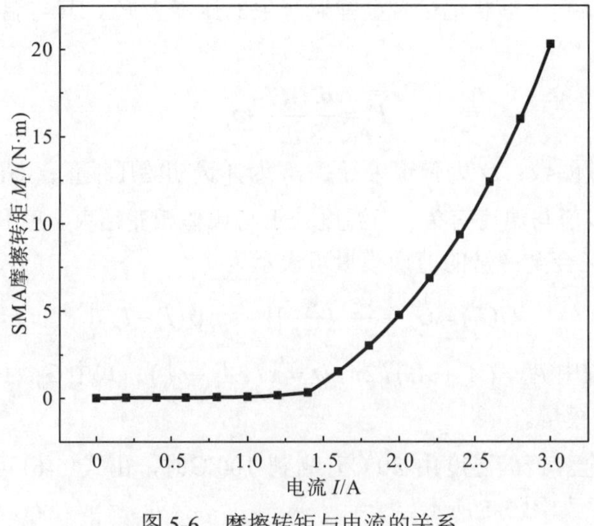

图 5-6 摩擦转矩与电流的关系

由图 5-6 可知，当电流小于 1.5A 时，电热形状记忆合金弹簧的温度未达到奥氏体开始相变温度，输出的挤压力较小，此时滑块的摩擦转矩可忽略不计。电流继续增大至 3A 时，电热形状记忆合金弹簧驱动轴瓦产生的摩擦转矩迅速增大，峰值为 20.3N·m。

3. 联合转矩

复合传动装置的总转矩为磁流变液的转矩与滑块摩擦转矩之和，可表示为

$$M = M_{\mathrm{MRF}} + M_r \tag{5-9}$$

根据式(5-9)，分别将不同电流下的转矩进行整合，得到传动装置复合转矩与电流之间的关系，如图 5-7 所示。分析图中数据可知，当电流小于 1.5A 时，复合传动装置的转矩主要由磁流变液提供；当电流大于 1.5A 时，由于电热形状记忆合金产生的额外转矩，传动装置转矩随电流增大提升迅速；当电流为 3A 时，复合传动装置的总转矩达到最大值 40.72N·m，比同尺寸盘式磁流变传动装置提升了 99.4%。

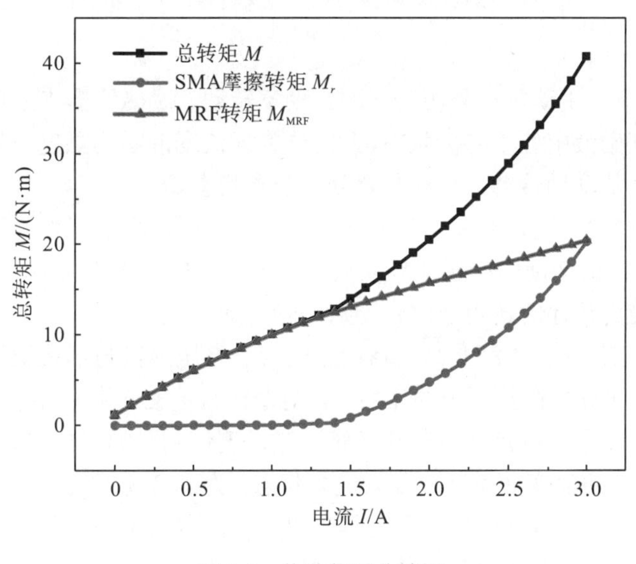

图 5-7　传动装置总转矩

5.2　形状记忆合金与磁流变交替传动装置性能

5.2.1　交替传动装置工作原理

图 5-8 所示为形状记忆合金与磁流变交替传动装置结构示意图，其主要由以下零部件组成：1—磁流变液、2—复位弹簧、3—储液腔、4—主动轴、5—形状记忆合金挤压弹簧、6—主动盘、7—线圈、8—形状记忆合金摩擦弹簧、9—导电滑环、10—从动轴、11—滑块导杆、12—形状记忆合金开关。该传动装置的工作原理如下。

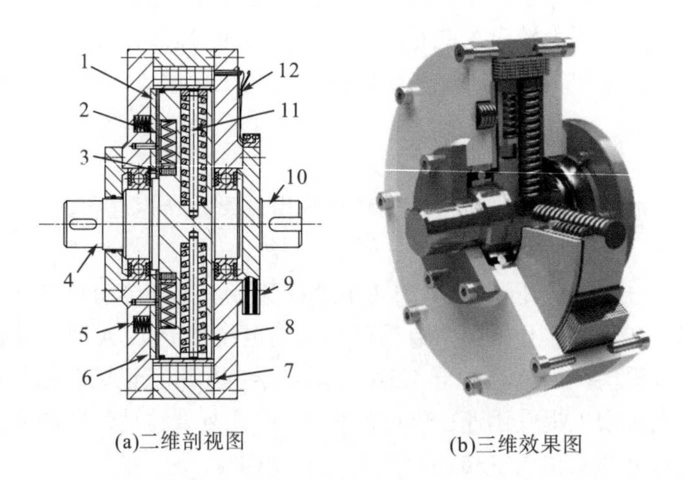

(a)二维剖视图 (b)三维效果图

图 5-8 形状记忆合金与磁流变交替传动装置示意图

(1)初始状态下，主动轴在外源动力的拖动下转动。励磁线圈未通电，磁流变液中的羰基铁粉颗粒在基础液中处于游离状态，此时依靠磁流变液零场黏度产生的转矩不能带动从动壳体进而带动从动轴转动，传动装置处于分离状态。

(2)线圈通电产生磁场，线圈产生的磁通垂直穿过磁流变液工作间隙，磁流变液从液体转变为类固体，磁流变液中的磁性颗粒沿磁通方向排列成链状结构，依靠此链状结构所具有的剪切屈服应力传递的转矩能够带动从动轴转动。

(3)随着外部工作温度逐渐升高，形状记忆合金挤压弹簧与形状记忆合金摩擦弹簧开始产生挤压力，滑块导杆在挤压力的作用下，与摩擦盘接触产生摩擦转矩，此时摩擦转矩较小，传动装置主要依靠磁流变液传递转矩；当温度达到 60℃时，形状记忆合金开关断开，励磁线圈断电，磁流变液重新恢复为流体状态，为了避免温度过高使磁流变液氧化磨损，形状记忆合金挤压弹簧产生的挤压力推动磁流变液进入主动盘与滑块导杆之间的储液腔内，此时，磁流变液不传递转矩，传动装置依靠形状记忆合金摩擦弹簧产生的转矩代替磁流变液传递动力。

(4)传动装置停止传动时，复位弹簧将磁流变液挤回工作间隙，传动装置恢复至初始状态。

该交替传动装置是根据作者所在团队申报的国家发明专利进行改进设计，通过将形状记忆合金开关[5]与交替传动装置[6]结合，提高了交替传动装置的可控性和稳定性。

5.2.2 磁场有限元分析

通过图 5-8 所示的磁路简图建立二维轴对称有限元分析模型，并以磁路分析计算结果为有限元模型的磁场激励条件，其简化模型如图 5-9 所示，结构参数见表 5-4。

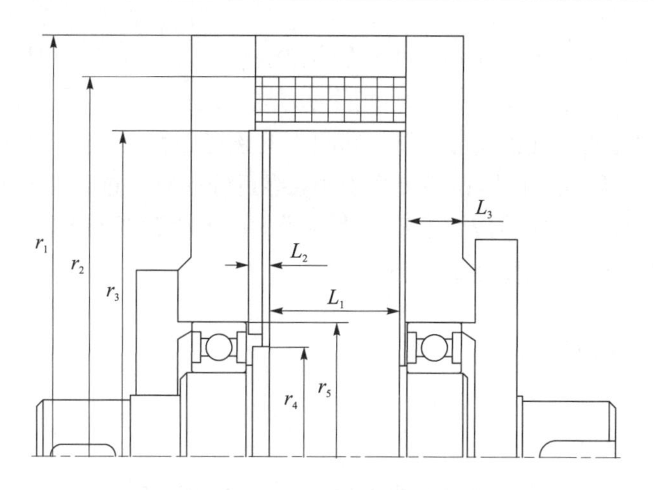

图 5-9　二维轴对称简化模型

表 5-4　结构参数　（单位：mm）

参数	数值	参数	数值
r_1	64	r_5	16.5
r_2	57.5	L_1	20
r_3	50	L_2	1
r_4	20.5	L_3	9

磁场分析设置为轴对称稳态磁场分析，磁场分析模型求解域设定为空气，相对磁导率为 1，线圈匝数设定为 260 匝，电流为 1A。完成设定后，求解计算得到二维与三维磁感应强度与磁力线分布云图如图 5-10 所示。图中磁力线均垂直穿过磁流变液工作间隙，使得磁流变液链化后能够产生最大的剪切屈服应力。

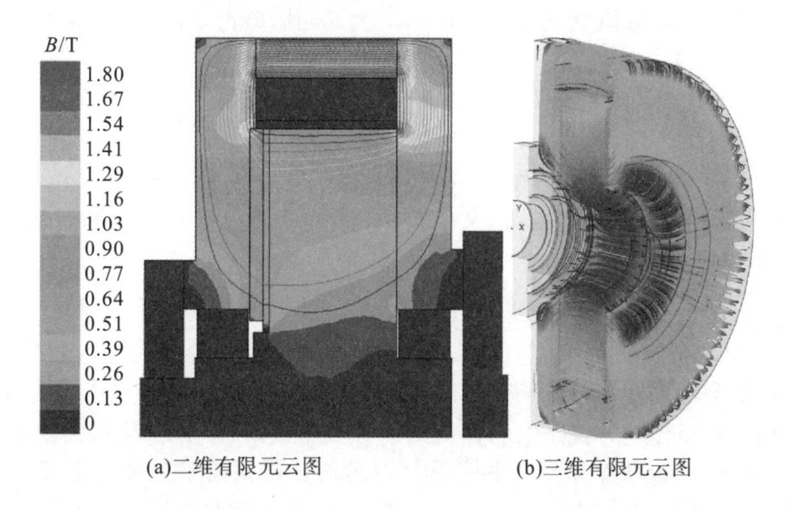

(a)二维有限元云图　(b)三维有限元云图

图 5-10　磁感应强度与磁力线分布云图

磁流变液在磁场作用下，自由态的磁性颗粒沿着磁力线方向排列形成磁链，磁链与磁流变液剪切面垂直时，磁流变液的剪切屈服应力达到最大值。由图 5-10 可以看出，磁通从左壳体中垂直穿过磁流变液工作间隙，间隙内的磁通随径向距离变化较为均匀，由于线圈附近有隔磁环，且摩擦盘磁阻比磁流变液小，靠近线圈时穿过磁流变液的磁通量密度较低。磁流变液工作间隙的磁感应强度沿着半径增大的方向逐渐增大，当电流达到 1A 时，磁流变液间隙平均磁感应强度达到 0.55T。

5.2.3 装置传动转矩分析

1. 磁流变液转矩分析

盘式磁流变传动装置理论模型如图 5-11 所示，其中圆环内径为 r_4、外径为 r_1。输入轴以角速度为 ω_1 进行旋转，由磁流变液剪切屈服应力所生产的转矩驱动输出轴以角速度 ω_2 进行旋转。

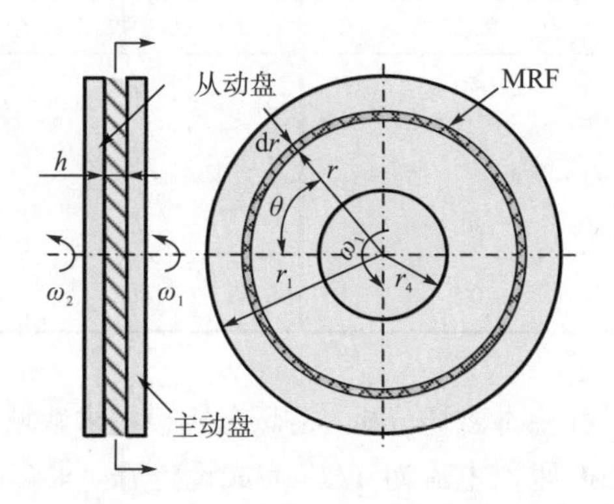

图 5-11 盘式磁流变传动装置理论模型

假设工作间隙中的磁流变液在磁场作用下全部屈服做剪切流动，磁流变液传递的转矩可表示为

$$M_{\mathrm{MRF}}=\frac{2\pi}{3}\left(r_1^3-r_4^3\right)\tau(B)+\frac{\pi\eta}{2h}\left(r_1^4-r_4^4\right)\Delta\omega \tag{5-10}$$

式中，$\tau(B)$ 为磁场作用下磁流变液产生的剪切屈服应力。磁流变液传动装置尺寸参数见表 5-4，磁流变液间隙 h 为 1mm，黏度 η 为 0.38Pa·s，主、从动轴转速差 $\Delta\omega$ 为 10rad/s，磁流变液传递的转矩为 9.14N·m。

2. 摩擦转矩分析

形状记忆合金摩擦弹簧产生的挤压力，推动滑块导杆挤压摩擦盘传递转矩，形状记忆合金弹簧结构参数与传动方式 1 中的弹簧结构参数一致，滑块顶部接触面与圆筒内壁弧面一致，当形状记忆合金摩擦弹簧产生挤压力为 F_r 时，圆筒内壁会产生与挤压力 F_r 大小相等、方向相反的总反力 F_a 与挤压力平衡。总反力 F_a 与摩擦盘接触面压力 N 的关系为

$$F_a = Nr_3\int_{-\frac{\pi}{30}}^{\frac{\pi}{30}}\cos\theta\mathrm{d}\theta = 2Nr_3\sin\frac{\pi}{30} \tag{5-11}$$

滑块与圆筒发生相对转动时，挤压力 F_r 与摩擦盘接触面压力 N 的关系为

$$q = \frac{F_r}{2r_3\sin\frac{\pi}{30}\sqrt{1+\mu^2}} \tag{5-12}$$

由挤压力 F_r 产生的摩擦力 F_f 为

$$F_f = \int\mu Nr\mathrm{d}\theta = \mu Nr\int_{-\frac{\pi}{30}}^{\frac{\pi}{30}}\mathrm{d}\theta = \frac{\mu Nr\pi}{15} \tag{5-13}$$

式中，μ 为摩擦系数。

假设滑块与圆筒之间的摩擦系数 μ 取 0.204～0.222[7]，因此 N 个形状记忆合金摩擦弹簧产生的摩擦转矩 M_{SMA} 为

$$M_{\mathrm{SMA}} = \mu N\frac{G(h)d^4}{8D^3n}\delta_L r_3 \tag{5-14}$$

结合形状记忆合金摩擦弹簧参数以及装置尺寸参数，得到摩擦转矩 M_{SMA} 与温度的关系，如图 5-12 所示。

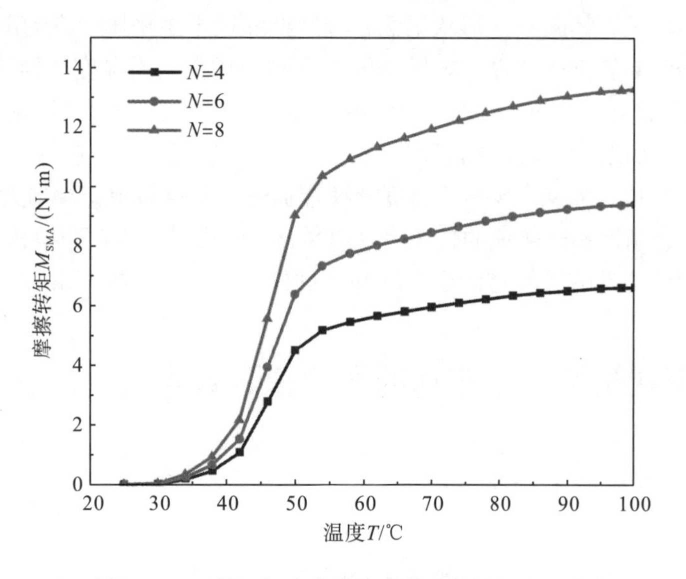

图 5-12　形状记忆合金摩擦弹簧摩擦转矩与温度

由图 5-12 可知，4 个、6 个和 8 个形状记忆合金摩擦弹簧产生的最大摩擦转矩分别为 6.64N·m、9.15N·m 和 13.28N·m。为了使形状记忆合金摩擦弹簧能够代替磁流变液传递转矩，设计选用 6 个形状记忆合金摩擦弹簧均匀布置在传动装置的内部。

3. 交替传动转矩分析

磁流变传动装置传递的转矩在不同温度下会发生变化。随着温度的升高，磁流变液传递的转矩和摩擦转矩与温度的关系如图 5-13 所示。

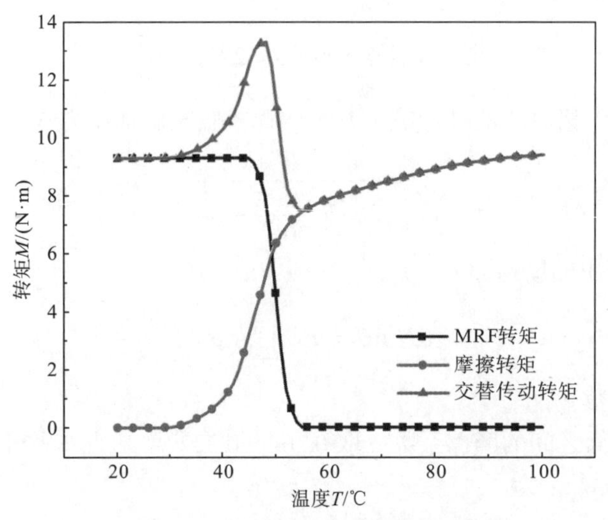

图 5-13 交替传动转矩与温度的关系

如图 5-13 所示，当温度为 20℃时，磁流变液传递的转矩为 9.14N·m，此时，传动装置主要由磁流变液传递转矩。当温度达到 40℃时，磁流变液的性能随着温度升高而降低，磁流变液传递的转矩开始减少，形状记忆合金摩擦弹簧产生挤压力推动滑块挤压摩擦盘，产生摩擦力，传动装置产生的摩擦转矩随温度升高而增大。当温度达到 50℃时，交替传动转矩达到 13.24N·m，此时，摩擦转矩与磁流变液转矩产生的总转矩达到最大；当温度达到 60℃时，形状记忆合金挤压弹簧将磁流变液全部挤压至储液腔内，形状记忆合金摩擦弹簧产生的摩擦转矩为 9.10N·m；温度持续增加时，摩擦转矩持续增大，温度为 100℃时，形状记忆合金摩擦弹簧传递的转矩为 9.41N·m，形状记忆合金摩擦传动完全替代了磁流变液传动，因此传动装置能够满足温度升高过程中传动平稳的要求。

5.3 形状记忆合金驱动的变体积分数磁流变液制动装置

5.3.1 复合制动装置工作原理

形状记忆合金驱动的变体积分数磁流变液制动器的结构如图 5-14 所示。该制动器主要由 1—基座、2—导杆、3—隔磁环、4—励磁线圈、5—聚四氟乙烯薄膜、6—滑块、7—基础液、8—形状记忆合金弹簧、9—轴瓦、10—磁流变液组成，初始状态时，转动轴圆筒、轴瓦和基座内圆筒之间形成的 2mm 缝隙为磁流变液工作间隙。制动装置的工作原理如下。

(1) 制动装置未工作时，将磁流变液注入工作间隙中，初始磁流变液工作间隙为 2mm，基础液为硅油，磁性颗粒体积分数为 15%，同时将硅油也注入储油流道中。

(2) 转动轴转动，励磁线圈未通电时，轴瓦在形状记忆合金弹簧拉力作用下，对磁流变液产生的压力极小，磁流变液表现为牛顿流体状态，所产生的黏性转矩极小，依靠磁流变液的黏性转矩不能产生制动转矩。

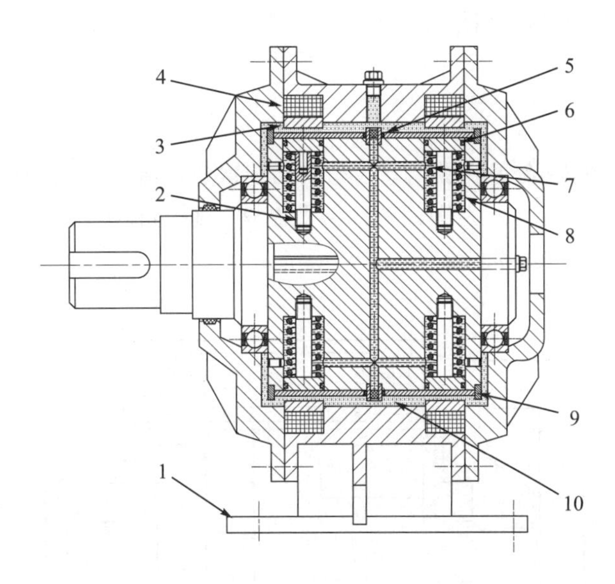

图 5-14　制动器结构示意图

(3) 需要制动时，励磁线圈通电，产生的磁通穿过磁流变液的工作间隙，磁流变液中的磁性颗粒沿磁通方向排列成链状结构，产生较大的剪切屈服应力，依靠此链状结构的剪切屈服应力可以产生制动转矩，并且制动转矩随磁场强度的变化而变化。

(4) 持续制动过程中，磁流变液随着温度升高剪切屈服应力逐渐减小。受温度影响磁流变液的剪切屈服应力降低，制动器的制动性能下降，并且温度越高，制动性能下降越显著。但热量通过硅油传导至安装有形状记忆合金弹簧的储油室内，形状记忆合金弹簧温度升高后，推动轴瓦与外圆筒隔磁套内壁接触，同时工作间隙中的部分基础液透过过滤膜，通过导油孔流入储油室内。变体积分数的过程如图 5-15 所示，此时磁流变液的工作间隙由 2mm 缩短为 0.66mm，此间隙已大于能产生磁流变效应的最小间隙 0.57mm，磁性颗粒体积分数变为 45%。由于工作间隙变小，磁性颗粒体积分数增加，磁导率增大，磁流变液的剪切屈服应力增大，磁流变液产生的制动转矩也增大。

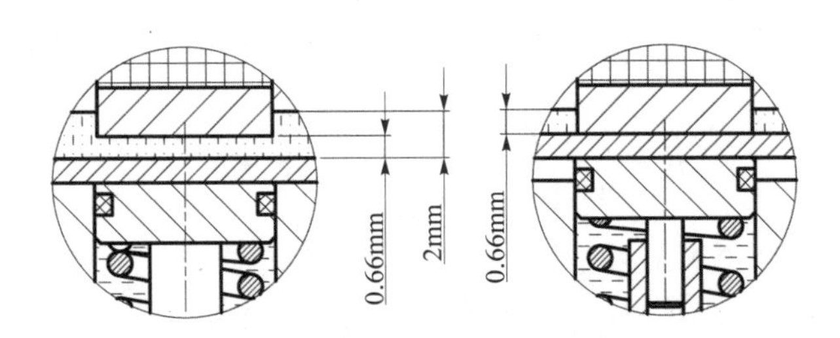

图 5-15　变体积分数示意图

该变体积分数制动器的设计思想来源于作者所在团队申报的国家发明专利[8-10]，并在此基础上进行了改进延伸。

5.3.2　制动器转矩性能分析

1. 磁路分析

磁场的磁路应当使磁流变液磁化方向与制动装置剪切流动方向垂直，并尽可能使磁流变液工作间隙为高强度磁场。为进行传动装置结构的磁场分析，简化的磁场分析模型如图 5-16 所示。

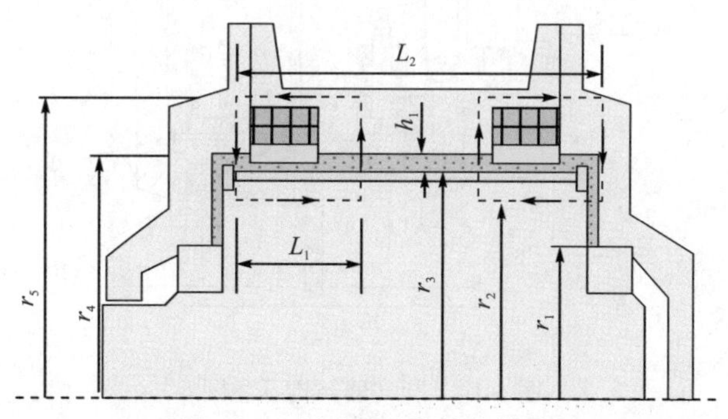

图 5-16　制动器磁路简化模型

表 5-5　结构参数　（单位：mm）

参数	数值	参数	数值
r_1	33	r_5	64
r_2	40	L_1	18
r_3	49	L_2	70
r_4	51	h_1	2

该制动器有两种磁路，如图 5-16 所示。左侧磁路穿过圆筒区域磁流变液工作间隙，右侧磁路先穿过圆筒区域磁流变液工作间隙后才穿过圆盘区域磁流变液工作间隙，并且两个异绕线圈均会产生这两种磁路。图 5-16 中左侧所示磁路的磁阻可以根据磁路的欧姆定律得出。从线圈顶部磁路开始，沿磁场方向各段磁路的磁阻[11]为

$$
\begin{aligned}
&R_1=\frac{L_1}{\pi\mu_1\left(r_5^2-r_4^2\right)},R_2=\frac{\ln\frac{r_5}{r_4}}{\pi\mu_1L_1}=R_8\\
&R_3=\frac{\ln\frac{r_4}{r_3}}{\pi\mu_{\text{eff}}L_1}=R_7,R_4=\frac{\ln\frac{r_2}{r_1}}{\pi\mu_2L_1}=R_6\\
&R_5=\frac{L_1}{\pi\mu_2\left(r_2^2-r_1^2\right)}
\end{aligned}
\tag{5-15}
$$

式中，μ_1 为基座外圆筒的磁导率；μ_{eff} 为磁流变液的等效磁导率；μ_2 为转动轴的磁导率。图 5-16 中右侧所示磁路的磁阻可以根据磁路的欧姆定律得出。从线圈顶部磁路开始，沿磁场方向各段磁路的磁阻为

$$R_1' = \frac{L_1}{\pi\mu_1\left(r_5^2 - r_4^2\right)}, R_2' = \frac{\ln\frac{r_5}{r_1}}{\pi\mu_1 L_1}$$

$$R_3' = \frac{L_1}{\pi\mu_1\left(r_3^2 - r_1^2\right)}, R_4' = \frac{L_1}{\pi\mu_{\text{eff}}}$$

$$R_5' = \frac{L_2 - L_1}{\pi\mu_2\left(r_3^2 - r_1^2\right)}, R_6' = \frac{\ln\frac{R_3}{R_1}}{\pi\mu_2 L_2}$$

$$R_7' = \frac{\ln\frac{r_4}{r_3}}{\pi\mu_{\text{eff}} L_1}, R_8' = \frac{\ln\frac{r_5}{r_4}}{\pi\mu_1 L_1} \tag{5-16}$$

左侧磁路的磁阻 R_m 、右侧磁路的磁阻 R_m' 可分别表示为

$$R_m = \sum_{i=1}^{6} R_i,\ R_m' = \sum_{i=1}^{6} R_i' \tag{5-17}$$

左右两侧磁路的磁通可表示为

$$\phi_m = \frac{NI}{R_m}, \phi_m' = \frac{NI}{R_m'} \tag{5-18}$$

式中，N 为励磁线圈的匝数；I 为线圈通入的电流。应用基尔霍夫定律可得出转动圆筒与外圆筒之间磁流变液工作间隙的磁感应强度 B_1 及转动圆筒端面与端面之间磁流变液工作间隙的磁感应强度 B_2 为

$$B_1 = \frac{\phi_m}{\pi\left(r_4^2 - r_3^2\right)}, B_2 = \frac{\phi_m'}{h(R_4 - R_1)} \tag{5-19}$$

2. 制动转矩特性

由图 5-17 所示的形状记忆合金驱动的变体积分数磁流变液制动器可知，制动器的磁流变液工作间隙由圆筒左右端面工作间隙和圆筒的筒面工作间隙组成。圆筒左右端面形成圆盘式磁流变液工作间隙，圆筒的筒面形成圆筒式磁流变液工作间隙。建立的磁流变液剪切传动模型，需假设磁流变液材料均匀连续；假设磁流变液为不可压缩的黏塑性体且做稳

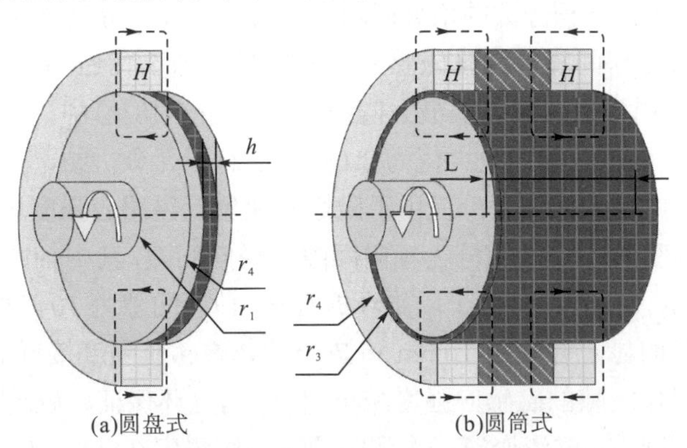

图 5-17　圆盘式与圆筒式 MR 制动器结构示意图

态流动，工作间隙中的磁流变液在磁场作用下全部屈服做剪切流动；假设磁流变液处于层流状态；假设磁流变液全部被屈服做剪切流动；假设工作间隙中的磁流变液在磁场作用下全部屈服做剪切流动。

如图 5-17(a)所示的圆盘式磁流变制动器所传递的转矩 M_d 为

$$M_d = \frac{2\pi}{3}\left(r_4^3 - r_1^3\right)\tau_y(H) + \frac{\pi}{2h_1}\left(r_4^4 - r_1^4\right)\omega_1\eta \tag{5-20}$$

式中，r_4 为圆盘式磁流变液工作间隙的外径；r_1 为圆盘式磁流变液工作间隙的内径；$\tau_y(H)$ 为磁流变液工作间隙的剪切屈服应力关于磁场强度 H 的分布函数；h 为磁流变液厚度；ω_1 为传动装置输入轴的转速；η 为磁流变液的黏度。

如图 5-17(b)所示的圆筒式磁流变液传动装置所传递的转矩 M_c 为

$$M_c = \frac{4\pi r_3^2 r_4^2}{r_4^2 - r_3^2}\left[\tau_y(H)L\ln\left(\frac{r_4}{r_3}\right) - \eta L_e\omega_1\right] \tag{5-21}$$

式中，r_4 为圆筒式磁流变液工作间隙的外径；r_3 为圆盘式磁流变液工作间隙的内径；$\tau_y(H)$ 为磁流变液工作间隙的剪切屈服应力关于磁场强度 H 的分布函数；L 为磁流变液工作间隙轴向长度；L_e 为磁流变液有效工作间隙轴向长度。

形状记忆合金驱动的变体积分数磁流变液制动器的转矩 M_{SMA} 可表示为

$$\begin{aligned} M_{SMA} = {} & 2\times\left[\frac{2\pi}{3}\left(r_4^3 - r_1^3\right)\tau_y(H) + \frac{\pi}{2h_1}\left(r_4^4 - r_1^4\right)\omega_1\eta\right] \\ & + \frac{4\pi r_3^2 r_4^2}{r_4^2 - r_3^2}\left[\tau_y(H)L\ln\left(\frac{r_4}{r_3}\right) - \eta L_e\omega_1\right] \end{aligned} \tag{5-22}$$

通过对制动装置进行磁场有限元分析，得出磁性颗粒的体积分数分别为 15%、25%、35%和 45%时，磁通量与磁感应强度分布云图如图 5-18 所示。图中细实线表示磁通量；箭头表示磁感应强度，并且箭头的方向与磁感应强度方向一致。从图 5-18 中可以看出，表示磁通量的细实线分别环绕着左右两个线圈，图中上端线圈周围的磁通量略大于下端线圈周围的磁通量，磁通量的最大值位于图中上端线圈的右侧狭缝处。图 5-18(a)中，磁通量最大值为 4.4×10^{-4}Wb/m；图 5-18(b)中，磁通量最大值为 5.3×10^{-4}Wb/m；图 5-18(c)中，磁通量最大值为 5.5×10^{-4}Wb/m；图 5-18(d)中，磁通量最大值为 5.67×10^{-4}Wb/m；由分析结果可知，磁通量随着磁性颗粒体积分数的增大而增大。图 5-18 中表示磁感应强度方向的箭头垂直穿过轴向磁流变液工作间隙，并且磁感应强度较强。图 5-18(a)中，磁感应强度最大值为 2.03T；图 5-18(b)中，磁感应强度最大值为 2.1T；图 5-18(c)中，磁感应强度最大值为 2.1T；图 5-18(d)中，磁感应强度最大值为 2.16T。由有限元分析结果可知，磁感应强度随着磁性颗粒体积分数的增大而增大，但由于磁饱和现象，磁感应强度增大得不明显。

制动装置的磁流变液工作间隙分为轴向间隙与径向间隙，其中轴向间隙中的磁感应强度分布如图 5-19 所示。由图可知，由于隔磁环的存在，轴向间隙为 10～20mm 与 60～70mm 时，磁感应强度下降明显，并且在 10mm 和 70mm 处磁感应强度接近 0T，虽然隔磁环会使一部分磁流变液工作间隙的磁感应强度减小，但是隔磁环保证了磁场能够垂直穿过其他部分的磁流变液工作间隙。磁流变液工作间隙的磁感应强度在 20～60mm 较为均匀，有利

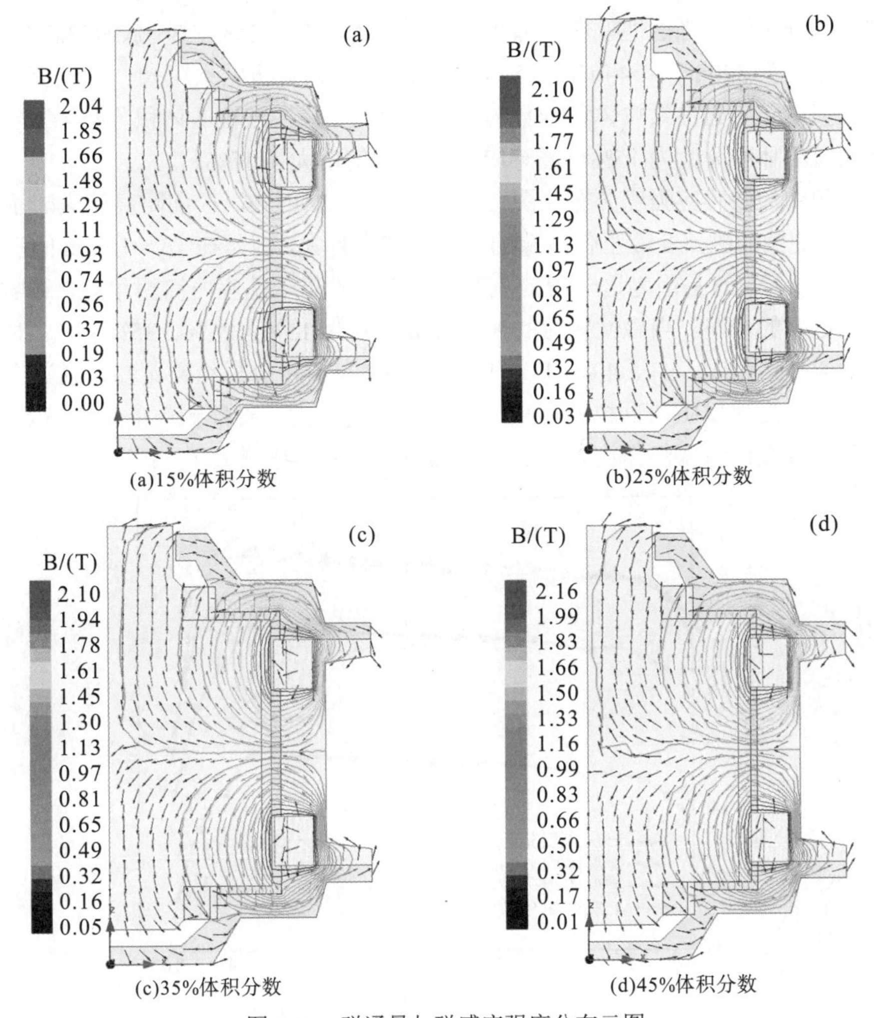

(a)15%体积分数　(b)25%体积分数

(c)35%体积分数　(d)45%体积分数

图 5-18　磁通量与磁感应强度分布云图

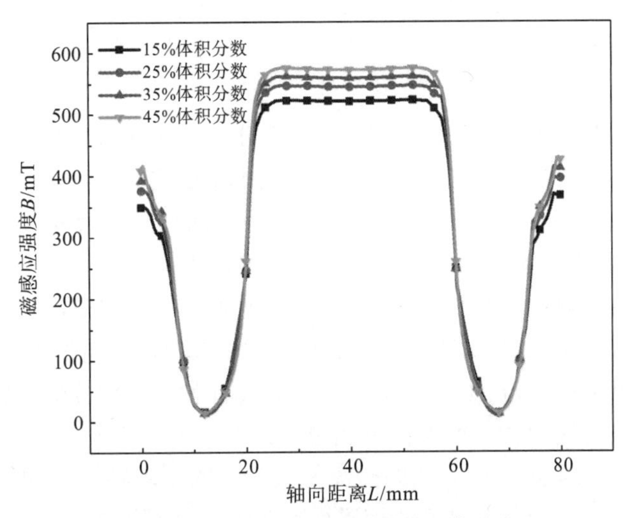

图 5-19　轴向间隙中的磁感应强度分布

于制动装置的稳定性。当磁性颗粒的体积分数分别为15%、25%、35%、45%时，磁感应强度最大值分别为520mT、544mT、558mT、572mT。由分析结果可知，磁流变液工作间隙的磁感应强度随着磁性颗粒体积分数的增大而增大。磁性颗粒的体积分数为45%时，相较于磁性颗粒的体积分数为15%，磁感应强度最大值增大了10%。

径向间隙中的磁感应强度分布如图 5-20 所示。由图可知，径向距离越大表示越靠近线圈，越靠近线圈的磁流变液工作间隙的磁感应强度越大，但是在13～16mm间隙的磁感应强度有明显下降，这是因为这一段磁流变液工作间隙位于基座内筒拐角处，磁场会优先通过导磁性更好的基座。当磁性颗粒的体积分数分别为15%、25%、35%、45%时，磁感应强度最大值分别为456mT、497mT、514mT、515mT。由分析结果可知，磁流变液工作间隙的磁感应强度随着磁性颗粒的体积分数的增大而增大。磁性颗粒的体积分数为 45%时，相较于磁性颗粒的体积分数为15%，磁感应强度最大值增大了13%。

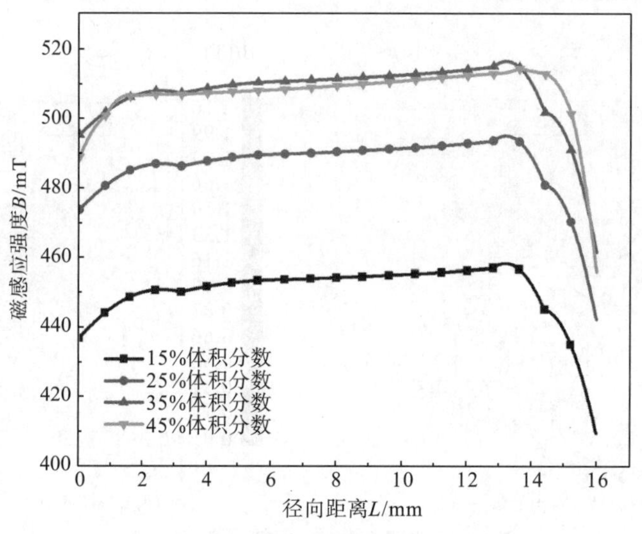

图 5-20 径向间隙中的磁感应强度分布

5.3.3 制动转矩分析

MR制动器转矩由两部分磁流变液提供：一部分是转动轴圆筒面与基座内壁之间的磁流变液；另一部分是转动轴圆筒左右端面与基座内壁端面之间的磁流变液。制动器磁流变液的磁性颗粒体积分数从15%增长到45%的过程中，两部分磁流变液产生的制动转矩如图 5-21 所示。由图 5-21 可以看出，MR 制动器的转矩主要由圆筒式工作间隙的磁流变液产生。磁流变液中磁性颗粒体积分数从 15%上升到 45%的过程中，圆筒式工作间隙的磁流变液产生的制动转矩从2.4N·m上升到3.0N·m；圆盘式工作间隙的磁流变液产生的制动转矩从6.4N·m上升到8.1N·m。由此可以得出，在磁性颗粒体积分数发生变化时，圆筒式工作间隙的磁流变液传递的转矩增加得更加明显。

通过将圆筒式和圆盘式工作间隙的磁流变液产生的制动转矩叠加得出磁流变液制动器的制动转矩。由图5-21可知，磁流变液磁性颗粒体积分数从15%增大到45%的过程中，制动转矩从 8.8N·m 上升到 11.1N·m。相较于磁性颗粒体积分数为 15%，磁性颗粒体积分数为 45%时，制动装置的转矩提高了 26.1%。

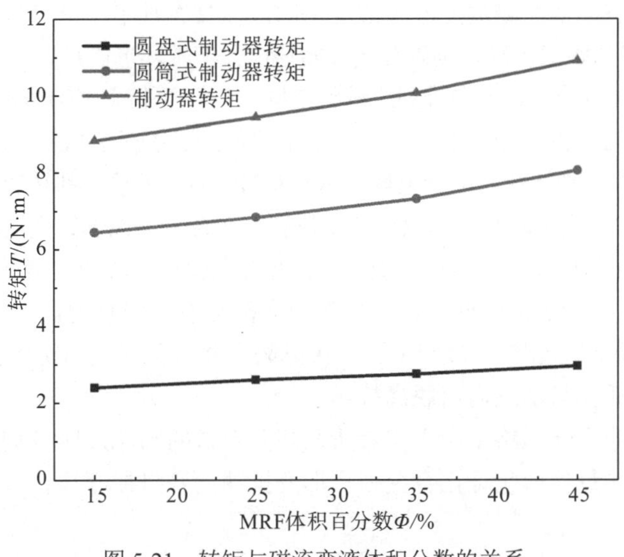

图 5-21　转矩与磁流变液体积分数的关系

5.4　形状记忆合金与磁流变联合制动器

5.4.1　联合制动器工作原理

形状记忆合金与磁流变联合制动器结构如图 5-22 所示，其中制动装置由 1—隔磁环、2—注油螺塞、3—励磁线圈、4—磁流变液、5—轴承、6—主动轴、7—闷盖、8—外壳、9—透盖、10—密封环、11—形状记忆合金弹簧和 12—摩擦滑块组成。联合制动器具体工作原理如下。

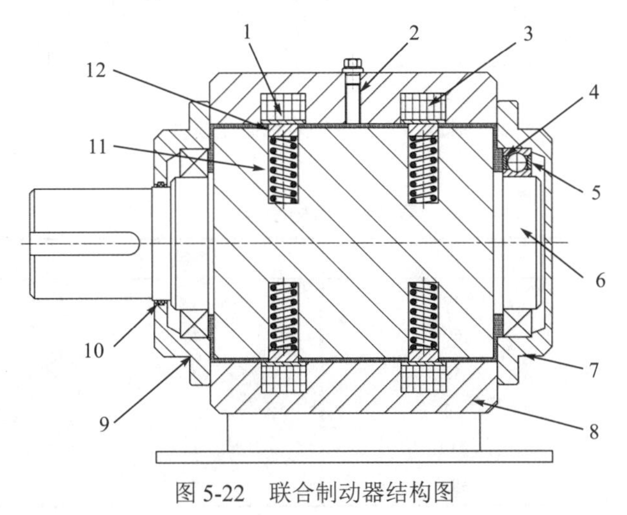

图 5-22　联合制动器结构图

(1) 当制动装置未工作时，形状记忆合金弹簧未达到奥氏体转变的温度，形状记忆合金弹簧驱动的摩擦活塞与基座内筒不接触；励磁线圈未通电，磁流变液中的磁性颗粒在基础液中处于自由状态，依靠磁流变液零磁场下的液体黏度几乎不能产生制动作用。

(2) 当制动装置开始工作时，励磁线圈开始通电并产生环形磁场，在磁场的作用下，磁流变液中的磁性颗粒沿着磁场方向排列成链状结构。依靠这种链状结构能增大磁流变液的剪切屈服应力，其流动表现出黏塑性体行为，并且流变特性可由励磁线圈产生的磁场连续控制。制动装置在制动过程中必然存在能量损耗，其中大部分的能量损耗都转变为了热能，从而引起制动装置温度升高。当制动装置的温度达到形状记忆合金奥氏体转变温度后，形状记忆合金弹簧开始输出压力和位移，摩擦活塞受形状记忆合金驱动与基座内筒摩擦产生制动转矩。

(3) 结束制动时，励磁线圈断电，磁性颗粒在基础液中恢复为自由状态，磁流变液不产生制动转矩；随着制动装置温度降低，形状记忆合金弹簧恢复为初始状态，形状记忆合金弹簧驱动的摩擦活塞与基座内筒脱离接触。

该联合制动器的设计思路来源于作者所在团队申请的国家发明专利[9,12]，通过利用制动器工作时产生的热量使形状记忆合金弹簧形变推动活塞附加摩擦转矩，提高了联合制动器的传动效率。

5.4.2 制动器转矩性能分析

为分析工作状态下联合制动器整体的磁场，将图 5-22 所示的联合制动器结构简化为二维轴对称模型，并采用有限单元法对磁通分布进行仿真。联合制动器的简化模型如图 5-23 所示，结构参数见表 5-6。

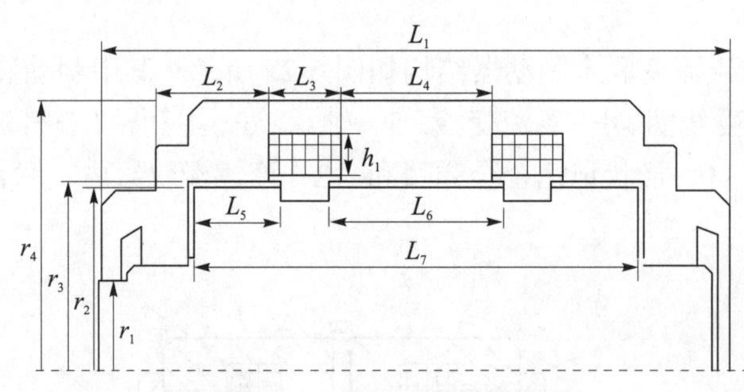

图 5-23 二维轴对称简化模型

表 5-6 结构参数 (单位：mm)

参数	数值	参数	数值
r_1	30	L_3	24
r_2	60	L_4	51
r_3	62	L_5	32
r_4	90	L_6	60
L_1	212	L_7	154
L_2	38.5	h_1	16

当励磁线圈匝数 $N_1=653$、电流 $I=0\sim2\text{A}$ 时，通过有限元分析得到磁流变液工作间隙内的平均磁感应强度与电流的关系，见表 5-7。电流为 2A 时的有限元仿真云图如图 5-24 所示。

表 5-7　磁流变液间隙内的平均磁感应强度

电流/A	磁感应强度/T	电流/A	磁感应强度/T
0.5	0.302	1.5	0.611
1.0	0.505	2.0	0.664

为了说明磁流变液在磁场作用下的流变性能，将磁流变液工作间隙划分为 p_0、p_1、p_2、p_3 和 p_4，共 5 个路径。其中 p_1、p_2 和 p_3 路径上的磁流变液工作间隙是制动装置制动转矩的主要来源，p_0 和 p_4 路径的磁力线与磁流变液剪切流动方向不垂直，此时磁流变液产生的剪切屈服应力较小，在 p_0 和 p_4 路径的磁流变液产生的制动转矩较小。

圆筒式磁流变制动装置示意图如图 5-25 所示。设内圆筒半径为 R_1，外圆筒半径为 R_2，内圆筒与外圆筒之间充满了磁流变液，输入轴以角速度 ω_1 旋转。

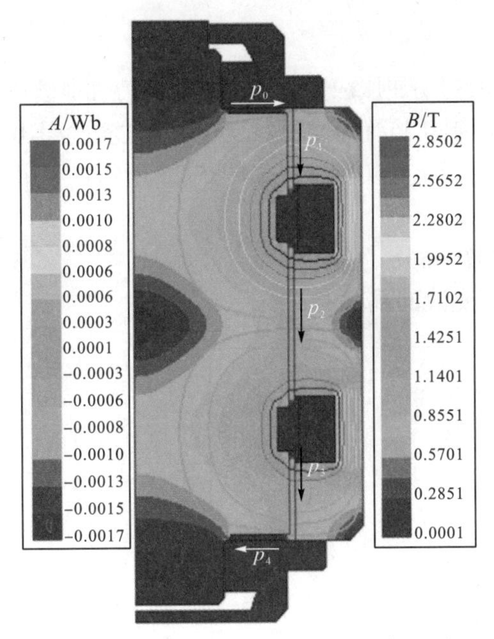

图 5-24　电流为 2A 时的有限元仿真云图

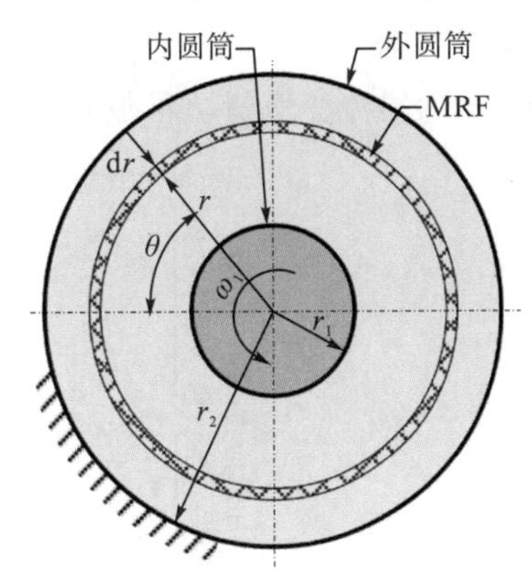

图 5-25　圆筒式磁流变制动装置示意图

磁流变液的工作间隙长度为 L，当输入轴的转速为 ω_1 时，磁流变制动装置的制动转矩为

$$M_{\mathrm{c}}=\frac{4\pi R_1^2R_2^2}{R_2^2-R_1^2}\left[\tau_{r\theta}L\ln\left(\frac{R_2}{R_1}\right)-\eta L_{\mathrm{e}}\omega_1\right] \tag{5-23}$$

式中，L_{e} 为磁流变液的有效工作间隙长度。

圆盘式磁流变制动装置示意图如图 5-26 所示。设 R_3 为圆盘内径，R_4 为圆盘外径，圆盘之间充满了磁流变液，输入轴以角速度 ω_1 旋转。

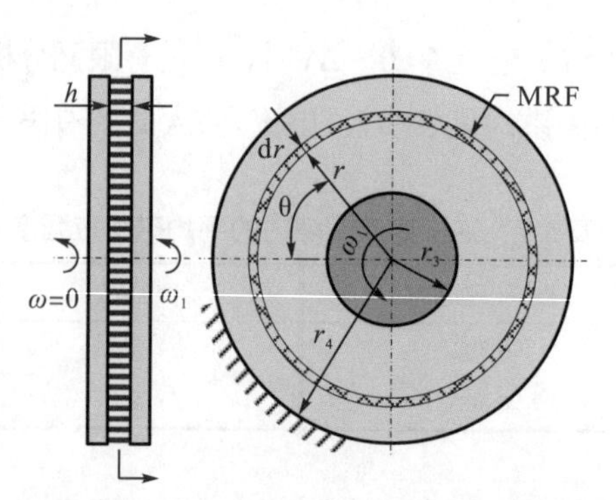

图 5-26 圆盘式磁流变制动装置示意图

磁流变液在圆盘式工作间隙中所传递的转矩为

$$M_d = \int_{R_3}^{R_4} 2\pi\tau r^2 \mathrm{d}r = \frac{2\pi}{3}\left(R_4^3 - R_3^3\right)\tau_y(\boldsymbol{H}) + \frac{\pi}{2h}\left(R_4^4 - R_3^4\right)\omega_1\eta \tag{5-24}$$

5.4.3 高温下的磁流变液性能

磁流变制动装置在高温条件下，磁流变液剪切屈服应力、黏度、流变特性显著降低，以及热应力对磁流变液链化结构的破坏，使得制动装置性能明显衰减。通过实验得出，当温度增加时，磁流变液的剪切屈服应力呈线性减小，实验结果如图 5-27 所示。利用最小二乘法，线性拟合实验数据，拟合函数为[13]

$$\tau = -0.29T + 66 \tag{5-25}$$

式中，τ 为磁流变液剪切屈服应力；T 为磁流变液的温度。

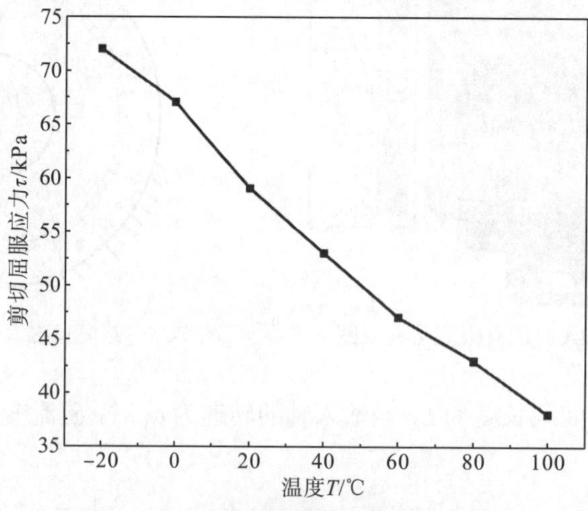

图 5-27 剪切屈服应力与温度的关系

为了描述磁流变液在不同温度下磁感应强度与剪切屈服应力的关系，基于实验数据，高温下磁流变液的剪切屈服应力为

$$\tau(B)_{Ti+n} = n\mu_d \tau(B)_{Ti} \tag{5-26}$$

式中，μ_d 为磁流变液在高温下的剪切屈服应力衰减系数。衰减系数 μ_d 满足如下关系。

$$\mu_d=\frac{1}{n-1}\sum_{i=1}^{n}\frac{\tau_{i+1}}{\tau_i}=\frac{1}{n-1}\sum_{i=1}^{n}\frac{-0.29T_{i+1}+66}{-0.29T_i+66} \tag{5-27}$$

通过式(5-27)得出不同温度下，磁流变液的磁感应强度与剪切屈服应力的关系，如图 5-28 所示。

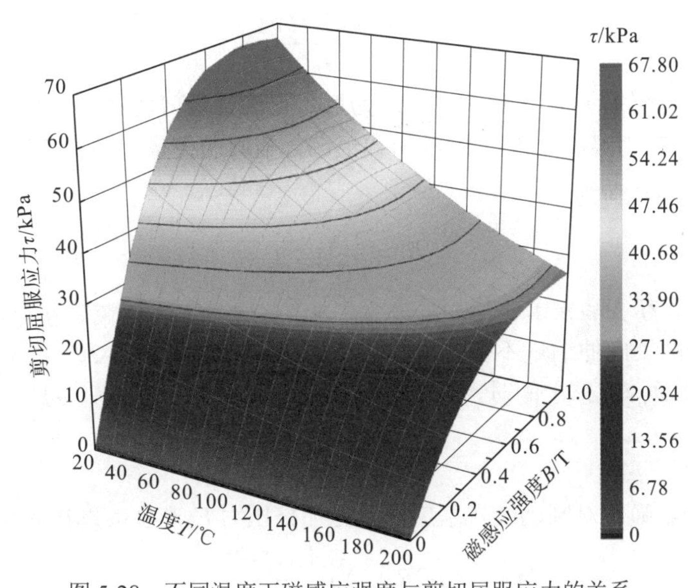

图 5-28　不同温度下磁感应强度与剪切屈服应力的关系

磁流变液温度为20℃、40℃、60℃、80℃、100℃时，最大剪切屈服应力分别为68.21kPa、61.20kPa、54.43kPa、46.61kPa、43.82kPa。磁流变液温度从 20℃上升到 100℃时，最大剪切屈服应力下降了 36.76%。由式(5-23)和式(5-24)可知，剪切屈服应力与制动转矩为线性关系，所以结合式(5-25)可知，磁流变液温度与制动转矩呈线性关系。

1. 形状记忆合金弹簧附加转矩分析

形状记忆合金弹簧中径 D=8.6mm(D=2R)，弹簧丝的直径 $d_1=1.0$ mm，弹簧螺旋角 α=6°，自由高度 L=19mm，弹簧有效圈数 $n_e=7$，其余参数见表 5-8。

表 5-8　电热形状记忆合金[$Ni_{51}Ti_{49}$(原子百分数)]弹簧结构参数

参数	数值	参数	数值
A_s /℃	63.28	G_a /GPa	13.2
A_p /℃	83.53	G_m /GPa	8
A_f /℃	92.91	ρ_0 /(Ω·m²/m)	1.678×10^{-8}
M_s /℃	36.21	β /℃	0.00393
M_p /℃	43.81	m_c /kg	1.3
M_f /℃	49.47	c_c /[J/(kg·℃)]	470～620

利用制动装置线圈和磁流变液滑差产生的热能，驱动形状记忆合金弹簧输出摩擦转矩，从而弥补磁流变液在高温下的性能衰减。

形状记忆合金在相变的过程中，弹簧的变形受到约束，则弹簧会对约束体产生挤压力 F_e。形状记忆合金的挤压力与环境温度和受约束的变形量密切相关。当形状记忆合金的温度处于 M_f 与 A_f 之间时，在温度的驱动下弹簧的挤压力为

$$F_e = \frac{\delta(H)G(H)}{\delta_L G_L} F_L \tag{5-28}$$

式中，$\delta(H)$ 为弹簧的轴向伸缩量；$G(H)$ 为形状记忆合金剪切模量；δ_L 为温度低于 A_s 时的轴向伸缩量；G_L 为温度低于 A_s 时的形状记忆合金剪切模量。进一步地，低温下形状记忆合金弹簧的轴向载荷为

$$F_L = \frac{d^4 G_L}{8D^3 n} \delta_L \tag{5-29}$$

式中，d 为丝径；D 为弹簧中径；n 为弹簧有效承载圈数。当约束形状记忆合金弹簧的轴向位移时，弹簧的轴向伸缩量不变 $\delta(H) = \delta_L$。由式(5-28)和式(5-29)可得出，当形状记忆合金的温度处于 M_f 与 A_f 之间时，在热能的驱动下弹簧的挤压力 F_e 为

$$F_e = \frac{G(H)d^4}{8D^3 n} \delta_L \tag{5-30}$$

形状记忆合金弹簧对制动装置基座内壁施加挤压力 F_r 产生的摩擦转矩为

$$M_s = N\mu F_e R_2 = N\mu \frac{G(H)d^4}{8D^3 n} \delta_L R_2 \tag{5-31}$$

式中，N 为形状记忆合金弹簧个数；μ为顶块与隔磁环之间的摩擦系数。

2. 联合转矩

联合制动器的总制动转矩为磁流变液的转矩与滑块摩擦转矩之和，如图 5-29 所示。

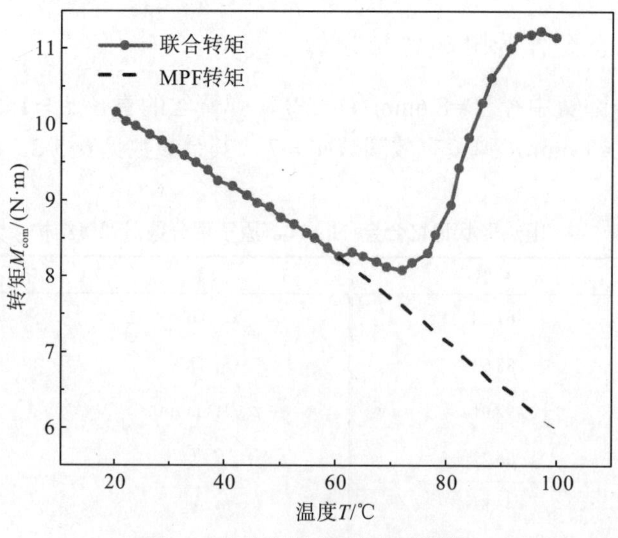

图 5-29 联合制动器总制动转矩

由图 5-29 中联合制动转矩曲线可知，当制动装置温度上升到 60℃时，形状记忆合金弹簧开始参与制动。当制动装置温度达到 74℃时，制动转矩不再下降。在制动装置温度持续增大到 100℃的过程中，制动转矩持续增加，并达到最大值 11.2N·m。通过形状记忆合金与磁流变液联合制动可以有效改善磁流变液在高温下的性能下降情况。

5.5　形状记忆合金弹簧驱动的圆盘式变面积磁流变传动装置

5.5.1　传动装置工作原理

形状记忆合金弹簧驱动的圆盘式变面积磁流变传动装置如图 5-30 所示。图 5-30(a)和图 5-30(b)分别为装置未变面和变面后的示意图。图中：1—左壳体、2—左端盖、3—形状记忆合金弹簧、4—主动轴、5—主动壳体、6—主动盘、7—励磁线圈、8—限位块、9—右壳体、10—磁流变液、11—从动盘。形状记忆合金弹簧套装在导向柱上，弹簧两端分别与主动轴和主动盘固定连接，导向柱与主动盘用滑键连接，使两构件可以同步周向转动。磁流变液通过注油孔注入两个工作盘之间的工作间隙中，初始的磁流变液工作间隙厚度为 2mm。

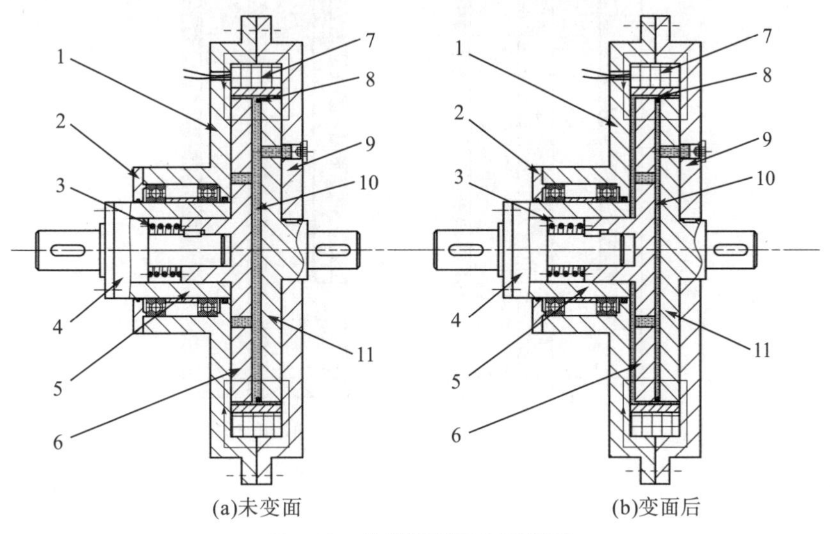

图 5-30　传动装置工作原理图

传动装置的工作原理如下。

(1) 主动轴在外源动力带动下转动，励磁线圈未通电时，磁流变液为牛顿流体状态。主动盘和从动盘之间的厚度为 2mm。此时仅依靠磁流变液零磁场下较小的黏性转矩不能带动从动轴转动，传动装置处于分离状态。

(2) 对励磁线圈通电，线圈产生的磁场垂直穿过磁流变液的工作间隙，依靠磁流变液剪切屈服应力传递的转矩能带动从动盘转动。

(3) 当温度高于 70℃时，形状记忆合金弹簧产生形状记忆效应，推动从动盘轴向移动。

当主动盘与从动盘上的限位块接触时，磁流变液工作间隙由一面变为双面，增大了高温下传动装置传递的转矩。

(4) 断电后，磁流变液又恢复为牛顿流体状态，传动装置处于分离状态，从动轴停止转动。

该传动装置的设计核心主要是借助形状记忆合金的温控特性改变磁流变液工作面积和间隙厚度，提高了传动效率。本装置是作者所在团队以往申报专利[14-19]的一个优选参考。

5.5.2 传动装置转矩性能分析

1. 磁场分析

将图 5-30 所示的传动装置简化为二维轴对称模型，并采用有限单元法对变面前后传动装置的磁场进行仿真，其简化模型如图 5-31 所示，结构参数见表 5-9。

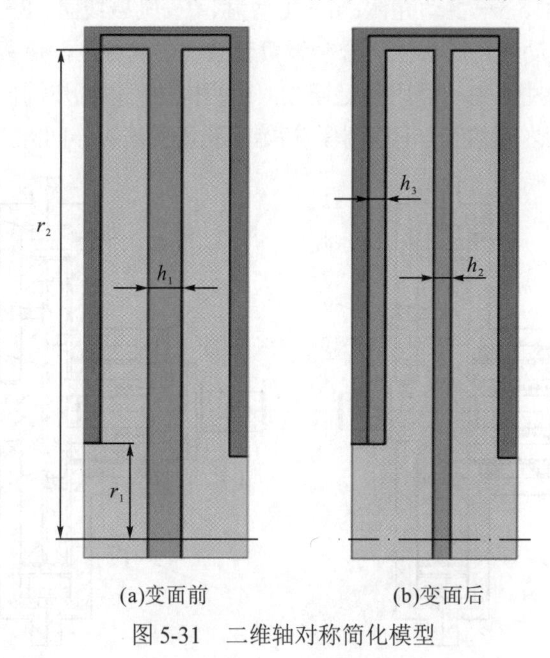

图 5-31 二维轴对称简化模型

表 5-9 结构参数 (单位：mm)

参数	数值	参数	数值
r_1	7	h_2	1
r_2	40	h_3	1
h_1	2		

当主、从动部件均采用 30#钢，励磁线圈匝数为 100 匝，电流为 3A 时的有限元仿真云图如图 5-32 所示。变面前、后磁流变液工作间隙内的磁感应强度与径向距离的数据如图 5-33 所示。

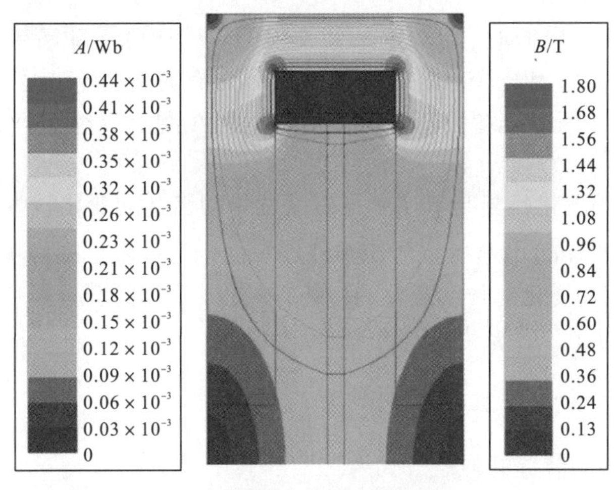

(a)变面前传动装置的磁场分布云图

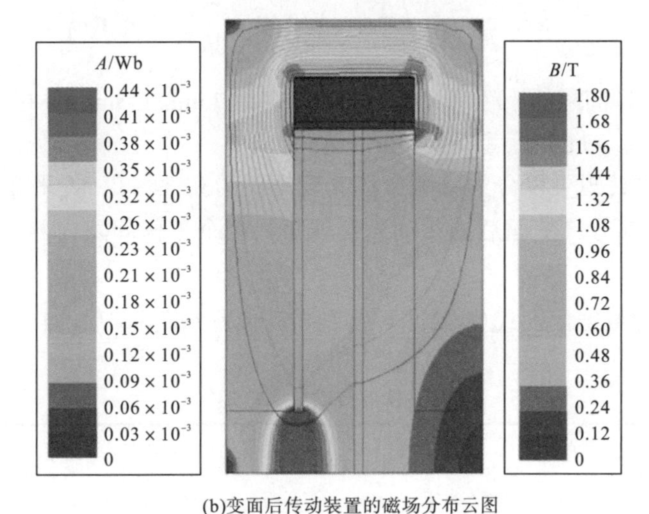

(b)变面后传动装置的磁场分布云图

图 5-32　电流为 3A 时的有限元仿真云图

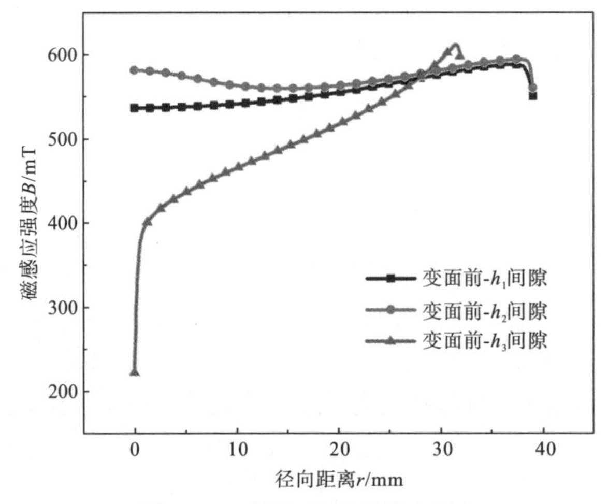

图 5-33　不同间隙的磁感应强度

由图 5-33 可知，变面后传动装置 h_2 间隙内的磁感应强度随着半径的增大，呈现先减小后增大的趋势。原因是 30#钢的磁阻比磁流变液的磁阻小得多，磁力线更多地从主动盘穿过，但随半径继续增大，磁流变液与励磁线圈距离缩短，磁感应强度又逐渐增大。

h_3 间隙内的磁场变化趋势与普通单盘磁流变传动装置的变化较为相似，随着半径增大，磁感应强度由 221mT 迅速增大至 595mT。变面一定程度上加剧了径向磁场强度的不均匀性，且工作间隙的变化对传动装置的磁场影响较大。为综合分析变面积磁流变传动装置的效果，需对变面前、后传动装置的转矩进行对比。

2. 变面前、后传动装置转矩对比

单盘式磁流变传动装置的转矩公式为

$$M_{\mathrm{MRF}}=\int_{r_1}^{r_2}2\pi\tau r^2\mathrm{d}r=\frac{2\pi}{3}\left(r_2^3-r_1^3\right)\tau_y(B)+\frac{\pi}{2h}\left(r_2^4-r_1^4\right)(\omega_1-\omega_2)\eta \tag{5-32}$$

式中，磁流变液工作间隙的小径和大径 r_1、r_2 分别为 7mm、35mm；主、从动轴转速 ω_1、ω_2 分别为 100rad/s、90rad/s；零场黏度 η 为 2.8Pa·s。

传动装置的总转矩可以分为磁流变液黏度提供的黏性转矩 M_η 和磁链剪切屈服提供的剪切转矩 M_τ 两部分。变面后的传动装置转矩为两个工作间隙内磁流变液产生的转矩之和。

将图 5-33 中的数据代入式(5-32)，可得到传动装置变面前、后的转矩，结果见表 5-10。

表 5-10 传动装置转矩 (单位：N·m)

变面前		变面后	
黏性转矩	剪切转矩	黏性转矩	剪切转矩
0.1018	7.920	0.1525	15.355

定义磁流变传动装置的可控转矩比 λ 为[20]

$$\lambda=\frac{M_\tau}{M_\eta} \tag{5-33}$$

由表 5-10 的数据可知，当传动装置工作面个数增加时，传动装置的黏性转矩增大 1.49%，但是传动装置的可控转矩比由 77.80 上升至 100.69，黏性转矩对传动装置转矩的影响可忽略不计。变面前、后传动装置的总转矩分别为 8.0218N·m 和 15.5075N·m，转矩提升了 93.32%。通过形状记忆合金弹簧驱动主动盘进而改变磁流变液工作间隙的个数，使传动装置转矩进一步增大，且显著提高了传动装置转矩控制范围，满足磁流变传动装置的调速要求。

5.6 单变双筒式磁流变联合传动装置

5.6.1 联合传动装置工作原理

单变双筒式磁流变离合器结构示意图如图 5-34 所示，其主要由以下零部件组成：1—主动轴、2—复位弹簧、3—轴瓦、4—形状记忆合金弹簧、5—励磁线圈、6—磁流变液、7—外圆筒、8—内圆筒、9—从动轴、10—隔热套、11—限位块、12—燕尾槽滑块，其工作原理如下。

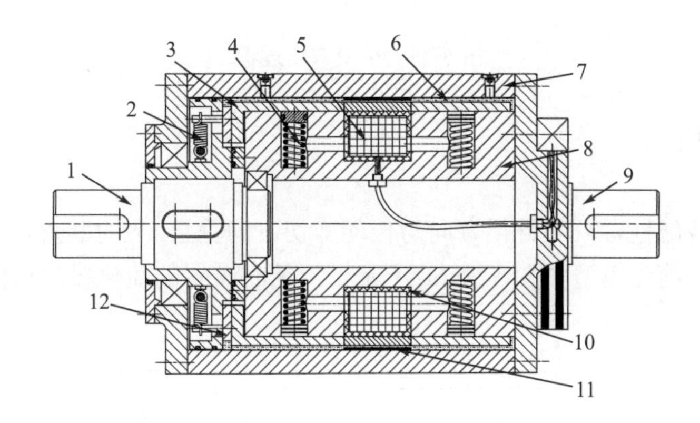

图 5-34 单变双筒式磁流变离合器结构示意图

(1) 初始状态，励磁线圈未通电，磁流变液存在于轴瓦和外圆筒形成的 2mm 工作间隙内，此时主动轴转动，磁流变液在零磁场下的黏性阻力矩很小，无法带动从动轴转动。

(2) 励磁线圈通电，且工作温度低于 50℃时，磁流变液中的磁性颗粒在磁场的作用下呈链状排列，对外表现出抗剪应力，主动轴转动可以带动从动轴转动，传动转矩随着输入电流的增大而增大。

(3) 当离合器工作时间较长，使得工作温度高于 50℃，且继续升高时，磁流变液的剪切屈服应力逐渐下降，形状记忆合金弹簧受热伸长推动轴瓦至限位块处，部分磁流变液沿轴瓦之间的缝隙流入轴瓦与内圆筒之间形成的间隙。此时，磁流变液同时存在于轴瓦和外圆筒形成的 1mm 间隙以及轴瓦和内圆筒形成的 1mm 间隙内，其过程如图 5-35 所示。由于工作间隙增加，装置传递的转矩增大。若温度继续升高，则形状记忆合金弹簧驱动轴瓦压紧限位块，产生摩擦转矩，弥补磁流变液因高温而降低的转矩。

(4) 励磁线圈断电，磁流变液恢复为牛顿流体状态，不再传递转矩，温度降低后，形状记忆合金弹簧恢复为初始状态，轴瓦在复位弹簧的作用下与限位块分离，也不再传递转矩。

磁流变液离合器中，四片轴瓦通过燕尾槽与主动轴相连，每片轴瓦由两个形状记忆合金弹簧驱动，可做径向移动。初始状态时，轴瓦与内圆筒之间存在 0.1mm 的间隙，无相对摩擦。

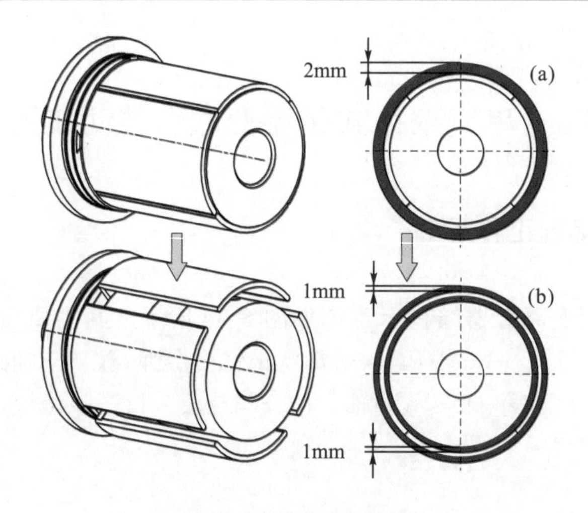

图 5-35　单变双筒过程

5.6.2　磁场分析

为使磁流变液磁性颗粒的链化方向与传动剪切方向垂直，应对装置进行磁场有限元分析，单筒时装置的简化模型如图 5-36(a)所示，双筒时装置的简化模型如图 5-36(b)所示。

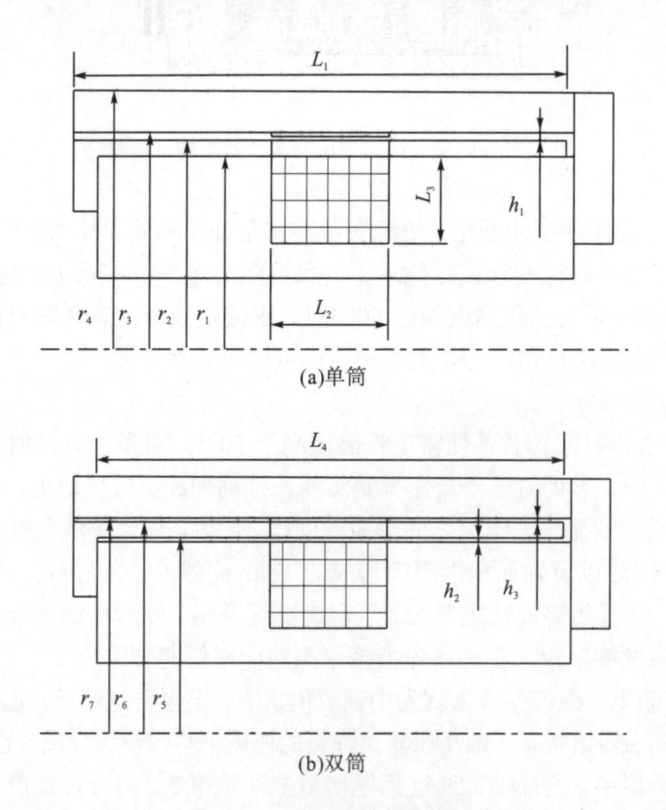

图 5-36　磁场分析简化模型

简化模型的结构参数见表 5-11。

表 5-11　结构参数　（单位：mm）

参数	数值	参数	数值
r_1	50	r_5	51
r_2	54	r_6	55
r_3	56	r_7	56
r_4	60	L_1	126
L_2	30	L_3	16
L_4	120	h_1	2
h_2	1	h_3	1

为使磁流变液工作间隙的磁场强度最大化，轴瓦由铝与 20#钢焊接而成，内外圆筒材料为 Q235。磁流变液采用重庆材料研究院有限公司配置的样品，颗粒体积百分数为 25%，零磁场黏度为 0.83Pa·s，励磁线圈 N=400 匝、电流 I=0～1A，完成设定后求解。I=1A 时的磁场分析结果如图 5-37 所示。

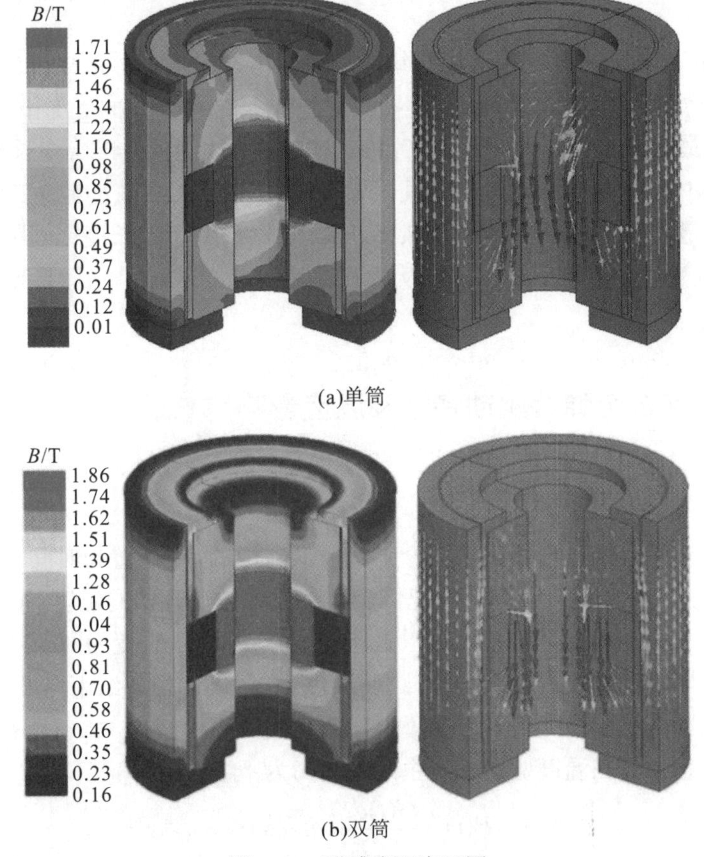

(a)单筒

(b)双筒

图 5-37　磁感应强度云图

由图 5-37 可知，装置在单筒和双筒状态，磁力线都围绕励磁线圈形成闭合回路，且垂直通过磁流变液工作间隙，说明装置结构布置与材料选择合理。结合图 5-37 各间隙磁流变液磁感应强度数据与图 5-36，可得工作间隙 h_1、h_2 及 h_3 处磁流变液的剪切屈服应力，如图 5-38 所示。

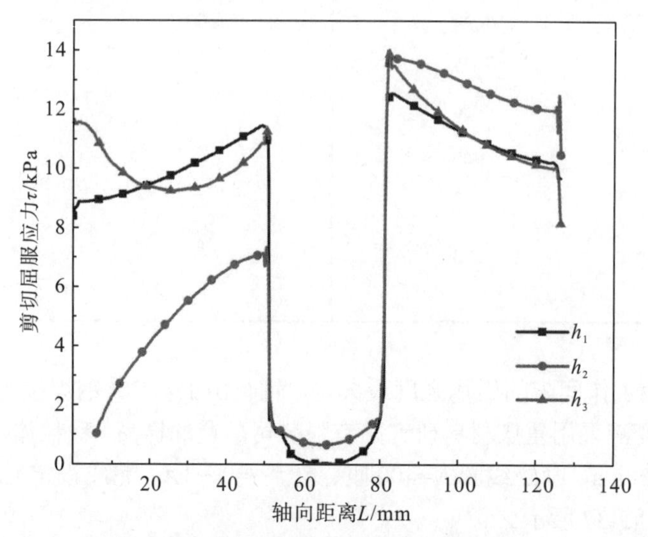

图 5-38 剪切屈服应力与轴向距离的关系

由图 5-38 可知，由于轴瓦中部铝材料的隔磁作用，间隙 h_1、h_2 中部的剪切屈服应力极小，因此不作为有效工作区间。磁流变液在间隙 h_1 处的剪切屈服应力由 8.38kPa 增长至 10.35kPa，再由最大值 12.54kPa 降至 9.69kPa；在间隙 h_2 处由 1.04kPa 增长至 7.09kPa，再由最大值 13.74kPa 减小至 10.50kPa；在间隙 h_3 处先由 11.54kPa 减小至 9.23kPa，再增大至 11.26kPa，再由最大值 13.98kPa 减小至 8.16kPa。间隙 h_2 的工作长度比间隙 h_3 短，且轴瓦的磁阻小于磁流变液，因此部分磁力线从轴瓦穿过流入间隙 h_3，从而导致间隙 h_2 一端的剪切屈服应力较小。

5.6.3 形状记忆合金弹簧驱动特性及温度影响

1. 形状记忆合金弹簧驱动特性

单变双筒的过程是通过形状记忆合金弹簧驱动完成的，在装置长时间工作以及线圈发热情况下，温度升高，当温度达到形状记忆合金奥氏体相变开始的温度(50℃)，形状记忆合金弹簧开始伸长推动轴瓦至限位块处，磁流变液工作间隙 h_1 变为间隙 h_2、h_3，且形状记忆合金弹簧压紧力随温度升高而增大，当温度达到奥氏体相变结束温度(100℃)，形状记忆合金弹簧压紧力达到最大值，并且不再随温度的升高而增大。

形状记忆合金弹簧在温度驱动下产生的输出力为

$$F(t)=\frac{G(t)d^4}{8nD^3}(\delta_L-x) \tag{5-34}$$

式中，形状记忆合金弹簧丝径 d 为 1mm；有效圈数 n 为 6；中径 D 为 8.6mm；轴瓦位移量 x 为 1mm；δ_L 为弹簧伸缩量；形状记忆合金剪切模量 $G(t)$ 是温度 t 的函数，当 $t_{Mf} \leqslant t \leqslant t_{Af}$ 时，

$$G(t) = G_M + \frac{G_A - G_M}{2}[1 + \sin\varphi(t - t_A)] \tag{5-35}$$

式中，低温马氏体相弹性模量 G_M =8.0MPa·℃，高温奥氏体相弹性模量 G_A =18.80MPa·℃，相变温度 $t_A = (t_{A_f} + t_{A_s})/2$，$\varphi = \pi/(t_{A_f} - t_{A_s})$，奥氏体相变开始温度 t_{A_s} =50℃，奥氏体相变结束温度 t_{A_f} =100℃。

单个形状记忆合金弹簧对限位块压紧产生的摩擦力为

$$F_f = F(t)\mu \tag{5-36}$$

式中，轴瓦与限位块的摩擦系数 μ 取 0.1。

将各参数代入式(5-34)，计算得出单个和 8 个形状记忆合金弹簧随温度变化所能产生的摩擦力，如图 5-39 所示。

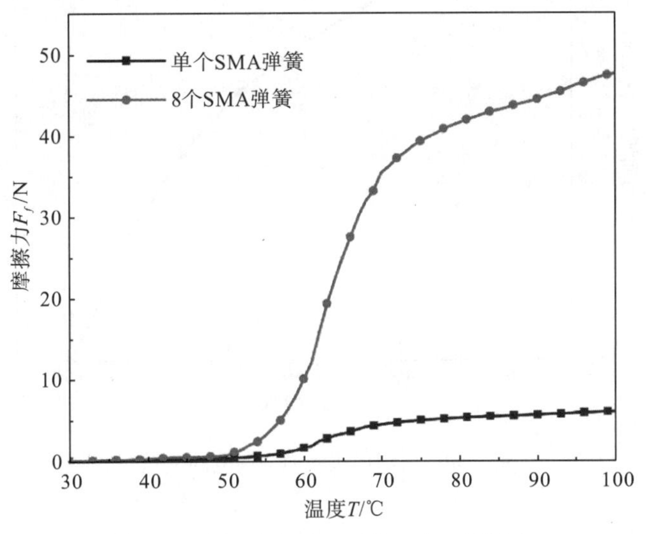

图 5-39　形状记忆合金弹簧产生的摩擦力

由图 5-39 可知，形状记忆合金弹簧在 50℃时开始推动轴瓦压紧限位块，并在轴瓦的转动下产生摩擦力。在 55～70℃，由单个形状记忆合金弹簧压紧力产生的摩擦力增大较快，由 0.54N 增大至 4.42N，之后随温度升高增大的趋势有所减缓，100℃时最大摩擦力为 5.95N，8 个形状记忆合金弹簧产生的最大摩擦力为 47.6N。

2. 温度对磁流变液的影响

在工作温度升高的过程中，除形状记忆合金弹簧的输出力会随之变化时，磁流变液也会受到影响。温度升高会加剧载液分子的热运动，导致磁性颗粒间的吸引力和摩擦力减小。因此，一方面高温会使磁流变液黏度降低，温度和磁流变液黏度的关系为

$$\eta(t) = b\mathrm{e}^{-at} \tag{5-37}$$

式中，$\eta(t)$ 为温度 t 时磁流变液的黏度；a、b 为常数，在−40～140℃范围内，取 a=143、b=0.0143。

另一方面，高温会使磁流变液的剪切屈服应力降低。Sun 等[21]对 10 个磁流变液样品进行测试后发现，在一定磁场强度和剪切应变率下，磁流变液的剪切屈服应力随温度的升高呈线性下降。引入磁流变液剪切屈服应力与磁场和温度之间的关系为

$$\tau_t = (K_1 \operatorname{sgn}\gamma + K_2\gamma)\left[\left(1+\frac{C}{t}\right)\eta_0 H\right]^{\alpha} + \eta(t)\gamma \tag{5-38}$$

式中，τ_t 为温度 t 时的剪切屈服应力；比例系数 K_1=86、K_2=0.26；γ 为剪切速率；居里常数 C=1150；η_0 为磁流变液初始黏度；H 为磁场强度；系数 α 取 1～2。

结合式(5-37)、式(5-38)与图 5-36，计算得到在 1A 电流产生的磁场强度下，磁流变液剪切屈服应力与温度的关系如图 5-40 所示。

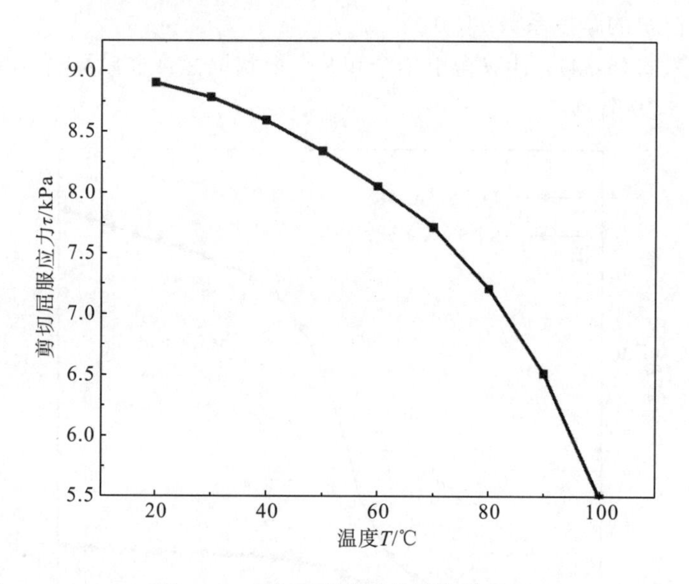

图 5-40 剪切屈服应力与温度的关系

由图 5-40 可知，在 1A 电流产生的磁场强度下，随着工作温度的升高，磁流变液的剪切屈服应力逐渐降低。在 20～50℃，剪切屈服应力由 8.92kPa 减小至 8.34kPa。随后，减小速度逐渐变快，在 50～100℃，剪切屈服应力由 8.34kPa 减小至 5.49kPa。由此可见，工作温度升高的确会降低磁流变液的传动性能。

5.6.4 转矩分析

单筒时，装置的传动转矩仅由间隙 h_1 提供。形状记忆合金弹簧驱动装置变为双筒时，转矩由间隙 h_2、h_3 以及形状记忆合金弹簧压紧力产生的摩擦转矩同时提供。

圆筒式磁流变传动装置所传递的转矩为[18]

$$M_c = \frac{4\pi L_e r_1^2 r_2^2 \ln\left(\frac{r_2}{r_1}\right)\tau}{r_2^2 - r_1^2} + \frac{4\pi\eta L r_1^2 r_2^2 \Delta\omega}{r_2^2 - r_1^2} \tag{5-39}$$

式中，L_e 为磁流变液有效工作长度；r_1、r_2 分别为磁流变液工作间隙的内、外半径；τ为磁流变液剪切屈服应力；η为磁流变液黏度；$\Delta\omega$ 为主动件与从动件的转速差。

由式(5-39)可得单筒时装置的转矩为

$$M_{c1}=\frac{4\pi(L_1-L_2)r_2^2r_3^2\ln\left(\frac{r_3}{r_2}\right)\tau}{r_3^2-r_2^2}+\frac{4\pi\eta L_1r_2^2r_3^2\Delta\omega}{r_3^2-r_2^2} \tag{5-40}$$

双筒时，间隙 h_2 所能提供的转矩为

$$M_{c2}=\frac{4\pi(L_4-L_2)r_1^2r_5^2\ln\left(\frac{r_5}{r_1}\right)\tau}{r_5^2-r_1^2}+\frac{4\pi\eta L_4r_1^2r_5^2\Delta\omega}{r_5^2-r_1^2} \tag{5-41}$$

间隙 h_3 所能提供的转矩为

$$M_{c3}=\frac{4\pi(L_1-L_2)r_6^2r_7^2\ln\left(\frac{r_7}{r_6}\right)\tau}{r_7^2-r_6^2}+\frac{4\pi\eta L_1r_6^2r_7^2\Delta\omega}{r_7^2-r_6^2} \tag{5-42}$$

8 个形状记忆合金弹簧产生的总摩擦转矩为

$$M_{c4}=8F_fr_6 \tag{5-43}$$

则装置变为双筒后，总的传动转矩为

$$M_{db}=M_{c2}+M_{c3}+M_{c4} \tag{5-44}$$

式中，$\Delta\omega$=6.28rad/s；τ、η均随温度发生变化，尺寸参数见表 5-11。结合式(5-39)～式(5-44)，计算得到在不同温度下，装置恒为单筒传动时的转矩、装置单筒变双筒传动的转矩(不考虑摩擦转矩)以及装置实际总转矩，如图 5-41 所示。

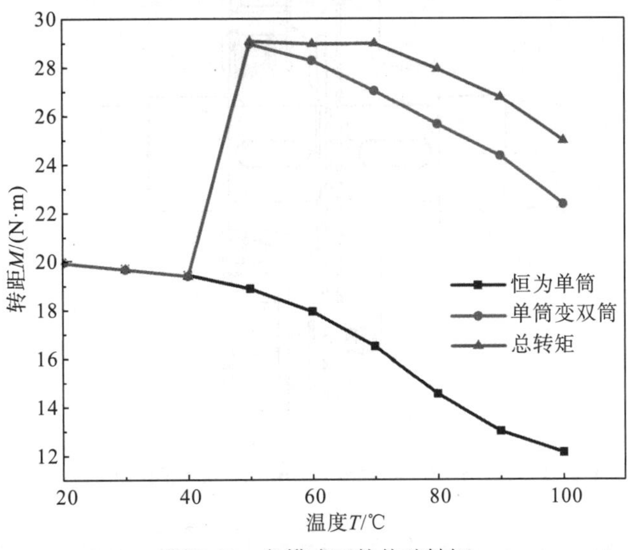

图 5-41　各模式下的传动转矩

由图 5-41 可知，假设装置恒为单筒，在温度为 20～50℃时，转矩变化不大，随着温度升高，转矩开始快速下降；在 50～90℃，转矩由 18.86N·m 降低至 12.98N·m；100℃时，

转矩为 12.1N·m。50℃时，形状记忆合金弹簧驱动装置由单筒变为双筒，转矩陡然增大，由 19.43N·m 增大至 28.99N·m，之后随温度继续升高，转矩有所减小，100℃时，转矩为 22.37N·m。在形状记忆合金弹簧压紧力产生摩擦转矩后，随着温度升高，虽然转矩整体仍是下降趋势，但较双筒时有所增大，100℃时，转矩为 24.99N·m，相较装置恒为单筒，转矩提高了约 106.5%，避免了装置在高温时整体传动性能下降。

5.7 电磁力与形状记忆合金挤压的圆盘式磁流变传动装置

5.7.1 复合传动装置工作原理

电磁力与形状记忆合金挤压的圆盘式磁流变传动装置工作原理图如图 5-42 所示，其主要零部件为 1—形状记忆合金弹簧、2—从动盘、3—从动轴、4—磁流变液、5—衔铁、6—填料密封、7—主动盘、8—主动轴、9—支撑壳体、10—励磁线圈。支撑壳体通过螺钉与机架固定，保证线圈不发生相对转动，支撑壳体与从动盘之间的气隙厚度不可忽略。传动装置中的密封填料均为磁场阻隔零件，用来改善磁通分布情况，磁流变液传动装置工作过程如下。

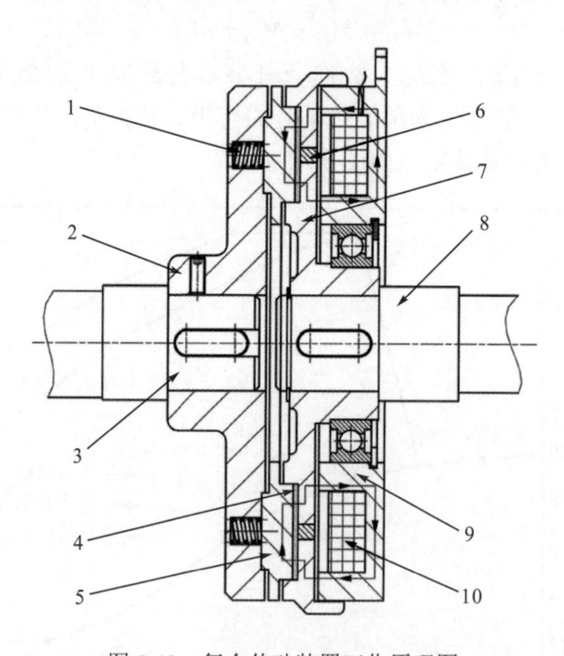

图 5-42 复合传动装置工作原理图

(1) 主动轴在外源动力带动下转动，励磁线圈未通电时，磁流变液为牛顿流体状态。此时，仅依靠磁流变液零磁场下较小的黏性转矩不能带动从动轴转动，传动装置处于分离状态。

(2)励磁线圈通电后，线圈产生的磁通垂直穿过磁流变液间隙，磁流变液中的磁性颗粒沿磁通方向排列成链状结构，剪切屈服应力逐渐增大，带动从动盘开始转动。此时，衔铁在电磁力吸引下沿磁场方向挤压磁流变液，磁流变液在挤压强化作用下剪切屈服应力显著提升。

(3)当电流达到最大值 3A 时，随传动装置温度进一步升高，形状记忆合金弹簧发生形状记忆效应产生回复力，驱动衔铁滑块压紧磁流变液，进一步增大轴向挤压力。

(4)断电后，磁流变液恢复为牛顿流体状态，磁流变液不再传递转矩，装置分离。

在此类复合装置[22,23]的设计过程中考虑了线圈通电产生的电磁力，通过电磁力和形状记忆合金弹簧共同挤压磁流变液，解决了高温下磁流变液性能下降的问题，并大幅提升了传动装置的转矩。

5.7.2　传动装置转矩性能分析

1. 电磁力分析

为分析工作状态下复合传动装置整体的磁场，将图 5-42 所示的传动装置简化为二维轴对称模型，并采用有限单元法对磁通分布进行仿真，其简化模型如图 5-43 所示，结构参数见表 5-12。

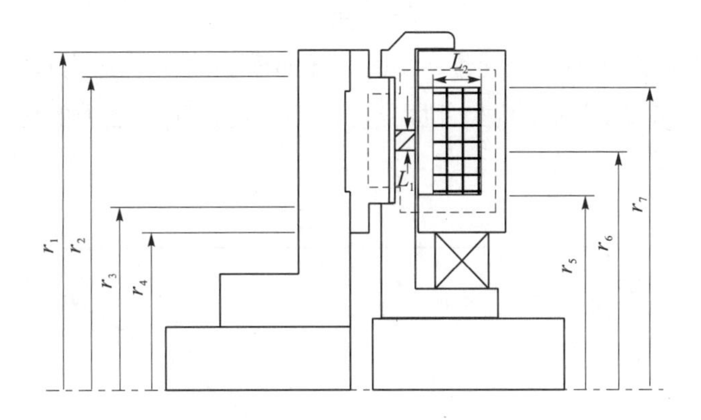

图 5-43　二维轴对称简化模型

表 5-12　结构参数　　(单位：mm)

参数	数值	参数	数值
r_1	135	r_6	95
r_2	124	r_7	120
r_3	74	L_1	8
r_4	62	L_2	20
r_5	77.5		

当励磁线圈匝数 $N_1 = 800$，电流 I=0～3A 时，通过有限元分析得到磁流变液工作间隙内的磁感应强度。电流为 3A 时的有限元仿真云图如图 5-44 所示。

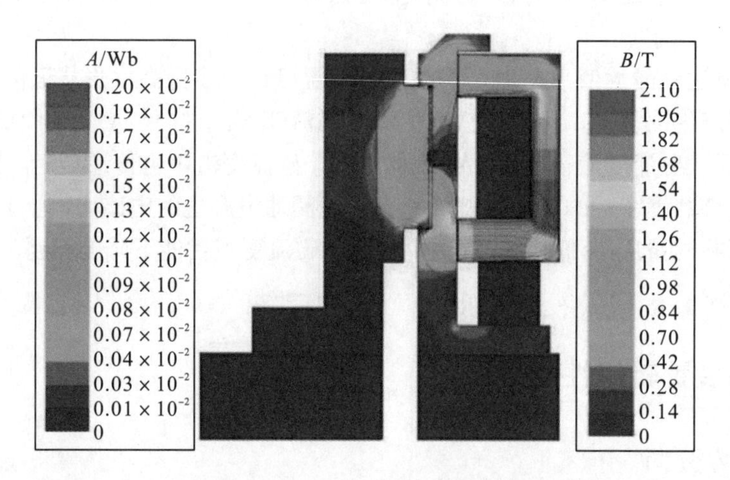

图 5-44 电流为 3A 时的有限元仿真云图

电磁力作用下衔铁滑环对磁流变液的挤压力可表示为

$$F_z = \frac{\phi^2}{A\mu_0} \tag{5-45}$$

式中，ϕ 为通过衔铁滑环的总磁通量；A 为滑环的横截面积；μ_0 为真空磁导率，取值为 $4\pi\times10^{-7}$H/m。当传动装置的结构尺寸固定时，不同电流下电磁力的变化过程如图 5-45 所示。

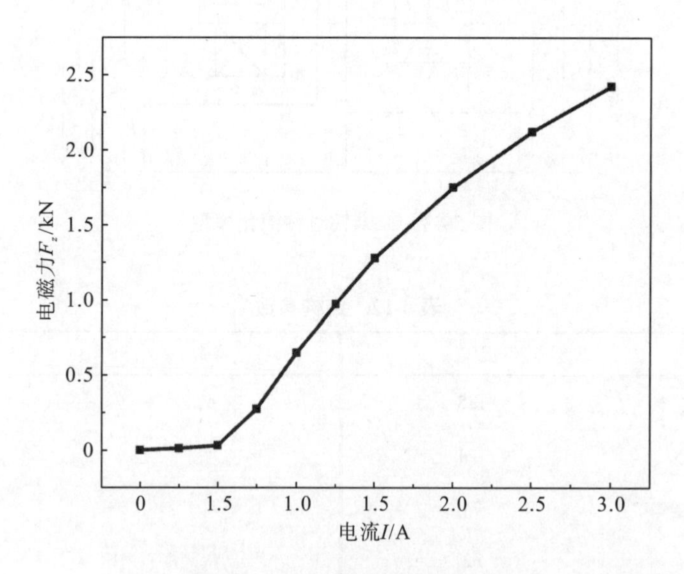

图 5-45 电流和电磁力的关系

由图 5-45 可知，当电流为 0～0.5A 时，由于电流较小，产生的电磁力较小，可忽略不计。电流大于 0.5A 时，随电流的增大，电磁力呈近似线性增长，但在接近 3.0A 时，由于线圈周围铁磁性材料接近实际磁饱和点，磁通量无法随电流增大进一步增长，故电磁力增长缓慢，在 3.0A 时电磁力达到极值，为 2.42kN。

2. 磁流变液的挤压强化效应

励磁线圈通电后，产生的电磁力吸引衔铁滑块轴向挤压磁流变液，磁流变液在挤压强化模式下产生的剪切屈服应力 τ_y 由两部分组成：磁偶极子[15]产生的剪切屈服应力 τ_m 和磁性颗粒相互摩擦产生的剪切屈服应力 τ_f 。通过实验修正的剪切屈服应力 τ_y 为

$$\tau_y = K_1\tau_m + K_2\tau_f \tag{5-46}$$

式中，K_1 和 K_2 为实验修正系数，其中 K_1=1，K_2 取值可根据下式计算：

$$K_2 = \frac{1}{4}\left[\operatorname{sgn}(B-B_0)\left(1-\mathrm{e}^{-\frac{|B-B_0|}{\Delta}}\right)+3\right] \tag{5-47}$$

式中，B 为磁感应强度；B_0 为初始磁感应强度；Δ为磁感应强度梯度。

磁偶极子产生的剪切屈服应力 τ_m 为

$$\tau_m = 36\Theta\mu_f\mu_0\beta^2H_0^2\left(\frac{R}{d}\right)^3\xi\gamma \tag{5-48}$$

其中

$$\beta = \frac{\mu_p-\mu_f}{\mu_p+2\mu_f} \tag{5-49}$$

式中，Θ 为磁流变液的体积分数；μ_f 为介质的相对磁导率；μ_0 为真空磁导率；μ_p 为磁性颗粒相对磁导率；β 为磁导率系数；H_0 为初始磁场强度；R 为磁性颗粒半径；d 为磁性颗粒间距(实验得出：R/d =0.01σ+0.4)；ξ 为材料修正系数；γ 为剪切应变。

磁性颗粒相互摩擦产生的剪切屈服应力 τ_f 可表示为

$$\tau_f = \frac{\tau_0^2C}{\left[\sigma_s^2(1-C^2)\right]}\sigma \tag{5-50}$$

式中，C 为实验得出的修正系数；σ_s 为屈服极限；τ_0 为初始剪切应变力；σ 为衔铁滑环对磁流变液的轴向挤压应力，计算公式为

$$\sigma = \frac{F}{S} = \frac{F}{\pi\left(R_2^2-R_1^2\right)} \tag{5-51}$$

磁流变液剪切屈服应力和磁感应强度、轴向挤压力之间的关系可根据实验数据得出，如图 5-46 所示。实验使用的磁流变液材料参数见表 5-13。

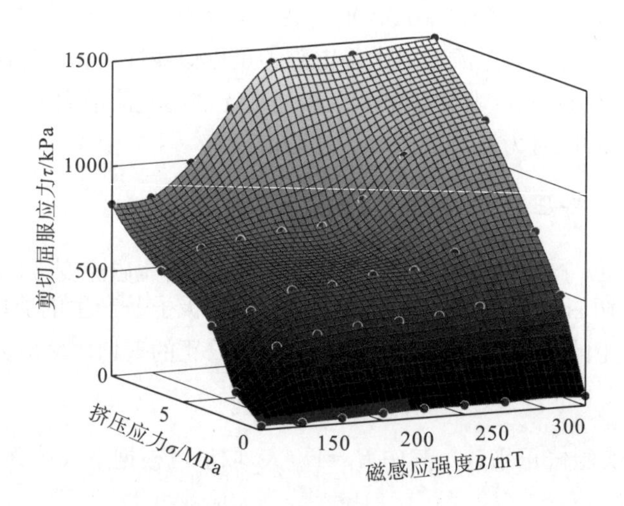

图 5-46 磁流变液剪切屈服应力与磁感应强度、挤压应力之间的关系

表 5-13 磁流变液材料参数

参数	数值	参数	数值
B_0 / mT	50	μ_p	10
Δ / mT	20	C	0.3
ϕ	0.25	ξ	1.202
μ_f	400	σ_s^2/τ_0^2	9
μ_0	$4\pi\times10^{-7}$	γ	200

将不同磁感应强度 B 和轴向挤压应力σ对应的磁流变液的剪切屈服应力$\tau_y(B,\sigma)$，带入盘式磁流变液传动装置的转矩公式(5-32)得到最终转矩。单个工作盘对应的磁流变液转矩方程为

$$M_{\mathrm{MRF}}=\int_{r_1}^{r_2}2\pi\tau r^2\mathrm{d}r=\frac{2\pi}{3}\left(r_2^3-r_3^3\right)\tau_y\left(B,\sigma\right)+\frac{\pi}{2h}\left(r_2^4-r_3^4\right)(\omega_1-\omega_2)\eta \tag{5-52}$$

式中，磁流变液工作间隙的大径和小径r_2、r_3分别为 74mm、124mm；主、从动轴转速ω_1、ω_2分别为 100rad/s、90rad/s；零场黏度η为 2.8Pa·s。电磁力前后传动装置的转矩如图 5-47 所示。

传动装置转矩的变化趋势与电磁力的变化趋势大致相同。在挤压剪切工作模式下，传动装置的转矩得到了大幅提升，当电流小于 0.75A 时，挤压力对磁流变液的影响要远小于磁场对磁流变液的影响；当电流大于 1.5A，即轴向挤压应力大于 0.04MPa 时，电流对转矩的影响伴随着磁饱和现象的出现逐渐减小，传动装置的转矩受磁流变液挤压强化效应提升较大；当电流为 3.0A 时，轴向挤压力为 0.078MPa，转矩由 197.78N·m 上升至 299.49N·m，提升了 51.4%。

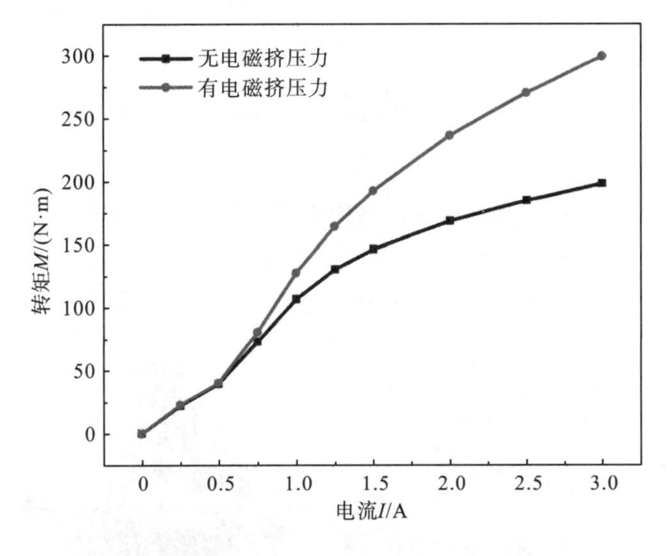

图 5-47　磁流变液转矩与电流的关系

3. 形状记忆合金弹簧挤压力

由图 5-47 可知，在磁流变液挤压强化效应的影响下，传动装置转矩提升幅度较大，但仅依靠电磁力加压所能提供的挤压力有限。为进一步拓展转矩范围，提高传动装置的适用范围，采用 6 个形状记忆合金弹簧提供额外轴向挤压力。

当形状记忆合金弹簧的温度由室温 20℃升高到 100℃时，不同温度下传动装置转矩如图 5-48 所示。分析图 5-48 数据可知，在形状记忆合金形变区间(40～90℃)内，传动装置的转矩得到了进一步提升，增长至 350.41N·m，相较于在电磁力挤压工况下转矩提升了 17%，通过将热能转化为机械能进一步增大了转矩，提高了复合传动装置的效率。

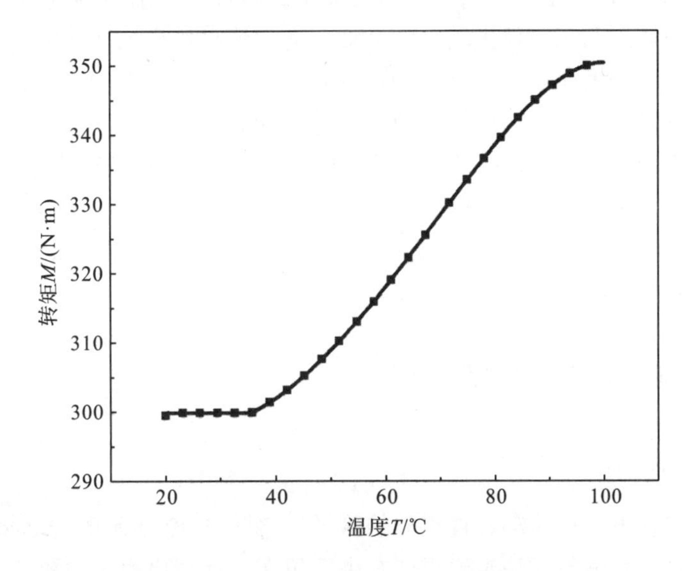

图 5-48　形状记忆合金温度与转矩的关系

5.8 电磁挤压的多盘式磁流变液传动

电磁挤压的多盘式磁流变液离合器的结构示意图如图5-49所示，其主要由以下零部件组成：1—主动轴、2—过孔导电滑环、3—内橡胶环、4—外橡胶环、5—复位弹簧、6—主动盘、7—从动盘、8—从动轴、9—衔铁、10—励磁线圈、11—隔磁环、12—磁流变液。

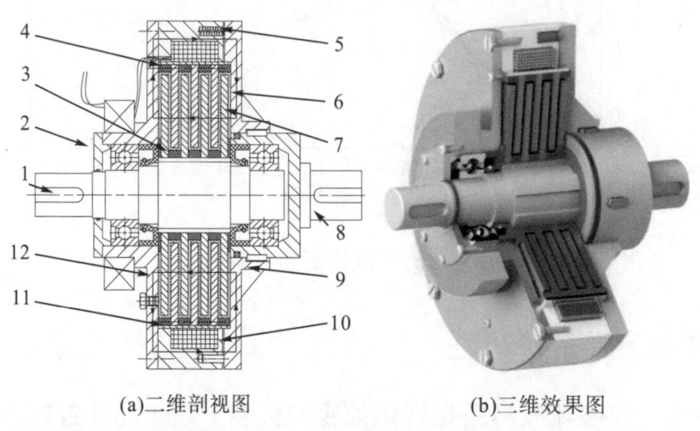

(a)二维剖视图 (b)三维效果图

图5-49 电磁挤压的多盘式磁流变液离合器结构示意图

5.8.1 复合传动装置工作原理

(1)初始状态，励磁线圈未通电，磁流变液工作间隙无磁场，当主动轴转动时，仅依靠磁流变液零磁场黏性力传递的转矩，不能带动从动壳体及从动轴转动。

(2)励磁线圈通电，产生的磁场使磁流变液中的磁性颗粒沿磁场方向呈链状排列，依靠此链状结构的剪切屈服应力使主动轴的运动与动力能够传递至从动轴，并且离合器传递转矩的能力随电流的增大而增大。同时，励磁线圈通电时产生的电磁力吸引衔铁，衔铁沿着磁场方向挤压磁流变液产生挤压强化效应，使得磁流变液的传动性能增强。由于主动盘与从动盘之间依靠橡胶环分隔，在挤压作用下橡胶环之间协调变形，使各主动盘、从动盘与磁流变液之间的压力增大，产生的磁流变液挤压强化效应随着挤压力的增大而增强。

(3)励磁线圈断电，磁流变液恢复为牛顿流体状态，不再传递转矩，衔铁在复位弹簧的作用下回到初始位置，不再挤压磁流变液。

5.8.2 传动装置转矩性能分析

1. 磁流变液转矩分析

为分析工作状态下复合传动装置整体的磁场，将图5-49所示的传动装置简化为二维轴对称模型，并采用有限单元法对磁通分布进行仿真，其简化模型如图5-50所示，结构参数见表5-14。

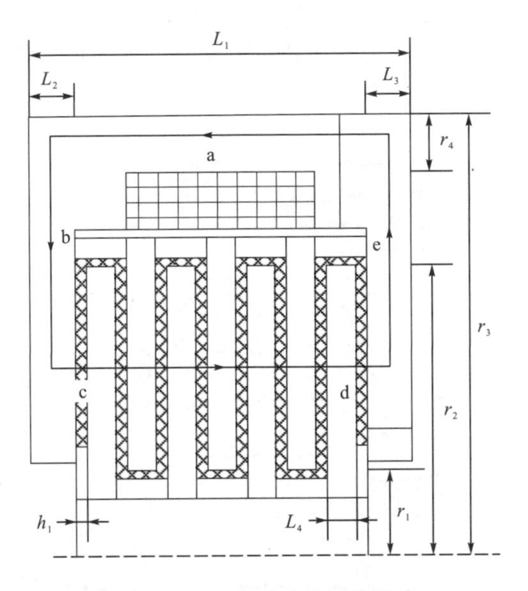

图 5-50　二维轴对称简化模型

表 5-14　磁流变液离合器结构参数　（单位：mm）

参数	数值	参数	数值
r_1	55	L_1	90
r_2	115	L_2	22
r_3	145	L_3	18
r_4	8	L_4	10
h_1	1		

2. 磁场有限元分析

将励磁线圈匝数设置为 1000 匝，进行不同输入电流（I=0.5A、1.0A、1.5A、2.0A、2.5A、3.0A）下的磁场有限元分析，其中 I=2.5A 时的磁感应强度云图如图 5-51 所示。

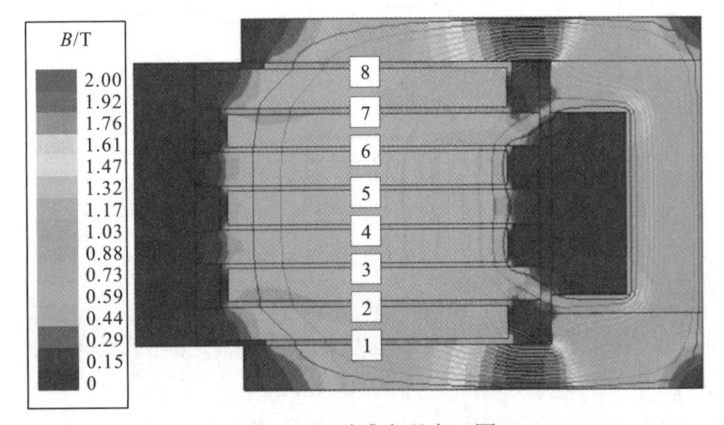

图 5-51　磁感应强度云图

将磁流变液工作间隙按从下到上顺序排列，导出在不同输入电流下，各工作间隙的平均磁感应强度如图 5-52 所示。

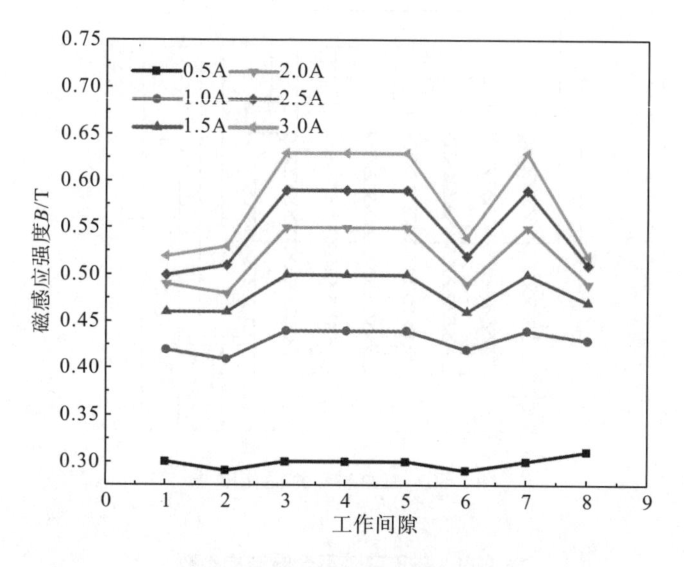

图 5-52　工作间隙平均磁感应强度

结合式(5-52)与图 5-52 可得在不同电流下，各工作间隙磁流变液的剪切屈服应力，如图 5-53 所示。

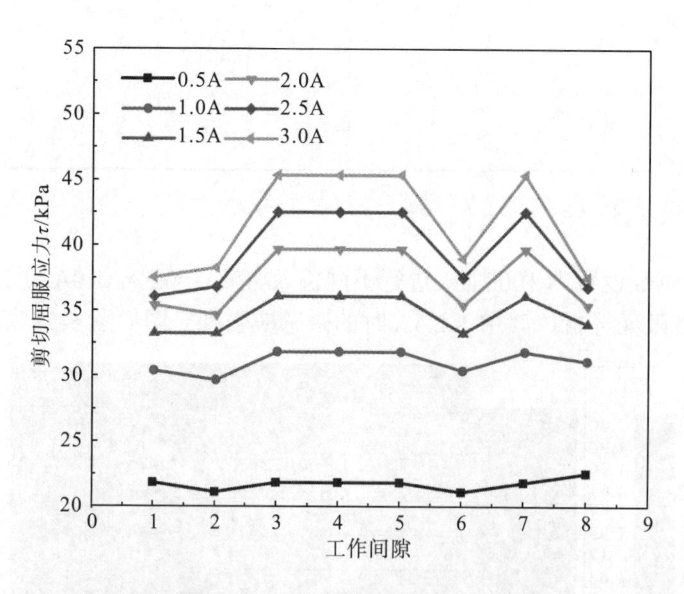

图 5-53　工作间隙剪切屈服应力

由图 5-53 可知，各工作间隙磁流变液的剪切屈服应力变化趋势同磁感应强度一致，在输入电流为 3.0A 时，最大剪切屈服应力为 45.4kPa。

由磁场有限元分析得出的衔铁所受电磁力与输入电流的关系如图 5-54 所示。

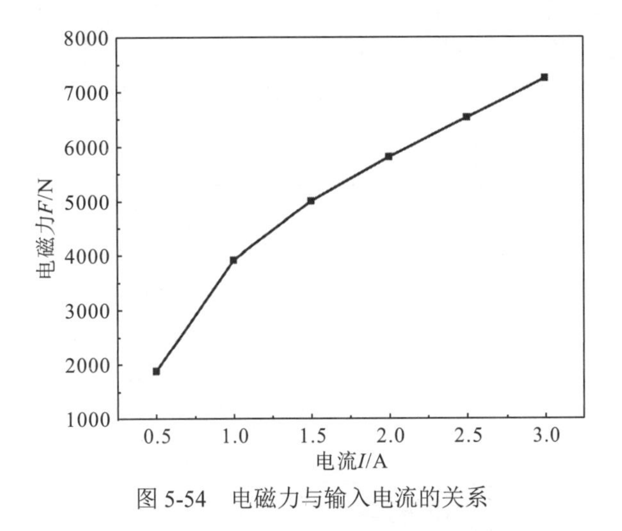

图 5-54　电磁力与输入电流的关系

由图 5-54 可知，衔铁所受电磁力随输入电流的增大而增大，在 0.5～3.0A，电磁力由 1879.4N 增加至 7241.4N。由于磁流变液在受到挤压时会发生挤压强化效应，磁流变液的剪切屈服应力会进一步增大。因此，随着输入电流的增大，磁流变液受到的挤压应力增大，装置所能传递的转矩也会进一步增大。

5.8.3　挤压强化及转矩特性分析

1. 电磁挤压

将离合器三维模型导入 Abaqus 软件中进行结构场分析，Maxwell 磁场分析得到不同电流下衔铁所受电磁力作为结构场分析时对衔铁施加的体力，电磁场分析与结构场分析为顺序耦合。分析得到衔铁在不同电磁力下对磁流变液挤压后，各工作间隙内磁流变液的挤压应力云图(应力单位：MPa)，如图 5-55 所示。

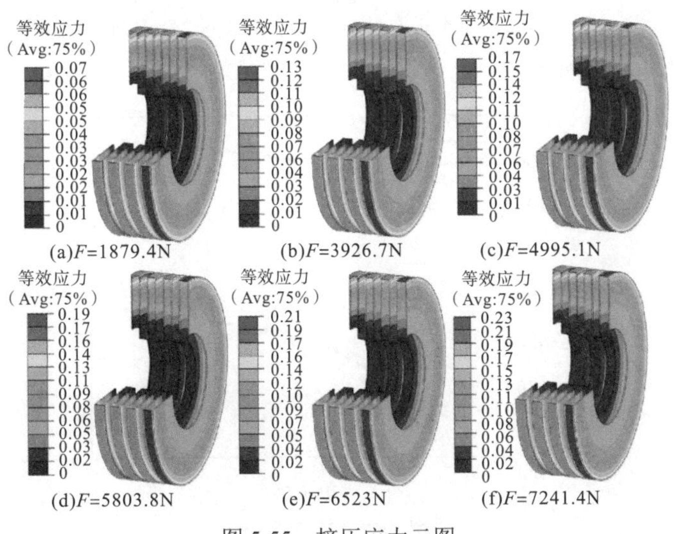

图 5-55　挤压应力云图

由图 5-55 可知，各工作间隙磁流变液在挤压下产生了不同大小的挤压应力，且挤压应力随电磁力的增大而增大，其中，第 4 条工作间隙内磁流变液在不同电流下的挤压应力与径向距离的关系如图 5-56 所示。

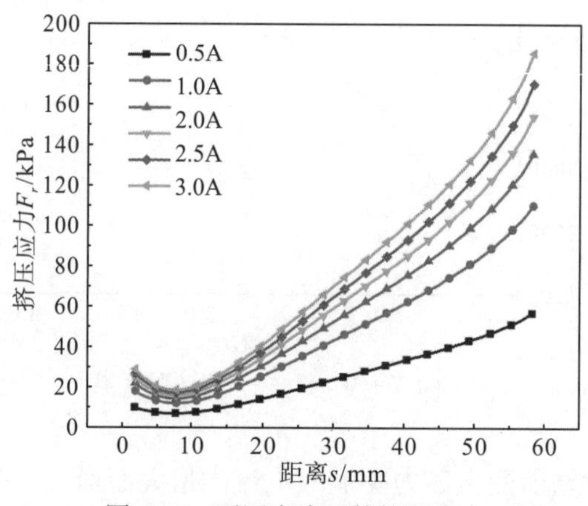

图 5-56 不同电流下的挤压应力

由图 5-56 可知，第 4 条工作间隙内磁流变液在衔铁的挤压下产生的挤压应力随着电流的增大而增大，在 0.5～1.5A，最大应力由 56.77kPa 增大至 135.89kPa，增幅较大。电流继续增大到 3A，最大应力由 135.89kPa 增大至 185.59kPa，增幅有所减小。

2. 传动转矩特性

多盘式磁流变离合器所传递的转矩 M_{mu} 可表示为

$$M_{mu}=\sum_{i=1}^{n=8}\left[\frac{2}{3}\pi\tau_{Bi}\left(r_2^3-r_1^3\right)+\frac{\pi\eta\Delta\omega}{2h_1}\left(r_2^4-r_1^4\right)\right] \tag{5-53}$$

式中，τ_{Bi} 为第 i 个(i=1～8)工作间隙磁流变液的剪切屈服应力；磁流变液工作间隙 h_1=1mm；摩擦盘内径 r_1=55mm、外径 r_2=115mm；主动盘与从动盘转速差$\Delta\omega$=8.48rad/s；磁流变液零磁场下黏度η=0.38Pa·s。计算得到不同输入电流下磁流变液在有挤压和无挤压时装置传递的总转矩[24]，如图 5-57 所示。

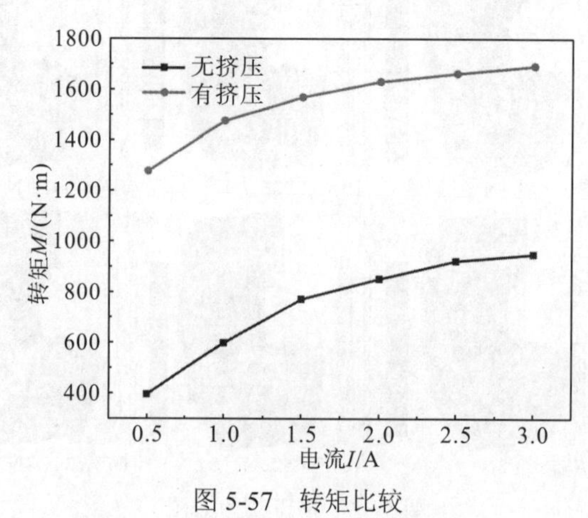

图 5-57 转矩比较

5.9　圆锥式磁流变与形状记忆合金复合传动装置

5.9.1　复合传动装置工作原理

图 5-58 所示为圆锥式磁流变与形状记忆合金复合传动装置的结构示意图。该传动装置的主要零部件为 1—磁流变液、2—电刷滑环、3—主动轴、4—左壳体、5—隔磁环、6—右壳体、7—形状记忆合金弹簧、8—导向柱、9—从动轴、10—密封圈、11—滑块。左端盖、左壳体、右壳体、从动轴均由螺栓连接，组成从动壳体。线圈导线通过从动壳体上的导线孔与导电滑环相连，主动轴的回转部分加工出若干容置槽，其内固定有导向柱，形状记忆合金套设在导向柱外侧，弹簧两侧分别与容置槽底侧、离心滑块固定连接。磁流变液的工作间隙为圆锥形，注油孔处有密封螺塞，工作间隙两侧通过密封圈进行密封。复合传动装置的具体工作原理如下。

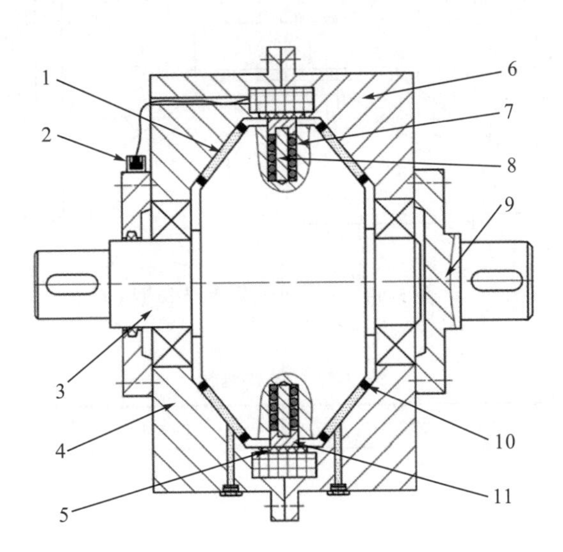

图 5-58　圆锥式磁流变与形状记忆合金复合传动装置结构示意图

(1) 初始状态下，主动轴在外源动力带动下转动，励磁线圈未通电时，磁流变液为牛顿流体状态。滑块离心力与弹簧拉力相等，离心滑块与摩擦环接触但无压紧力，因此不产生摩擦转矩。此时，仅依靠磁流变液零磁场下较小的黏性转矩不能带动从动轴转动，传动装置处于分离状态。

(2) 励磁线圈通电后，线圈产生的磁通穿过磁流变液间隙，依靠磁链的剪切屈服应力传递转矩带动从动壳体同步转动，并且随磁场强度增大，传递的转矩也增大。

(3) 随着励磁线圈通电时间的延长，电热效应导致温度上升，当传动装置温度上升到一定温度时(如 40℃)，形状记忆合金弹簧伸长，离心滑块在离心力和形状记忆合金弹簧回复力共同作用下挤压从动壳体产生摩擦力，通过附加摩擦转矩进一步提高传动装置的传动性能。

(4)断电后，磁流变液恢复为牛顿流体状态，磁流变液不再传递转矩，离心滑块在形状记忆合金弹簧拉力作用下恢复原位，传动装置处于分离状态。

5.9.2 传动装置转矩性能分析

1. 间隙形状对磁场的影响

为探究不同形状的圆锥形间隙对磁路的影响，将图 5-58 所示的传动装置简化为二维轴对称模型，并采用有限单元法对磁通分布进行仿真，其简化模型如图 5-59 所示，结构参数见表 5-15。

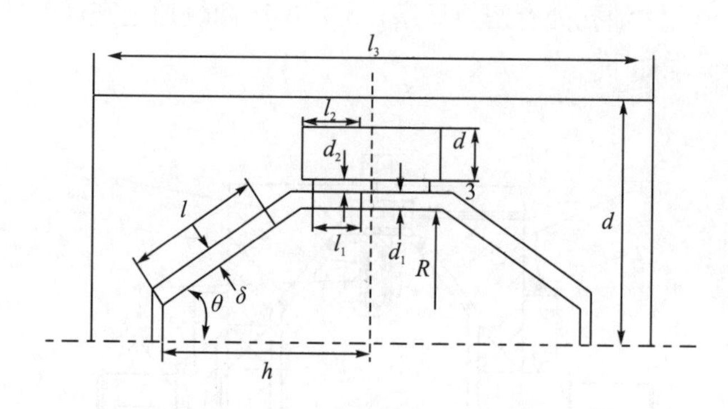

图 5-59 二维轴对称简化模型

表 5-15 结构参数 (单位：mm)

参数	数值	参数	数值
h	20	d	35
δ	1	d_1	1
l	20	d_2	1
l_1	5	d_3	7
l_2	7	R	40
l_3	60		

图 5-59 中，θ代表工作间隙的锥角，当锥角为 0°、90°时，装置可分别视为圆筒式和圆盘式传动装置。设定线圈所能产生的最大磁动势为 200A，传动装置的壳体为 30#钢，隔磁环为铜环，将不同锥角对应的简化模型代入有限元进行计算，其中θ=20°时传动装置的磁场分布云图如图 5-60 所示。

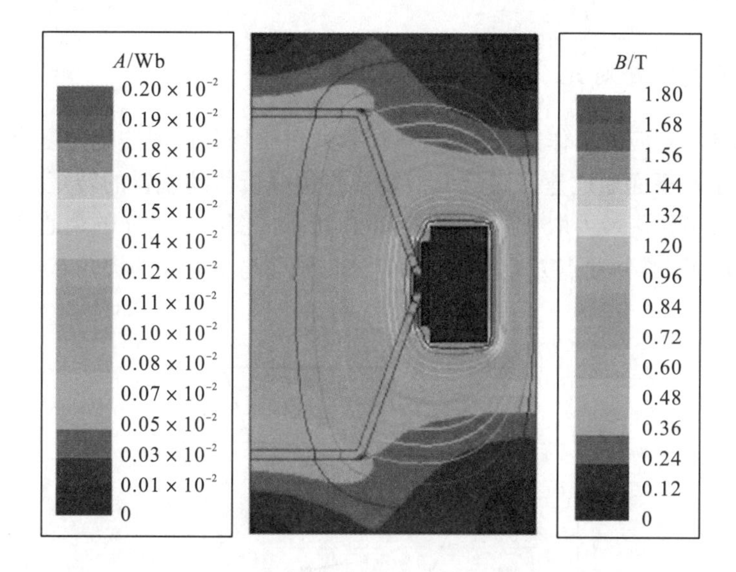

图 5-60　磁感应强度仿真云图

为方便分析间隙类型对磁通分布的影响，截取有限元分析中磁流变液工作间隙内的磁感应强度 B 随锥长方向 l 的变化情况，如图 5-61 所示。

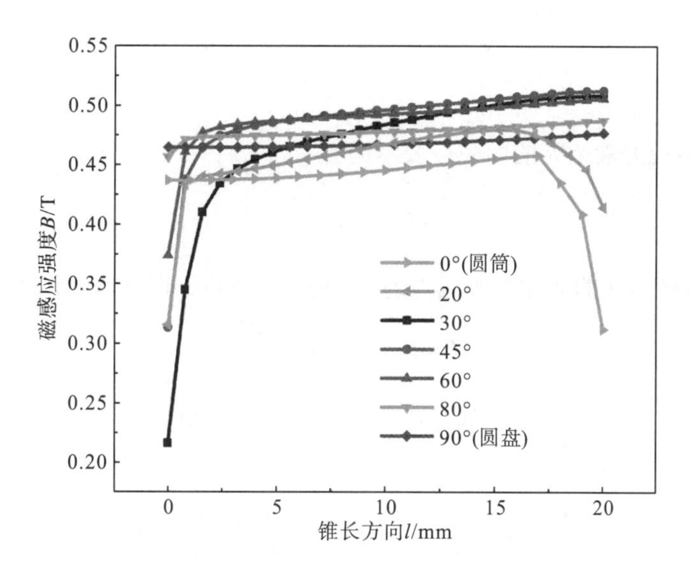

图 5-61　磁感应强度 B 随锥长方向 l 的变化情况

由图 5-61 可知，磁感应强度 B 在锥长方向 l 上呈先增大后减小的趋势。当工作间隙的锥角小于 60°时，随着锥角角度的增大，工作间隙内的磁场分布更加均匀，且平均磁感应强度更大。当锥角大于 60°时，磁感应强度沿着锥长方向呈近似线性增长，但平均磁感应强度 B 随锥角 θ 增大而减小；当 $\theta = 90°$ 时，传动装置演变为双盘式传动装置，工作间隙内的磁通分布最平稳。

2. 磁流变液转矩对比

由于不同锥角对应的工作间隙形状不同，仅通过磁场分析无法确定复合传动装置磁流变液的转矩大小，下面通过建立磁流变液转矩方程分析传动装置的转矩大小。在图 5-61 所示的磁流变液工作区域内取微元，如图 5-62 所示。图中，微元的中心线方向为主动轴中心线方向，r 为距锥体顶点 h 处的半径，θ 为工作面与中心线的夹角(锥角)[25]。

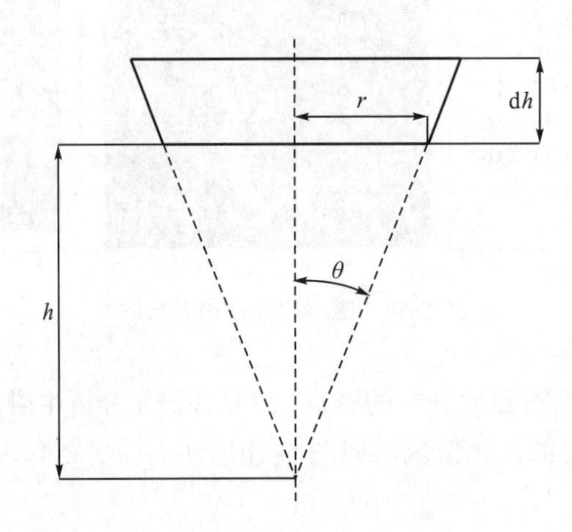

图 5-62 磁流变液微元示意图

图 5-62 中磁流变液微元的面积可表示为

$$ds = 2\pi r\frac{dh}{\cos\theta} \tag{5-54}$$

假设磁流变液微元的剪切屈服应力为τ，由式(5-54)可得该微元体所能传递的转矩为

$$dM = \tau r ds = 2\pi r^2\tau\frac{dh}{\cos\theta} \tag{5-55}$$

设圆锥面的距离由 h_1 到 h_2，再根据三角函数关系可知：$r = h\tan\theta$，该圆锥式磁流变离合器能传递的转矩为

$$\begin{aligned} M_{co} &= 2\int_{h_1}^{h_2} dM = 2\int_{h_1}^{h_2}\frac{2\pi r^2\tau_y}{\cos\theta}dh + 2\int_{h_1}^{h_2}\frac{2\pi\eta r^3(\omega_1-\omega_2)}{\delta\cos\theta}dh \\ &= \frac{4\pi\left(h_2^3-h_1^3\right)}{3\cos\theta}\tau_y + \frac{\pi\left(h_2^4-h_1^4\right)(\omega_1-\omega_2)\tan^3\theta}{\delta\cos\theta}\eta \end{aligned} \tag{5-56}$$

将表 5-15 中的结构参数代入式(5-56)，当主动轴、从动轴转速分别为 100rad/s、90rad/s 时，不同锥角对应的传动装置的转矩见表 5-16。由表 5-16 可知，随着锥角θ增大，传动装置的磁流变液转矩反而减小，圆锥形磁流变液传动装置的转矩介于同体积圆盘式和圆筒式传动装置的转矩之间。

表 5-16　传动装置的磁流变液转矩

锥角θ/(°)	0	20	45	60	80	90
转矩 M_{co}/(N·m)	9.516	7.895	7.133	6.487	5.513	5.254

3. 离心滑块摩擦转矩分析

离心滑块的转矩主要由离心力和形状记忆合金弹簧的回复力两部分组成，即

$$M_{\mathrm{f}} = \mu N\left[\frac{G(T)d^4\delta_L}{8D^3n}R + m\omega^2R^2\right] \tag{5-57}$$

式中，μ为滑块与从动壳体之间的摩擦系数；N 为弹簧个数；m 为滑块质量；R 为滑块质心到回转中心的最大距离。当 $\mu = 0.25$ 、N=2 时，不同温度下的离心滑块摩擦转矩数据如图 5-63 所示。

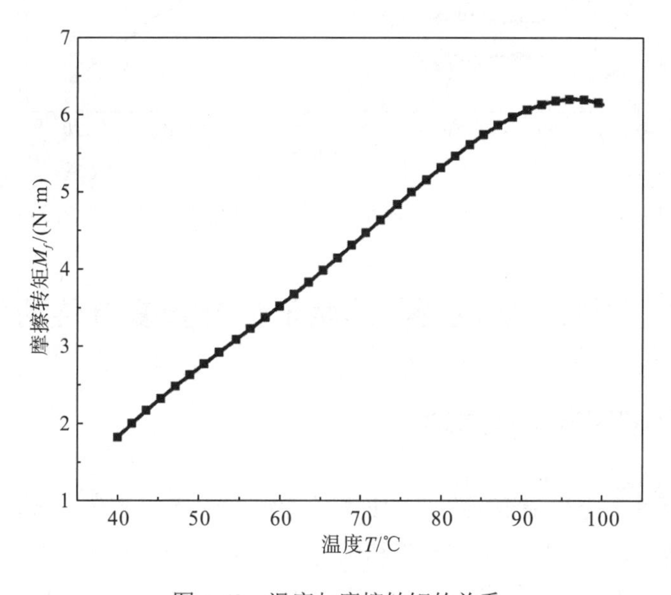

图 5-63　温度与摩擦转矩的关系

4. 联合转矩

计算复合传动装置总转矩时要考虑温度对磁流变液性能的影响，当温度上升时，磁流变液的剪切屈服应力呈近似线性下降趋势，根据图 5-28 的实验数据可拟合出磁流变液剪切屈服应力与温度、磁感应强度之间的关系为

$$\tau(B,T) = 0.9^{\frac{T-20}{20}}(0.9B^3 - 25.1B^2 + 231.7B - 20.6) \tag{5-58}$$

将式(5-58)代入式(5-56)，可得到不同温度下锥角为 45°时传动装置的磁流变液转矩。将不同温度下磁流变液转矩和摩擦转矩相加，得到复合传动装置的总传递转矩 M_{com} 为

$$M_{com} = M_H + M_f \tag{5-59}$$

图 5-64 所示为磁流变液剪切转矩和复合传动装置总转矩随温度变化的关系。从图中

可看出，通过使用离心滑块附加摩擦转矩，使传动装置整体转矩变化较为平稳，当温度为90℃时转矩下降幅度最大，此时总转矩为8.168N·m，较设定转矩下降6.37%，与20℃时磁流变液的转矩基本一致。

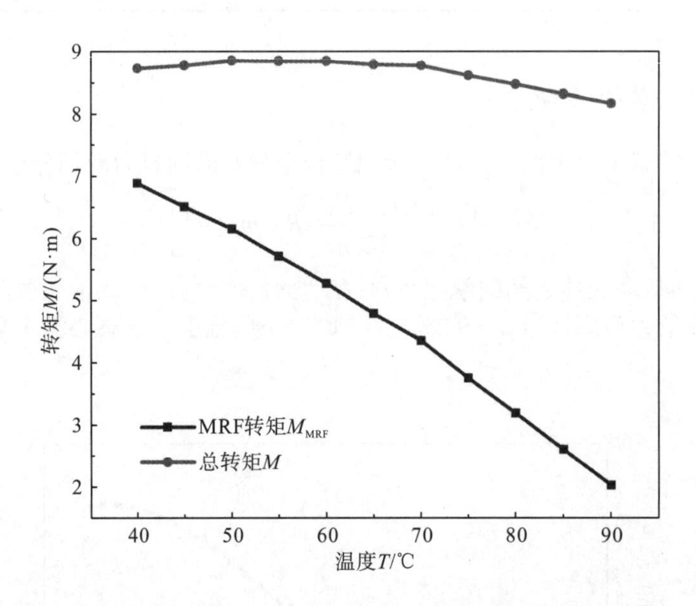

图5-64 磁流变液剪切转矩和复合传动装置总转矩与温度的关系

5.10 圆弧式磁流变与形状记忆合金复合传动装置

5.10.1 复合传动装置工作原理

图5-65所示为高温磁流变液与形状记忆合金弹簧摩擦复合传动装置结构示意图。图中，1—磁流变液、2—从动壳体、3—主动轴、4—复位弹簧、5—形状记忆合金弹簧、6—摩擦环、7—励磁线圈、8—主动盘、9—活塞、10—从动轴、11—电刷滑环、12—滑键。线圈导线通过从动壳体上的导线孔与导电滑环相连，主动盘通过滑键与主动轴周向固定，摩擦环通过螺钉与主动盘固定连接。主动盘与从动壳体表面均为半圆弧面，两部件之间的弧面间隙内填充有磁流变液。复合传动装置的总转矩包括磁流变液转矩和形状记忆合金驱动摩擦块补偿的摩擦转矩两部分。具体的工作原理如下。

(1)主动轴在外源动力带动下转动，励磁线圈未通电时，磁流变液为牛顿流体状态。摩擦环不与从动壳体内壁接触，因此不产生摩擦转矩。此时，仅依靠磁流变液零磁场下较小的黏性转矩不能带动从动轴转动，传动装置处于分离状态。

(2)励磁线圈通电后，线圈产生的磁通穿过磁流变液间隙，依靠磁链的剪切屈服应力传递转矩带动从动壳体同步转动。电流持续增大直到磁流变液接近磁饱和，剪切转矩达到极值。

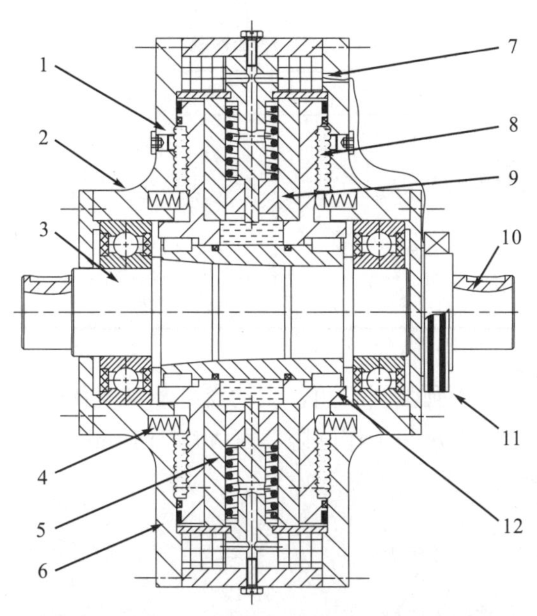

图 5-65　圆弧式磁流变与形状记忆合金复合传动装置结构示意图

(3) 随着励磁线圈通电时间的延长，电热效应导致温度上升，当传动装置温度上升到一定温度时(如 40℃)，形状记忆合金弹簧伸长，驱动活塞挤压压力油，推动主动盘使主动盘凸缘压紧从动壳体，通过附加摩擦转矩补偿磁流变液的性能损失，保持装置传动性能的稳定性。

(4) 断电后，磁流变液恢复至牛顿流体状态，磁流变液不再传递转矩，传动装置处于分离状态。

5.10.2　传动装置转矩性能分析

1. 间隙形状对传动装置的影响

为探究不同形状的弧面间隙对磁路的影响，将图 5-65 所示的传动装置简化为二维轴对称模型，并采用有限单元法对磁通分布进行仿真，其简化模型如图 5-66 所示，结构参数见表 5-17。

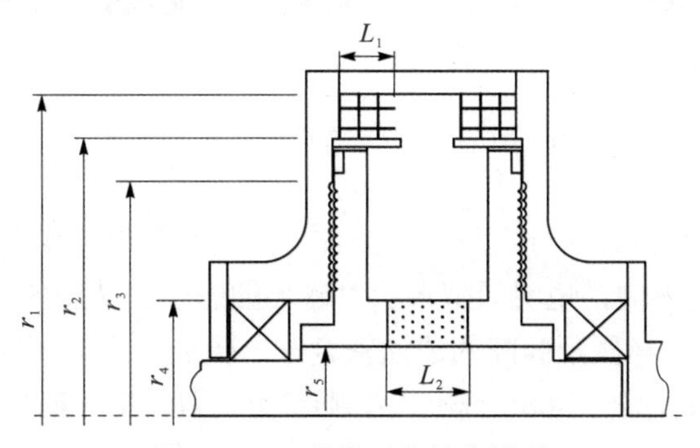

图 5-66　二维轴对称简化模型

表 5-17 结构参数 (单位：mm)

参数	数值	参数	数值
r_1	87	r_5	25
r_2	77	L_1	15
r_3	65	L_2	20
r_4	35	h	0.001

假设 r_a 为圆弧半径，α 为圆弧圆心角，主动盘、从动壳体分别为 10#钢和 30#钢。当线圈匝数为 100 匝，圆弧半径 r_a 和工作间隙厚度 h 均为 1mm，电流为 3A 时，圆弧间隙内的磁场分布如图 5-67 所示。

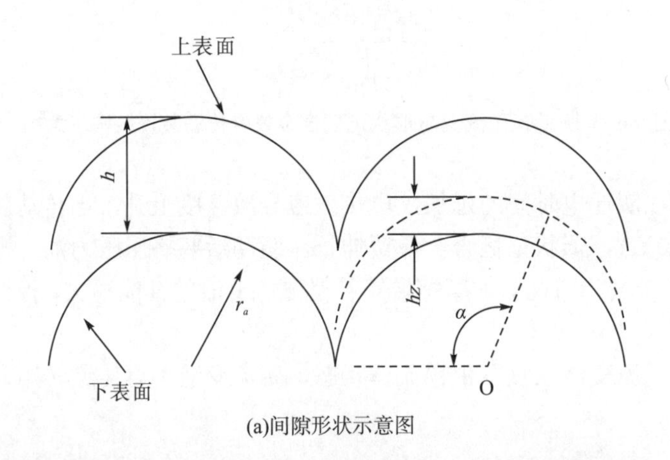

(a)间隙形状示意图

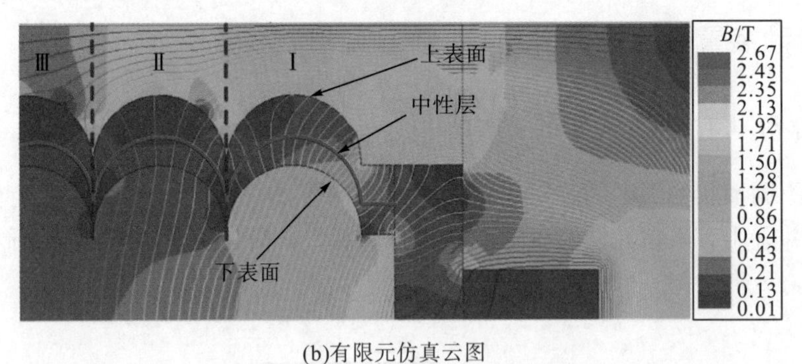

(b)有限元仿真云图

图 5-67 电流为 3A 时的仿真云图

图 5-67 中上表面和下表面分别是从动壳体、主动盘和磁流变液之间的接触面。下面以区域Ⅱ的磁感应强度为例，说明间隙形状对磁场的影响。从图 5-67(b)中的区域Ⅱ可以发现，与平面间隙相比，半圆形间隙的磁通密度分布更加不均匀，两个弧形过渡处的磁阻很小。根据磁场边界条件(图 5-68)分析，两侧磁感应强度 $\boldsymbol{B}_1$、$\boldsymbol{B}_2$ 的偏转角与材料相对磁导率之间的关系为[26]

$$
\frac{\tan\theta_1}{\tan\theta_2} = \frac{\mu_{r_1}}{\mu_{r_2}} \tag{5-60}
$$

式中，μ_{r_1}、μ_{r_2} 分别为两侧材料的相对磁导率。

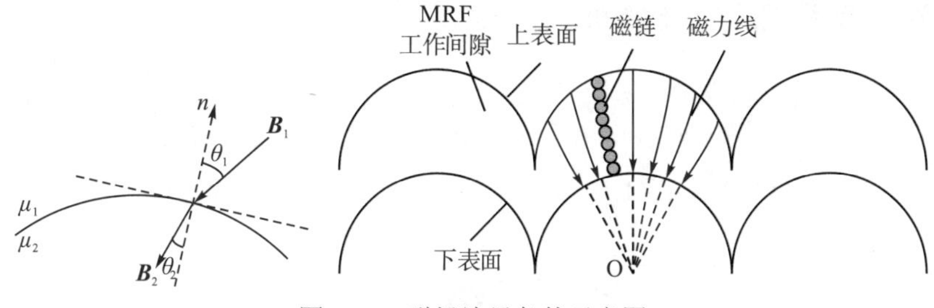

图 5-68　磁场边界条件示意图

当磁感线由 30#钢穿过磁流变液时，μ_{r_1}、μ_{r_2} 分别为 964 和 5，代入式(5-60)可得此磁感线的出射角为

$$
\theta_2 = \arctan\left(\frac{5\tan\theta_1}{964}\right) \tag{5-61}
$$

由式(5-61)可知，当磁感线以任何角度(90°除外)穿过导磁曲面时，θ_2 的偏角较小可近似忽略。根据磁通连续性原理，磁感线将穿过磁阻最小的路径。也就是说，工作间隙内的磁力线方向与下表面圆弧的半径方向相同。

为了明确不同角度所对应的磁感应强度，将磁流变液厚度为 $h/2$ 的表面作为中性面，并抽取中性面处的磁感应强度为平均值，不同半径的圆弧间隙的磁感应强度如图 5-69 所示。

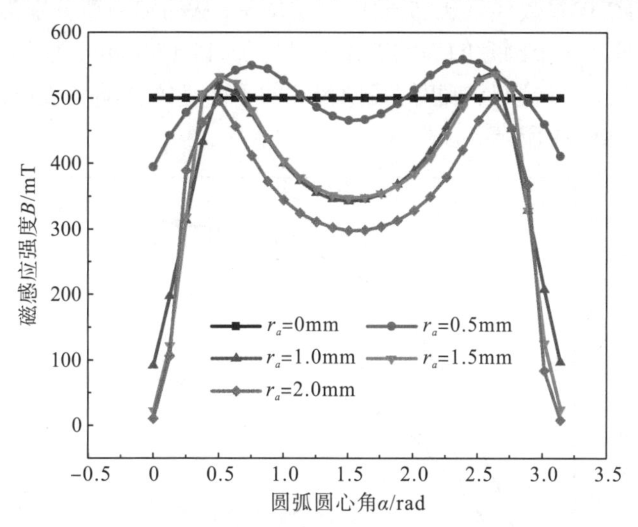

图 5-69　单个圆弧间隙内磁感应强度与圆弧半径的关系

比较图 5-69 中的磁感应强度，半圆弧间隙中的最大值为 542mT，而平面间隙($r_a = 0$)中的最大值为 500mT。与平面间隙相比，半圆弧间隙中的最大磁感应强度减小了 8.4%。但在整个角度区间上，半圆弧间隙的平均磁感应强度比平面间隙的更小。

伴随着圆弧半径的增加，磁通分布的不均匀性也随之增加，当电流上升时，半圆形间隙中的磁流变液更有可能在局部区域变得磁饱和。若整个间隙中的磁通分布不均匀，则将不利于传动过程的稳定性。故 $r_a = 0.5\text{mm}$ 为最优圆弧半径。

2. 多弧面盘式磁流变液转矩

图 5-70 为单个圆弧间隙内，磁流变液微元的应力模型。通过不同电流 I 对应的磁感应强度 B 得出相应磁流变液的剪切屈服应力 $\tau_y(B)$，带入多弧面盘式磁流变传动装置的转矩公式得到最终转矩，两个多弧面工作盘对应的磁流变液转矩方程为

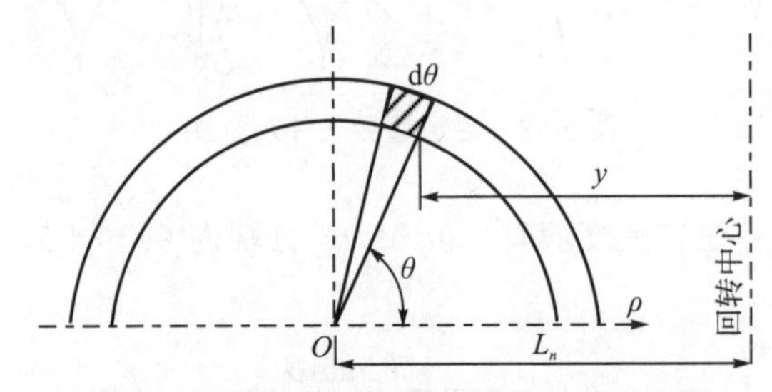

图 5-70 磁流变液微元剪切屈服应力示意图

$$M_{磁流变液} = \sum_{n=1}^{n_m} 2\pi^2 r_a \tau_y(B)\left(2L_n^2 + r_a^2\right) + \frac{2\pi r_a \eta L_n}{h}(\omega_1 - \omega_2)\left(2\pi L_n^2 + 3\pi r_a^2\right) \tag{5-62}$$

式中，n 为当前圆弧个数；n_m 为圆弧的总个数；η为零场黏度；h 为磁流变液间隙厚度；ω_1、ω_2 分别为主、从动轴角速度；L_n 为第 n 个圆弧中心与回转中心间的距离；r_a 为圆弧半径。

将表 5-17 中的结构参数代入式(5-62)，当主动轴、从动轴转速分别为 30rad/s、29rad/s，n_1=30，r_a=0.5mm 时，单个圆盘的等效工作长度增加 17.124mm。为突出多弧面盘式磁流变传动装置的有益效果，选取具有相同径向尺寸的平面盘式传动装置作为对比，传动装置的磁流变液转矩如图 5-71 所示。

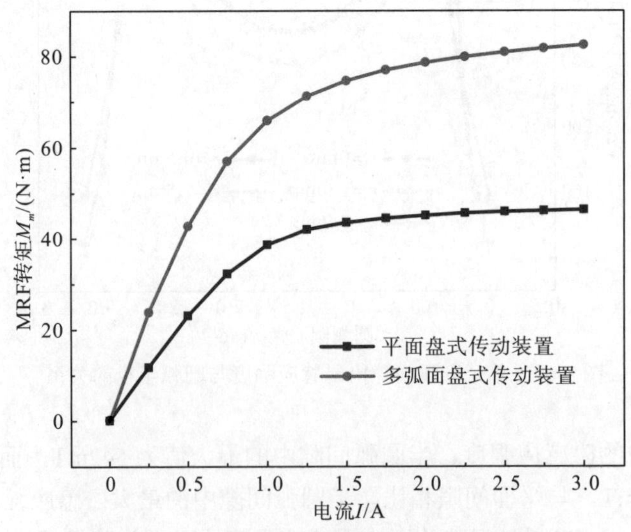

图 5-71 电流与磁流变液转矩之间的关系

3. 形状记忆合金弹簧附加转矩分析

复合传动装置通过弹簧回复力驱动活塞挤压压力油液，使主动盘的摩擦环挤压从动壳体产生附加摩擦转矩，其液力传动摩擦示意图如图 5-72 所示。

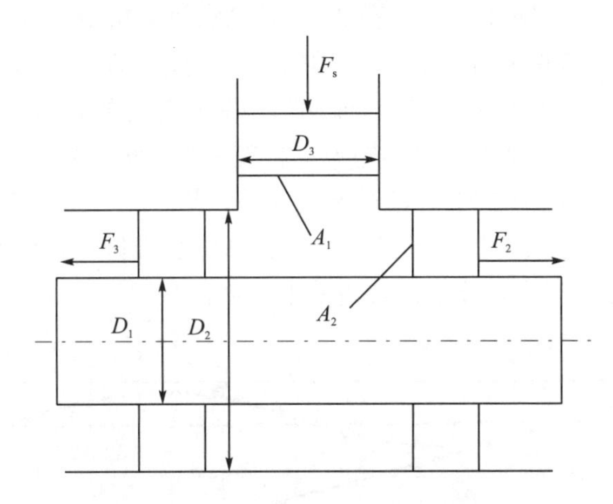

图 5-72　液力传动摩擦示意图

根据帕斯卡原理，油压推力可表示为

$$F_2 + F_3 = n_2 \eta_m F_s \left(\frac{D_1^2 - D_2^2}{D_3^2} \right) \tag{5-63}$$

式中，D_1、D_2 分别为主动盘圆环活塞的内径和外径；D_3 为驱动活塞直径；n_2 为形状记忆合金弹簧个数；F_s 为活塞受到的推力，即 $F_s = F_r$；液压推力 F_2 与 F_3 相等；η_m 为液压传动效率。

主动盘在油压作用下与从动壳体挤压摩擦，单边摩擦环上的应力为

$$\sigma = \frac{F_2}{\pi\left(r_2^2 - r_1^2\right)} \tag{5-64}$$

式中，r_1、r_2 分别为主动盘摩擦环的内径和外径。

由液压推力产生的双边摩擦转矩为

$$M_f = 2\int_{r_1}^{r_2} \mu r \sigma \mathrm{d}S = \frac{4\mu F_2\left(r_2^2 + r_1 r_2 + r_1^2\right)}{3(r_1 + r_2)} \tag{5-65}$$

式中，μ 为摩擦盘接触面的摩擦系数。

当摩擦系数 $\mu = 0.29$，弹簧个数 $n_2 = 6$，液压传动效率 $\eta_m = 0.85$，活塞直径 D_1、D_2、D_3 分别为 70mm、50mm、20mm，摩擦环的内径 r_1 和外径 r_2 分别为 66mm、75mm 时，由式(5-65)可得出形状记忆合金弹簧补偿的转矩。

4. 联合转矩

考虑温度对磁流变液性能的影响，将式(5-58)代入式(5-62)，可得到不同温度下的磁

流变液的转矩。将不同温度下磁流变液的转矩和形状记忆合金的补偿转矩相加，得到复合传动装置的总传递转矩为

$$M = M_m + M_f \tag{5-66}$$

图 5-73 所示电流等于 3A 时，磁流变液剪切转矩、形状记忆合金弹簧摩擦转矩以及复合传动装置总转矩随温度变化的关系。从图中可以看出，磁流变液传递的转矩随着温度的升高而下降，但形状记忆合金弹簧摩擦传递的转矩随着温度的升高而增加；传动装置整体转矩变化较为平稳，当温度为 77℃时转矩波动幅度最大，此时总转矩为 88.711N·m，较设定转矩提高 8.16%；当温度为 53℃时波动幅度最小，此时总转矩为 82.141N·m，转矩误差仅为 0.15%。高温磁流变液与形状记忆合金弹簧摩擦复合传动装置的总转矩最终维持在 82.627N·m 左右，与 20℃时磁流变液的转矩基本一致。

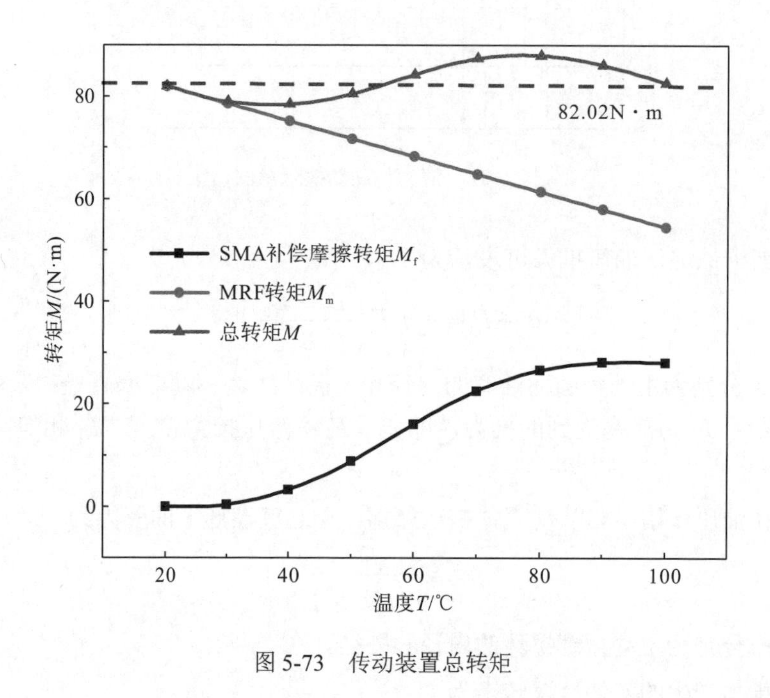

图 5-73 传动装置总转矩

5.11 高温形状记忆合金挤压的圆盘式 MR 制动器性能

5.11.1 复合制动器工作原理

高温 SMA 挤压的圆盘式 MR 制动器结构示意图如图 5-74 所示，其主要零部件包括 1—励磁线圈、2—左壳体、3—导向盘、4—左端盖、5—主动轴、6—挤压盘、7—密封圈、8—安装架、9—磁流变液、10—形状记忆合金弹簧、11—右壳体、12—支撑壳体。

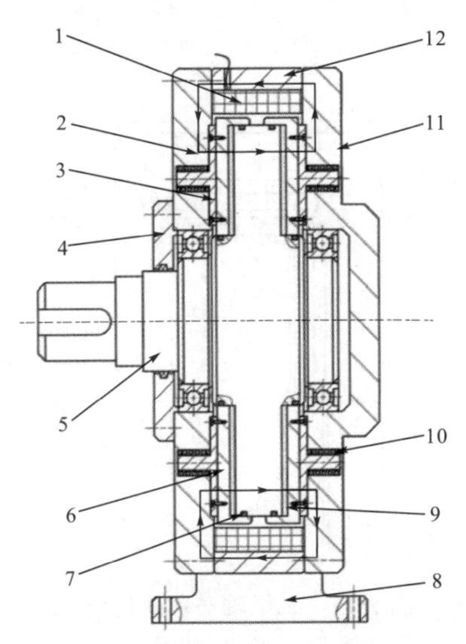

图 5-74　高温 SMA 挤压的圆盘式 MR 制动器结构示意图

SMA 弹簧套装在导向盘的导向柱上，其两端分别与制动器壳体、导向盘内侧固定连接，导向盘与挤压盘通过螺栓固定连接。挤压盘与制动器壳体均不转动，挤压盘可在形状记忆合金弹簧推动作用下轴向移动。磁流变液的初始工作间隙为 1.0mm。制动器的工作原理如下。

(1) 初始状态下，主动轴在外源动力的推动下转动。励磁线圈未通电，磁流变液中的羰基铁粉颗粒在基础液中处于游离状态，此时依靠磁流变液零场黏度产生的转矩较小，对主动轴的制动作用可以忽略。

(2) 线圈通电产生磁场，线圈产生的磁通垂直穿过磁流变液工作间隙，磁流变液从液体转变为类固体，磁流变液中的磁性颗粒沿磁通方向排列成链状结构，依靠磁流变液的剪切屈服应力传递制动转矩，且控制线圈电流可实现制动力矩的无级调控。

(3) 随着工作温度逐渐升高，磁流变液在高温下工作性能下降，制动转矩降低。此时，形状记忆合金弹簧高温下产生形状记忆效应，弹簧输出轴向力。在弹簧轴向力作用下，两侧挤压盘挤压磁流变液，使磁流变液产生挤压强化效应，剪切屈服应力增大，进而显著提升制动器的制动力矩，与温度较低时磁流变液制动器的性能基本一致，解决了高温下磁流变液制动器性能下降的问题。

(4) 线圈断电后，温度降低，形状记忆合金弹簧不产生挤压力。此时，磁流变液恢复为牛顿流体状态，磁流变液不再传递转矩，装置分离，制动效果消失。

5.11.2　制动器性能分析

1. 磁场有限元分析

将图 5-74 所示的制动器简化为二维轴对称模型，如图 5-75 所示，并进行稳态磁场分析。

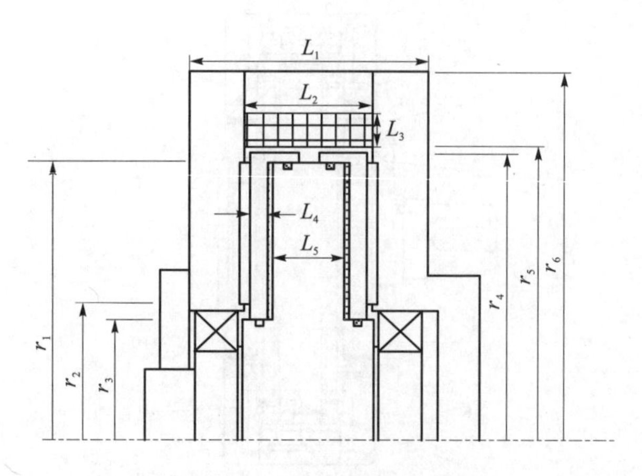

图 5-75 二维轴对称简化模型

制动器的外壳和输入轴均为 45#钢、挤压盘和导向盘的材料均为 Q235、密封圈的材料为硬橡胶、线圈材料为铜，制动器四周设置为空气边界。图 5-75 所示的各零部件的结构参数见表 5-18。

表 5-18 结构参数 （单位：mm）

参数	数值	参数	数值
r_1	55	L_1	47
r_2	30	L_2	25
r_3	25	L_3	6
r_4	57	L_4	3.5
r_5	59	L_5	14
r_6	74		

制动器的励磁线圈匝数 N=120，根据结构参数建模后，将电流设定为 0～3A，对制动器的整体磁场进行分析，其中，电流为 3A 时制动器的磁感应强度云图如图 5-76 所示。不同电流下，磁流变液工作间隙内磁感应强度变化如图 5-77 所示。

由磁场分析结果可知，在整个工作间隙内，磁流变液的磁感应强度变化较为均匀，仅在工作间隙两端有所衰减。随着线圈电流逐渐上升，磁感应强度迅速增大，但电流增大到一定程度后，挤压盘局部出现磁饱和现象，随着磁通量进一步上升，材料发热严重。故设定线圈最大电流为 3A，并且考虑温度对磁流变液性能的影响。

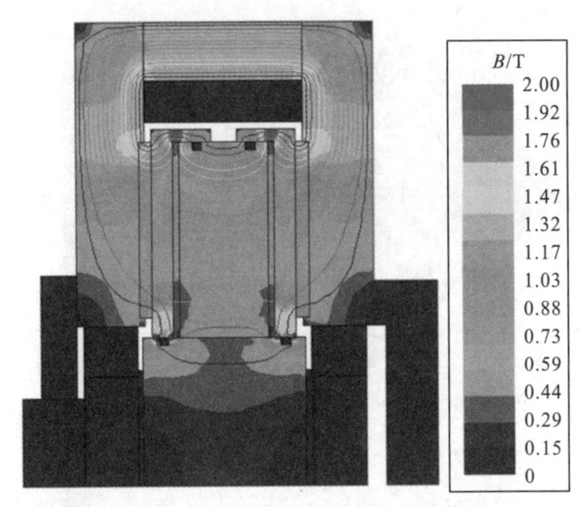

图5-76 电流为3A时制动器的磁感应强度云图

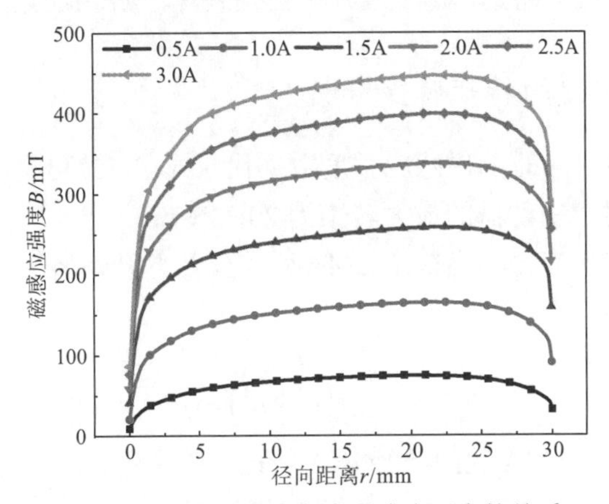

图5-77 电流与磁流变液磁感应强度的关系

2. 挤压过程简化

由于5.7节和5.8节中采用的挤压模型是基于微观磁性颗粒的偶极矩推导得来的，在实际工程应用时计算过程过于复杂，且当磁流变液中的颗粒距离较远时，磁流变液颗粒之间的摩擦力可忽略不计。为简化磁流变液的挤压模型，针对现有圆盘式磁流变液传动装置的挤压实验进行数据拟合，其拟合方程为[27]

$$\tau = 185\mathrm{e}^{\frac{\pi\sigma}{0.01584}} - 154 \tag{5-67}$$

式中，τ为磁流变液的磁致剪切屈服应力；σ为磁流变液受到的轴向挤压应力；两者的单位均为kPa。

由式(5-67)和式(5-58)可得磁流变液与温度、轴向压力和磁感应强度之间的关系为

$$\tau(B,T,\sigma) = \frac{1}{185}\mathrm{e}^{\frac{-\pi\sigma}{0.01584}}\left[0.9^{\frac{T-20}{20}}(0.9B^3 - 25.1B^2 + 231.7B - 20.6) + 154\right] \tag{5-68}$$

式中，B为磁流变液的磁感应强度，mT；T为磁流变液的温度。

由式5-68可得磁流变液剪切屈服应力与磁感应强度、轴向压力之间的关系，如图5-78。

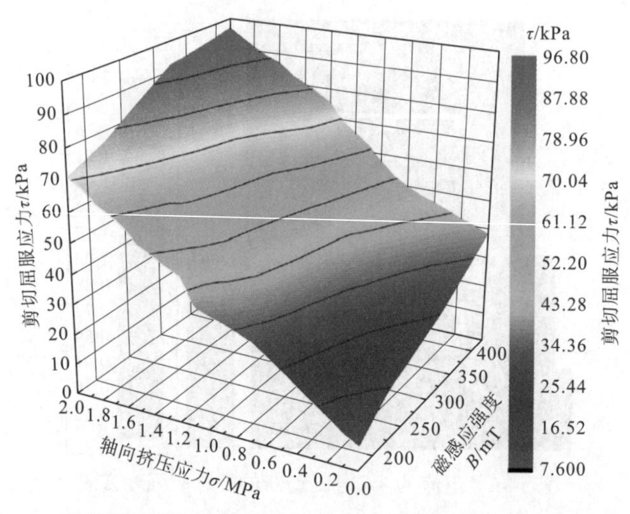

图 5-78　磁流变液剪切屈服应力与磁感应强度、轴向压力之间的关系

3. 工作温度范围内的转矩特性分析

将图 5-77 中电流为 3A 时的磁感应强度数据代入式(5-53)可得，不考虑温度和挤压应力对磁流变液的影响时，制动器的最大转矩为 20.74N·m。

下面分析弹簧的挤压应力。当单个 SMA 弹簧受热并开始挤压 MRF 时，MRF 受到的挤压应力为

$$\sigma = \frac{F_r}{\pi\left(r_1^2 - r_2^2\right)} \tag{5-69}$$

由式(5-69)可知，当 SMA 丝的丝径 d=2.3mm，弹簧螺旋线的螺旋角α=6°，弹簧的直径 D=10.6mm(D=2R)，自由高度 L=21mm，有效螺旋圈数 n=6，单边弹簧个数 n=8 时，SMA 弹簧输出的最大压力为 0.4MPa。弹簧输出轴向挤压应力、制动力矩的关系如图 5-79 所示。

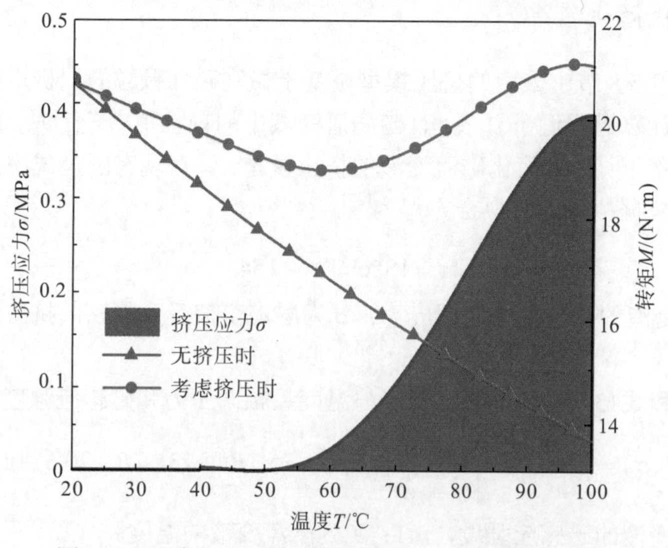

图 5-79　温度与 SMA 弹簧挤压应力、制动力矩的关系

由图 5-79 可知，在不考虑 SMA 弹簧挤压磁流变液时，随温度升高，制动器的制动力矩随温度升高近似直线下降，当温度上升至 100℃时，制动力矩由 20.74N·m 下降至 13.61N·m，下降近 34.4%。在考虑 SMA 弹簧挤压磁流变液后，制动器的制动力矩迅速提升。为方便分析，定义转矩波动率为

$$\beta = \frac{M - 20.74}{20.74} \times 100\% \tag{5-70}$$

分析图 5-79 和图 5-80 可知，由于磁流变液在高温下性能下降较快，但形状记忆合金在温度低于 60℃时提供的挤压应力较小，制动力矩在 50～70℃转矩下降；但随着温度进一步上升，弹簧输出的挤压应力呈近似线性增长，此时依靠磁流变液的挤压强化效应，复合制动器的转矩基本与 20℃时一致，制动器的性能稳定，满足设计要求。

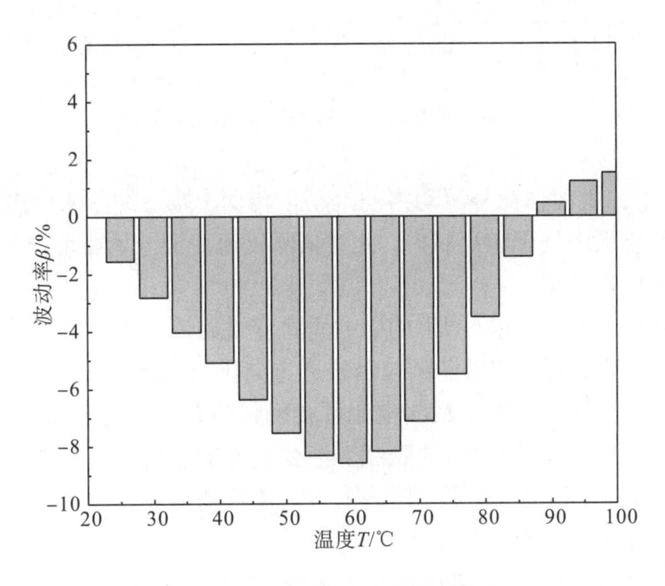

图 5-80　复合传动装置转矩波动

5.12　SMA 与磁流变液楔挤自加压复合传动装置

5.12.1　复合传动装置工作原理

高温 SMA 挤压的圆盘式 MR 制动器如图 5-81 所示，其主要零部件包括 1—外圆筒、2—左壳体、3—右端盖、4—从动轴、5—励磁线圈、6—密封圈、7—右壳体、8—内椭圆筒、9—主动轴、10—电刷滑环、11—形状记忆合金弹簧、12—离心滑块、13—注油螺塞、14—磁流变液。

传动装置的内椭圆筒和外圆筒之间形成对称分布的四个楔形工作间隙，在内椭圆筒 II 和Ⅳ区域内分别加工出若干油槽，对应楔形间隙内的磁流变液可经过油槽传递至滑块底板底端，传动装置的热量经磁流变液传递至形状记忆合金处。SMA 弹簧套装在内椭圆筒的

容置槽内，其两端分别与内椭圆筒、离心滑块固定连接。内椭圆筒加工出若干流道，两端分别由密封螺塞、密封圈进行密封。传动装置的工作原理如下。

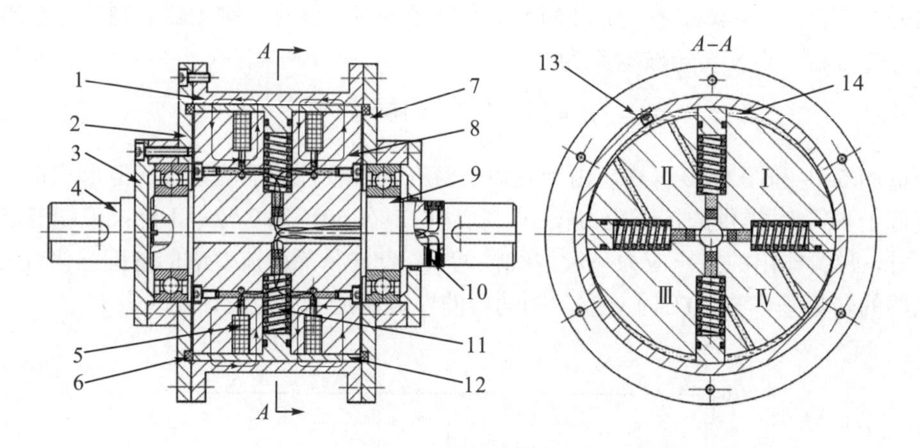

图 5-81 楔挤自加压传动装置结构示意图

(1)初始状态下，主动轴在外源动力的推动下转动。励磁线圈未通电，磁流变液中的羰基铁粉颗粒在基础液中处于游离状态，此时依靠磁流变液零场黏度产生的转矩较小，对主动轴的制动作用可以忽略。

(2)线圈通电产生磁场，线圈产生的磁通垂直穿过磁流变液工作间隙，磁流变液从液体转变为类固体，磁流变液中的磁性颗粒沿磁通方向排列成链状结构，依靠磁流变液的剪切屈服应力传递制动转矩，且控制线圈电流可实现制动力矩的无级调控。

(3)主动轴转动时，楔形间隙内的磁流变液受到周期性挤压，产生挤压强化效应，传动装置转矩进一步提升。同时，楔形间隙内的部分磁流变液经过油槽进入内椭圆筒容置槽内，推动离心滑块摩擦外圆筒，附加额外摩擦转矩。

(4)随着工作温度逐渐升高，磁流变液在高温下工作性能下降，制动转矩降低。此时，形状记忆合金弹簧高温下产生形状记忆效应，弹簧输出轴向力。在弹簧轴向力作用下，进一步提高了摩擦转矩，制动器的制动力矩维持稳定，与温度较低时磁流变液传递的转矩一致，解决了高温下磁流变液制动器性能下降的问题。

(5)线圈断电后，温度降低形状记忆合金弹簧不产生挤压力，此时，磁流变液恢复为牛顿流体状态，磁流变液不再传递转矩，装置分离，制动效果消失。

楔挤自加压的思想来源于作者所在团队申报的基金项目和已经申请的发明专利[28-30]，借助液体静压原理，为磁流变液挤压提供了新的思路。

5.12.2 传动原理分析

根据上述楔挤自加压传动装置的工作原理可知，复合传动装置的转矩可大致分为两类：①Ⅱ和Ⅳ区域内楔形 MRF 的剪切转矩；②离心滑块的摩擦力矩。楔形 MRF 的剪切转矩为传动装置的主要传递力矩。下面将依次各转矩进行分析。

1. MRF 剪切转矩

由第 3 章可知，楔形间隙内的 MRF 剪切转矩为

$$M_1 = \frac{\pi}{2}\tau_y(B)L_e(r_{e1}+r_{e2})^2 + \pi\eta_0(\omega_1-\omega_2)L\frac{(r_{e1}+r_{e2})^2}{C}\frac{(1+2\epsilon^2)}{(2+\epsilon^2)(1-\epsilon^2)^{0.5}} \tag{5-71}$$

式中，$\tau_y(B)$ 为磁流变液的磁致剪切屈服应力；L_e 为产生磁流变效应的有效轴向长度；L 为圆筒轴向长度；r_{e1}、r_{e2} 分别为外圆筒、内椭圆筒的当量半径。

由于楔挤自加压传动装置中的磁流变液受到周期性挤压，为方便分析传动装置转矩，定义挤压后的磁流变液剪切屈服应力为[31]

$$\tau_y' = \tau_y(B) + k_B p_{MRF} \tag{5-72}$$

式中，$\tau_y(B)$ 为挤压前的 MRF 剪切屈服应力；p_{MRF} 为磁流变液受到的挤压力；k_B 为挤压增强系数，其取值与磁感应强度和挤压力大小有关。

2. 离心滑块摩擦力矩

传动装置工作时，离心滑块受到离心力 F_k、液体压力 F_p、形状记忆合金回复力 F_{SMA} 的共同作用，挤压从动圆筒产生摩擦转矩。离心滑块沿径向的受力可表示为

$$F_r = F_{SMA} + F_p + F_k \tag{5-73}$$

式中，形状记忆合金回复力 F_{SMA} 与传动装置的温度有关，离心力和液体压力可分别表示为

$$\begin{cases} F_k = m\rho_0\omega_1^2 \\ F_p = pA_1 \end{cases} \tag{5-74}$$

式中，m 为离心滑块的等效质量；ω_1 为内椭圆筒的角速度；ρ_0 为滑块质心到圆筒回转中心的距离；p 为推动滑块的液体压力，A_1 为滑块底端等效面积；将油槽内的磁流变液推动滑块这一过程等效为推动液压缸的过程。

由于离心滑块与从动圆筒之间的接触较为复杂，当离心滑块未与从动圆筒接触时，从滑块通过磁流变液传递摩擦转矩，而当滑块与从动圆筒接触以后，滑块与从动圆筒之间可视为混合摩擦，则离心滑块产生的总摩擦力矩可表示为

$$M = \begin{cases} n\int_{\theta_1}^{\theta_2}\tau L_e\theta r\mathrm{d}\theta = \dfrac{n\left(\theta_2^2-\theta_1^2\right)}{2}rL_e\tau, & x<\delta \\ n\mu F_r\gamma, & x=\delta \end{cases} \tag{5-75}$$

式中，τ 为磁流变液的总剪切屈服应力；μ 为等效摩擦系数；δ 为离心滑块可伸出的距离；x 为滑块的径向移动距离；L_e 为圆筒的有效轴向长度。由静压轴承原理可知，离心滑块产生的液体压力可表示为[32]

$$p = 6\eta_e\frac{1}{h^3}\left(\frac{\mathrm{d}h}{\mathrm{d}t}\right)(x-\delta)^2 \tag{5-76}$$

式中，η_e 为磁流变液的表观黏度；h 为磁流变液的厚度；$\mathrm{d}h/\mathrm{d}t$ 为厚度变化率。

5.12.3 传动装置转矩分析

1. 磁场有限元分析

由于在整个周向转角范围内，磁流变液间隙厚度不同，故需要对传动装置的三维磁场进行整体仿真分析。定义椭圆大径对应的所在平面为初始参照平面(0°平面)，参照平面及其横截面的尺寸如图 5-82 所示。

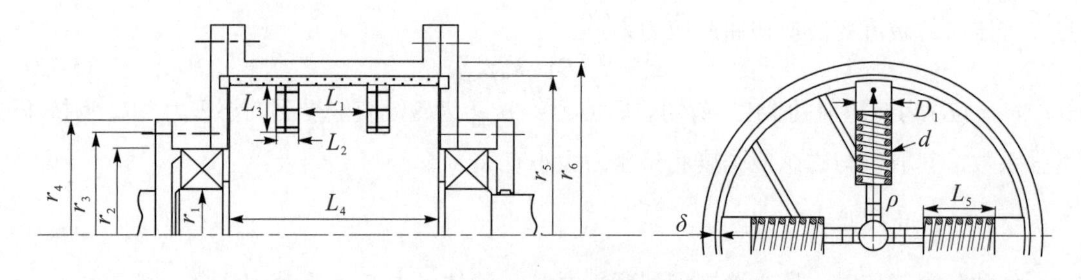

图 5-82 有限元简化模型

对上述传动装置进行 3D 磁场有限元分析，流道内充满磁流变液。由于 Ni-Ti 形状记忆合金属于面心立方晶体结构导磁性较差，故可近视为弹簧容置槽不导磁。密封圈的材质选用硬质橡胶，传动装置外壳为 45#钢，主动轴的材料为 Q235，线圈材料定义为铜，磁流变液采用重庆材料研究所提供的 MRF-J01T，周围区域设定为空气并设置零磁场边界。传动装置的结构参数见表 5-19。

表 5-19 结构参数 (单位：mm)

参数	数值	参数	数值
δ	0.5	L_1	21
d	0.5	L_2	6
r_1	12.5	L_3	10
r_2	23.5	L_4	59
r_3	28	L_5	21
r_4	31.5	D_1	10
r_5	43	d	1.93
r_6	48	ρ	75.9

设定线圈匝数 N=300，分别向励磁线圈中通入 0～3A 电流。当电流为 3A 时，传动装置的磁场分布如图 5-83 所示。

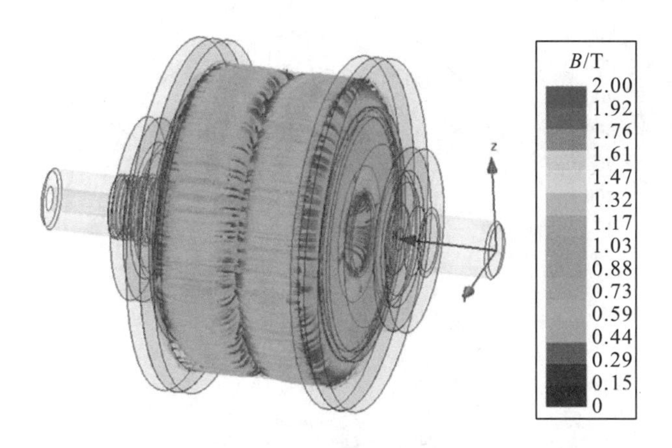

图 5-83　磁感应强度云图

在滑块所在的平面，由于滑块的磁导率远远大于磁流变液，且磁流变液厚度较薄，故0°平面处磁流变液的磁感应强度整体较高。下面截取两平面处磁流变液的磁感应强度数据，如图 5-84 所示。

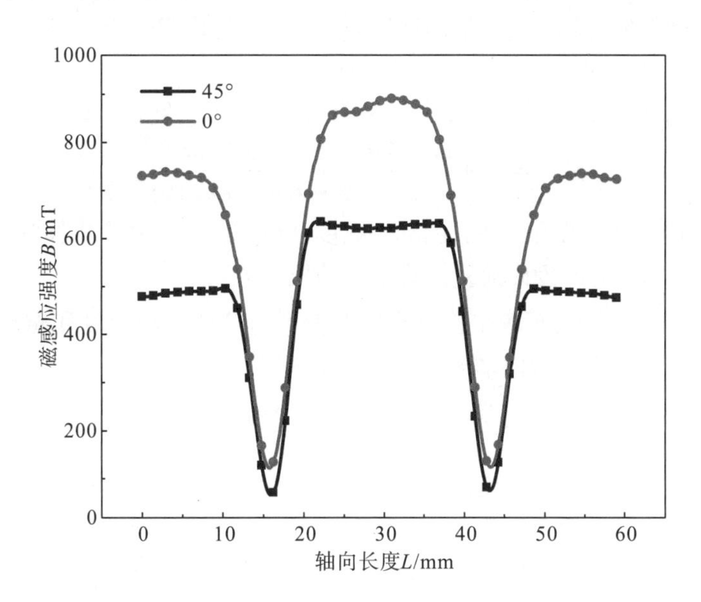

图 5-84　0°、45°平面处磁流变液的磁感应强度(I=3A)

在轴向长度内，除线圈外部的磁感应强度出现骤降以外，磁流变液的磁感应强度变化不大，且磁感应强度较低处磁场方向未能垂直穿过工作间隙，不属于有效工作长度，可以忽略。本节综合分析整个圆周方向的磁场，以整个有效轴向长度上的平均磁感应强度作为对应角度磁流变液的磁感应强度值，如图 5-85 所示。

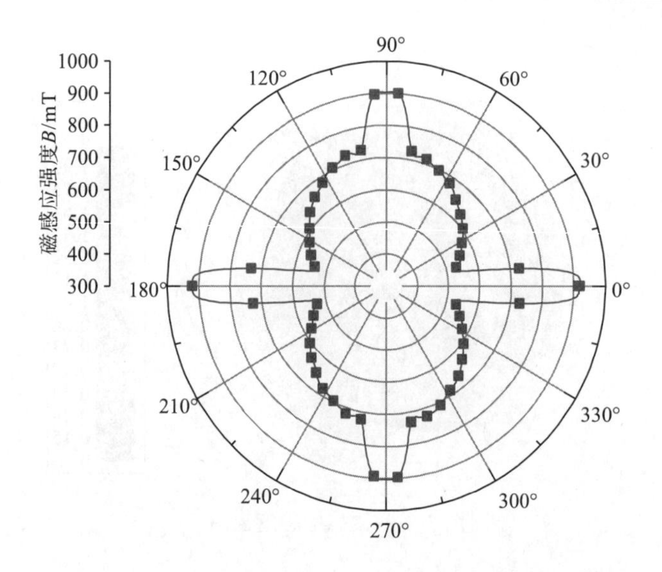

图 5-85 整个圆周角度内的平均磁感应强度(I=3A)

2. MRF 流场压力分析

当主动轴转动时，由于楔形间隙的存在，磁流变液将受到周期性挤压，部分磁流变液将通过油道进入弹簧容置槽，进而推动滑块向外移动。忽略磁流变液经过油道两侧的压力损失，初始条件下仅考虑楔挤压压力($\theta=0°$时，$p=0$)。

由式(3-124)可知，在圆柱坐标系下，MRF 的压力 p_{MRF} 分布表达式为

$$p_{\mathrm{MRF}}=p_a+\frac{6\eta_{\mathrm{e}}UR\theta}{C^2}\frac{(2+\epsilon\cos\theta)\sin\theta}{(2+\theta^2)(1+\epsilon\cos\theta)^2} \tag{5-77}$$

式中，η_{e} 为不同磁感应强度下 MRF 的动态黏度；p_a 是在 θ=0°处的压力，当磁流变液进油区域处于 θ_1=0°处，p_a 即为磁流变液进油处的压力值。

由式(5-77)可知，磁流变液在整个圆周上受到的挤压力与角度和磁流变液的流动速度、动态黏度有关。磁流变液的动态黏度可表示为[33]

$$\eta_{\mathrm{e}}=\frac{\tau_y(B)}{\dot{\gamma}}+\eta_0 \tag{5-78}$$

不同剪切应变速率 $\dot{\gamma}$ 下磁流变液的动态黏度如图 5-86 所示。

当主动轴、从动轴转速分别为 100rad/s、90rad/s，即 $\dot{\gamma}$=210s^{-1}时，由式(5-78)可得电流为 3A 时磁流变液的压力分布，如图 5-87 所示。图 5-87 中 MRF 挤压力为负值是由于三角函数的取值问题，即当圆心角的角度大于 180°时，磁流变液的压力应取绝对值。

下面考虑初始挤压力不为 0 的情况。当主动轴开始转动时，滑块在离心力作用下开始向外伸长，从而挤压磁流变液，且一部分高压磁流变液通过流道流入弹簧容置槽中对离心滑块产生推动力，即楔形间隙产生的自加压。由式(5-78)可知，进口处的压力增大，将提高整个间隙内磁流变液受到的挤压力。将设计参数代入式(5-77)，当主、从动轴转速差为 10rad/s 时，磁流变液工作间隙厚度变化 dh/dt 可近似为 6.36mm/s，则滑块伸长直至与从动圆筒接触时产生的液压力如图 5-88 所示。

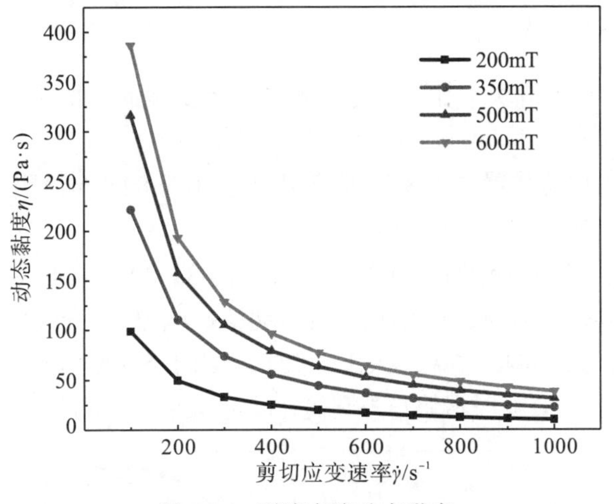

图 5-86　磁流变液动态黏度

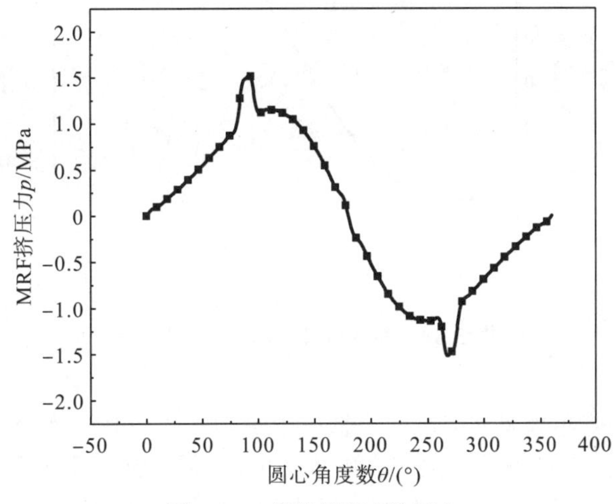

图 5-87　磁流变液液体压力

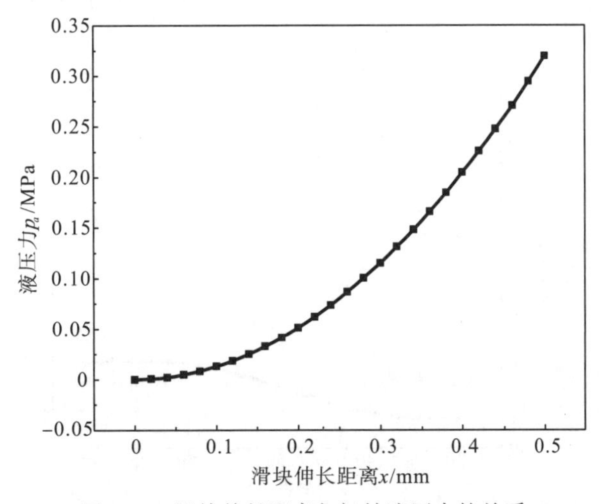

图 5-88　滑块伸长距离与初始液压力的关系

3. 传动装置总转矩

传动装置的总转矩为滑块附加的摩擦转矩与磁流变液的剪切转矩之和，即

$$M_S = M_{\mathrm{MRF}} + M_r \tag{5-79}$$

其中，楔形间隙 MR 传动装置的磁流变液剪切转矩为 76.82N·m，同尺寸圆筒式传动装置的转矩为 39.54N·m，转矩提升 94.28%。

当离心滑块与从动圆筒接触时，由式(5-73)和图 5-88 可知，不同温度下单个滑块受到的总驱动力大小如图 5-89 所示。其中，滑块接触从动轴时，在磁流变液自加压和离心力的作用下，初始液压推动力为 33.8N。当温度大于 40℃时，由于 SMA 弹簧发生形状记忆效应，滑块的驱动力开始显著提升，此时滑块与外圆筒之间可视为混合摩擦，取摩擦系数μ=0.05[34]。

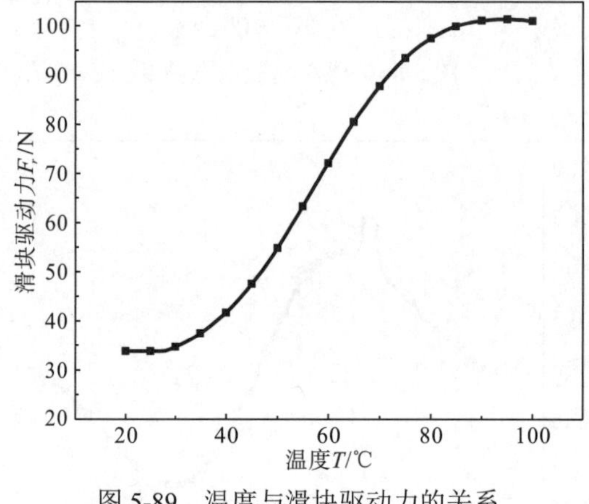

图 5-89 温度与滑块驱动力的关系

当温度升高时，考虑磁流变液高温下性能下降的问题。由式(5-79)可得不同温度下传动装置的总转矩，如图 5-90 所示。由图中可以看出，高温下磁流变液剪切转矩由 76.82N·m 下降至 53.77N·m，转矩下降 30%。此时，滑块附加转矩由 6.76N·m 上升至 20.21N·m，在附加摩擦转矩的补偿下，复合传动装置的转矩在整个温度区间内较为稳定，最大转矩波动为 8.8%。

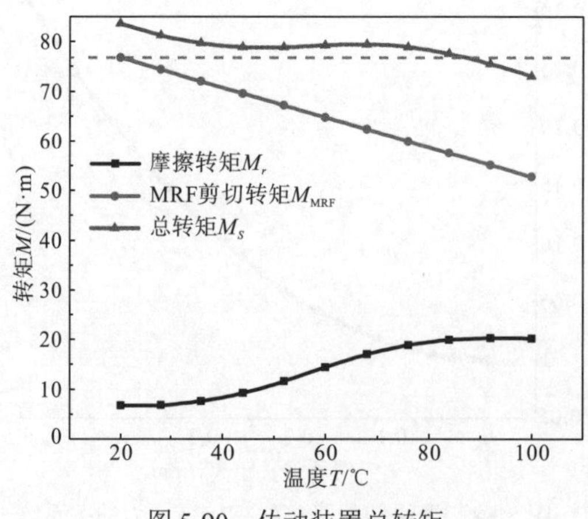

图 5-90 传动装置总转矩

参考文献

[1] 黄金, 乔臻, 王建, 等. 电热磁形状记忆合金与磁流变液复合离心式离合器: ZL2015103285869[P]. 2017-07-07.

[2] 黄金, 王西. 电阻电热形状记忆合金驱动的自动散热装置: ZL201910174629.0[P]. 2020-09-01.

[3] 熊洋, 黄金, 舒锐志. 磁流变液与电热形状记忆合金联合传动性能研究[J]. 中国机械工程, 2021, 32(17): 2040-2046.

[4] Ma J Z, Huang H L, Huang J. Characteristics analysis and testing of SMA spring actuator[J]. Advances in Materials Science and Engineering, 2013, 2013: 1-7.

[5] 黄金, 乔臻. 一种形状记忆合金温控电流开关: ZL201510904392.9[P]. 2017-06-06.

[6] 黄金, 陈松, 杨岩. 磁流变液和记忆合金交替传动装置: ZL201310262350.0[P]. 2015-08-26.

[7] 熊洋, 黄金, 舒锐志. 电热形状记忆合金与磁流变联合传动性能研究[J]. 机械传动, 2021, 45(4): 7-12.

[8] 黄金, 熊洋. 一种圆筒式变体积磁流变风扇自动离合器: ZL201911129814.4[P]. 2021-03-09.

[9] 黄金, 王西, 谢勇. 电磁热记忆合金挤压的圆弧式磁流变与摩擦传动装置: ZL201910013015.4[P]. 2020-05-05.

[10] 黄金, 乔臻, 周轶. 一种变体积百分数磁流变液风扇离合器: ZL2015108651857[P]. 2017-12-19.

[11] 乔臻, 黄金. 形状记忆合金温控的磁流变液自发电传动研究[J]. 中国机械工程, 2015, 26(24): 3360-3365.

[12] 黄金, 王西, 周轶. 电磁挤压与磁流变液复合传动装置: ZL201710348828. X[P]. 2019-04-05.

[13] Xiong Y, Huang J, Shu R Z. Combined braking performance of shape memory alloy and magnetorheological fluid[J]. Journal of Theoretical and Applied Mechanics, 2021, 59(3): 355-368.

[14] 黄金, 姚华, 王西. 永磁变磁场变面积磁流变液安全着陆装置: ZL20181277950.3[P]. 2020-09-29.

[15] 黄金, 王西. 一种温控变面磁流变传动装置: ZL201711069843.7[P]. 2019-06-28.

[16] 黄金, 王西. 一种高温齿式变多工作面磁流变液传动装置: ZL201810194912.5[P]. 2020-12-08.

[17] 黄金, 乔臻. 永磁变长度磁流变液与摩擦复合软着陆装置: ZL201510816388.7[P]. 2018-07-27.

[18] 黄金, 陈松, 杨岩, 等. 一种利用形状记忆合金驱动的磁流变液自发电传动装置: ZL201410137647.9[P]. 2016-05-25.

[19] 黄金, 王西, 谢勇. 形状记忆合金驱动的磁流变液与电磁摩擦联合传动装置: ZL201910174630.3[P]. 2020-07-28.

[20] 黄金, 王西. 温控形状记忆合金驱动的变面磁流变传动性能研究[J]. 机械传动, 2019, 43(1): 10-14, 49.

[21] Sun T, Peng X H, Li J Z, et al. Testing device and experimental investigation to influencing factors of magnetorheological fluid[J]. International Journal of Applied Electromagnetics and Mechanics, 2013, 43(3): 283-292.

[22] 黄金, 熊洋. 电磁挤压的磁流变与形状记忆合金摩擦复合制动器: ZL202110837125. X[P]. 2022-03-08.

[23] 黄金, 乔臻, 袁发鹏. 电磁挤压锥形式磁流变液自加压离合器: ZL210610530892.5[P]. 2018-01-26.

[24] 邱锐, 熊洋, 黄金. 电磁挤压的多盘式磁流变液传动性能研究[J]. 机械科学与技术, 2022, 41(11): 1658-1664.

[25] 王西, 黄金, 谢勇. 圆锥式磁流变与形状记忆合金复合传动性能研究[J]. 机械传动, 2019, 43(8): 36-40.

[26] Chen W J, Huang J, Yang Y. Research on the transmission performance of a high-temperature magnetorheological fluid and shape memory alloy composite[J]. Applied Sciences, 2022, 12(7): 3228.

[27] Liu X H, Wang L F, Lu H, et al. A study of the effect of nanometer Fe_3O_4 addition on the properties of silicone oil-based magnetorheological fluids[J]. Materials and Manufacturing Processes, 2015, 30(2): 204-209.

[28] 黄金, 熊洋. 一种温控圆变楔形磁流变液离合器: ZL201911244221.2[P]. 2021-01-05.

[29] 黄金, 熊洋. 内啮合齿轮泵式循环冷却磁流变液制动器: ZL20191113743.9[P]. 2021-04-06.

[30] 黄金, 陈松, 杨岩. 基于磁流变液和形状记忆合金的楔形挤压软启动装置: ZL201310623042.6[P]. 2016-03-09.

[31] Tao R. Super-strong magnetorheological fluids[J]. Journal of Physics: Condensed Matter, 2001, 13(50): 979-999.

[32] Huilgol R R. Fluid mechanics of viscoplasticity[M]. New York: Springer, 2015.

[33] Huang J, Chen W J, Shu R Z, et al. Research on the flow and transmission performance of magnetorheological fluid between two discs[J]. Applied Sciences, 2022, 12(4): 1-17.

[34] 王伟, 刘小君, 刘焜. 楔形间隙中受剪颗粒介质及表面多体接触的瞬态过程分析[J]. 中国机械工程, 2013, 24(3): 366-370.

第 6 章　电热形状记忆合金弹簧与磁流变传动实验

本章将详细介绍一种基于数字显微全息技术的磁流变液微观结构观测方法，可实现磁流变液微观结构与机理的观测，并能实时观测磁流变液微观结构的变换过程，为磁流变液微观结构观察和测量提供了全新方法。另外，介绍基于水平环槽式磁流变材料测试台进行的磁流变液性能测试实验，得出磁场强度、磁流变液体积分数、剪切应变率以及温度对磁流变液剪切屈服应力的影响。

针对本书所提出的电热形状记忆合金螺旋弹簧，以及电热形状记忆合金弹簧与磁流变液联合传动装置进行实验研究，通过搭建实验装置对电热形状记忆合金螺旋弹簧的热机械性能进行详细的测试，验证本书所提出的电热形状记忆合金螺旋弹簧设计理论与分析方法的准确性；通过搭建传动测试系统对形状记忆合金弹簧与磁流变液联合传动性能进行测试，验证电热形状记忆合金弹簧与磁流变液联合传动装置分析过程中的结构设计、磁路设计、磁场分析和传动转矩方程的正确性。

6.1　数字全息显微测量磁流变液实验系统

6.1.1　数字全息显微测量微流场原理

数字全息显微技术可以用于微尺度复杂流场的三维测量。微流场全息图的记录过程如图 6-1(a)所示。全息图被电荷耦合器件(charge coupled device，CCD)芯片记录并且使用计算机模拟微流场的空间信息再现过程，如图 6-1(b)所示。

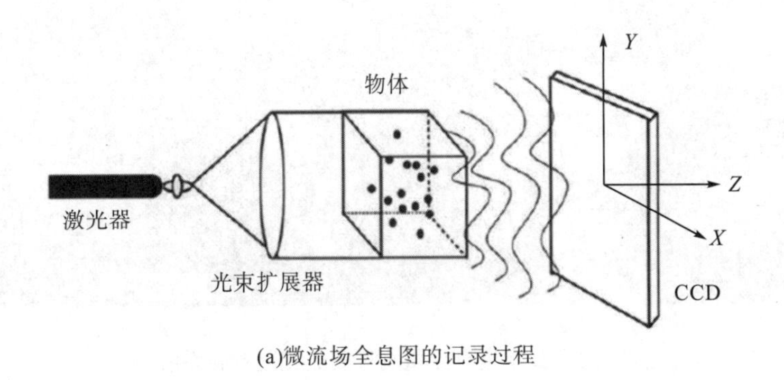

(a)微流场全息图的记录过程

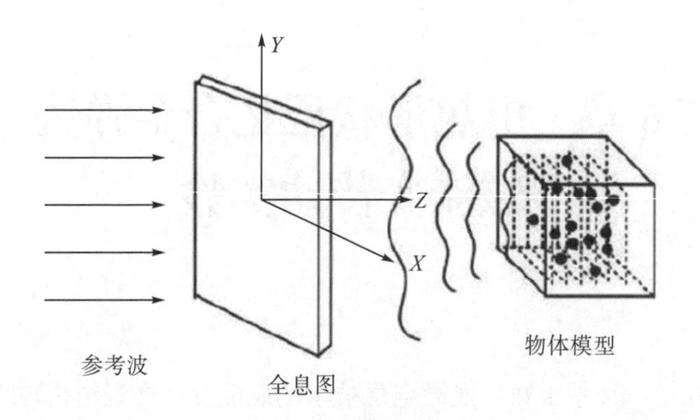

(b)微流场全息再现示意图

图 6-1 数字全息显微测量微流场原理

6.1.2 实验装置及参数

在给定磁流变液体积分数和连续恒定磁场强度条件下，记录磁流变液全息图所需要的实验装置和参数。图 6-2 所示为重庆理工大学杨岩教授团队所研制的数字全息显微测量磁流变液实验系统[1,2]，主要包括：①He-Ne 激光器(波长λ=632.8nm)；②校准靶面(最小刻度为 50μm)；③磁流变液(体积分数为 30%)；④折射镜、透镜、扩束镜、分光棱镜、滤波器；⑤显微物镜被固定在三维微距平台上(放大倍率 M=40)；⑥CCD 相机(分辨率为1280×1024，像素点尺寸为 5.2μm×5.2μm，最大幅面下帧率为 14fps)；⑦玻璃测试装置，由载玻片和有机玻璃制成，用于装载磁流变液；磁流变液测量场透光深度(6mm)；⑧磁场发生装置，主要由铝合金型材搭建而成，包括底座、支架、夹具以及磁铁(含稀土元素Nd-Fe-B，实验时强度为 460GS)；夹具用于固定两块永磁铁且可在支架上垂直移动，以调节两磁铁间的距离，达到调节磁场强度的目的。

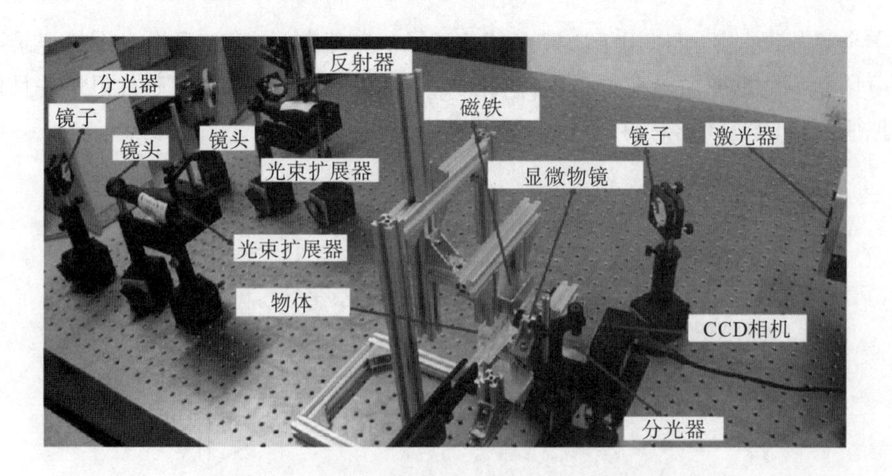

图 6-2 数字全息显微测量磁流变液实验系统

6.1.3　磁流变液全息图记录

首先，在自制玻璃测试装置中加满特定体积分数浓度的磁流变液，拍摄磁流变液的静态全息图；其次，对磁流变液测量域施加磁场，实时记录磁流变液的动态全息图，两帧全息图的时间间隔为Δt；再次，通过重建磁流变液全息图，连续再现磁流变液测量域中铁磁性颗粒的空间信息，取其中五张重建图中磁链的三维坐标进行计算；最后，可以获得铁磁性颗粒的瞬时三维空间向量场。

本实验中，使用离轴数字全息显微对磁流变液微观组织结构进行观测的实验光路如图 6-3 所示。

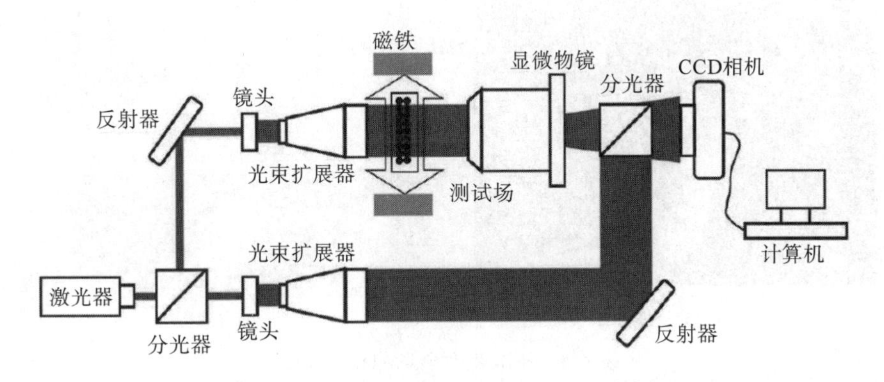

图 6-3　离轴数字全息显微测量磁流变液光路

本实验中，使用氦氖激光器作为激光源，利用分光棱镜作为分光器，将激光分为两束，两束激光分别穿过光束扩展器成为平行光柱，一条光路透射磁流变液测量域，激光照射到铁磁性颗粒上并被其衍射，作为物光，物光穿过显微物镜和分光器到达 CCD 相机的芯片上；另一条光路经反射镜和分光器直接到达 CCD 相机的芯片上，作为参考光。物光与参考光相互重叠干涉在 CCD 相机的芯片上形成全息图，全息图包含了磁流变液的全部空间信息，然后在计算机上存储并重建全息图。

6.1.4　磁流变液全息图重建及实验数据分析

激光穿过显微物镜后并不是绝对的平行光波，而是逐渐放大的球面光波。铁磁性颗粒的放大倍率会随着显微物镜与 CCD 芯片距离的增加而增加，而这个传播距离不可能精确测量，因此不能获得铁磁性颗粒的真实放大倍率（M'）。即使能够获取重建距离（d'）和使用全局灰度梯度法对铁磁性颗粒在焦平面进行精确定位，也不能获取铁磁性颗粒的实际重建距离 (d) 和具体尺寸信息，更不能对磁流变液的链化速度和响应时间等性质进行正确分析。为了解决此问题，将加工有标准刻度线的校准靶面置于磁流变液测量域中，通过对比重建图中刻度线与标准靶面刻度线间的距离，计算出正确的放大倍率（M'）。

1. 实际放大倍率

首先拍摄磁流变液测量域中校准靶面全息图，如图 6-4(a)所示；然后对校准靶面全息图在焦平面重建，获得校准靶面重建图，如图 6-4(b)所示。分析重建图(图 6-4(b))，通过对像素点数(N)和像素点尺寸(Δx)的计算和已知校准靶面刻度间的实际距离，获得：①重建图中两刻度线间的距离 $X=N\Delta x$=1030μm；②真实的放大倍率 M'=1030μm/50μm=20.6；③实际的重建距离 $d=d'/M'$=1.55mm。

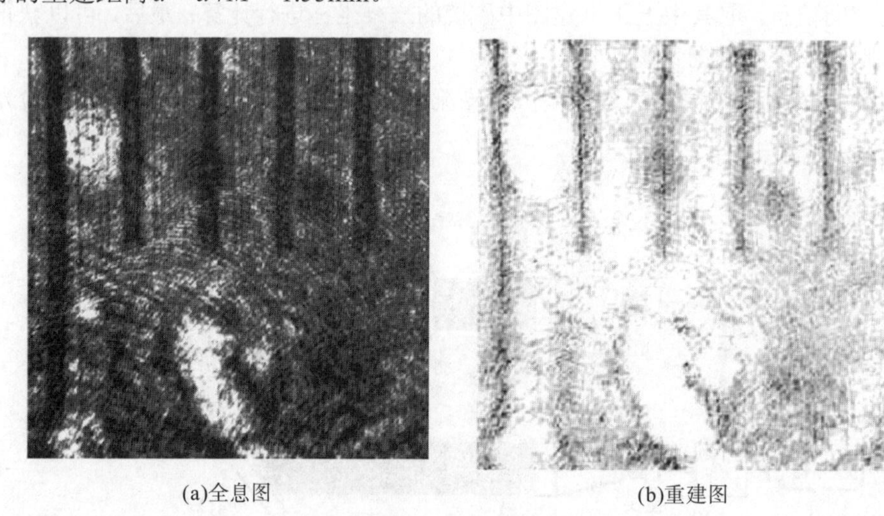

(a)全息图　　(b)重建图

图 6-4　校准靶面全息图和重建图

2. 铁磁性颗粒尺寸

当获得显微物镜应用于磁流变液测量域的实际放大倍率后，利用三维微距平台将显微物镜垂直、上移，采集不包含校准靶面区域的磁流变液全息图，这样捕获的磁流变液全息图就能够获得和校准靶面全息图同样的放大倍率；然后施加磁场，捕捉磁流变液变换后的全息图。图 6-5 展示了磁流变液中铁磁颗粒在无外加磁场时随机分布和有外加磁场时呈链柱状分布的全息图。

(a)无外加磁场

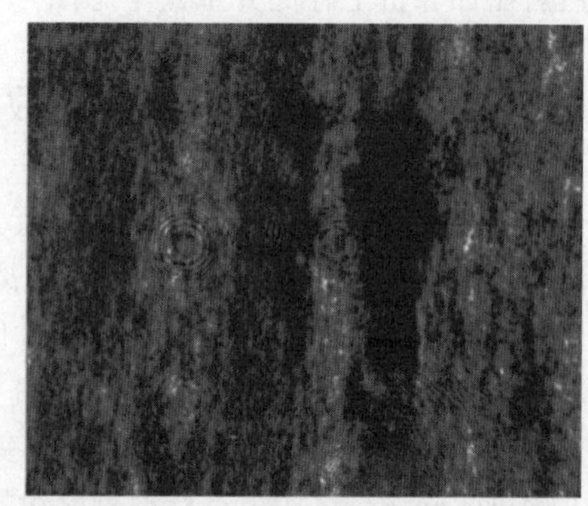

(b)有外加磁场

图 6-5　磁流变液全息图

通过对磁流变液在无磁场和有磁场下的全息图进行重建，获得了磁流变液重建图像的复振幅，然后将强度图像和相位图像从复振幅中分离出来。图 6-6 以强度图像的方式分别再现了无磁场下和有磁场下铁磁性颗粒的微观结构以及在磁流变液中的分布状态。

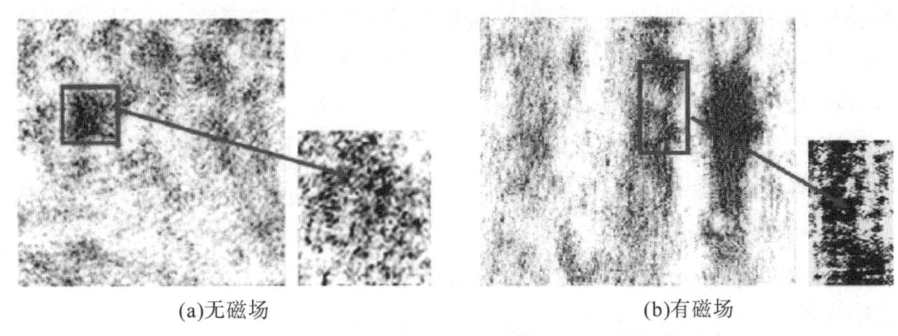

(a)无磁场　　(b)有磁场

图 6-6　无磁场和有磁场下磁流变液重建图和放大图

通过对图 6-6 中重建图放大图的分析，获得铁磁性微粒子占有 20～30 像素点，且像素点尺寸Δx=5.2μm，近似认为其为球体，计算出微粒子放大后的直径为 104～156μm，由于显微镜物镜实际的放大倍率 M' =20.6，故大部分铁磁性微粒子的实际直径为 5.05～7.57μm。该数据与产品提供商给出的数据相吻合。

3. 铁磁性颗粒的三维空间结构

数字显微全息可以测量磁流变液的三维空间信息，即可以获得磁流变液测量域中所有铁磁性微粒子中心的三维坐标。通过对图 6-5 在不同的物距重建，可以还原磁流变液测量域中不同位置铁磁性微粒子的分布。重建图 6-6 分别表示磁流变液测量域中铁磁性微粒子在无磁场和有磁场下的分布。通过对重建图 6-6 的分析，选取合适的阈值条件，得到微粒子分布的二值图像。在二值图像中，运用基本的图形处理技术，可获取微粒子中心的 x 与 y 轴坐标，然后基于全局灰度梯度法和最小二乘滤波器技术，在不同的重建距离定位不同微粒子的焦平面位置，获取微粒子中心的 z 轴坐标，即每个微粒子的 z 轴坐标就是其重建图像的重建距离，最终在计算机上可以模拟出微粒子在磁流变液测量域中的三维空间分布。磁流变液测量域中铁磁性微粒子在无磁场和有磁场下的三维空间分布如图 6-7 所示。

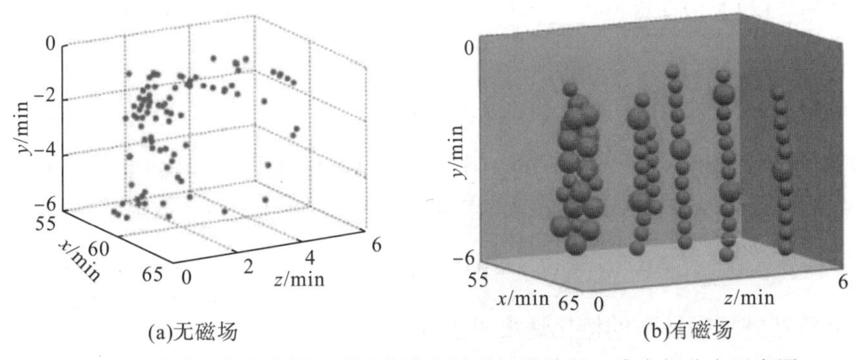

(a)无磁场　　(b)有磁场

图 6-7　无磁场和有磁场下磁流变液中铁磁性微粒子三维空间分布示意图

4. 磁链运动速度及磁流变液响应时间

通过采集不同时刻的数字显微全息图，进而获得不同时刻铁磁性微粒子的空间分布，可以得到磁流变液中铁磁性微粒子在磁场作用下的空间位移与速度。为了研究铁磁性微粒子对磁场强度的响应，即沿磁场方向运动的速度和位移，由于实验中施加的磁场是沿 y 轴方向，即微粒子的主运动沿 y 轴进行，所以只需测量微粒子在 $x-y$ 平面内的 y 向位移即可。当对磁流变液施加磁场时，磁流变液在外加磁场作用下的变换过程被 CCD 相机实时地连续捕捉编码，其重建图像如图 6-8 所示。分析该图可知，铁磁性微粒子的 x 轴坐标变化量并不明显，但是 y 轴坐标变化量相对明显，证明了铁磁性微粒子运动、链化都是沿着磁感线方向。同时，这些连续的重建图像也表明了磁流变液在磁场中的链化速度、响应时间和成链结构等。

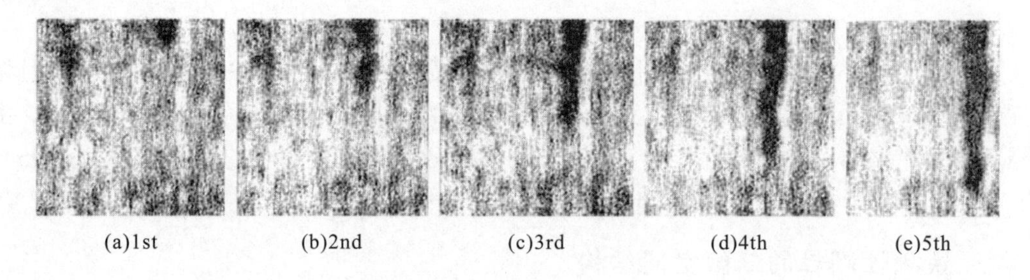

(a)1st (b)2nd (c)3rd (d)4th (e)5th

图 6-8 重建图像(磁场作用下不同时刻磁流变液成链结构)

磁流变液的响应时间，其实质就是磁流变液中铁磁性微粒子对外加磁场的敏感程度。响应时间越短，响应速度越快，敏感程度越高，磁流变液性能越优良。根据实验所使用的采集设备，通过像素点数 N 和像素点尺寸 Δx 可以获得磁流变液在施加磁场时的位移 $N\Delta x$，位移与真实放大倍率 M' 的比值，就是链实际的运动距离 Y，两重建图时间差参数 $t=(1/14)\mathrm{s}$ 已知，故可求得链化速度 $v(t)$ 。

对图 6-8 重建图像中成链结构的同一位置进行坐标标定，CCD 相机的芯片像素点尺寸 $\Delta x=\Delta y=5.2\mu\mathrm{m}$，显微物镜实际的放大倍率 $M'=20.6$，图 6-8(a)～图 6-8(e)不同时间间隔图像中链运动通过的像素点数分别用 N_1、N_2、N_3、N_4、N_5 表示，$N_{12}=N_1-N_2=249$；$N_{23}=N_2-N_3=173$；$N_{34}=N_3-N_4=163$，$N_{45}=N_4-N_5=182$，则链的位移可用如下函数表示：

$$Y=N\frac{\Delta x}{M'} \tag{6-1}$$

计算可得 $Y_{12}=62.85\mu\mathrm{m}$，$Y_{23}=43.67\mu\mathrm{m}$，$Y_{34}=41.15\mu\mathrm{m}$，$Y_{45}=45.94\mu\mathrm{m}$；CCD 相机每秒连续捕捉 14 张全息图，故每张重建图像的时间间隔也为 $t=(1/14)\,\mathrm{s}$，故链化速度可表示为

$$v(t)=\frac{Y}{t} \tag{6-2}$$

磁流变液在外加磁场下的链化速度见表 6-1。

表 6-1　磁流变液沿着磁感线的链化速度

速度	N_1–N_2	N_2–N_3	N_3–N_4	N_4–N_5
v/(μm/s)	879.96	611.38	576.04	643.18
$\bar{v}$ /(μm/s)	677.64			

CCD 相机的芯片在 y 轴方向的最大距离为 $Y_{\max}=N\Delta x=1024\times5.2\mu\text{m}=5324.8\mu\text{m}$，取运动时间 $t=(1/20\text{s})$，由式(6-2)计算可得，链的位移分别为 $Y'_{12}=44.00\mu\text{m}$，$Y'_{23}=30.57\mu\text{m}$，$Y'_{34}=28.80\mu\text{m}$，$Y'_{45}=32.16\mu\text{m}$，则链运动通过的像素点数 N' 分别为 $N'_{12}=Y'_{12}/\Delta x=8.46$，$N'_{23}=Y'_{23}/\Delta x=5.88$，$N'_{34}=Y'_{34}/\Delta x=5.54$，$N'_{45}=Y'_{45}/\Delta x=6.18$。假设链运动一个像素点，就理解为磁流变液在外加磁场下开始响应，所以磁流变液的响应时间可表示为

$$\Delta t=\frac{t}{N'} \tag{6-3}$$

磁流变液在外加磁场下的响应时间见表 6-2。实验所使用的 CCD 芯片像素点分辨率最高精度 Δx=5.2μm，而 $\Delta x/M'$=5.2/20.6=252.2nm，以此作为最低位移量来判断铁磁性微粒子是否在磁场作用下移动，精度已经足够。由实验数据可知，在给定磁流变液浓度和连续恒定磁场强度条件下，磁流变液响应时间为 7.88ms，属于磁流变液的理论响应时间范畴。

表 6-2　磁流变液沿着磁感线的响应时间

时间	N_1–N_2	N_2–N_3	N_3–N_4	N_4–N_5
Δt/ms	5.91	8.50	9.03	8.09
$\Delta\bar{t}$ /ms	7.88			

6.1.5　电子显微镜对比实验

为了对比数字显微全息测量结果，利用电子显微镜对磁流变液进行了二维观测，分别获得了磁流变液在无磁场时的二维微观结构和有磁场时的成链结构及二维分布，得到了磁流变液的链化速度 $v(t)$及响应时间Δt。

实验设备及参数主要包括 OLYMPUS 变焦体视显微镜(SZ61)、放大倍率 M=134、数码成像机 MD20(像素点数：1600px×1200px，像素点尺寸：4.2μm×4.2μm，10frame/s)、磁铁(磁场强度：240GS)、夹具、载玻片和盖玻片。电子显微镜观测磁流变液的实验系统如图 6-9 所示。

调节电子显微镜物镜与观测样本的距离，使其焦点落在样本平面。将同一浓度的磁流变液置于载玻片与盖玻片之间并固定在夹具上，拍摄磁流变液在无磁场时随机分布的静态图片，如图 6-10 所示。

对磁流变液施加磁场，连续拍摄外加磁场时成链的图片，如图 6-11 选取 5 张连续拍摄的图片，每张图片选取如图所示的相同运链，时间差 t=(1/10)s，使用电子显微镜观测磁流变液微观结构的实验中，磁流变液的链化速度 $v(t)$ 和响应时间Δt 也是通过计算链运动的像素点数 N 和像素点尺寸Δx 获得。电子显微镜观测磁流变液获得的响应时间同样是毫秒量级，见表 6-3。

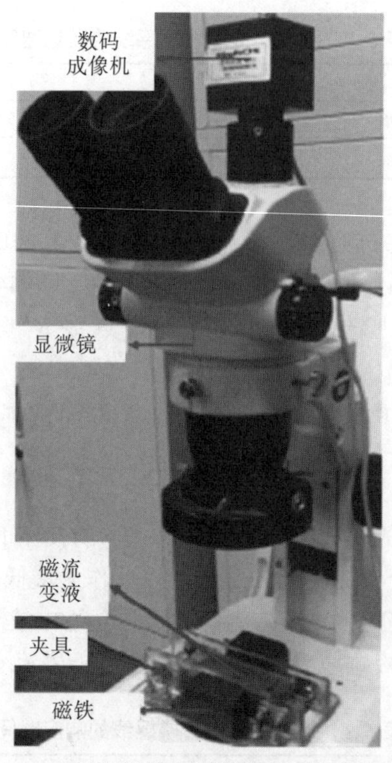

图 6-9 电子显微镜观测磁流变液的实验系统

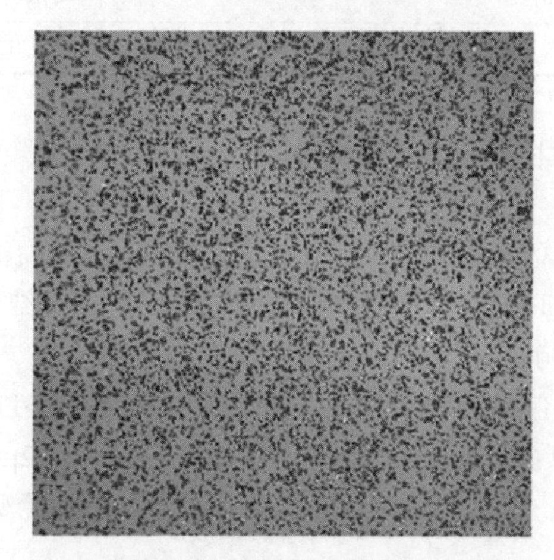

图 6-10 电子显微镜观察磁流变液无磁场时的微观结构及分布

表 6-3 电子显微镜观测磁流变液的链化速度和响应时间

参数	N_1–N_2	N_2–N_3	N_3–N_4	N_4–N_5
v/(μm/s)	680.06	631.38	596.14	623.08
$\overline{v}$ /(μm/s)	632.67			
Δt/ms	8.21	8.66	9.2	7.98
$\Delta\overline{t}$ /ms	8.51			

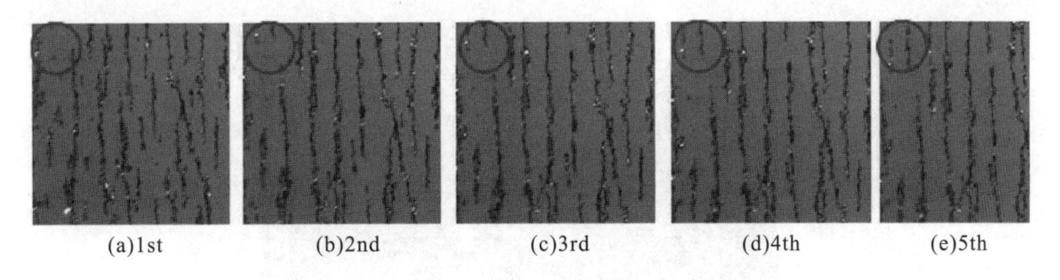

(a)1st　(b)2nd　(c)3rd　(d)4th　(e)5th

图 6-11　电子显微镜观察磁流变液施加磁场时的成链结构及分布

该数字显微全息实验采用的显微镜物镜质量不高、放大倍率较低，导致全息图清晰度不高，但是通过使用高质量高倍物镜可以简单地提高全息图的清晰度，进而可以通过对全息图在不同的物距重建来获得磁流变液中铁磁性微粒子的三维空间信息；电子显微镜观测磁流变液的图片虽然看起来清晰度较高，但只能对一个截面进行观测，不能获得磁流变液在磁场作用下的空间信息。所以，数字显微全息技术比一般显微观测技术更适合于观测磁流变液的三维微观结构及分布。

6.2　磁流变液性能测试实验

6.2.1　磁流变液流变特性

在剪切工作模式下，传动装置主要依靠磁流变液的剪切屈服应力传递转矩，故研究各种工作因素对磁流变液性能的影响是必要的。根据磁流变液的微观成链机理，在外加磁场作用下，磁性颗粒沿磁场方向排列成链，当主从动轴开始转动时磁链发生剪切变形，其中，磁链抵抗形变的能力在宏观层面表现为磁流变液在不同磁场强度下对应的剪切屈服强度，并最终通过黏度和剪切屈服应力体现。

由于现有的磁流变液本构模型，如 Bingham 本构模型、Herschel-Bulkley 本构模型、Eyring 本构模型和双黏度模型等均无法同时描述温度、剪切应变速率、体积分数等因素与磁流变液性能的关系，在研究单一或若干因素对磁流变液性能的影响时，往往采用实验拟合的方式。下面介绍一种水平环槽式磁流变材料测试设备，并通过该测试设备测试现有的十种磁流变液的流变特性。

6.2.2　实验装置与设置

图 6-12 所示为重庆大学彭向和教授团队所研制的一种水平环槽式磁流变液材料测试台[3]，该装置可测量磁感应强度、温度、磁性颗粒体积分数及剪切应变速率对磁流变液剪切屈服应力和零场黏度的影响，并可对各类因素的变化梯度进行连续控制。实验所用的磁流变液的材料参数见表 6-4。

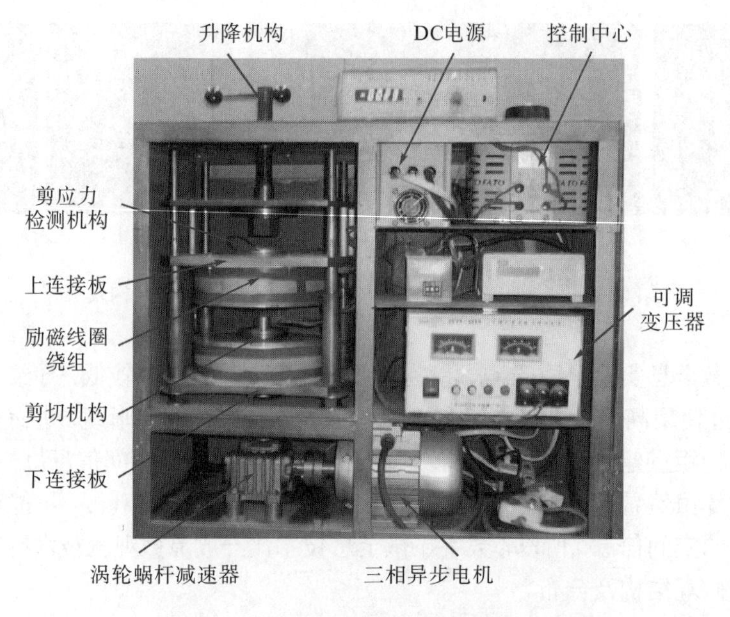

图 6-12 水平环槽式磁流变材料测试台

表 6-4 磁流变液的材料参数

MRF 型号	磁性颗粒体积分数/%	添加剂比例/%	基础液种类	零场黏度/(mPa·s)
MRF-1	5	1.4	机油	100
MRF-2	15	1.4	机油	200
MRF-3	25	1.4	机油	900
MRF-4	35	1.4	机油	1100
MRF-5	45	1.4	机油	2900
MRF-6	25	0.84	机油	200
MRF-7	25	1.1	机油	300
MRF-8	25	1.7	机油	800
MRF-9	25	1.4	硅油	1000
MRF-10	25	1.4	合成油	200

测试台主要包括磁场发生装置、剪切机构、剪应力检测机构、加温及温度检测机构、升降机构和控制系统等部分。磁场发生装置主要由励磁线圈形成的上下两个磁极和电工纯铁衬套组成，并与机架固定连接。剪切机构主要由两个可相对同心配合的环槽形转动圆盘组成，剪切机构两端分别与电机、剪应力检测机构固定连接。磁流变液填充在内部的环形槽内，环形槽内侧开有溢流槽，防止转动盘旋转时磁流变液因离心力溢出，在溢流槽内加工出一导热孔，方便热电偶深入测量温度，如图 6-13 所示。

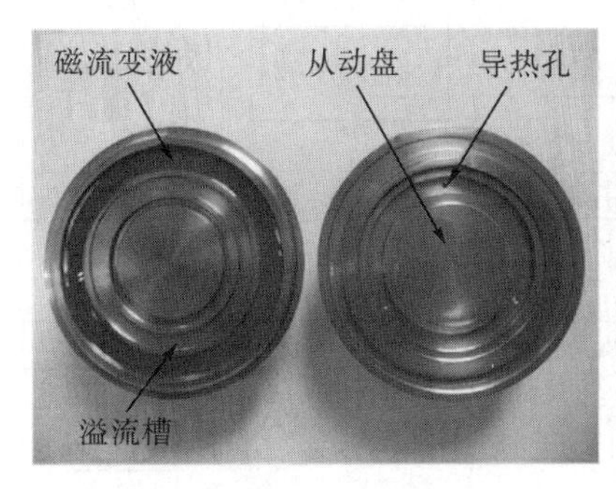

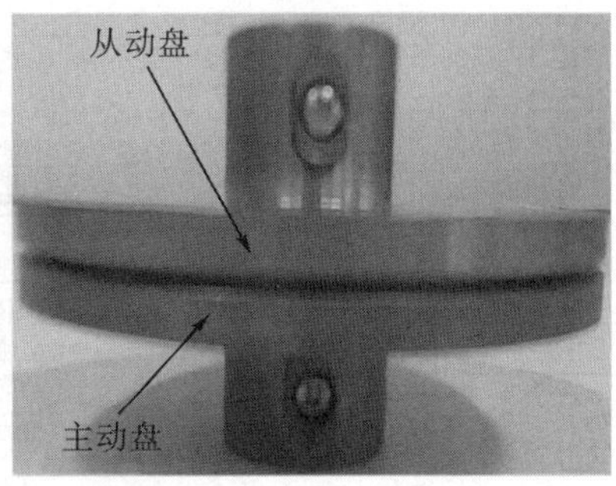

图 6-13　测试台的剪切机构示意图

测试台的剪应力检测机构包括一个与从动盘固定连接的传力筒，其上端与上连接板固定连接，在传力筒外壁上设有一个内凹的轴肩，该轴肩上设有剪应力传感器，如图 6-14 所示。加温机构位于从动盘的上表面，并采用电阻丝加热。所有的电机、励磁线圈、剪应力传感器、电加热装置和温度传感器的数据和控制均由计算机负责，并组成测试台的控制系统。整个测试系统的检测量程如下：①磁感应强度：0～1.2T；②剪应变速率：0～1000s^{-1}；③温度：20～150℃；④剪切屈服应力：0～160kPa。

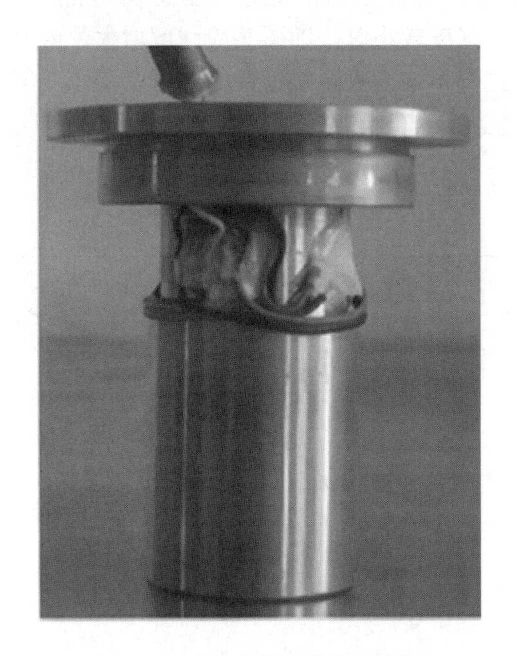

图 6-14　剪应力检测机构示意图

整个测试台的检测原理如图 6-15 所示。根据测试台的设计方案，下面分别介绍各因素对磁流变液性能的影响[4]。

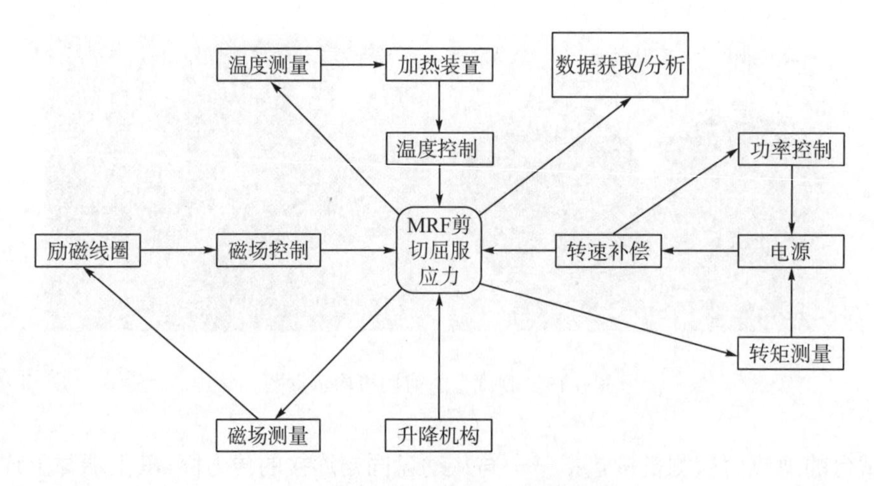

图 6-15 磁流变液测试台的检测原理

6.2.3 磁感应强度对磁流变液的影响

由于磁流变液的磁化曲线呈现出高度的非线性，如图 6-16 所示。当磁流变液中的磁性颗粒和添加剂比例固定时，磁流变液的磁感应强度-剪切屈服应力曲线也可分为两个部分，当磁流变液的磁感应强度较小时，随磁感应强度增大，磁流变液的剪切屈服应力迅速提升；但当磁场强度进一步增大直至接近磁饱和时，磁流变液的剪切屈服应力几乎不再发生变化。下面给出室温下(20℃)实验得出的 MRF-1～MRF-10 的磁化(B-τ)曲线，如图 6-17 所示。

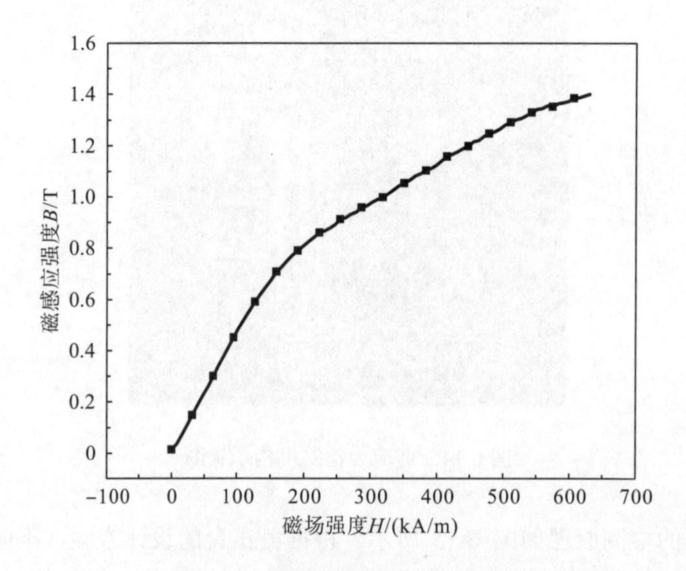

图 6-16 磁流变液的磁化(B-τ)曲线

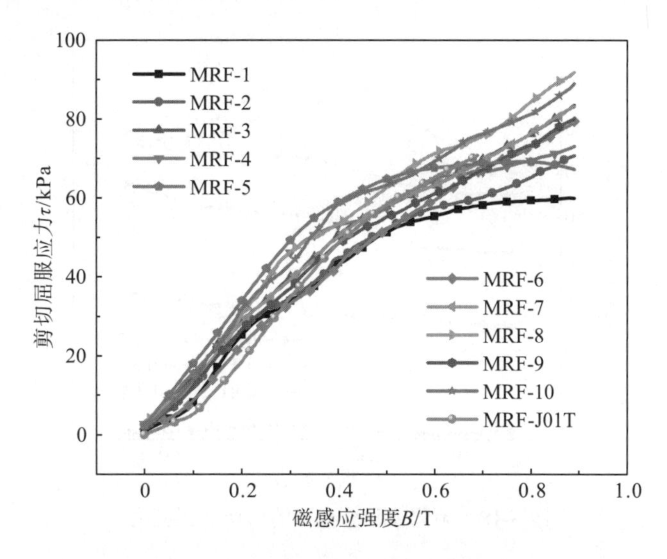

图 6-17　磁流变液的流变特性曲线

由图 6-17 可知，不同种类的磁流变液对应的最大剪切屈服应力差异较大，当磁感应强度均为 0.9T 时，磁性颗粒体积分数和添加剂比例较小的 MRF-1 的最大剪切屈服应力为 60kPa，而磁性颗粒体积分数和添加剂比例较大的 MRF-8 的最大剪切屈服应力达到 93kPa。

此外，由于磁流变液中的基础液不同，零场黏度和最大剪切屈服应力也不同。如图 6-17 所示，合成油作为基液的磁流变液 MRF-10 具有更低的零场黏度，且在磁感应强度为 0.9T 时，最有更高的剪切屈服应力。而最为常见的硅油基磁流变液 MRF-9 和机油混合的 MRF-3 性能相近。出现这一现象的原因主要是合成油作为基液时磁性颗粒混合更为均匀，但合成油的生产成本较高，而机油作为机械领域常见的润滑油，其成本较低，且与磁性颗粒化学性质较为接近，这也是本实验中较多磁流变液样本采用机油作为基础液的原因。

从微观层面解释，磁流变液的相对磁导率系数可表示为

$$\beta = \frac{\mu_p - \mu_f}{\mu_f + 2\mu_p} \tag{6-4}$$

式中，μ_p 为磁性颗粒的相对磁导率；μ_f 为基础液的相对磁导率。由式(6-4)可知，磁流变液的相对磁导率受基础液影响较大。

6.2.4　体积分数对磁流变液的影响

通常情况下磁流变液的工作间隙厚度较薄(1～2mm)，磁流变液挤压造成的磁性颗粒体积分数变化受限，故不考虑挤压情况，仅考虑初始体积分数对磁流变液性能的影响。首先将升降装置落下，此时传力筒上端固定；然后向励磁线圈通入不同电流，待磁流变液固化完成后，向电机通电使其转动；通过控制模块不断增大电机功率，直至转动盘开始相对转动，此时对应的应力值即为磁流变液的剪切屈服应力，如图 6-18 所示。

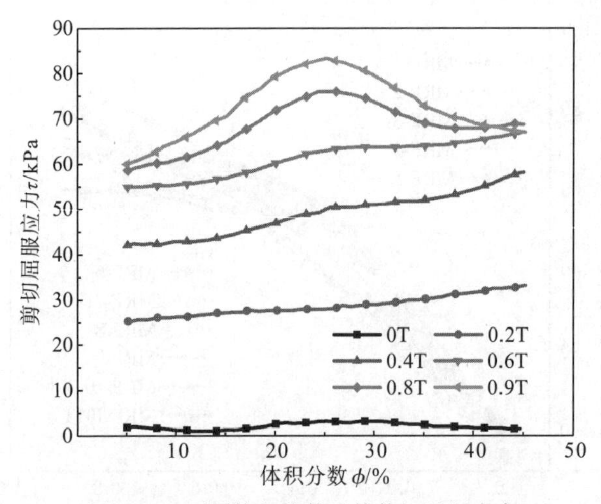

图 6-18　不同体积分数下的剪切屈服应力

分析图 6-18 可知，随着磁性颗粒体积分数的增加，磁流变液的剪切屈服应力不断增大，且增长幅度随磁感应强度上升不断增大。但当磁感应强度较高时，由于磁性颗粒较多会导致颗粒之间的摩擦加剧，破坏磁链结构，磁流变液的剪切屈服应力数值在体积分数超过 25%后迅速衰减。

6.2.5　剪切应变率对磁流变液的影响

由于剪切模式下磁流变液的工作特性，剪切形变不可避免，尤其是当其剪切屈服应力超过磁链所能提供的磁致剪切屈服应力时，磁流变液将开始流动。此时，磁流变液的剪切屈服应力除受磁感应强度影响较大外，还随剪切应变率的增大出现剪切稀化现象。

首先断开励磁线圈的电流，使磁流变液处于零磁场状态，通过测试台测量零场下磁流变液的黏度和剪切应变率，如图 6-19 所示。分析实验数据可知，当磁性颗粒的体积分数较大时，磁流变液的零场黏度也会随之增大，但随剪切应变速率提升而减小。

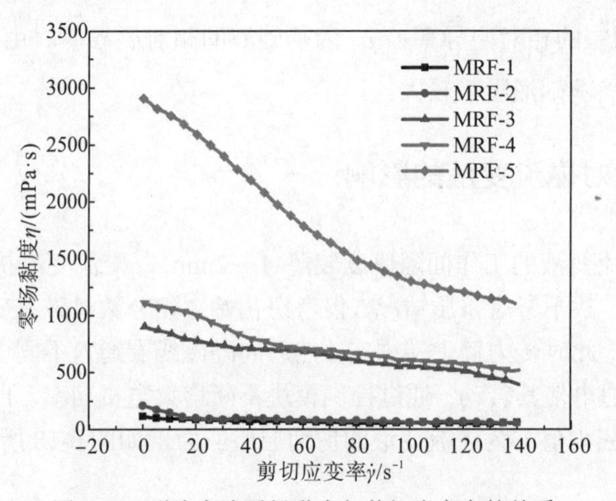

图 6-19　磁流变液零场黏度与剪切应变率的关系

下面探讨固定磁感应强度下磁流变液的剪切稀化特性，即保证线圈电流稳定在某一数值(B=0.4T)，通过升降机构固定传力筒，并不断提高电机的转速，此时剪切屈服应力传感器采集的数据如图 6-20 所示。当剪切应变率较低时，磁流变液在黏性剪切作用下剪切屈服应力有一定程度的提升，这比较符合 Bingham 本构模型，但当剪切应变率进一步提升时便如 Herschel-Bulkley 本构模型描述的一样，进入屈服后区($\dot{\gamma}$>48s^{-1})后发生剪切稀化现象，剪切屈服应力迅速降低。

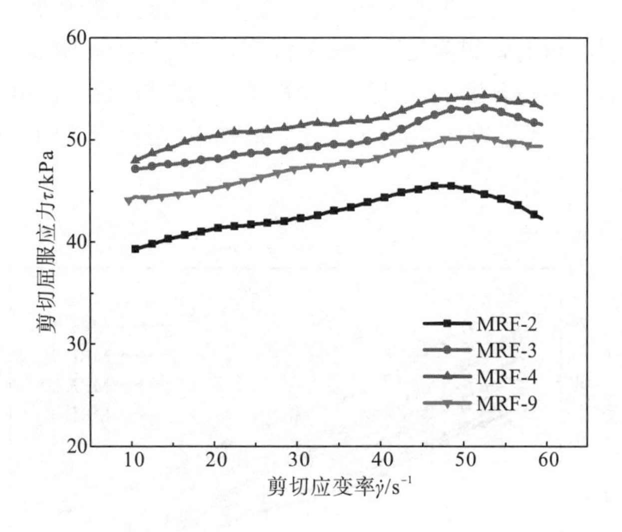

图 6-20　剪切屈服应力与剪切应变率的关系

为综合探究不同磁感应强度下磁流变液的剪切稀化现象，在上述实验步骤的基础上，改变线圈电流，并截取若干磁感应强度下的流变特性曲线进行数据处理，如图 6-21 所示。可以看出磁感应强度越强，磁流变液固化程度越高，剪切稀化现象越显著，且当磁流变液处于屈服后区时，磁流变液的稀化趋势几乎相同，而与磁感应强度无关。

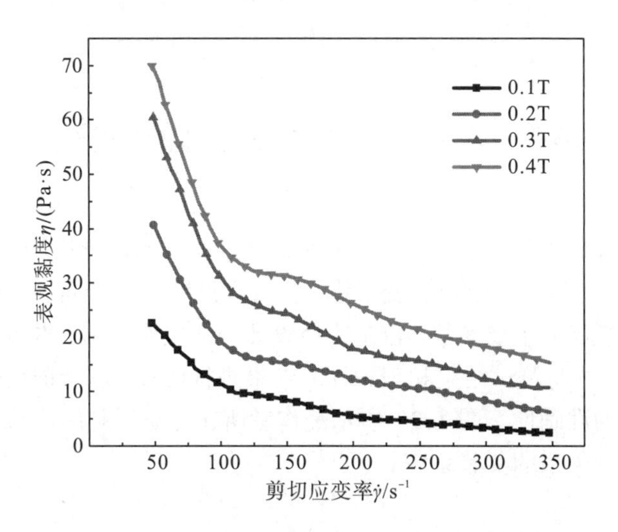

图 6-21　不同磁感应强度下磁流变液的剪切稀化曲线

6.2.6 温度对磁流变液的影响

随着温度上升，磁性颗粒之间的布朗运动将会加剧，导致磁性颗粒的无序性增加，影响磁链形成，且磁流变液中基础液的黏度将随温度的上升不断下降。在布朗运动和黏温性的共同作用下，磁流变液的剪切屈服应力受温度影响较大。

磁流变液的加热装置在从动盘的表面，通过电加热装置对磁流变液进行加热，并借助溢流槽导热孔内放置的热电偶测量磁流变液的温度。实验数据如图 6-22 所示。由图可知，磁流变液的剪切屈服应力随温度上升呈近似线性下降的趋势，这一温度特性对实验测试的各种类磁流变液均适用。当温度由 20℃上升至 100℃时，磁流变液的剪切屈服应力下降约 30%。

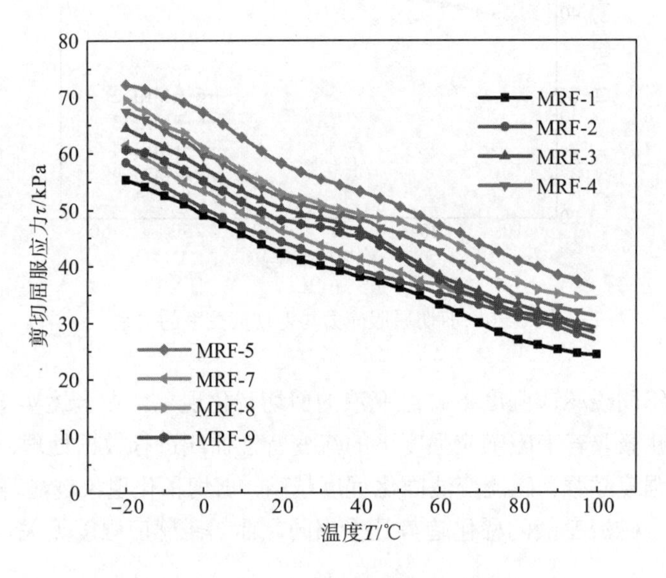

图 6-22 温度与剪切屈服应力的关系

6.3 形状记忆合金弹簧特性实验

在应力和热循环作用下，形状记忆合金弹簧会改变其初始形状，以及因变形受阻而形成回复力。因此，形状记忆合金弹簧变形量、负载和温度三者之间的定量关系是反映形状记忆合金弹簧驱动性能的主要参数，也是应用设计中的主要依据。本节将对形状记忆合金螺旋弹簧进行测试，并将测试结果和理论计算结果进行比较，以验证反映形状记忆合金螺旋弹簧的理论模型的准确性。图 6-23 所示是作者所在团队研制的位移受限下形状记忆合金弹簧输出力与温度关系的实验系统。

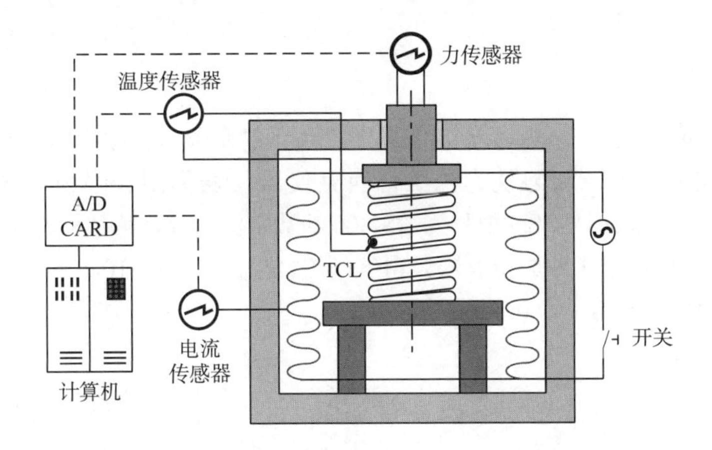

图 6-23　位移受限下形状记忆合金弹簧输出力与温度关系的实验系统

6.3.1　位移受限下形状记忆合金弹簧输出力与温度的关系

1. 实验总体布置

位移受限下形状记忆合金弹簧输出力与温度的关系实验是在限制形状记忆合金轴向位移量的条件下，对形状记忆合金弹簧缓慢加热和冷却，测试形状记忆合金弹簧在不同温度下的输出力，实验测试系统如图 6-23 所示。

2. 实验原理

当 $M_f \leqslant T \leqslant A_f$ 时，位移受限下的形状记忆合金弹簧输出力为

$$F(T) = \frac{G(T)d^4}{8D^3 n}\delta_L \tag{6-5}$$

弹性模量 $G(T)$ 为形状记忆合金剪切弹性模量；d 为弹簧丝直径；D 为弹簧中径；n 为弹簧有效圈数；δ_L 为弹簧轴向伸缩量。

3. 形状记忆合金弹簧输出力实验

1) 实验目的

测试确定形状记忆合金弹簧在位移受限下输出力与温度的关系，确定温度对形状记忆合金弹簧驱动性能的影响。

2) 实验方法

利用本节建立的形状记忆合金弹簧输出力与温度关系的实验系统，测得试样室内形状记忆合金弹簧在位移受限下输出力与温度的关系。以缓慢的速度对形状记忆合金弹簧进行加热和冷却，使形状记忆合金弹簧试件与恒温箱能够充分地进行热交换。以相变温度为参照，在形状记忆合金相变温度区间外测试间隔为 5℃，在形状记忆合金相变温度区间内缩短测试间隔到 2℃。上下夹头和形状记忆合金弹簧试件均在温度控制箱内。

3）实验器材

位移受限下形状记忆合金弹簧输出力与温度关系的实验装置如图 6-24 所示。保温箱内部结构如图 6-25 所示。测力仪为德国德西克仪器仪表集团有限公司（Germany Desik Instruments Group Limited）生产的型号为 DS-300 的数字测力仪，其量程为 300N，分辨率为 0.1N。测温仪为泰仕电子工业股份有限公司生产的型号为 TES-1310 的数字温度表，其测量范围为−50～200℃，分辨率为 0.1℃。

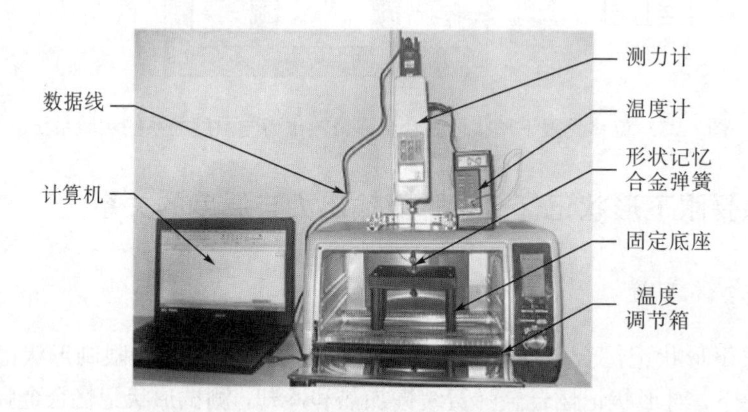

图 6-24 位移受限下形状记忆合金弹簧输出力与温度关系的实验装置

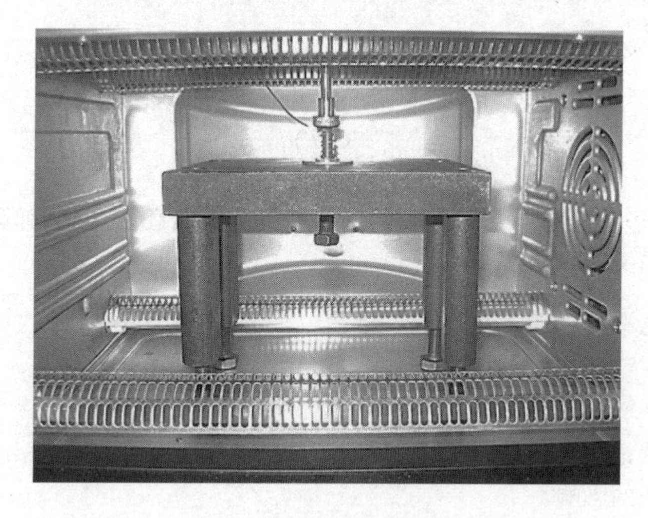

图 6-25 保温箱内部结构

4）实验步骤

第一步：将形状记忆合金弹簧试样（图 6-26）上端固定于试样室内的测力仪上，形状记忆合金试样下端与下夹头固连，测力仪和夹头固定在试样室上。

第二步：调节形状记忆合金试样温度，使其达到稳定的要求值，用温度传感器测量形状记忆合金温度值、用力传感器测量形状记忆合金弹簧的轴向输出力，记录数据。

第三步：以缓慢的速度对形状记忆合金弹簧进行加热，重复第二步。

第四步：对实验数据进行处理，绘制参数之间的关系曲线，得出实验结论。

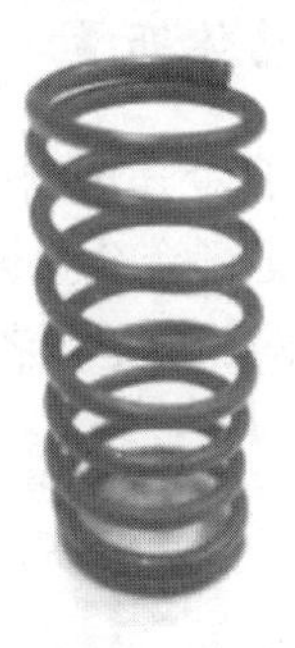

图 6-26　形状记忆合金弹簧试样

形状记忆合金材料为 Ni-Ti 合金，其相变温度为 M_f=50℃、M_s=78℃、A_s=74℃、A_f = 95℃。高温切变弹性模量 G_A 和低温切变弹性模量 G_M 分别取 25GPa 和 7.5GPa 进行计算。弹簧结构参数：弹簧中径 D=8.6mm，丝材直径 d=1mm，有效圈数 n=7，倾角 α=6°。

在相变过程中，若形状记忆合金螺旋弹簧的变形受到约束，则其会对约束体产生作用力，这个力称为回复力，回复力是形状记忆合金驱动元件的一个重复指标。形状记忆合金螺旋弹簧的回复力与环境温度和受约束的变形量密切相关。图 6-27 是由式(6-5)计算出的形状记忆合金弹簧在加热时恒定伸缩，δ=15mm 对应的回复力计算值与实验值的对比。由图 6-27 可知，理论分析结果与实验数据趋势基本相符，引起误差的主要原因有弹簧制造误差、测量误差以及理论模型的简化等。

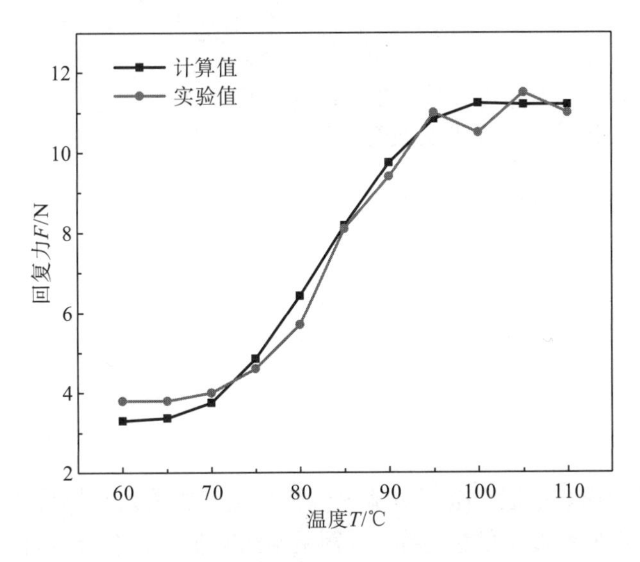

图 6-27　恒定伸缩量时回复力计算值与实验值的对比

6.3.2 形状记忆合金弹簧输出位移与温度的关系

1. 实验总体布置

形状记忆合金弹簧输出位移与温度的关系实验是让形状记忆合金弹簧一端固定、一端自由，对形状记忆合金弹簧缓慢加热或冷却，测试形状记忆合金弹簧在不同温度下的输出位移。图 6-28 所示是作者所在团队研制的形状记忆合金弹簧输出位移与温度的关系实验系统。

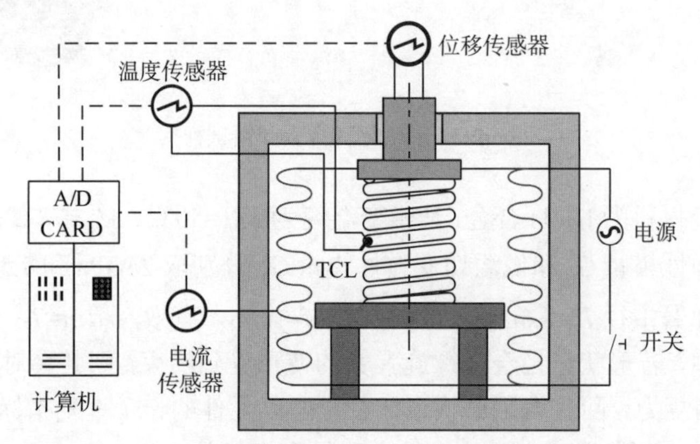

图 6-28 形状记忆合金弹簧输出位移与温度的关系实验系统

2. 实验原理

输出行程 $\Delta\delta$ 的表达式为

$$\Delta\delta = \frac{\pi D^2 n}{d}\left(1-\frac{G_L}{G}\right)\gamma_{\max} \tag{6-6}$$

式中，D 为弹簧中径；n 为弹簧有效圈数；d 为弹簧丝直径；G_L 为低温切变弹性模量；G 为切变弹性模量；设计时 $\gamma_{\max}$ 等于低温时切应变 γ_L。

3. 形状记忆合金弹簧输出位移实验

1) 实验目的

测试确定形状记忆合金弹簧在不同温度下的输出位移量，分析形状记忆合金弹簧的位移输出特性。

2) 实验方法

利用本节建立的形状记忆合金弹簧输出位移与温度的关系实验系统，测得试样室内形状记忆合金弹簧在不同温度下的位移量。分别采用形状记忆合金自身直接通电内部加热和外部环境热源直接加热两种方式来改变形状记忆合金弹簧的温度，对比两种加热方式对形状记忆合金弹簧响应特性的影响。

3) 实验器材

形状记忆合金弹簧输出位移与温度的关系实验装置如图 6-29 所示。形状记忆合金下端固定，上端与一根细长的金属丝相连，金属丝通过保温箱顶部的通孔伸出保温箱，由金属丝与直尺对应的刻度差直接读取形状记忆合金弹簧的位移输出量。

图 6-29　形状记忆合金弹簧输出位移与温度的关系实验装置

4) 实验步骤

第一步：将形状记忆合金弹簧下端固定于试样室内的下夹头，上端可轴向自由移动。

第二步：调节形状记忆合金试样温度，使其达到要求值，用温度传感器测量形状记忆合金温度值、用标尺测量形状记忆合金弹簧的轴向位移输出量，记录数据。

第三步：以缓慢的速度对形状记忆合金弹簧进行加热，重复第二步。

第四步：对实验数据进行处理，绘制参数之间的关系曲线，得出实验结论。

形状记忆合金弹簧试样如图 6-26 所示，γ_{max} 取 2%，低温时切变弹性模量 G_L 为 7.5GPa，由式(6-6)计算出输出位移 $\Delta\delta$ 计算值与实验值，如图 6-30 所示。由图 6-30 可知，理论分析结果基本与实验数据相符合。

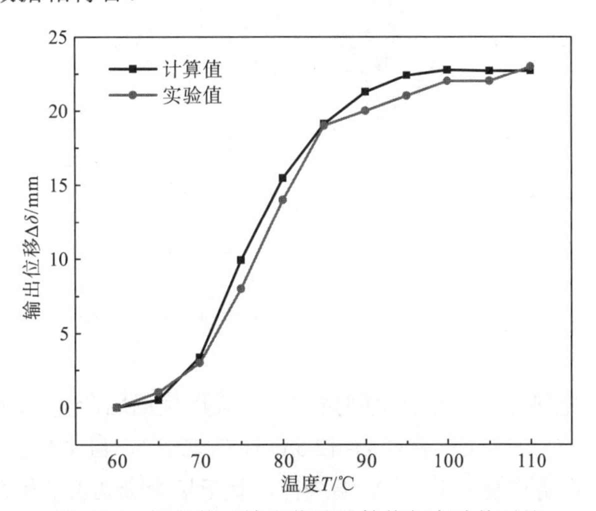

图 6-30　恒负载下输出位移计算值与实验值对比

6.4 电热形状记忆合金弹簧热机械性能实验

6.4.1 电热形状记忆合金弹簧工作原理

形状记忆合金螺旋弹簧驱动器的输出力和输出位移与其温度密切相关[5-7]，但形状记忆合金螺旋弹簧驱动器大多以流体为介质传递热量，或者对形状记忆合金加载电流产生焦耳热引起形状记忆效应[8]，这两种方法均存在一定的缺陷。因此本节提出一种新型电热形状记忆合金弹簧驱动器。该驱动器结构紧凑、能量密度高，通过电流产生的焦耳热引起形状记忆合金的形状记忆效应，能够显著缩短驱动器响应时间。

电热形状记忆合金弹簧结构示意图如图 6-31 所示。电热形状记忆合金弹簧丝上螺旋缠绕了聚氨酯铜芯漆包线，通过铜芯漆包线可以避免电器短路影响测试设备工作。同时，为了使漆包线产生明显的焦耳热并且能够与形状记忆合金丝迅速地进行热交换，漆包线各螺线圈间以及漆包线与形状记忆合金丝间均为紧密贴合。电热形状记忆合金弹簧上下两端为了承载的稳定性均做了紧磨平处理，因此上下两端的形状记忆合金丝上未缠绕铜芯漆包线。

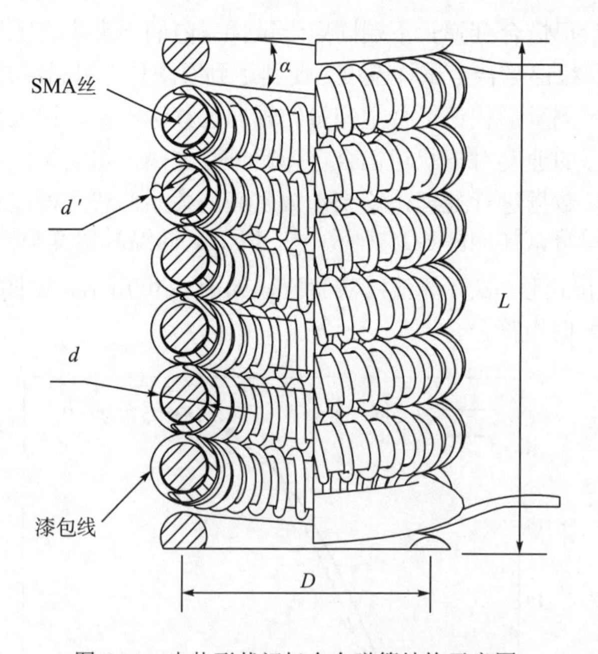

图 6-31 电热形状记忆合金弹簧结构示意图

如图 6-31 所示的电热形状记忆合金弹簧结构，其形状记忆合金丝的丝径 d=1.95mm，弹簧螺旋线的螺旋角 $\alpha = 6°$，弹簧的直径 D=12.5mm（$D = 2R$），自由高度 L=19mm，有效螺旋圈数 n_e=6，弹簧上下两端并紧磨平；螺旋缠绕在形状记忆合金丝上的聚氨酯铜芯漆包线的丝径 d'=0.4mm，漆包线的匝数 N=300。

初始状态时，电热形状记忆合金弹簧的温度 T=25℃（$T<M_f$），形状记忆合金加载前处于孪晶马氏体相；在对形状记忆合金加载的过程中，应力逐渐增大到马氏体开始转变应力，形状记忆合金由孪晶马氏体相开始转变为非孪晶马氏体相，此时形状记忆合金中马氏体的体积分数和形状记忆因子均逐渐增大；在结束对形状记忆合金的加载后，由于此时的电热形状记忆合金弹簧的温度 T=25℃（$T<A_s$），卸载期间形状记忆合金非孪晶马氏体不会有相变发生，卸载结束后，形状记忆合金的可恢复非线性应变转变为残余应变；在加热阶段，通过对电热形状记忆合金弹簧加热，使其温度上升到 T=100℃（$T>A_f$），在这个过程中非孪晶马氏体逐渐转变为奥氏体，形状记忆因子和残余应变逐渐减小，电热形状记忆合金弹簧恢复为初始形态。电热形状记忆合金弹簧的加载和卸载阶段已在制备期间完成，在实际使用中仅需对电热形状记忆合金弹簧中的铜芯漆包线通电流产生焦耳热，激活形状记忆合金的形状记忆效应，通过对电热形状记忆合金弹簧施加位移约束即可产生期望的位移或回复力，同时通过控制漆包线通入电流的大小和时间可实现对电热形状记忆合金弹簧产生的回复力或位移的连续精确控制。

6.4.2　实验装置与设置

1. 电热形状记忆合金弹簧热驱动性能测试装置

图 6-32 所示为作者所在团队研制的电热形状记忆合金弹簧热驱动性能测试装置[9]，该装置可测试电热形状记忆合金弹簧作为压力驱动器或力位移驱动器时的驱动特性，其中电热形状记忆合金弹簧的结构参数如图 6-31 所示。该测试装置中主要的器件包括：SH-200N 数显式推拉力计（最大量程为 200N，分度值为 0.1N），TES-1310 数显式温度计（使用 k 型热电偶时，量程为−50～200℃，分度值为 0.1℃），HLB 手动基座，数显标尺（量程为 0～100mm，分度值为 0.01mm），旋转式电阻箱可提供 0.1Ω 到 99.9999kΩ 的电阻，RXN-3010D 数字式直流电源（输出最大电压为 30V，最大电流为 10A，电压分度值为 0.1V，电流分度值为 0.01A），以及 DT-9927 数字式万用表。

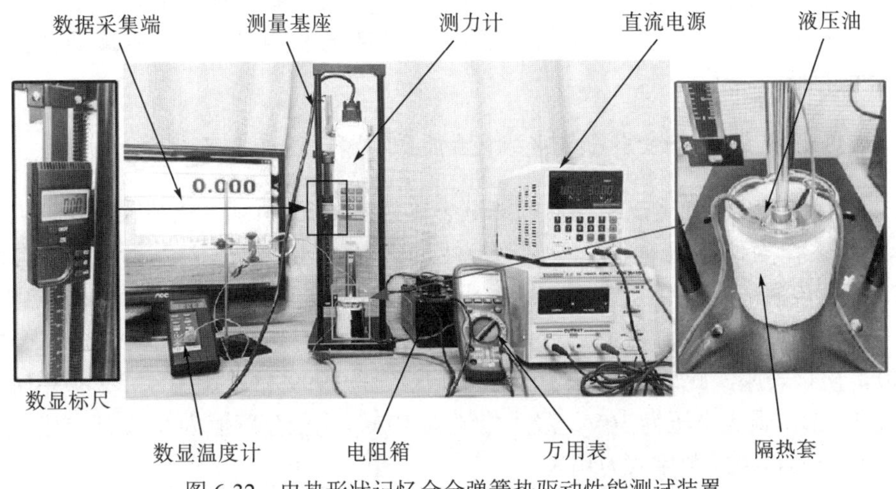

图 6-32　电热形状记忆合金弹簧热驱动性能测试装置

测试装置中平底烧杯放置于测力计侧头底部，杯壁套有环绕一周的隔热材料(聚氨酯泡沫)，烧杯顶部安装有可拆卸的隔热盖(聚氨酯泡沫)，为使电热形状记忆合金弹簧在测试时保持稳定，烧杯底部黏接有一个可安装电热形状记忆合金弹簧的导向杆。在对电热形状记忆合金弹簧通电加热使形状记忆合金表面产生高温和大应变时，黏接在形状记忆合金表面的热电偶极易发生脱落导致测试数据不准确以及实验不可重复。因此，为了准确测量形状记忆合金的温度，电热形状记忆合金弹簧与烧杯内壁之间充满了液压油[比热容为1.7kJ/(kg·℃)，传热率为0.2W/(m·℃)]。相较于空气液压油有较好的传热性，热电偶在和形状记忆合金表面接触的同时，热电偶与形状记忆合金间隙中的液压油通过热传导的方式将形状记忆合金的热量传导至热电偶，从而有效地提高了对形状记忆合金温度测量的精度。

电热形状记忆合金弹簧作为压力驱动器时，测试装置主要测量电热形状记忆合金弹簧回复力F_r、电流以及形状记忆合金温度。测试开始之前将各器件安装到测试平台上并将测试装置所需的线缆连接完成；然后，给装有电热形状记忆合金弹簧的烧杯注入常温(27℃)的液压油；最后，将直流电源的导线与电热形状记忆合金弹簧导线相连，并用隔热盖将烧杯顶部封闭。测试时，通过旋转基座上的手轮调整测力计的测头高度，使测头与电热形状记忆合金弹簧顶面接触但不产生压力，该状态下电热形状记忆合金弹簧能够产生最大的回复力F_r；利用直流电源对电热形状记忆合金弹簧通入不同电流(I=1～5A)，通过数显温度计记录形状记忆合金表面的温度，通过测力计记录电热形状记忆合金弹簧产生的回复力，计算机上的测力计驱动软件也可以记录电流加载时间；最终，各器件产生的测试数据由计算机读取并分析存储。

电热形状记忆合金弹簧作为力位移驱动器时，测试装置主要测量电热形状记忆合金弹簧回复力F_r、轴向变形f、电流以及形状记忆合金温度。测试开始之前的准备工作与测试电热形状记忆合金弹簧作为压力驱动器时一致。测试时，通过旋转基座上的手轮调整测力计的测头高度，使测头与电热形状记忆合金弹簧顶面产生不同的间距(f=1～11mm)；利用直流电源对电热形状记忆合金弹簧通入3A电流，通过数显温度计记录形状记忆合金表面的温度，通过测力计记录电热形状记忆合金弹簧产生的回复力F_r；数显标尺产生的位移数据、测力计产生的回复力数据和数显温度计产生的温度数据由计算机读取并分析存储。

2. 电热形状记忆合金弹簧热位移性能测试装置

电热形状记忆合金弹簧热位移性能测试装置如图6-33所示。该装置可测试电热形状记忆合金弹簧作为位移驱动器时的驱动特性，其中电热形状记忆合金弹簧结构参数如图6-31所示。该测试装置中主要的器件包括：TES-1310数显式温度计(使用k型热电偶时，量程为-50～200℃，分度值为0.1℃)，SK-199数显百分表(量程为0～25mm，分度值为0.01mm)，磁性表座，旋转式电阻箱可提供0.1Ω到99.9999kΩ的电阻，RXN-3010D数字式直流电源(输出最大电压为30V，最大电流为10A，电压分度值为0.1V，电流分度值为0.01A)，以及DT-9927数字式万用表。

为了使该测试装置准确测量形状记忆合金表面的温度(与图6-32所示的测试装置类

似)，将电热形状记忆合金弹簧放入倒满了液压油的隔热烧杯中。同时，为了减少热量损耗，隔热烧杯顶部安装了可拆卸的隔热盖，并且在烧杯底部与金属基座之间安装有一层聚氨酯泡沫用以隔热。

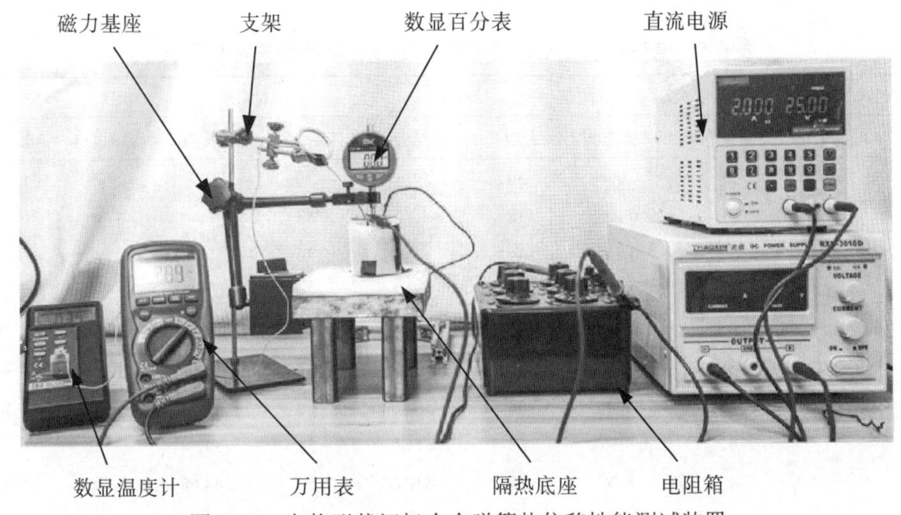

图 6-33　电热形状记忆合金弹簧热位移性能测试装置

使用该装置测试电热形状记忆合金弹簧的热位移特性时，主要测量弹簧轴向变形 f、电流以及形状记忆合金温度。测试开始之前将各器件安装到测试平台上并且将测试装置所需的线缆连接完成；然后，给装有电热形状记忆合金弹簧的烧杯注入常温（27℃）的液压油，并且保证弹簧伸长后也能被液压油浸泡；最后，将直流电源的导线与电热形状记忆合金弹簧导线相连，并用隔热盖将烧杯顶部封闭。

测试时，调整磁性表座各旋转副，使数显百分表测头与电热形状记忆合金弹簧顶面接触但不产生压力，并且保证电热形状记忆合金弹簧轴向伸长方向与数显百分表测头收缩方向平行；利用直流电源对电热形状记忆合金弹簧通入不同电流（I=1～5A），数显温度计记录形状记忆合金表面的温度，数显百分表记录电热形状记忆合金弹簧产生的轴向变形；最终，各器件产生的测试数据由计算机读取并分析存储。

6.4.3　回复力驱动性能

通过图 6-32 所示的电热形状记忆合金弹簧热驱动性能测试装置得出不同电流下回复力与温度的关系，相应数据见表 6-5，相应的关系曲线如图 6-34 所示。在不同电流的作用下，回复力与温度的变化规律基本一致；当电热形状记忆合金弹簧加载的电流为 1A 时，铜芯漆包线产生的焦耳热仅能使形状记忆合金表面温度达到 34℃，此时形状记忆合金的温度未达到 A_s，测力计记录的回复力由形状记忆合金热膨胀产生；同理，当电热形状记忆合金弹簧加载的电流为 2A 时，铜芯漆包线产生的焦耳热使形状记忆合金在 54℃时与外界温度达到热平衡，此时形状记忆合金温度已经超过 A_s，形状记忆合金产生形状记忆效应使电热形状记忆合金弹簧产生回复力，但该温度未达到 A_f，形状记忆合金的可恢复非线性应变并未完全恢复，因此在加载电流为2A时电热形状记忆合金弹簧不能产生最大回复力；当电热形状记忆合金弹簧加载的电流为3A、4A和5A时形状记忆合金的温度均能达到A_f，因此电热形状记忆合金弹簧能产生较大的回复力。

表6-5 电热形状记忆合金弹簧回复力与温度的关系数据表

I=1A		I=2A		I=3A		I=4A		I=5A	
温度/℃	回复力/N	温度/℃	回复力/N	温度/℃	回复力/N	温度/℃	回复力/N	温度/℃	回复力/N
28	0	29	0	30	0	29	0	30	0
29	0	30	0.22	38	1.32	33	0	36	0
30	0	32	0.22	44	8.58	36	0	42	0.66
31	0	34	0.44	48	29.04	39	0.88	48	2.42
32	0.2	36	0.88	52	45.76	45	2.86	54	9.68
33	0.6	38	1.54	55	53.68	48	11.00	60	36.08
34	0.8	40	2.64	60	58.30	50	15.84	66	46.20
		42	10.56	65	61.60	54	34.54	72	50.16
		43	18.26	69	63.36	55	44.88	76	52.58
		45	31.02	72	64.68	58	53.24	80	54.12
		47	39.82	77	66.22	61	55.66	86	55.44
		48	43.12	80	66.88	64	57.86	90	56.10
		49	46.20	84	67.98	71	60.06	98	57.86
		51	51.26	87	68.20	81	63.80		
		52	53.46	91	69.08	90	65.56		
		53	55.66	93	70.18	94	66.22		
		54	57.64	100	70.20	99	66.88		

FEM模拟电热形状记忆合金弹簧的过程中并未考虑形状记忆合金马氏体相变迟滞对形状记忆效应的影响，因此可以假设有限单元法模拟得出的结果为较低热加载速率下的热机械特性，图6-34所示的FEM得出的回复力与温度曲线和加载电流为3A时的实验结果基本一致；形状记忆合金产生形状记忆效应过程中的恢复速率对电热形状记忆合金弹簧产生回复力有较大影响，加载的电流越大形状记忆合金的恢复速率越快，形状记忆合金马氏体相变迟滞的影响也越明显。加载电流为3A、4A和5A时，回复力与温度曲线变化规律基本一致，但随着电流增大形状记忆合金的A_s和A_f也在增大，并且电热形状记忆合金弹簧加载电流为3A、4A和5A时产生的最大回复力分别为70.2N、68.8N和61.1N，随着电流的增大电热形状记忆合金弹簧产生的最大回复力有减小的趋势。

通过对图6-34所示的电热形状记忆合金弹簧回复力与温度曲线进行梯度估算，得到如图6-35所示的不同电流下形状记忆合金的回复速率。从图中可知，随着电热形状记忆合金弹簧电流的增大，形状记忆合金的回复速率峰值逐渐减小，且形状记忆合金的回复速率峰值所对应的温度逐渐增大；FEM模拟得出的形状记忆合金回复速率曲线与电流为3A时的实验数据基本一致。

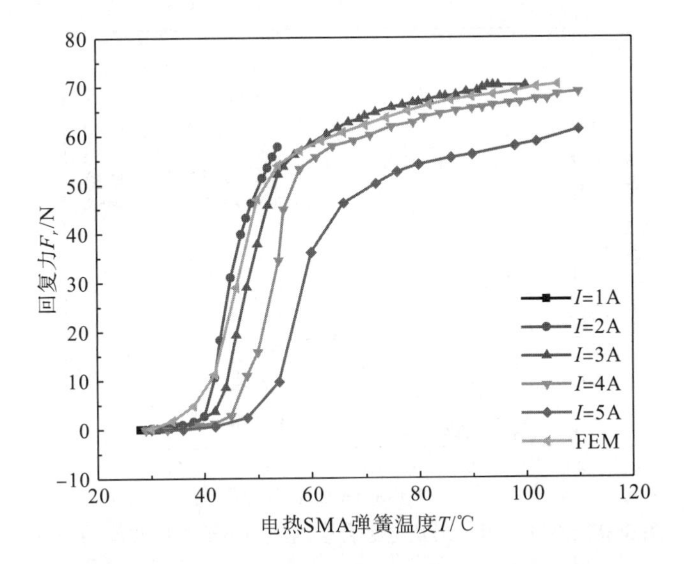

图 6-34　电热形状记忆合金弹簧回复力与温度的关系

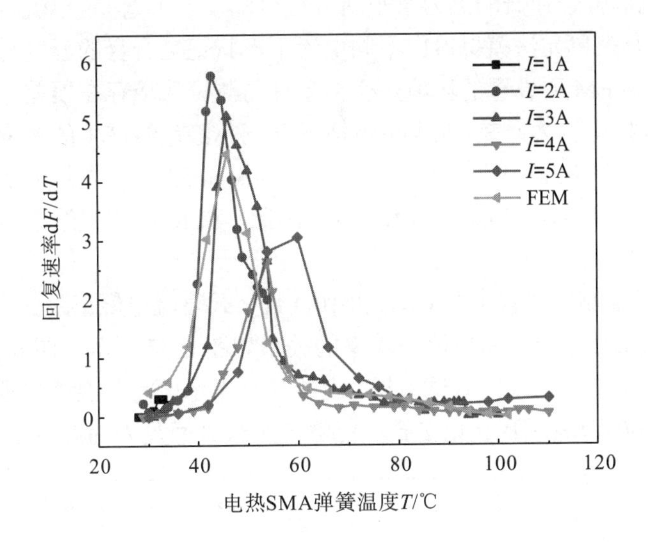

图 6-35　不同电流下形状记忆合金温度与回复速率的关系

计算机采集的不同电流下电热形状记忆合金弹簧形状记忆合金的表面温度与电流加载时间如图 6-36 所示，加载的电流为 1A 和 2A 时，电热形状记忆合金弹簧的铜芯漆包线产生的焦耳热在与外界环境进行热交换过程中耗散较多热量，因此在持续通入小电流的情况下无法产生足够的热量激发形状记忆合金的形状记忆效应；加载电流为 1A，通入电流加热时间为 196s 时，电热形状记忆合金弹簧基本达到热平衡，温度为 34℃；加载电流为 2A，通入电流加热时间为 286s 时，电热形状记忆合金弹簧基本达到热平衡，温度为 54℃；加载电流为 3A、4A 和 5A 时，铜芯漆包线产生的焦耳热能够使形状记忆合金温度达到 A_f，因此未测量该情况下电热形状记忆合金弹簧达到热平衡所需的时间，电热形状记忆合金达到 100℃所需的时间分别为 168s、64s 和 35s。

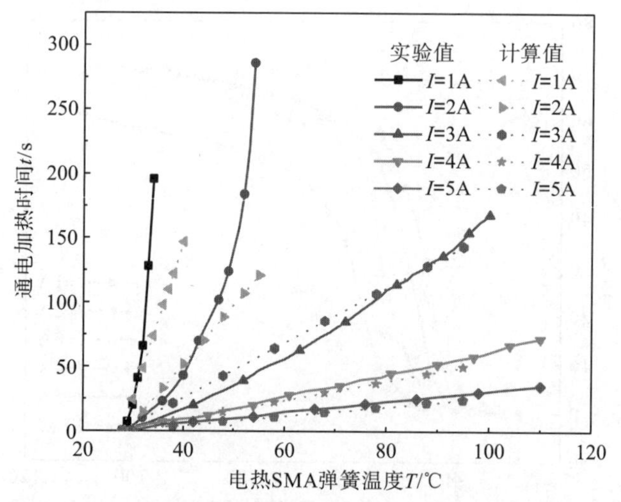

图 6-36 不同电流下形状记忆合金温度与电流加载时间的关系

由电热形状记忆合金弹簧的热力学平衡方程可知，当加载恒定电流时温度与时间呈线性关系，因此通过有限单元法模拟得出不同电流下形状记忆合金的温度与电流加载时间高度线性相关；由于 FEM 所设置的环境热交换条件与测试环境存在误差，小电流情况下的模拟结果与测试数据有较大误差；在大电流情况下铜芯漆包线产生的热量远大于与环境热交换耗散的热量，并且 FEM 模拟加载电流为 3A、4A 和 5A 时，电热形状记忆合金弹簧达到 100℃所需的时间分别为 154s、53s 和 26s，因此，FEM 的模拟结果与低热加载速率下的测试数据基本一致。

通过图 6-32 所示测试装置中的 RXN-3010D 数字式直流电源记录的电压电流数据，计算得出的电热形状记忆合金弹簧电流与功率的关系如图 6-37 所示。图 6-37 中电流与温度曲线的实线部分表示实际记录的测试数据，虚线部分表示电流与温度的理论值，图中直线 b 所对应的温度(100℃)表示形状记忆合金能够产生最大回复力的温度，直线 a 所对应的

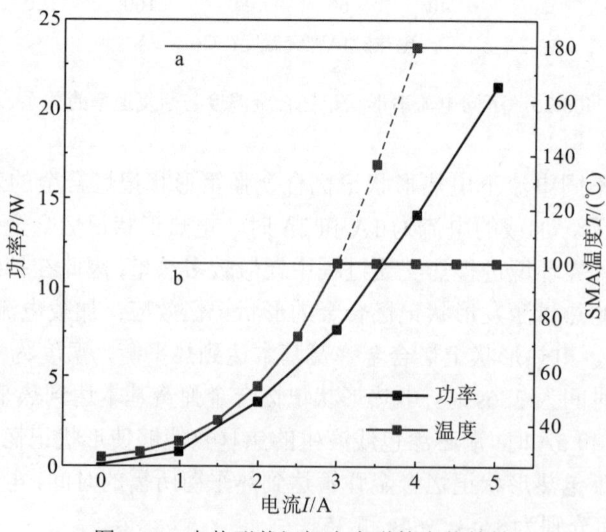

图 6-37 电热形状记忆合金弹簧电热特性

温度(180℃)表示铜芯漆包线的极限工作温度，测试时形状记忆合金表面温度达到 100℃时即停止加载电流，若温度过高，则会导致电热形状记忆合金形状记忆性能下降，并且会使铜芯漆包线融毁。当加载电流为 1A、2A、3A、4A 和 5A 时，电热形状记忆合金弹簧的输入功率分别为 0.7W、3.6W、7.6W、14.2W 和 21.3W；随着加载电流的增大，电热形状记忆合金弹簧的输入功率与形状记忆合金最高温度呈指数增长，并且输入功率与电热形状记忆合金弹簧最高温度增长趋势基本一致。

6.4.4　位移驱动性能

由图 6-33 所示的测试装置得出的不同电流下电热形状记忆合金弹簧轴向位移与温度的关系如图 6-38 所示，相应数据见表 6-6。与图 6-34 所示的电热形状记忆合金弹簧回复力与温度的关系类似，在不同电流大小下，轴向位移与温度的变化规律基本一致；电热形状记忆合金弹簧加载的电流为 1A、2A、3A、4A 和 5A 时，最大轴向位移分别为 1.47mm、6.50mm、7.72mm、7.47mm 和 5.9mm；当加载的电流较小时(1A 和 2A)铜芯漆包线产生的焦耳热无法使形状记忆合金热平衡时的温度达到 A_f，因此，电热形状记忆合金弹簧在较小电流情况下无法输出足够的位移；形状记忆合金马氏体相变迟滞对形状记忆效应影响较大，电热形状记忆合金弹簧加载的电流越大形状记忆合金相变速率越快，形状记忆合金的 A_s 和 A_f 均随着电流的增大而增大，并且形状记忆合金相变速率越快电热形状记忆合金弹簧输出的最大位移越小。

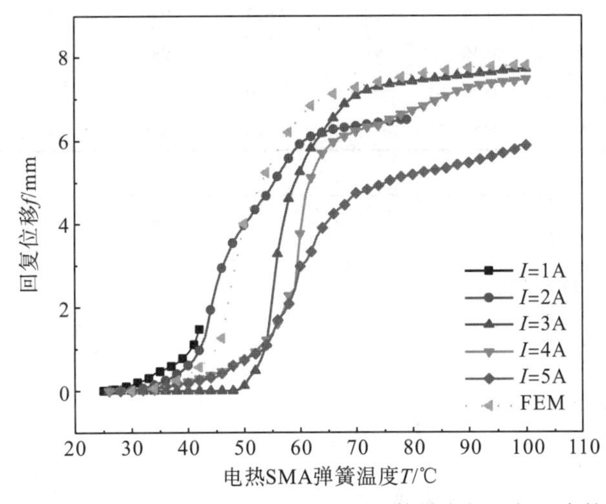

图 6-38　不同电流下电热形状记忆合金弹簧轴向位移与温度的关系

图 6-38 中所示的 FEM 模拟得出的电热形状记忆合金弹簧轴向位移和温度曲线与加载电流为 2A 时的测试数据较为接近，与图 6-34 所示的利用 FEM 模拟得出的电热形状记忆合金弹簧回复力类似，由于模拟分析中未考虑马氏体相变迟滞对形状记忆合金的影响，因此形状记忆合金相变过程中 A_s 和 A_f 严格服从初始的设定值；FEM 模拟得出的电热形状记忆合金弹簧在 100℃时达到最大轴向输出位移 7.8mm。

表 6-6　电热形状记忆合金弹簧回复位移与温度的关系数据表

I=1A		I=2A		I=3A		I=4A		I=5A	
温度/℃	回复位移/mm	温度/℃	回复位移/mm	温度/℃	回复位移/mm	温度/℃	回复位移/mm	温度/℃	回复位移/mm
25	0	26	0	26	0	26	0	28	0
26	0.02	30	0.01	30	0	30	0	32	0.03
27	0.03	32	0.06	34	0	34	0.03	36	0.10
28	0.06	36	0.25	38	0	38	0.16	40	0.18
29	0.10	38	0.40	42	0	42	0.30	44	0.32
30	0.14	42	0.96	46	0	46	0.46	48	0.60
31	0.19	46	2.94	50	0.120	50	0.73	52	0.88
32	0.24	48	3.54	54	1.104	54	1.21	56	1.70
33	0.30	50	3.96	58	4.596	58	2.28	60	2.98
34	0.41	52	4.34	62	5.820	62	5.12	64	3.90
35	0.46	56	5.14	66	6.540	66	5.98	68	4.45
36	0.52	58	5.57	70	7.080	70	6.23	72	4.82
37	0.58	60	5.91	74	7.296	74	6.37	76	5.04
38	0.67	62	6.10	78	7.392	78	6.63	80	5.18
39	0.77	66	6.27	82	7.464	82	6.83	84	5.30
40	0.90	68	6.31	86	7.512	86	7.07	88	5.42
41	1.10	70	6.35	90	7.572	90	7.27	92	5.54
42	1.47	72	6.39	94	7.632	94	7.37	96	5.70
		76	6.46	98	7.704	98	7.43	100	5.88
		78	6.50	99	7.716	99	7.45		
		79	6.50	100	7.716	100	7.47		

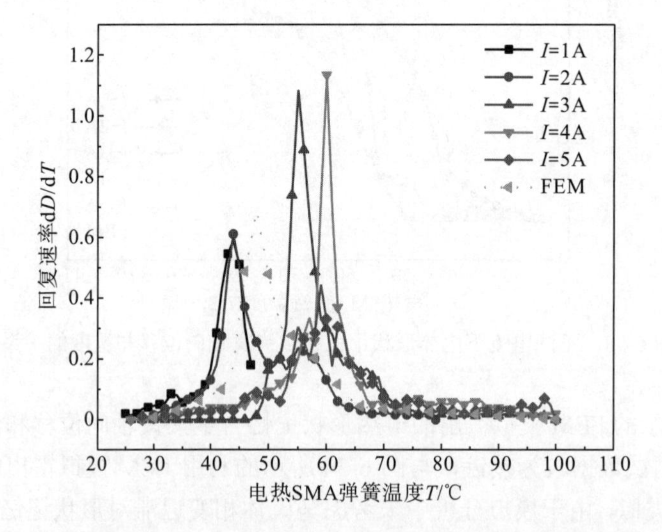

图 6-39　不同电流下形状记忆合金温度与轴向位移回复速率的关系

通过对图 6-38 所示的电热形状记忆合金弹簧轴向位移与温度曲线进行梯度估算，得到如图 6-39 所示的不同电流下形状记忆合金位移回复速率。从图中可知，电热形状记忆合金弹簧加载不同大小电流，并且在温度未达 A_s 以及温度超过 A_f 时，电热形状记忆合金弹簧轴向位移回复速率保持不变并接近于 0；电热形状记忆合金弹簧轴向位移回复速率达到峰值时所对应的温度处于 A_s 和 A_f 之间，并且形状记忆合金轴向位移回复速率峰值所对应的温度随电流增大逐渐增大。

由于形状记忆合金剪切本构模型未考虑马氏体相变迟滞对材料性能的影响，FEM 模拟得出的温度与轴向位移的关系与测试数据存在误差。结合图 6-38 与图 6-39，可以得出 FEM 模拟结果与加载电流为 2A 时的测试数据基本一致，因此 FEM 在较低回复速率下能够较好地模拟电热形状记忆合金弹簧轴向位移与温度的关系。

6.4.5　位移-回复力复合驱动性能

电热形状记忆合金弹簧应用于智能传动装置中时，不仅需要作为力致动器输出压力或者作为位移致动器输出轴向位移，而且在特定应用场景需要输出轴向位移后再输出回复力。

通过图 6-32 所示的测试装置得出的电热形状记忆合金弹簧在 100℃时的力-位移响应曲线如图 6-40 所示。图中测力计高度 h_D 表示测力计测头底面与测试平台基准面之间的高度，电热形状记忆合金弹簧自由高度 L=19mm，轴向位移 D 为测力计高度 h_D 与弹簧自由高度 L 的差值。电热形状记忆合金弹簧在该测试中需先输出位移使弹簧顶面与测力计测头接触再输出回复力，力-位移响应曲线两端点值属于两种特殊状态，左端点数据表示测头初始状态下与弹簧顶面接触，在温度达到 100℃过程中只产生回复力不输出位移，该状态下与电热形状记忆合金弹簧作为力致动器时的特性一致；右端点数据表示测头始终不与弹簧顶面接触，在温度达到 100℃过程中只输出位移不产生回复力，该状态下与电热形状记忆合金弹簧作为位移致动器时的特性一致。当测力计高度为 21mm 时，弹簧输出轴向位移

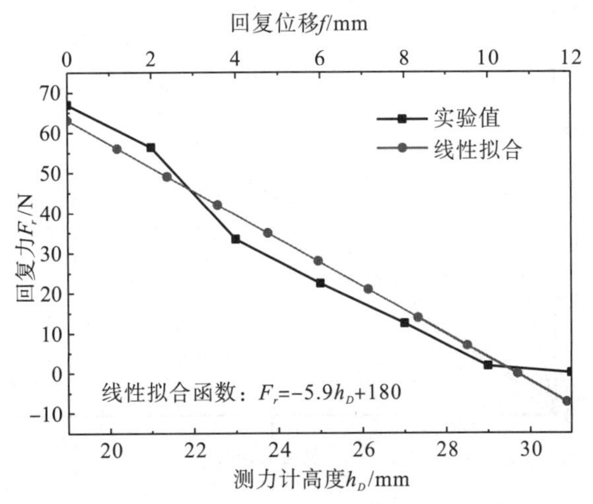

图 6-40　电热形状记忆合金弹簧力-位移响应曲线

2mm 后产生的回复力为 56.4N；当测力计高度为 25mm 时，弹簧输出轴向位移 6mm 后产生的回复力为 22.4N；当测力计高度为 29mm 时，弹簧输出轴向位移 10mm 后产生的回复力为 1.7N；随着输出的轴向位移增大，电热形状记忆合金弹簧产生的回复力由最大值逐渐减小，当输出的轴向位移达到最大值时，电热形状记忆合金弹簧产生的回复力为 0。分析可知，当电热形状记忆合金弹簧作为力-位移致动器时，回复力 F_r 与测力计高度 H 呈线性负相关，其线性拟合曲线可由函数 $F_r = -5.9h_D + 180$ 表示。

电热形状记忆合金弹簧在轴向位移 f 的情况下产生的回复力 F_r 为

$$F_r = \frac{d^4 G(\xi)}{8knD^3} f + \frac{\pi d^3 G(\xi)}{8kD} \beta \tag{6-7}$$

式中，中间变量 $\beta = \dfrac{\tau_0}{G(\xi_0)} + \dfrac{\sqrt{6}}{2}\varepsilon_L(\eta - \eta_0) + \gamma_0$； $G(\xi)$ 是以温度为自变量的函数；k 为应力修正系数，$k = \dfrac{4C-1}{4C-4} + \dfrac{0.615}{C}$。

对式(6-7)中轴向位移 f 求导得出的电热形状记忆合金弹簧的刚度系数 k_s 为

$$k_s = \frac{\mathrm{d}F_r}{\mathrm{d}f} = \frac{d^4 G(\xi)}{8knD^3} \tag{6-8}$$

式中，刚度系数 k_s 是关于剪切模量 $G(\xi)$ 的非线性函数，并且剪切模量 $G(\xi)$ 是以温度为自变量的函数，因此在不同温度下，电热形状记忆合金弹簧具有不同的刚度系数 k_s 。

由式(6-7)可知，当形状记忆合金温度为常数时，电热形状记忆合金弹簧的回复力 F_r 与轴向位移 f 呈线性关系，结合图 6-34 和图 6-38 中的数据，低热加载速率不同温度下电热形状记忆合金弹簧力-位移响应曲线如图 6-41 所示，测试得出的力-位移响应曲线的斜率随着温度的升高而降低，该斜率表示式(6-8)中的刚度系数 k_s ，当温度为 50℃、60℃、70℃、80℃、90℃和 100℃时，测试得出的刚度系数 k_s 分别为 51.8、15.5、10.2、9.9、9.4 和 9.3。图 6-41 中各虚线表示 FEM 得出的不同温度下电热形状记忆合金弹簧力-位移响应曲线，

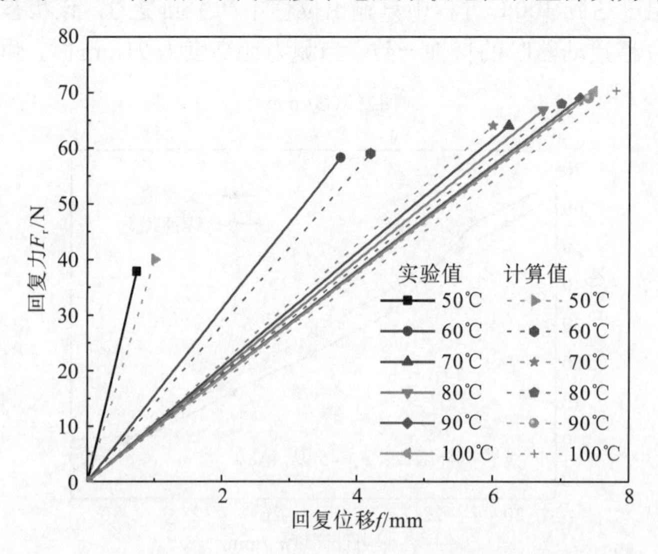

图 6-41 不同温度下电热形状记忆合金弹簧力-位移响应曲线

与测试所得数据相比，FEM 得出的力-位移响应曲线在各温度段均有向斜率减小的方向偏移，当温度为 50℃、60℃、70℃、80℃、90℃和 100℃时，有限单元法得出的刚度系数 k_s 分别为 40.1、14.1、10.67、9.7、9.3 和 9.1，FEM 与实验测试得出的刚度系数 k_s 基本一致。

6.5 磁流变液传动特性测试

6.5.1 磁流变液在两平行剪切盘间的传动性能实验

1. 圆盘式磁流变液传动性能实验总体布置

图 6-42 所示为磁流变液在两平行剪切圆盘间的传动性能实验台总体布置图[10]。实验装置主要由调速电机、联轴器、蜗杆减速器、转速传感器、旋转剪切盘、固定盘、磁场发生装置、转矩传感器、磁场控制器、电机控制器等部分组成，测试系统如图 6-42 所示。

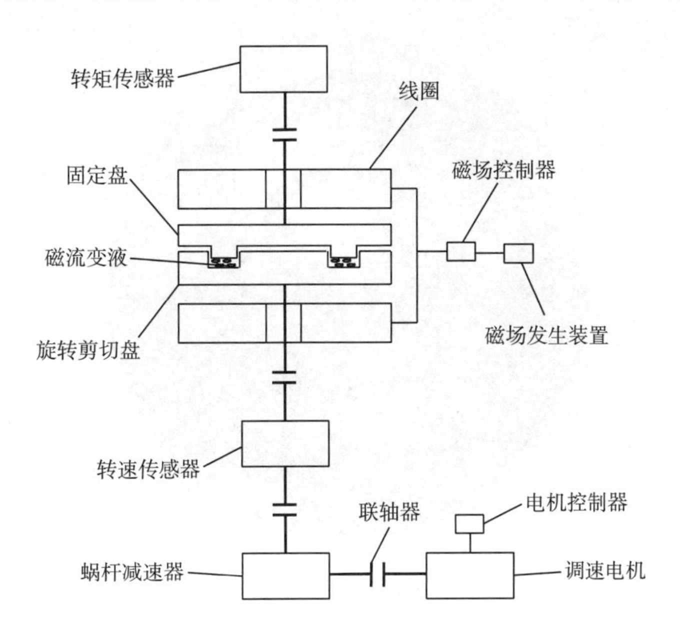

图 6-42 圆盘式磁流变液传动性能实验台总体布置

2. 圆盘式磁流变液传动性能实验原理

在两平行圆盘间，磁流变液受剪切时的传递转矩为

$$M = \frac{2\pi}{3}\left(R_2^3 - R_1^3\right)\tau_y + \frac{2\pi\kappa}{m+3}\left(R_2^{m+3} - R_1^{m+3}\right)\left(\frac{\omega_1}{h}\right)^m \tag{6-9}$$

式中，M 为传递转矩；R_1 和 R_2 分别为磁流变液工作间隙的内、外半径；τ_y 为磁流变液剪切屈服应力；h 为磁流变液工作间隙的厚度；ω_1 为旋转盘的角速度；κ 和 m 为系数。

由式(6-9)可知，在给定剪切盘结构尺寸以及磁流变液剪切屈服应力与磁感应强度关系的情况下，通过控制磁感应强度和旋转盘的角速度即可控制传递转矩。因此，测试不同磁感应强度和旋转盘角速度下的传递转矩便可以评价磁流变液的传动性能。

3. 圆盘式磁流变液传动性能实验分析

(1)实验目的。对磁流变液在两平行圆盘间的剪切传动能力进行测试，以评估圆盘式磁流变液传动转矩方程的精确性。

(2)实验方法。将工作间隙中充满磁流变液的剪切盘安装在实验台上，通过改变磁场发生装置中的线圈电流大小改变外加磁场强度。当外加磁场强度一定时，通过改变调速电机的转速，使旋转剪切盘具有不同的稳定输入转速。实验分别测出不同磁场强度下磁流变液的传递转矩。

(3)实验仪器。两平行圆盘间磁流变液剪切传动性能测试系统如图 6-12 所示。剪切盘结构如图 6-43 所示。

图 6-43　剪切盘结构

(4)实验步骤。①将磁流变液剪切盘安装在图 6-12 所示的测试系统上；②调节励磁线圈电流，用高斯仪测量剪切圆盘工作间隙处的磁场强度，达到要求值后，记录数据；③启动电机，用调速器调节转速，使其达到要求值；④用传感器测量剪应力值，记录数据；⑤改变励磁线圈电流大小，测出不同磁场强度下的力；⑥对实验数据进行处理，绘出参数之间的关系曲线，并与理论曲线进行比较，得出实验结论。

实验样品由重庆材料研究院有限公司提供。磁流变液的磁性颗粒为羰基铁粉，载液为减震器油，添加剂包括触变剂、表面活性剂、固体润滑剂等。磁流变液样品的颗粒体积分数为 25%，添加剂含量为 1.4%，黏度 $\eta = 0.83\text{Pa·s}$，其剪切屈服应力与磁感应强度的关系如图 6-44 所示。

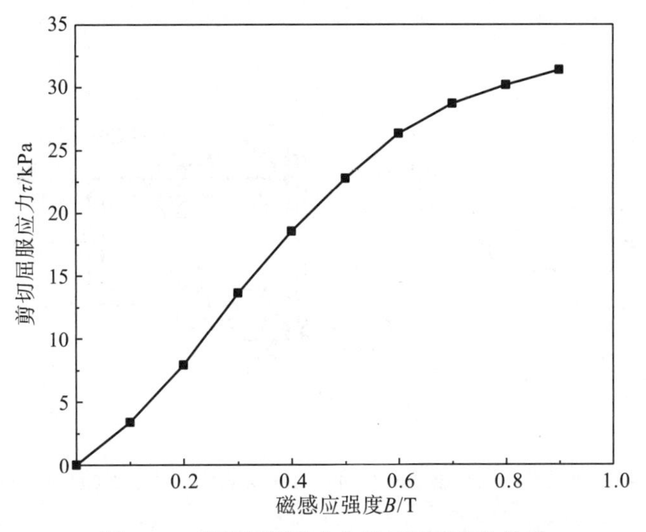

图 6-44　剪切屈服应力与磁感应强度的关系

剪切盘工作间隙的尺寸：R_1=32mm，R_2=38mm，h=1mm。主动旋转盘的转速为 40r/min，取$\kappa=\eta$，m=1。磁流变液在两平行圆盘间的剪切传动力矩计算值与实验值对比如图 6-45 所示。由图 6-45 可知，计算值与实验值基本吻合，造成计算值与实验值存在误差的主要原因是实验测试系统装配中存在误差、轴承摩擦力矩的影响、实验样机加工中存在误差等。

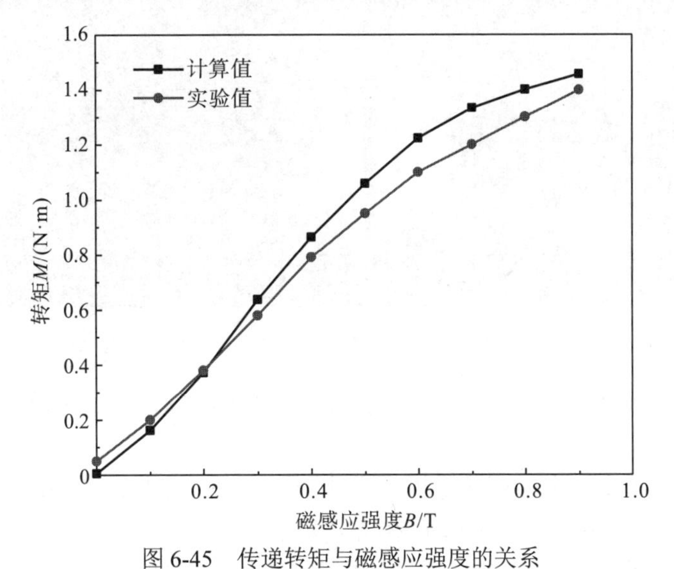

图 6-45　传递转矩与磁感应强度的关系

6.5.2　形状记忆合金驱动的圆筒式磁流变液传动性能实验

1. 圆筒式磁流变液传动性能实验总体布置

图 6-46 和 6-47 所示分别为作者所在团队设计与研制的形状记忆合金驱动的圆筒式磁流变液传动性能实验总体布置图和测试系统[11]。

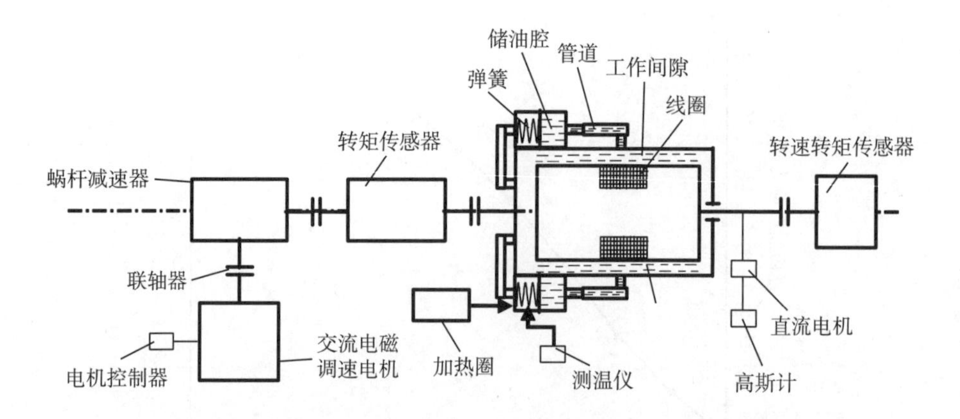

图 6-46 形状记忆合金驱动的圆筒式磁流变液传动性能实验总体布置图

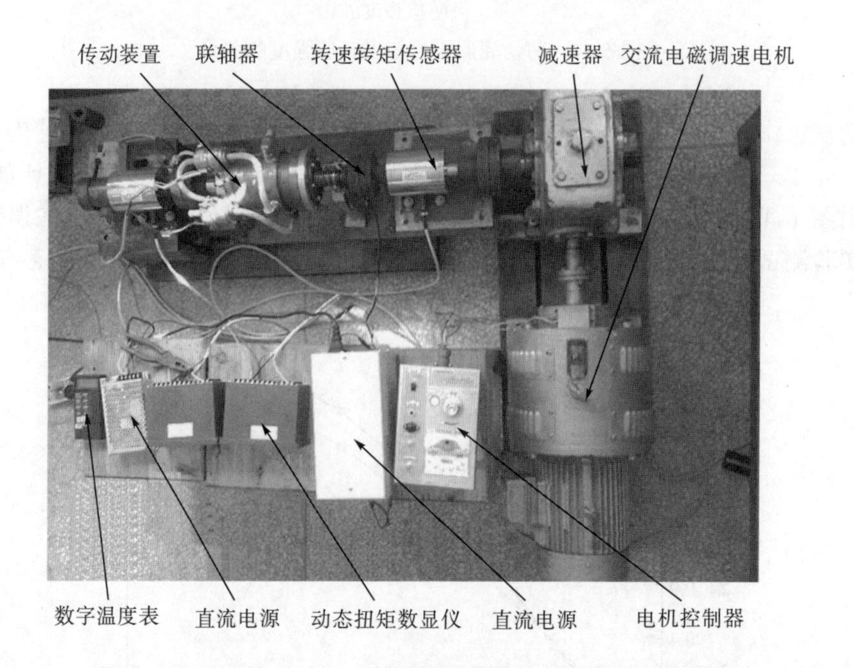

图 6-47 形状记忆合金驱动的圆筒式磁流变液传动性能测试系统

实验装置主要由交流电磁调速电机、联轴器、蜗杆减速器、轴承、转速转矩传感器、实验样机、直流电源、高斯计、加热圈、测温仪以及其他控制装置和测量装置等部分组成。

主要实验仪器设备：①交流电磁调速电机(型号：YCT160-4B，控制器：JZT3)；②蜗杆减速器(型号：WD100-Ⅰ，传动比：9.67)；③转速转矩传感器(型号：LDN-08D，量程：200N·m)；④动态扭矩数显仪(型号：MCK-S，量程：200N·m)；⑤)直流电源(型号：PS-305D，输出电压：0～30V)；⑥高斯计(型号：HT20，量程范围：0～200mT 或 0～2000mT)；⑦数字温度表(型号：TES-1310，测量范围：-50～200℃)；⑧万用表(型号：VC9807A+)。

2. 实验装置结构及主要参数

形状记忆合金驱动的圆筒式磁流变传动装置结构简图如图 6-48 所示。

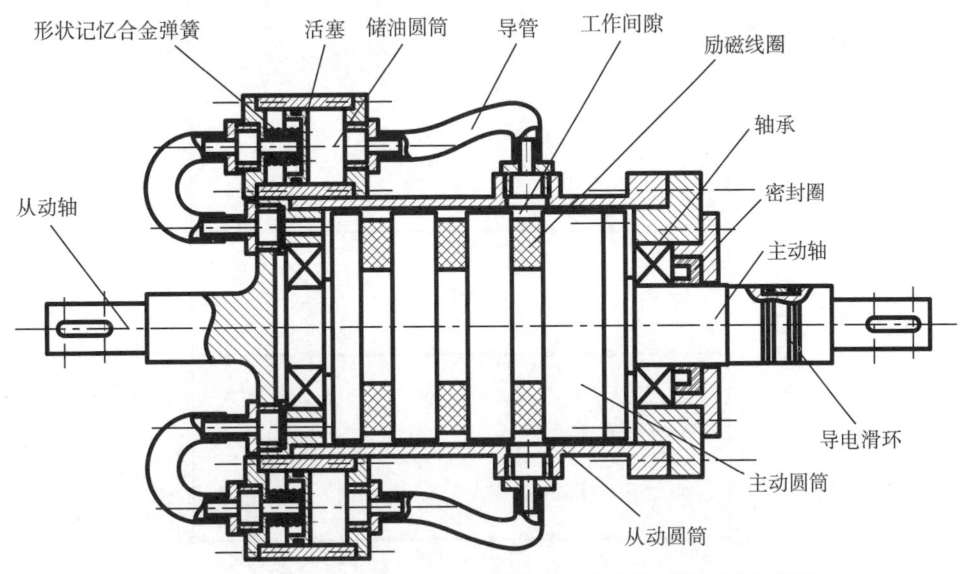

图 6-48　形状记忆合金驱动的圆筒式磁流变液传动装置结构简图

主动轴上依次安装有轴承、密封圈、主动圆筒、励磁线圈和导电滑环，主动轴、主动圆筒和励磁线圈组成主动件。轴承的外面安装有外壳，外壳作为被动件使用，其外壳体主要由从动圆筒、从动轴、端盖、储油圆筒、导管等组成。端盖和从动轴通过螺钉与从动圆筒连接，端盖和从动圆筒之间设有密封垫圈，储油圆筒通过箍紧带固定在从动圆筒四周。从动圆筒和主动圆筒间形成磁流变液的工作间隙，磁流变液工作腔通过导管与储油腔连接，储油腔内有形状记忆合金温控驱动弹簧和活塞，形状记忆合金温控驱动弹簧的两端分别固定在端盖和活塞上。磁流变液工作腔通过密封圈严格密封，主动圆筒位于工作腔内，需要接合时工作腔内充满磁流变液。主动轴、主动圆筒和从动圆筒均为软磁材料，从动轴、端盖和储油圆筒均为非导磁材料。励磁线圈的导线和电刷滑环连接，电刷滑环和主动轴之间设有绝缘电木。传动装置如图 6-49 所示。

图 6-49　形状记忆合金驱动的圆筒式磁流变液传动装置

磁流变液剪切屈服应力与磁感应强度的关系如图6-44所示，当磁感应强度分别为0T、0.3T、0.5T和0.8T时，磁流变液剪切屈服应力与剪应变率之间的关系如图6-50所示。在低剪切应变率下，磁流变液剪切屈服应力不随剪切应变率的变化而发生明显变化，可以不考虑磁流变液的剪切稀化现象。

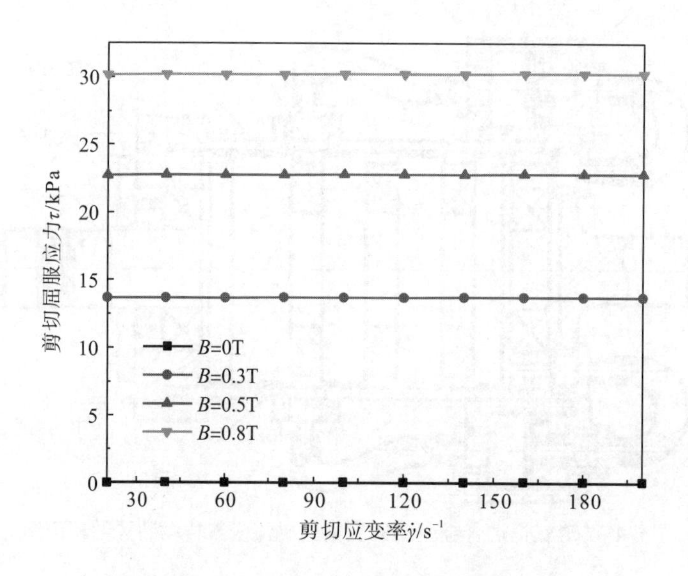

图6-50　剪切屈服应力与剪切应变率的关系

3. 形状记忆合金驱动的圆筒式磁流变液传动性能实验原理

当形状记忆合金弹簧的轴向位移受到限制时，在相变温度范围内，形状记忆合金弹簧的输出力为

$$F(T)=\frac{G(T)d^4}{8D^3n}\delta_L \tag{6-10}$$

式中，$F(T)$为形状记忆合金弹簧的输出力；$G(T)$为形状记忆合金剪切弹性模量；d为形状记忆合金丝材直径；D为形状记忆合金弹簧的中径；n为形状记忆合金弹簧圈数；δ_L为形状记忆合金弹簧的压缩量。

当形状记忆合金弹簧在轴向恒载荷作用下，在相变温度范围内，形状记忆合金弹簧输出行程$\Delta\delta$的表达式为

$$\Delta\delta=\frac{\pi D^2 n}{d}\left[1-\frac{G_{\mathrm{L}}}{G(T)}\right]\gamma_{\max} \tag{6-11}$$

式中，$\Delta\delta$为形状记忆合金弹簧输出行程；$\gamma_{\max}$为形状记忆合金的应变。

当$M_f \leqslant T \leqslant A_f$时，在相变温度范围内，形状记忆合金的剪切弹性模量$G$是温度$T$的函数，即

$$G(T)=G_M+\frac{G_A-G_M}{2}[1+\sin\omega(T-T_m)] \tag{6-12}$$

由式(6-10)～式(6-12)可知，通过控制作用在形状记忆合金弹簧上的温度可以控制其输出力和输出行程。

磁流变液在两同心圆筒间受剪切时的传递转矩为

$$M = \frac{\pi L_e (R_2 + R_1)^2}{2} \tau_y + \frac{4\pi \eta L(\omega_1 - \omega_2) R_2^2 R_2^2}{R_2^2 - R_2^2} \tag{6-13}$$

式中，M为传递转矩；R_1和R_2分别为磁流变液工作间隙的内、外半径；τ_y为磁流变液剪切屈服应力；ω_1为主动圆筒的角速度；ω_2为从动圆筒的角速度。

由式(6-13)可知，在已知传动装置结构参数及磁流变液剪切屈服应力与磁场感应强度关系的情况下，通过控制磁场强度和主从动圆筒的角速度即可控制传递转矩。因此，测试不同磁场强度和圆筒的角速度下的传递转矩便可以评价圆筒式磁流变液传动装置的传动性能。

4. 形状记忆合金驱动的圆筒式磁流变液传动性能实验分析

(1) 实验目的。对形状记忆合金驱动的磁流变液圆筒剪切传动能力进行测试，以评估圆筒式磁流变液传动转矩方程的精确性。

(2) 实验方法。将磁流变液加注到实验样机的储油腔里，实验样机安装在实验台上，通过加热形状记忆合金弹簧将磁流变液驱动进入工作间隙中，使其充满整个圆环工作间隙，通过改变励磁线圈中的电流大小改变外加磁场强度。当外加磁场强度一定时，通过改变调速电机的转速，改变两同心圆筒间的稳定转速差，分别测出不同磁场强度及转速差下的磁流变液传递转矩。

(3) 实验仪器。形状记忆合金驱动的磁流变液圆筒剪切传动性能测试系统如图 6-47 所示。实验样机如图 6-49 所示。

(4) 实验步骤。①将实验样机安装在图 6-47 所示的测试系统上；②加热形状记忆合金弹簧，使其轴向伸长驱动磁流变液进入工作腔；③调节励磁线圈电流，达到要求值后，记录数据，事先用高斯计测得工作间隙磁感应强度与励磁电流的关系；④启动电机，用调速器调节转速，使之达到要求值；⑤用转矩传感器测量转矩值，记录数据；⑥改变励磁线圈电流大小，测出不同磁场强度下的转矩；⑦对实验数据进行处理，绘出参数之间的关系曲线，并与理论曲线进行比较，得出实验结论。

当未加载励磁电流，磁感应强度为零时，样机空转力矩与转速差之间的关系如图 6-51 所示。空转力矩主要由磁流变液黏性、轴承摩擦和密封圈摩擦等因素所产生。从图 6-51 中可以看出，该传动装置的空转力矩总体较小，空转力矩随着转速的提高而增大的原因主要是磁流变液的黏性转矩随着剪切应变率的提高而增大；轴承和密封件的摩擦力矩随转速的提高而增大。

当转速为 60r/min 时，在不同励磁电流下，磁流变液在两圆筒间的剪切传动力矩计算值与实验值对比如图 6-52 所示。当励磁电流分别为 0.2A、0.4A、0.6A 和 0.8A 时，传递转矩与转速之间的关系如图 6-53 所示。

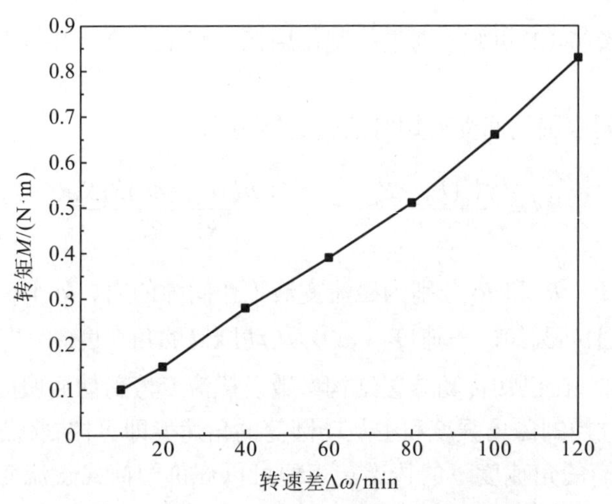

图 6-51　样机空转力矩与转速差之间的关系

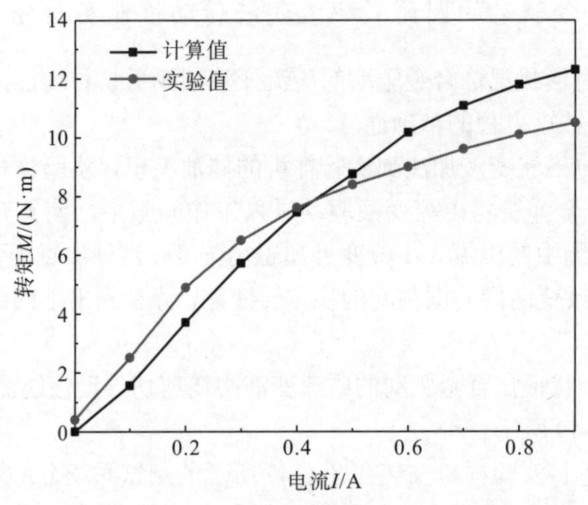

图 6-52　传递转矩与励磁电流的关系

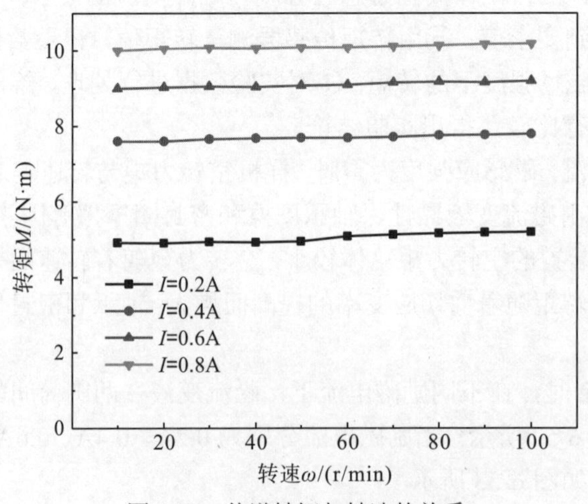

图 6-53　传递转矩与转速的关系

从图 6-52 中可知，测得的转矩实验值与计算值变化趋势基本一致，实验值与计算值之间存在一定偏差，主要是由磁流变液材料的剪切屈服应力的误差、结构误差、磁路漏磁及理论分析模型的简化等因素造成。由图 6-53 可知，转矩在各种转速情况下都较为稳定。

6.6　磁流变液与形状记忆合金复合传动性能试验

6.6.1　磁流变液与形状记忆合金复合传动性能实验方案

图 6-54 所示为作者所在团队研制的磁流变液与形状记忆合金复合传动性能实验台的总体布置图[12]。本实验台主要用来测试磁流变液传动部分传递力矩随磁场强度、转速、温度等参数的变化情况，形状记忆合金弹簧辅助传动部分传递转矩随温度的变化情况以及磁流变与形状记忆合金复合传动装置传递转矩随温度的变化情况，并对比有无辅助传动部分时传动装置传递转矩随温度的变化情况。

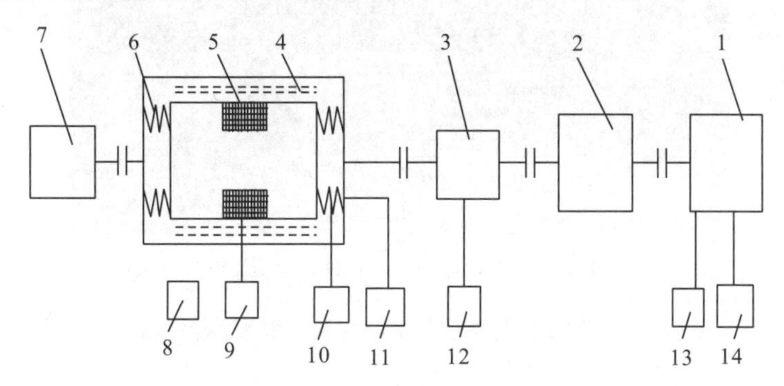

图 6-54　磁流变液与形状记忆合金复合传动性能实验台的总体布置图

注：1—电机；2—减速器；3—转速转矩传感器 A；4—磁流变液；5—励磁线圈；6—形状记忆合金弹簧；7—转速转矩传感器 B；8—直流电源 A；9—高斯计；10—热源；11—温度传感器；12—速度测量仪；13—调速电机；14—直流电源 B。

实验装置主要由交流电磁调速电机、蜗杆减速器、转速转矩传感器、动态扭矩显示仪、直流电源、高斯计、数字温度表、万用表、联轴器、轴承、复合传动装置样机、加热圈、测温仪以及其他装置等组成。磁流变液与形状记忆合金复合传动性能测试系统如图 6-55 所示。

主要实验仪器设备：①交流电磁调速电机，用来为复合传动装置输入轴输入不同的转速，型号为 YCT160-4B，控制器型号为 JZT3，额定转矩为 19.5N·m，转速范围为 120～1200r/min，励磁电压为 90V，励磁电流为 0.79A，生产厂家为重庆调速电机厂；②蜗杆减速器，用来对交流电磁调速电机进行降速、增加转矩，使输出的转速和转矩满足实验要求，减速器型号为 WD100-Ⅰ，传动比 i=9.67，中心距 a=100mm，生产厂家为重庆东方红机械厂；③转速转矩传感器，用来测量复合传动装置输入轴的转矩，转速转矩传感器的型号为 LDN-08D，其额定转矩为 200N·m，额定转速为 0～4000r/min，生产厂家为北京龙鼎金陆测控技术有限公司；④动态扭矩显示仪，用于实验测试过程中显示测量的扭矩数值，动态扭矩显示仪的型号为 MCK-S，量程为 200N·m，生产厂家为北京龙鼎金陆测控技术有限公司；⑤直流电源，电源型号为 PS-305D，输出电压范围为 0～30V，输出电流范围为 0～5A，生产厂家为深圳市兆信电子仪器设备有限公司；⑥高斯计，型号为 HT20，量程为 0～200mT，分辨率为 0.1mT，生产厂家为上海立春精密仪器仪表有限公司；⑦数字温度表，型号为 TES-1310，测量范围为-50～200℃，分辨率为 0.1℃，生产厂家为泰仕电子工业股份有限公司；⑧万用表，型号为 VC9807A，生产厂家为深圳市胜利高电子科技有限公司；⑨陶瓷加热圈，不锈钢陶瓷加热圈，优点是加热面积大，受热均匀，温度可以控制。

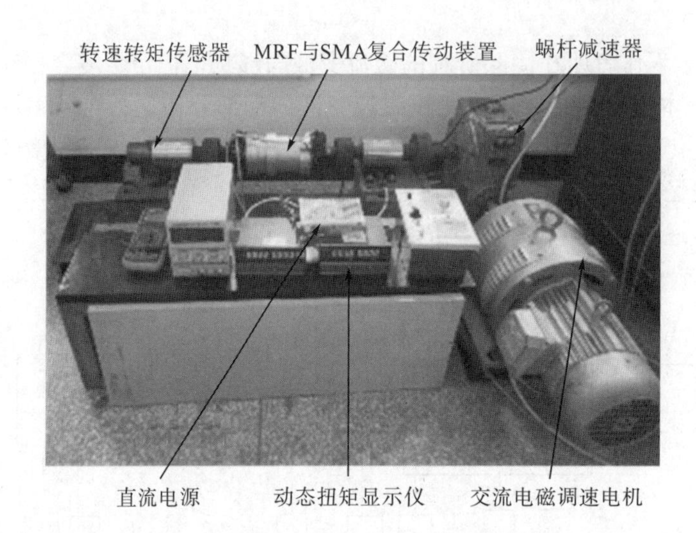

图 6-55 磁流变液与形状记忆合金复合传动性能测试系统

6.6.2 磁流变液与形状记忆合金复合传动性能实验原理

1. 筒式磁流变液传动部分的实验原理

磁流变液在两同轴圆筒间受剪切时传递转矩为

$$M = \frac{4\pi L_e R_1^2 R_2^2 \ln\dfrac{R_2}{R_1}}{R_2^2 - R_1^2}\tau_y(H) + \frac{4\pi L R_1^2 R_2^2(\omega_1 - \omega_2)}{R_2^2 - R_1^2}\eta(T) \tag{6-14}$$

式中，M 为传递转矩；R_1 和 R_2 分别为磁流变液工作间隙的内、外半径；$\tau_y(H)$ 为磁流变液剪切屈服应力；$\eta(T)$ 为磁流变液的零场黏度，随温度 T 变化；ω_1 为主动圆筒的角速度；ω_2 为从动圆筒的角速度，L_e 为工作间隙产生磁流变效应的工作长度，即有效工作长度；L 为磁流变工作间隙的轴向长度。

由式(6-14)可知，磁流变液传动部分中内外筒的几何尺寸 R_1 和 R_2 已知，根据所使用的磁流变液材料可以得到其零场黏度以及剪切屈服应力与磁场强度的关系，所以只要知道外加磁场强度和输入输出角速度即可测得磁流变液传动部分所传递的转矩。在该实验中将通电线圈的电流和主从动轴的角速度作为待测量项，通过测量通电线圈的电流和输入输出角速度，就可以测出转矩。

2. 形状记忆合金弹簧驱动摩擦盘辅助传动部分的实验原理

当形状记忆合金弹簧的轴向位移受到限制，辅助传动部分的摩擦盘接合时，在相变温度范围内，摩擦盘受到的正压力为

$$N(T)=F(T)-Kh=\frac{(\delta_L-h)d^4}{8nD^3}\left\{G_m+\frac{G_a-G_m}{2}\left[1+\sin\phi(T-T_m)\right]\right\}-Kh \tag{6-15}$$

式中，$F(T)$为形状记忆合金弹簧输出力；$G(T)$为形状记忆合金剪切弹性模量；d为形状记忆合金弹簧丝材直径；D为形状记忆合金弹簧中径；n为形状记忆合金弹簧圈数；δ_L为形状记忆合金弹簧压缩量；K为普通偏置弹簧动刚度系数；h为两摩擦盘的初始间距，G_a为奥氏体的剪切模量；G_m为马氏体的剪切模量；T为形状记忆合金温度。

当$M_f\leqslant T\leqslant A_f$时，在相变温度范围内，形状记忆合金的剪切弹性模量 G 是温度 T 的函数：

$$G(T)=G_m+\frac{G_a-G_m}{2}\left[1+\sin\phi(T-T_m)\right] \tag{6-16}$$

式中T_m，ϕ为两个常数，在加热过程中，$T_m=\left(A_s+A_f\right)/2$，$\phi=\pi/\left(A_f-A_s\right)$；在冷却过程中，$T_m=\left(m_s+m_f\right)/2$，$\phi=\pi/\left(m_s-m_f\right)$。

由式(6-15)、式(6-16)可知，通过控制作用在形状记忆合金弹簧上的温度可以控制两摩擦盘的正压力，从而控制辅助传动部分传递的转矩。

6.6.3　磁流变液与形状记忆合金复合传动样机结构及主要参数

1. 磁流变液与形状记忆合金复合传动装置结构

热效应下磁流变液与形状记忆合金复合传动装置主要由转动部分、磁路部分、密封部分、支承部分、紧固部分等组成，装置结构如图 6-56 所示。

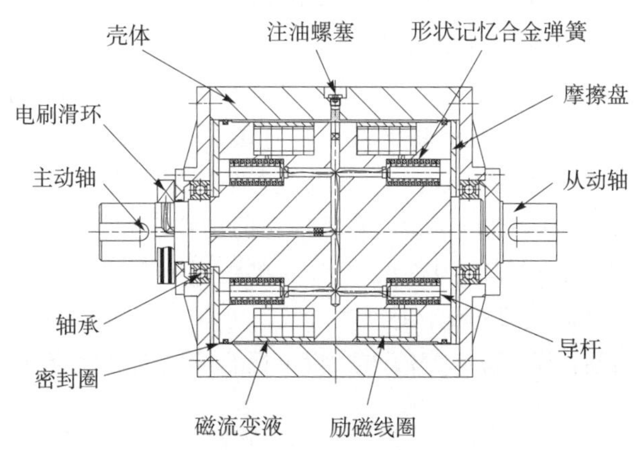

图 6-56　磁流变液与形状记忆合金复合传动装置的结构图

2. 复合传动装置的设计计算

磁流变液传动部分参数设计如下。

(1)设计要求。传递的功率 P=1000W，最大输入转速 n=1000r/min，可控转矩比λ=20。

(2)磁流变液材料。根据购买和使用方便以及性能分析需要，采用重庆材料研究院有限公司研制的磁流变液样品，其磁性颗粒为羰基铁粉、体积分数为 25%，基础液为减震器油，添加剂包括触变剂、表面活性剂、固体润滑剂等，添加剂含量为 1.4%；零场黏度为 0.83Pa·s；磁流变液剪切屈服应力与磁感应强度的关系如图 6-57 所示，外加磁场下磁饱和时的最大剪切屈服应力 $\tau_{y\max}$ =31.37kPa。使用温度范围为-20～100℃，超过 100℃后性能会有所下降。

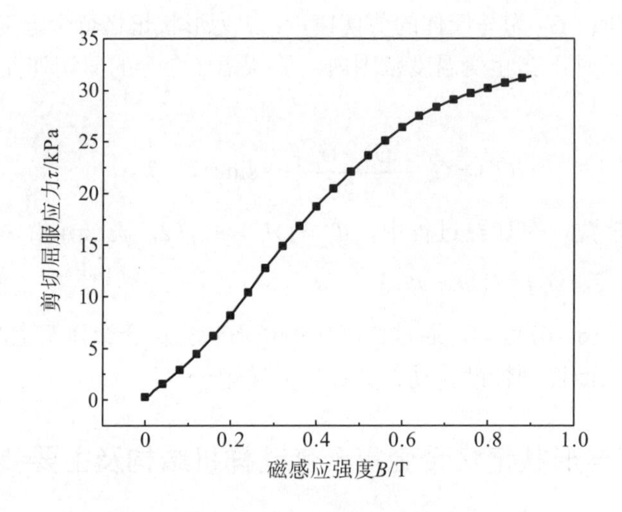

图 6-57 剪切屈服应力与磁感应强度的关系

(3)关键尺寸。内圆筒外径 R_1=50mm；磁流变液的有效间隙一般为 1～2mm，此处取实际间隙 h=2mm，外圆筒内径 $R_2 = R_1 + h = 52\ \text{mm}$；工作间隙长度为 120mm。

形状记忆合金弹簧驱动摩擦盘辅助传动部分参数设计如下。

弹簧结构参数：丝材直径为 2.5mm，弹簧中径为 17.5mm，弹簧圈数为 6 圈，自由展开长度为 30mm。购买自沈阳天贺新材料开发有限公司，形状记忆合金熔点为 1240～1310℃，奥氏体态时热导率为 18W/(m·K)，马氏体态时热导率为 8.6W/(m·K)，比热为 470～620J/(kg·K)，密度为 6400～6500kg/m^3，奥氏体态剪切弹性模量为 25GPa，马氏体态剪切弹性模量为 7.5GPa，电阻率为 $1\times10^{-6}\Omega\cdot m$，最大单程记忆应变为 8%，百次时最大双程记忆应变为 6%，十万次时最大双程记忆应变为 2%，可承受 1h 最高温度为 400℃。

按照以上参数，设计出的磁流变液与形状记忆合金复合传动装置实验样机如图 6-58 所示。

图 6-58　磁流变液与形状记忆合金复合传动装置

6.6.4　复合传动性能实验内容及方法

对复合传动装置的传动能力进行测试，验证推导的复合传动装置传递转矩方程，同时检测复合传动装置在不同温度条件下传动的连续性和稳定性，是否达到了预期的传动效果。

1. 筒式磁流变液传动装置的传动性能实验

在未加入形状记忆合金弹簧辅助传动装置的情况下，分别测试有无外加磁场作用时，磁流变液传动部分传递转矩的变化情况。实验方法：将实验样机安装在实验台上，关闭辅助传动部分，启动并改变电机的转速，使输入轴有不同的转速，并固定转速，测量转矩随转速变化的情况；在固定输入转速下，通过改变励磁线圈的电流从而改变外加磁场的磁场强度，测量转矩随磁场强度变化的情况。

实验步骤：①将实验样机安装在图 6-55 所示的测试系统上，关闭形状记忆合金弹簧辅助传动装置；②启动电机；③用调速器调节转速，使之达到要求值，并保持不变，记录转速和转矩值；④不断增加转速，并重复步骤③；⑤将转速恒定在某一数值，调节励磁线圈电流，记录电流数据；⑥用转矩传感器测量转矩值，记录数据；⑦改变励磁线圈电流大小，重复步骤⑤和⑥，测量不同磁场强度下的转矩；⑧改变调速器的转速，重复步骤⑤、⑥和⑦，并记录结果；⑨对实验数据进行处理，绘出参数之间的关系曲线，分析并得出实验结论。

2. 复合传动装置传动性能实验

在开启和关闭辅助传动装置的情况下分别测出不同磁场强度下磁流变液传递转矩随温度变化的情况。

实验方法：将调试好的实验样机安装在实验台上，启动并改变电机的转速，使输入轴有不同的转速，并固定转速。在固定输入转速下，通过改变励磁线圈的电流从而改变外加磁场的磁场强度，在开启和关闭辅助传动装置的情况下分别测出不同磁场强度及转速差下磁流变液传递的转矩，再次测出磁场强度一定的情况下复合传动装置传递转矩随环境温度的变化情况。

实验步骤：①将实验样机安装在图 6-55 所示的测试系统上，开启形状记忆合金弹簧辅助传动装置；②启动电机，用调速器调节转速，使之达到要求值(工作要求的稳定转速)，并保持不变，记录转速值；③调节励磁线圈电流，达到要求值后(磁饱和强度)，记录数据；④在室温下，用转矩传感器测量转矩值，记录数据；⑤改变复合传动装置的外部环境温度，记录温度值，并重复步骤④；⑥改变励磁线圈电流大小，重复步骤③和④，测量不同磁场强度下的转矩；⑦对实验数据进行处理，绘出参数之间的关系曲线，分析并得出实验结论。

6.6.5 复合传动性能实验结果分析

(1) 未开启辅助传动装置时的空载转矩。磁流变传动部分的空载转矩是指在无外加磁场作用下传动装置能够传递的转矩。在无外加磁场作用时，装置在不同转速下空转传递力矩的实测值如图 6-59 所示。从图中可以看出，传递转矩的数值比较小，因为空载转矩主要来自磁流变液的黏性力产生的转矩，黏性力相对较小；传递的转矩随转速的增加基本呈线性增加趋势。

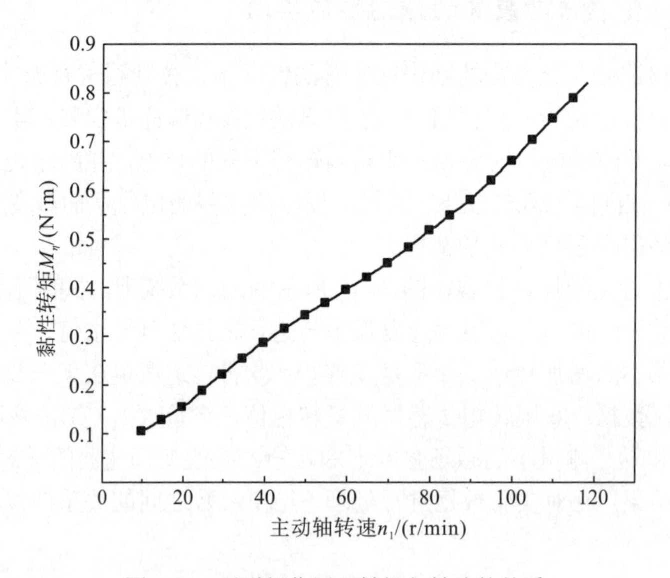

图 6-59 无磁场作用下转矩与转速的关系

(2) 在未开启形状记忆合金辅助传动装置，输入转速恒定在 60r/min 时，在不同励磁电流下，实验样机传递转矩的计算值与实验值随励磁电流变化的曲线如图 6-60 所示。从图中可以看出，随励磁电流的增加，传递的转矩逐渐增大，当达到磁饱和状态后，转矩的增加速度减缓，并逐渐趋于稳定；零磁场时，转矩主要靠黏性力传递，与磁饱和时传递的转矩相比仅为一个很小的值，为磁饱和时传递转矩的 2%左右；实验结果与计算结果吻合较好，转矩实验值与计算值变化趋势基本一致，实验值与计算值之间存在一定偏差，主要是由磁流变液材料的剪切屈服应力的误差、结构误差、磁路漏磁及理论分析模型的简化等原因造成。

(3) 在未开启形状记忆合金辅助传动装置，励磁电流分别为 0.2A、0.4A、0.6A、0.8A 时，磁流变传动部分传递转矩与转速的关系如图 6-61 所示。从图中可以看出，在励磁电流不变的情况下，传递转矩随转速增加的变化幅度很小，说明转速对传递转矩的影响很小，即剪切屈服应力传递转矩是转矩传递的主要方式；随着励磁线圈电流的增大，转矩变化的幅度稍大。这是因为电流较弱时，黏性力所传递转矩在总转矩中所占比例较大。

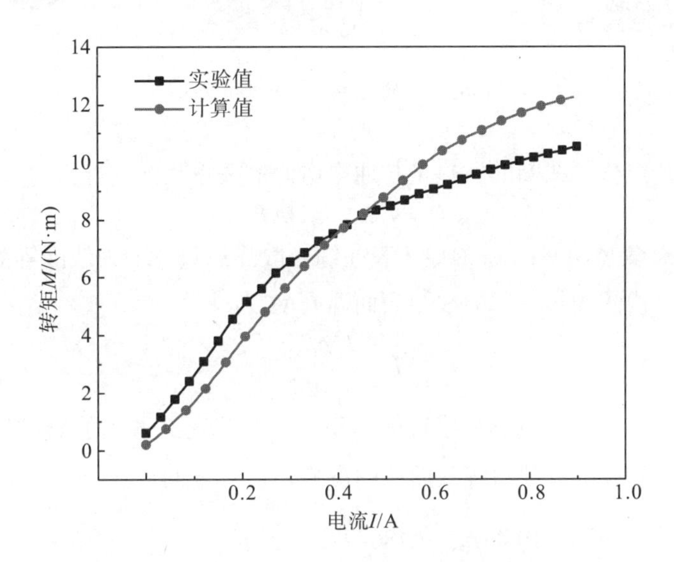

图 6-60　转速恒定时转矩随励磁电流变化的曲线

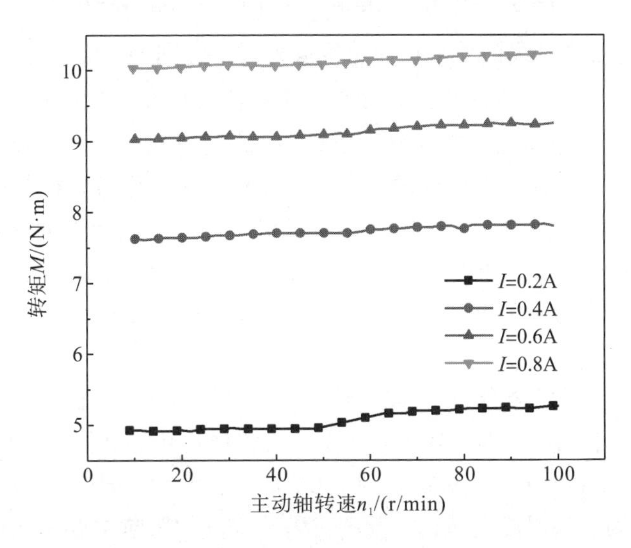

图 6-61　不同电流下转矩与转速的关系

(4) 在未开启形状记忆合金辅助传动装置时，励磁线圈长时间通电产生的热量将使磁流变液性能下降。励磁线圈的等效模型如图 6-62 所示。

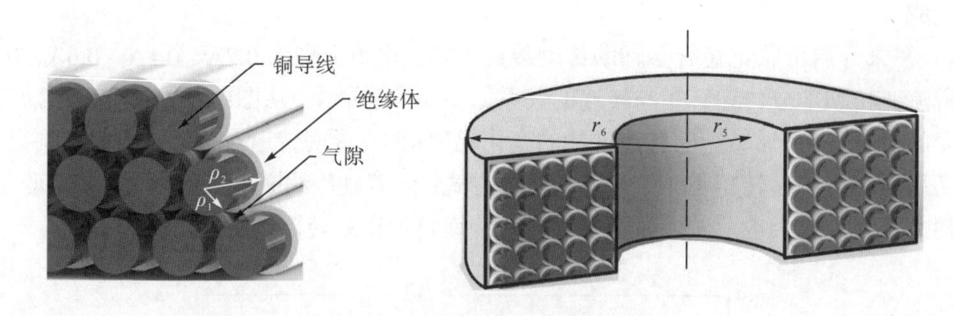

图 6-62 励磁线圈等效模型示意图

根据牛顿冷却定律，线圈的发热量与通电电流的关系为

$$P_s = I^2 R = k_T A \Delta T \tag{6-17}$$

式中，P_s 为线圈总散热功率；k_T 为导体表面综合散热系数；A 为线圈等效散热面积；ΔT 为线圈表面温升。线圈发热引起的线圈表面温升ΔT为

$$\Delta T = \frac{I^2 \rho_0 l_{c_2}}{k_T A S_2} \tag{6-18}$$

式中，I 为通电电流；S_2 为铜丝的横截面面积；l_{c_2} 为励磁线圈内的导线长度；ρ_0 为铜丝的电阻率。考虑线圈内部气隙对等效面积的影响，k_T、A 的计算方法如下：

$$\begin{cases} k_T = 19.43\rho_2 - 7.486\dfrac{\rho_1^2}{\rho_2} \\ A = A_W + \gamma A_N = 2\pi r_6 h_2 + 2\pi\left(r_6^2 - r_5^2\right) + 2\gamma\pi r_5 h_2 \end{cases} \tag{6-19}$$

式中，ρ_1、ρ_2 分别为漆包线铜丝半径和绝缘层外径，分别为 0.8mm 和 0.86mm；A_N和 A_W 分别为励磁线圈内、外圈的表面积；当线圈位于绝缘金属架内时，γ=1.7。

由于线圈与磁流变液接触，故可忽略线圈、磁流变液和形状记忆合金弹簧之间的热量损失。向线圈持续通电，通过温度计的热电偶测量线圈表面温度，待温度变化平稳后记录的数据即为线圈通电发热所能达到的最终稳态温度，线圈发热数据如图 6-63 所示。由图中数据可知，当电流小于 0.5A 时，线圈温度变化较小，可忽略不计。当电流大于 0.5A 时，随着线圈电流提升，传动装置稳态温度提升显著。当线圈电流为 0.9A 时，温度达到最大值为 100℃。

(5) 在未开启形状记忆合金辅助传动装置，输入转速为 60r/min，励磁电流为 0.2A、0.4A、0.6A、0.8A 时，温度从室温逐渐升高，实验样机传递转矩的实验值随温度的变化曲线如图 6-64 所示。由图可见，从室温到 100℃时，随温度的升高传动装置传递的转矩小幅度减小，这是因为在该温度范围内，温度对磁流变液的影响主要是通过黏度来表征，而黏度的改变对转矩的影响很小；但在温度超过 100℃后，传递的转矩随温度变化不连续，呈波浪状，且变化不规律，造成传动性能不稳定，这主要是磁流变液的“使用稠化”以及高温条件下磁流变液的剪切屈服应力不连续、不可控造成的。

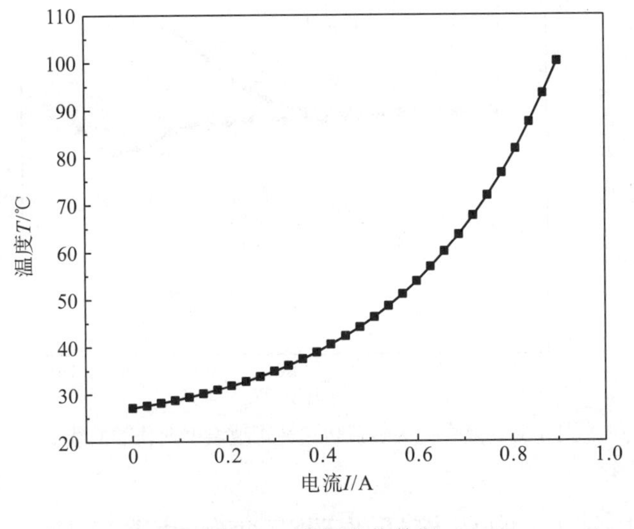

图 6-63　线圈发热数据

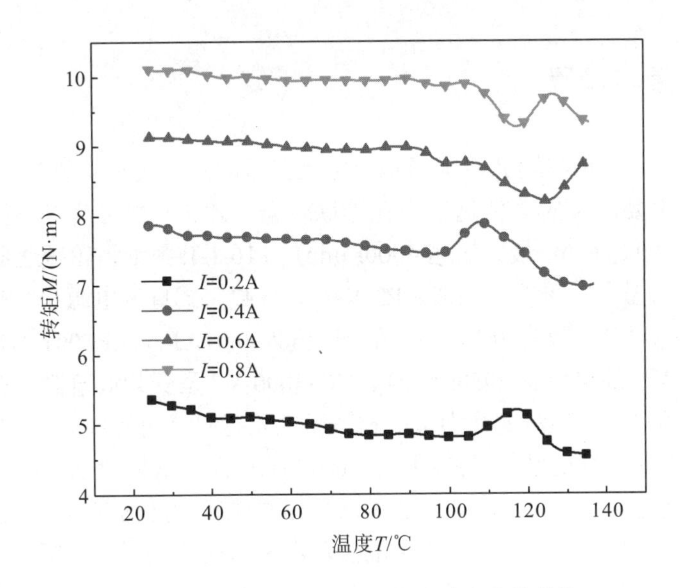

图 6-64　磁流变液传递转矩随温度变化的曲线

(6) 在开启形状记忆合金辅助传动装置，输入转速为 60r/min、励磁线圈电流为 0.6A 时，温度从室温逐渐升高，实验样机传递转矩的实验值随温度变化的曲线如图 6-65 所示。从室温到 100℃时，传递转矩变化很小，这是因为在该温度范围内，温度对磁流变液的影响主要是通过黏度来表征，而黏度的改变对转矩的影响很小；但在温度超过 100℃后，传递的转矩随温度增加逐渐缓慢地增大，是由于增加了辅助传动装置后，在高温条件下磁流变液传动不连续、不稳定时，辅助传动装置很好地补充了磁流变液由此损失的转矩，同时随温度的升高，辅助传动装置传递的转矩逐渐增大。

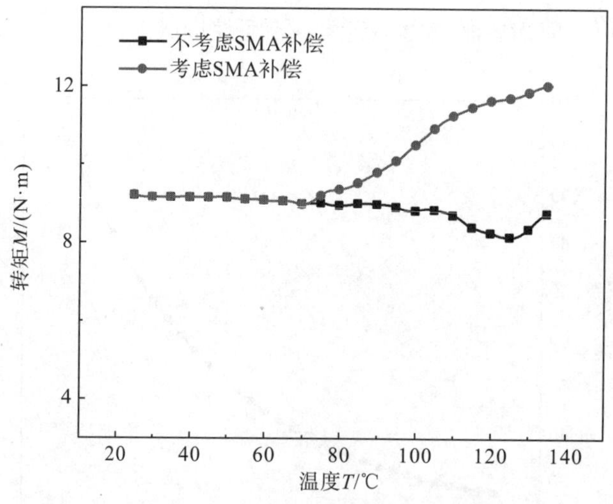

图 6-65 复合传动装置传递转矩速温度变化的曲线

6.7 电磁挤压的磁流变制动器试验

6.7.1 实验装置与设置

图6-66所示是作者所在团队研制的基于电磁挤压的磁流变制动装置性能测试试验台。

测试系统中主要涉及的器件包括梅花形联轴器、ZH07 型转速-转矩传感器(量程为 500N·m，分度值为 0.01N·m，最大转速 4000r/min)、T16-1-L 圆锥齿轮减速器(传动比 i=3)、MCK-S 动态扭矩数显仪、磁粉制动器、RXN-3010D 数字式直流电源(输出最大电压 30V，最大电流 10A，电压分度值为 0.1V，电流分度值为 0.01A)、1LE0001-1DA4 型三相异步电机(功率 18.5kW，额定转速 2930r/min)、YQ-3000-V7 型变频调速器、ZL3A-5S 型制动转矩控制器，实验采用的磁流变液为重庆材料研究院有限公司提供的 MRF-J01T。

圆盘式磁流变制动器的结构示意图如图 6-67(a)所示，线圈盘通过螺钉与机架固定，保证线圈不发生相对转动，同时从动轴通过联轴器与磁粉制动器连接，实验过程中通过磁粉制动器将从动轴固定。磁流变制动器中隔磁环和密封圈均为磁场阻隔零件，用来改善磁通分布情况。磁流变传动装置工作过程如下。

(1)初始状态下，主动轴在动力源输入扭矩作用下开始转动，此时励磁线圈未通入电流，仅依靠磁流变液零场黏度传递的转矩不足以产生较为明显的制动效果。

(2)励磁线圈通电后，励磁线圈产生的磁通垂直穿过磁流变液间隙，磁流变液中的磁性颗粒沿磁通方向排列成链状结构，剪切屈服应力逐渐增大，磁流变制动器开始产生制动转矩。当电流持续增大使磁流变液达到磁饱和时，制动器产生的制动转矩达到最大值。

(3)当磁流变制动器需要停止制动时，励磁线圈断电，磁流变液中排列成链的磁链结构又迅速恢复为自由离散状态，磁流变液剪切屈服应力迅速降低，磁流变制动器产生的制动转矩迅速降低，此时磁流变制动器不产生较为明显的制动效果。

(a)测试部分

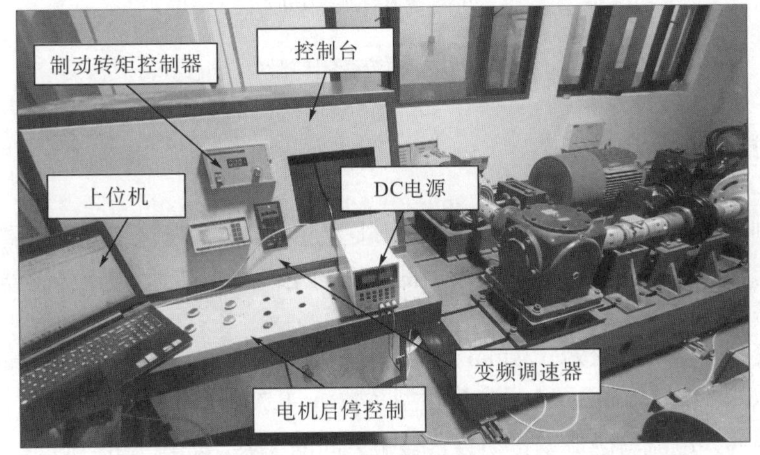

(b)控制部分

图 6-66　基于电磁挤压的磁流变制动装置性能测试试验台

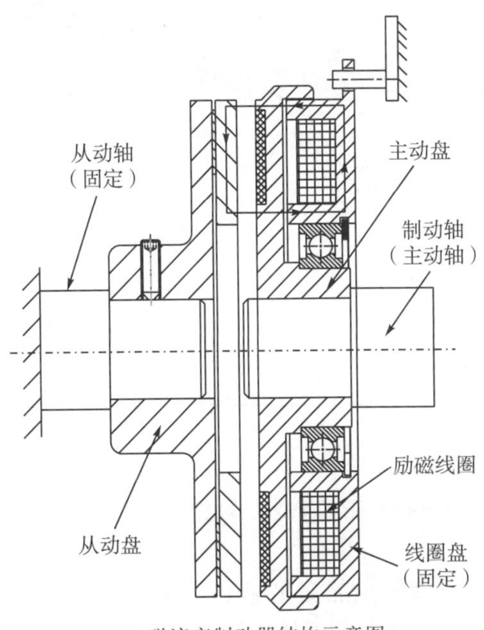

(a)磁流变制动器结构示意图

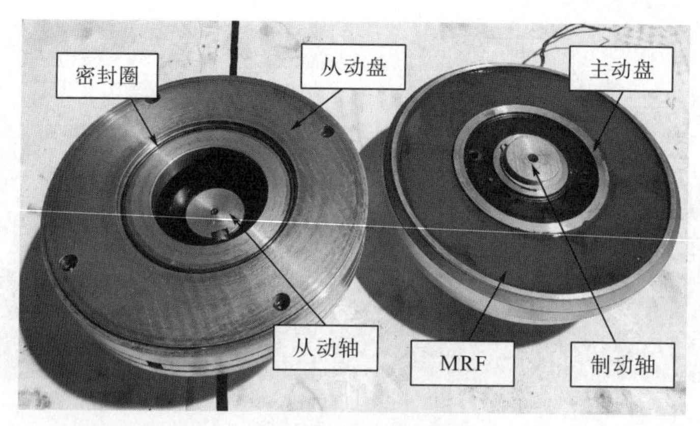

(b)磁流变制动器样机

图 6-67　磁流变制动器

6.7.2　实验结果及分析

磁流变制动器样机如图 6-67(b)所示[13]。实验过程中，向磁流变传动装置的励磁线圈中通入不同电流，并不断调节磁粉制动器的制动扭矩，根据转速-转矩传感器取值得出电流和磁流变液传递转矩的关系。

当磁流变制动器的外径为 129mm、内径为 79mm，主动盘转速 ω_1 =100rad/s，从动盘转速 ω_2 =90rad/s，Herschel-Bulkley 本构模型系数 m=0.75、k=0.32Pa·s，工作间隙 h=1mm 时，励磁线圈通入电流与磁流变传动装置转矩之间的关系，如图 6-68 所示。

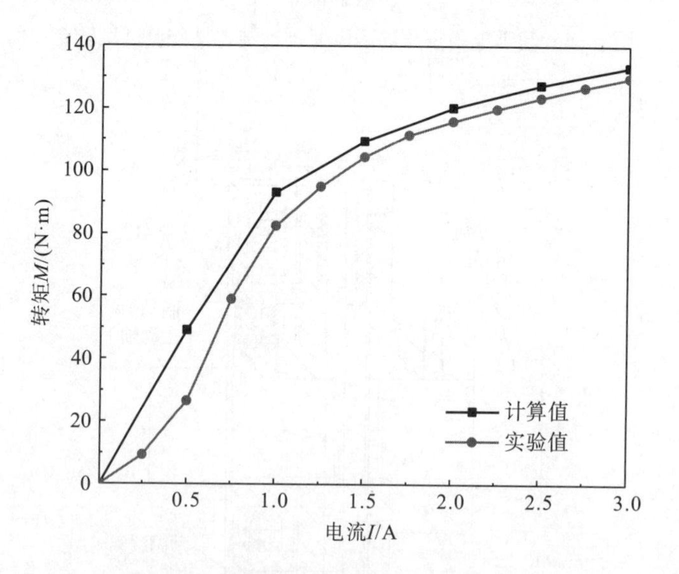

图 6-68　磁流变制动器电流与转矩的关系

由图 6-68 可知，根据传递转矩的变化速度可将磁流变液转矩大致分为两个阶段：第一阶段为电流 I=0.5～1.5A 时，传动装置转矩随电流增加提升迅速，当 I=0.5A 时，实验得出的转矩为 26.57N·m，理论计算得出的转矩为 48.99N·m；当 I=1.0A 时，实验得出的转矩为 82.39N·m，理论计算得出的转矩为 93.10N·m，传动转矩误差为 11.50%。第二阶段为 I=1.5～3.0A 时，此时传动装置转矩随电流增长提升缓慢，当 I=3.0A 时，实验得出的转矩为 129.84N·m，理论计算得出的转矩为 133.19N·m，传动转矩误差为 2.52%。

由于磁流变液中磁性颗粒沉降等问题，磁流变液零场黏度和流变性能下降，尤其是电流较小时，磁性颗粒间的磁作用力减小，磁流变液的零场黏度和磁场作用下的剪切屈服应力下降，磁流变液性能不稳定，且工作间隙内的磁场分布不均匀，导致传动装置转矩性能低于计算值。

故当电流较小时，实验测得的传动转矩与理论计算值出现较大误差。当电流达到 3A 时，传动转矩误差为 2.52%，且实验值与计算值的转矩曲线变化基本一致。通过实验对比得出，本书所推转矩方程的误差程度，随着电流的增加而逐步减小。

参考文献

[1] 王秋宽, 杨鸿, 李光勇, 等. 数字显微全息应用于磁流变液微观结构与机理的三维可视化研究[J]. 中国激光, 2014, 41(4): 213-221.

[2] Deng C C, Huang J, Li G Y, et al. Application of constrained least squares filtering technique to focal plane detection in digital holography[J]. Optics Communications, 2013, 291: 52-60.

[3] Sun T, Peng X H, Li J Z, et al. Testing device and experimental investigation to influencing factors of magnetorheological fluid[J]. International Journal of Applied Electromagnetics and Mechanics, 2013, 43(3): 283-292.

[4] 常建, 杨运民, 彭向和, 等. 一种磁流变液流变特性测试装置的研究[J]. 仪器仪表学报, 2001, 22(4): 354-357, 368.

[5] Erbao D, Min X, Xin L Y, et al. Model ing and experimental study on a new electric-thermal heating method for shape memory alloy wire actuators[J]. China Mechanical Engineering, 2010, 21(23): 2857-2861.

[6] Ma J Z, Huang H L, Huang J. Characteristics analysis and testing of SMA spring actuator[J]. Advances in Materials Science and Engineering, 2013, 2013: 1-7.

[7] Gédouin P-A, Pino L, Chirani S A, et al. R-phase shape memory alloy helical spring based actuators: Modeling and experiments[J]. Sensors and Actuators A: Physical, 2019, 289: 65-76.

[8] Stachowiak D. A computational and experimental study of shape memory alloy spring actuator[J]. Przeglad Elektrotechniczny, 2019, 1(7): 31-34.

[9] Xiong Y, Huang J, Shu R Z. Thermomechanical performance analysis and experiment of electrothermal shape memory alloy helical spring actuator[J]. Advances in Mechanical Engineering, 2021, 13(10): 1-12.

[10] 麻建坐. 形状记忆合金驱动的磁流变液传动及应用研究[D]. 重庆: 重庆大学, 2013.

[11] Xiong Y, Huang J, Shu R Z. Combined braking performance of shape memory alloy and magnetorheological fluid[J]. Journal of Theoretical and Applied Mechanics, 2021, 59(3): 355-368.

[12] 陈松. 热效应下磁流变液与形状记忆合金复合传动理论分析及应用[D]. 重庆: 重庆大学, 2014.

[13] Huang J, Chen W, Shu R Z, et al. Research on the flow and transmission performance of magnetorheological fluid between two discs[J]. Applied Sciences, 2022, 12(4): 1-17.